有機薄膜太陽電池の研究最前線

Cutting-edge Research in Organic Thin-film Solar Cells

《普及版／Popular Edition》

監修 松尾　豊

シーエムシー出版

はじめに

自然エネルギーや再生可能エネルギーに対する社会の関心がますます高まっている。我が国のエネルギー自給率は4％であり，エネルギー原料のほとんどを海外から買っている。また，2011年の大震災を契機に，原子力発電のあり方を見直す議論がなされている。2012年4月に東京電力・福島第一原子力発電所の1〜4号機が廃止になり，5月には国内で唯一稼働していた北海道・泊原発も定期検査で停止になった。これで国内の原発50基すべてが停止中である。再稼働の議論はなされなければならないが，エネルギーに関して今まさに国難のときである。

有機薄膜太陽電池は，まだ若い技術で，エネルギー問題解決に今すぐ貢献できるものではない。しかしながら，ここ10年でその科学と技術は飛躍的に進展した。エネルギー変換効率は10％の大台に乗り，アモルファスシリコン太陽電池や色素増感太陽電池に肩を並べ始めた。世界中で研究開発競争も激化し，研究者人口も増えている。ここで我が国は遅れをとってはならないし，世界を引っ張っていく気概で望むべきである。

本書はめまぐるしく進展していく有機薄膜太陽電池の研究について，出版の時点での最新の情報をとりまとめたものである。本書では，最近の材料開発のトレンド，有機薄膜中の構造制御へ向けた挑戦，それをサポートする解析・評価手法の進展，さらには新しいデバイス構造の創出へ向けた取り組みについて，述べられている。本書を企画した監修者の専門が材料開発であるためやや材料よりの構成となっているが，ここ数年の変換効率向上は材料の進展による要因も大きく，そのトレンドの中身を知ることは研究を推進していく上で有意義だろう。現在有機太陽電池の研究を行っている研究者にも，これから参入する研究者にも，研究に役立つ情報があれば幸甚である。

2012年6月

東京大学
松尾　豊

普及版の刊行にあたって

本書は2012年に『有機薄膜太陽電池の研究最前線』として刊行されました。普及版の刊行にあたり，内容は当時のままであり加筆・訂正などの手は加えておりませんので，ご了承ください。

2019年４月

シーエムシー出版　編集部

執筆者一覧（執筆順）

松尾　豊　東京大学大学院　理学系研究科　光電変換化学講座　特任教授

尾坂　格　広島大学　大学院工学研究院　助教

瀧宮和男　広島大学　大学院工学研究院　教授

前田勝浩　金沢大学　理工研究域　物質化学系　准教授

井改知幸　金沢大学　理工研究域　物質化学系　助教

尾崎雅則　大阪大学大学院　工学研究科　電気電子情報工学専攻　教授

藤井彰彦　大阪大学大学院　工学研究科　電気電子情報工学専攻　准教授

清水　洋　㈱産業技術総合研究所　関西センター　ユビキタスエネルギー研究部門　ナノ機能合成グループ　研究グループ長

鈴木　毅　東京大学大学院　理学系研究科　光電変換化学講座

安田　剛　㈱物質・材料研究機構　太陽光発電材料ユニット　有機薄膜太陽電池グループ　主任研究員

松元　深　(地独)大阪市立工業研究所　有機材料研究部　研究員

大野敏信　(地独)大阪市立工業研究所　理事（研究担当）

林　靖彦　名古屋工業大学　工学研究科　未来材料創成工学専攻　准教授

波多野淳一　東京大学大学院　理学系研究科　光電変換化学講座

平出雅哉　九州大学　大学院工学府　物質創造工学専攻

安達千波矢　九州大学　最先端有機光エレクトロニクス研究センター　主幹教授

平本昌宏　分子科学研究所　分子スケールナノサイエンスセンター　教授

久保雅之　分子科学研究所　分子スケールナノサイエンスセンター　CREST研究員

石山仁大　総合研究大学院大学　物理科学研究科　機能分子科学

嘉治寿彦　分子科学研究所　分子スケールナノサイエンスセンター　助教

但馬敬介　東京大学大学院　工学系研究科　応用化学専攻　准教授

櫻井岳暁　筑波大学　数理物質系物理工学域　講師；JSTさきがけ「太陽光と光電変換機能」研究者

酒　井　里　沙　大阪大学　太陽エネルギー化学研究センター
松　村　道　雄　大阪大学　太陽エネルギー化学研究センター　教授
中　野　恭　兵　東京工業大学　像情報工学研究所
半　那　純　一　東京工業大学　像情報工学研究所　教授
大　北　英　生　京都大学　大学院工学研究科　高分子化学専攻　准教授；JST さきがけ研究員
山　成　敏　広　㈱産業技術総合研究所　太陽光発電工学研究センター　先端産業プロセス・低コスト化チーム　研究員
吉　田　郵　司　㈱産業技術総合研究所　太陽光発電工学研究センター　先端産業プロセス・低コスト化チーム　研究チーム長
高　橋　光　信　金沢大学　理工研究域　物質化学系　教授，理工研究域　サステナブルエネルギー研究センター　教授（兼任）
桑　原　貴　之　金沢大学　理工研究域　物質化学系　助教，理工研究域　サステナブルエネルギー研究センター　助教（兼任）
佐　伯　昭　紀　大阪大学大学院　工学研究科　助教
関　　　修　平　大阪大学大学院　工学研究科　教授
宮　寺　哲　彦　㈱科学技術振興機構　戦略的創造研究推進事業　さきがけ
さきがけ研究者
上　野　啓　司　埼玉大学　大学院理工学研究科　物質科学部門　准教授
溝　黒　登志子　㈱産業技術総合研究所　ユビキタスエネルギー研究部門　主任研究員
谷　垣　宣　孝　㈱産業技術総合研究所　ユビキタスエネルギー研究部門　デバイス機能化技術グループ　研究グループ長

執筆者の所属表記は，2012 年当時のものを使用しております。

目　　次

序章　有機薄膜太陽電池開発の基礎と展望　　松尾　豊

1　有機薄膜太陽電池に用いる材料，成膜法と発電メカニズム …………………… 1
2　有機薄膜太陽電池の素子特性 ………… 2
3　有機薄膜太陽電池の変換効率の伸び … 3
4　ローバンドギャップポリマー ………… 4
5　なぜフラーレンは有機薄膜太陽電池のアクセプターとして好適か …………… 4
6　有機薄膜太陽電池の今後 ……………… 6

第1章　新規ドナー材料

1　縮合多環ヘテロ芳香族を有する半導体ポリマー ………**尾坂　格，瀧宮和男**… 9
　1.1　はじめに……………………………… 9
　1.2　ドナーユニット……………………… 10
　1.3　アクセプターユニット……………… 14
　1.4　まとめ………………………………… 20
2　高性能ローバンドギャップポリマー材料の開発 ………**前田勝浩，井改知幸**… 22
　2.1　はじめに……………………………… 22
　2.2　ベンゾチアジアゾールを用いたローバンドギャップポリマー…………… 23
　2.3　平面性の高いユニットを用いたローバンドギャップポリマー…………… 25
　2.4　チエノピロールジオンを用いたローバンドギャップポリマー…………… 26
　2.5　チエノチオフェンを用いたローバンドギャップポリマー………………… 28
　2.6　おわりに……………………………… 30
3　液晶性フタロシアニンを用いた有機薄膜太陽電池
　尾崎雅則，藤井彰彦，清水　洋… 33
　3.1　はじめに……………………………… 33
　3.2　液晶性フタロシアニンの半導体特性 ……………………………………… 34
　3.3　バルクヘテロ型薄膜太陽電池……… 37
　3.4　三成分バルクヘテロ型薄膜太陽電池 ……………………………………… 38
　3.5　今後の展望…………………………… 39
4　長波長領域の光吸収を示す有機薄膜太陽電池材料 ……**鈴木　毅，松尾　豊**… 42
　4.1　はじめに……………………………… 42
　4.2　長波長光を吸収する低分子材料…… 43
　4.3　長波長光吸収の問題点と改善策…… 49
　4.4　おわりに……………………………… 50
5　高信頼性アモルファス薄膜を形成するトリフェニルアミン系ドナー材料
　………………………………**安田　剛**… 53
　5.1　はじめに……………………………… 53
　5.2　トリフェニルアミン系ドナー材料の現状…………………………………… 55
　5.3　トリフェニルアミン系ドナー材料の利点と課題…………………………… 61
　5.4　まとめ………………………………… 64

第2章　新規アクセプター材料

1　高 LUMO フラーレンの設計コンセプト …………**松尾　豊**… 66
1.1　はじめに…………… 66
1.2　フラーレンへの電子供与基の導入による開放電圧の向上…………… 67
1.3　フラーレンの π 電子共役系の縮小による開放電圧の向上…………… 68
1.4　フラーレンの LUMO 準位を下げる分子設計…………… 74
1.5　おわりに…………… 75
2　ポリ(3-ヘキシルチオフェン)（P3HT）との相溶化を指向したフラーレン誘導体の設計 ………**松元　深，大野敏信**… 78
2.1　はじめに…………… 78
2.2　高性能化のための基本設計………… 79
2.3　フラーレン誘導体の合成・評価…… 81
2.4　薄膜形態の評価…………… 83
2.5　デバイス性能評価…………… 86
2.6　新しいコンセプトによるフラーレン誘導体の設計…………… 87
2.7　まとめ…………… 90
3　電子吸引性フラーレン誘導体 …………**林　靖彦**… 92
3.1　*n* 型溶解性フラーレン誘導体の設計 …………… 92
3.2　ジアリルメタノフラーレン誘導体 DopC61bm…………… 93
3.3　アルキル鎖による影響…………… 95
3.4　電子吸引性置換基の影響…………… 97
4　非フラーレンアクセプター材料 …………**波多野淳一，松尾　豊**… 100
4.1　はじめに…………… 100
4.2　低分子溶液塗布型非フラーレンアクセプター材料…………… 100
4.3　低分子蒸着型非フラーレンアクセプター材料…………… 107
4.4　高分子溶液塗布型非フラーレンアクセプター…………… 108
4.5　おわりに…………… 109

第3章　界面構造に関する研究

1　陽極/ドナー層界面に励起子ブロッキング層を有する低分子有機薄膜太陽電池 …………**平出雅哉，安達千波矢**… 113
1.1　はじめに…………… 113
1.2　実験…………… 114
1.3　結果・考察…………… 114
1.4　結論…………… 120
2　ドーピングによる pn 制御と有機薄膜太陽電池 …… **平本昌宏，久保雅之，石山仁大，嘉治寿彦** … 122
2.1　はじめに…………… 122
2.2　セブンナイン（7N）超高純度化 …… 122
2.3　有機半導体のドーピングによる pn 制御…………… 123
2.4　共蒸着膜へのドーピング効果……… 131
2.5　まとめ…………… 135
3　有機薄膜太陽電池の性能向上に向けたドナー／アクセプター界面構造制御 …………**但馬敬介**… 137
3.1　はじめに…………… 137

3.2 有機薄膜太陽電池の動作原理……… 137
3.3 V_{OC}の起源に関する研究…………… 140
3.4 有機薄膜太陽電池のデバイスモデル ……………………………………… 142
3.5 二層型有機薄膜太陽電池の界面構造制御とV_{OC}……………………………… 146
3.6 フッ素化アルキル基を有する半導体による表面偏析単分子膜（Surface-Segregated Monolayer：SSM）の形成…………………………………… 147
3.7 二層型有機薄膜太陽電池の作製と開放電圧の変化………………………… 148
3.8 高いV_{OC}とJ_{SC}の両立に向けた界面構造の精密制御……………………… 149
4 有機薄膜太陽電池における界面電子構造評価 ……………………**櫻井岳暁**… 154
4.1 はじめに……………………………… 154
4.2 紫外光電子分光法によるBCP/金属界面の電子構造評価………………… 154
4.3 金属をドープしたBCP薄膜の電気特性評価……………………………… 159
4.4 太陽電池特性の相関………………… 161
4.5 おわりに……………………………… 163

第4章　モルフォロジ制御に関する研究

1 熱処理によるP3HT/PCBM積層素子の傾斜構造制御 …**酒井里沙**，**松村道雄**… 165
1.1 高分子系薄膜太陽電池の光活性層の内部構造……………………………… 165
1.2 塗布法による積層膜形成と熱処理による傾斜構造形成…………………… 167
1.3 傾斜接合構造素子の太陽電池特性… 169
1.4 まとめ………………………………… 171
2 液体分子同時蒸発による低分子蒸着系混合膜の結晶化 …………………**嘉治寿彦**，**平本昌宏**… 173
2.1 はじめに……………………………… 173
2.2 研究の背景…………………………… 173
2.3 共蒸発分子誘起結晶化法の考案…… 174
2.4 共蒸発分子による有機薄膜太陽電池の短絡光電流密度の向上…………… 175
2.5 共蒸発分子による混合膜の結晶性と構造の変化…………………………… 176
2.6 他の有機半導体分子の組み合わせでの一般性検証………………………… 178
2.7 単一成分膜における結晶粒制御…… 178
2.8 おわりに……………………………… 179
3 棒状液晶材料を用いたバルクヘテロジャンクション有機太陽電池 …………………**中野恭兵**，**半那純一**… 181
3.1 液晶材料の特徴……………………… 181
3.2 有機薄膜太陽電池材料として見た液晶材料の利点………………………… 182
3.3 棒状液晶材料を用いた有機薄膜太陽電池………………………………… 183
3.4 おわりに……………………………… 186

第5章　有機薄膜太陽電池における評価手法

1　レーザ分光法による光電変換素過程の解明 ……………………………**大北英生**… 188

1.1　はじめに……………………………………… 188

1.2　レーザ分光法……………………………… 189

1.3　電荷生成・再結合ダイナミクス…… 190

1.4　二分子再結合ダイナミクス………… 194

1.5　おわりに……………………………………… 196

2　有機薄膜太陽電池における特性劣化評価 ………………**山成敏広，吉田郵司**… 199

2.1　はじめに……………………………………… 199

2.2　特性劣化の評価………………………… 200

2.3　おわりに……………………………………… 208

3　逆型有機薄膜太陽電池の交流インピーダンス解析法による評価 …………………**高橋光信，桑原貴之**… 210

3.1　はじめに……………………………………… 210

3.2　FTO/ZnO，FTO/ZnS および ITO/TiO_x（透明電極/電子捕集層）の準備………………………………………… 211

3.3　透明電極/電子捕集層/PCBM：P3HT/PEDOT：PSS/Au 逆型素子の組立て ………………………………………… 211

3.4　電流電圧測定と交流インピーダンス測定の概略……………………………… 212

3.5　ZnO 素子の IS 挙動 ………………… 212

3.6　逆型素子の各構成成分と想定される等価回路との対応…………………… 214

3.7　ZnS 素子における ZnS/PCBM：P3HT 界面修飾の効果 …… 215

3.8　TiO_x 素子において，光照射開始から素子性能が最大になるまでに時間を要する理由について……………… 216

3.9　おわりに……………………………………… 218

4　マイクロ波法によるデバイスレス有機薄膜太陽電池評価 …………………**佐伯昭紀，関　修平**… 219

4.1　はじめに……………………………………… 219

4.2　D/A 混合比率 …………………………… 221

4.3　P3HT：PCBM＝1：1 でのデバイスとの相関………………………………………… 222

4.4　局所的電荷キャリア移動度………… 223

4.5　不純物・劣化効果…………………… 224

4.6　おわりに……………………………………… 225

第6章　有機薄膜太陽電池の新しい作製法

1　単結晶有機太陽電池の作製 …………………**宮寺哲彦，吉田郵司**… 227

1.1　はじめに……………………………………… 227

1.2　有機単結晶の作製…………………… 228

1.3　有機単結晶太陽電池の特性………… 230

1.4　有機単結晶中の励起子拡散………… 233

1.5　おわりに……………………………………… 234

2　酸化グラフェンを用いた有機薄膜太陽電池 …………………………**上野啓司**… 235

2.1　はじめに……………………………………… 235

2.2　グラフェン透明導電膜の形成手法… 236

2.3　グラフェン透明導電膜の可能性…… 236

2.4　グラファイト単結晶の単層剥離，可溶化………………………………………… 239

2.5　酸化グラフェン塗布膜形成と還元… 240

2.6　塗布形成グラフェン透明電極を用い

た有機薄膜太陽電池………………… 242
2.7 酸化グラフェンの正孔輸送層への応用……………………………………… 244
2.8 おわりに……………………………… 245
3 摩擦転写法を用いた分子配向制御技術と有機薄膜太陽電池への応用
………………**溝黒登志子，谷垣宣孝**… 247
3.1 はじめに……………………………… 247
3.2 摩擦転写法によるπ共役系高分子の配向制御……………………………… 248
3.3 共役系高分子の配向制御および有機薄膜太陽電池の形成………………… 250
3.4 オリゴマーの分子配向制御および有機薄膜太陽電池の形成……………… 253
3.5 おわりに……………………………… 256

序章　有機薄膜太陽電池開発の基礎と展望

松尾　豊*

はじめに

有機薄膜太陽電池は軽量，フレキシブルで意匠性が高いという特長を有し，塗布プロセスにより安価に作られることが期待されている新しい太陽電池である。最近では自然エネルギーの利用に対する世界的な関心の高まりから，世界中で研究開発がますます盛んになっている。その結果，最近，有機薄膜太陽電池のエネルギー変換効率は10％を越えた。この値はアモルファスシリコン太陽電池の変換効率と同等である。この目標値を超えたことにより，有機薄膜太陽電池の実用化へ向けた生産の検討が加速しており，2012年から2015年の上市に向けて研究開発が続けられている。また，高い耐久性をもつ有機薄膜太陽電池の実現へ向けて，安定な材料や劣化機構の研究も行われている。序論では，これから新たに有機薄膜太陽電池の開発に取り組む研究者のために有機薄膜太陽電池の基礎と歴史に触れ，最新の研究においてその重要性がとみに認識されているローバンドギャップポリマーとフラーレンについて解説し，以後の章へ向けての準備とする。

1　有機薄膜太陽電池に用いる材料，成膜法と発電メカニズム

有機薄膜太陽電池において，2種類の有機半導体，すなわち，有機電子供与体（ドナー材料）と有機電子受容体（アクセプター材料）が用いられる。電子供与体としてπ共役系高分子が，電子受容体としてフラーレン誘導体が通常用いられる。また，安定なドナー材料となることを期待して，低分子のπ共役系化合物の検討も行われている。これらの有機半導体材料の高性能化が，有機薄膜太陽電池のエネルギー変換効率の向上に直接的に大きく寄与している。

有機薄膜太陽電池は塗布法または蒸着法によって作製される。塗布法において，ドナー分子とアクセプター分子を混合した溶液を透明電極基板に塗布して有機薄膜が成膜される。蒸着法においては，ドナー分子とアクセプター分子を別々にまたは共蒸着することにより薄膜を作製する。最後に真空蒸着などで電極を付けて，有機薄膜太陽電池が組み上がる。

有機薄膜太陽電池の光電変換メカニズムを図1に模式的に示す。有機薄膜太陽電池に光を当てると，主に電子供与体分子が光を吸収して励起され，励起子が生成する。それが電子供与体と電子受容体の界面に移動して，そこで電子供与体から電子受容体に電子が流れて電荷分離状態を形成する。すなわち電子供与体は電子を電子受容体に渡して自身はカチオン（ホール）となるとと

*　Yutaka Matsuo　東京大学大学院　理学系研究科　光電変換化学講座　特任教授

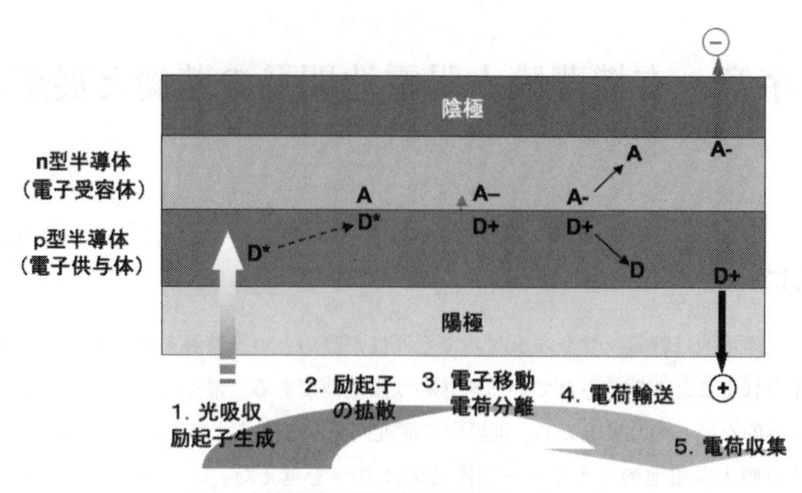

図1　有機薄膜太陽電池の光電変換メカニズム

もに，電子受容体は電子を受け取ってアニオンとなる。ホールが透明電極基板側に，電子がもう一方の電極に流れることにより，外部回路に電流が流れて太陽電池となる。

2　有機薄膜太陽電池の素子特性

本書でたびたび登場するであろう有機薄膜太陽電池の特性値について解説しておく。疑似太陽光照射下，バイアス電圧を変化させながら電流値を測定して得られる電流-電圧曲線（J-V カーブ）と開放電圧 V_{OC}[V]，短絡電流密度 J_{SC}[mA/cm^2]，曲線因子（フィルファクタ）FF[-]，エネルギー変換効率（power conversion efficiency）PCE[%]の関係を下記に示す（図2）。バイアス電圧をかけないときに得られる電流密度が短絡電流密度である。そこから順方向（電流が流れにくくなる向き）に電圧を印加していき，電流値がゼロになる点の電圧が開放電圧である。ここに至るまでの J-V カーブの途中に，電流×電圧の積，すなわち出力電力が最大になる点がある。その点を最大出力点として，最大出力となるときの電流密度と電圧をそれぞれ，J_{max}，V_{max} で表す。曲線因子には次の関係がある。

$$\mathrm{FF} = (J_{max} \times V_{max}) / (J_{SC} \times V_{OC})$$

すなわち，現実の最大出力を理想的な最大出力（$J_{SC} \times V_{OC}$）で割ったものであり，1に近いほうが良い特性となる。エネルギー変換効率は，得られる電気エネルギー（電力）を入射した光のエネルギーで割ったものであるので，照射光のエネルギーを P_{inc} として，次の式が成り立つ。

$$\mathrm{PCE}[\%] = \{(J_{max} \times V_{max}) / P_{inc}\} \times 100$$

測定において100mW/cm^{2}の光源を用いて評価することが多い。その場合，P_{inc} の値は100であ

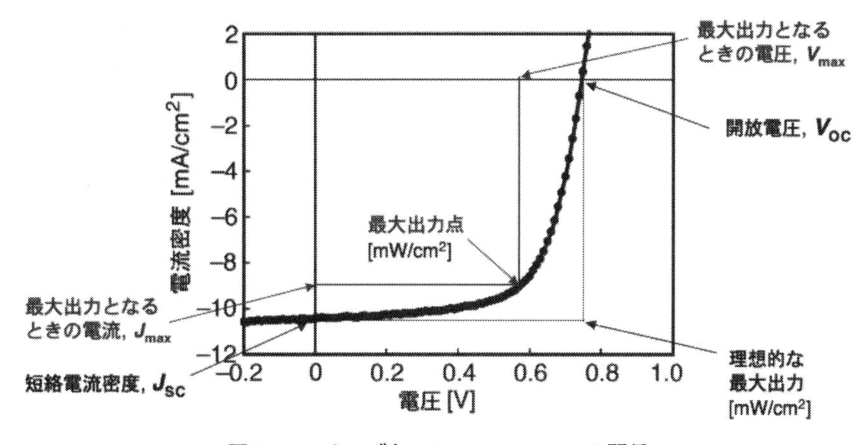

図2　*J*-*V* カーブと PCE, J_{SC}, V_{OC}, FF の関係

るので，次のような単純な式が成り立つ。

$$PCE[\%]=J_{max}\times V_{max}=V_{OC}\times J_{SC}\times FF$$

3　有機薄膜太陽電池の変換効率の伸び

有機薄膜太陽電池のエネルギー変換効率は2000年以前は約1％程度であったが[1, 2]，2000年以降，変換効率は大きく伸びた（図3)。この伸びは，有機電子供与体としてポリ(3-ヘキシルチオフェン）(P3HT）が，有機電子受容体としてPCBM（＝[6,6]-Phenyl-C61-Butyric Acid Methyl Ester)[3, 4] と呼ばれるフラーレン誘導体が適した材料であることが分かったことによる。P3HTは加熱により，または溶媒蒸気に暴露することにより自己集合しπスタック構造を形成する。これにより電気的特性や光吸収特性が向上する。また，PCBMは有機溶媒に可溶なフラーレン誘導体であり，その高い溶解性によりP3HTとのブレンド溶液の調整が可能になった。P3HTとPCBMのブレンド溶液を用いて塗布法で成膜することにより，電子供与体と電子受容体が適度に混ざり合った，バルクヘテロ接合と呼ばれる有機薄膜を形成できるようになった[5]。この構造では従来のp-nヘテロ接合に比べ，電子供与体と電子受容体の接触界面が広くとれ，電荷分離の効率が向上する。このようにして2005年頃には変換効率が4から5％程度に達した[6~8]。

その後，有機薄膜太陽電池のエネルギー変換効率はさらに伸び，10％台に達した[9, 10]。この大幅な向上は，新規材料が開発されたことによるところが大きい。新規電子供与体としては，長波長領域の光吸収が可能になるローバンドギャップポリマー（後述)[11~14] が開発された。新規電子受容体としてはPCBMに代わる様々なフラーレン誘導体が開発されたが，とりわけ高い開放電圧を与えるフラーレン誘導体が開発された。

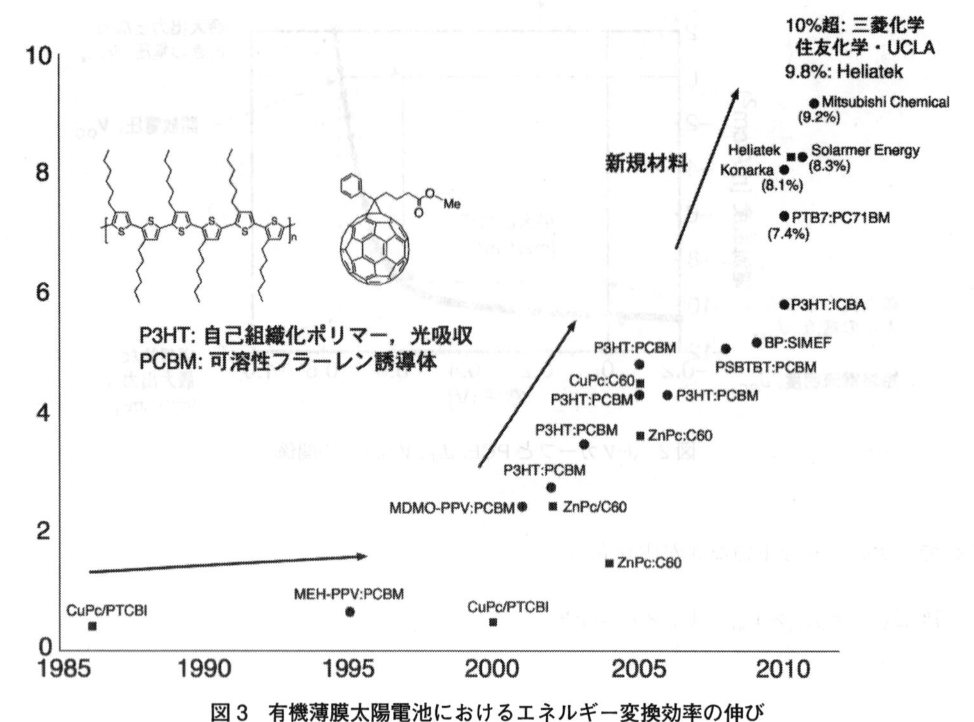

図3　有機薄膜太陽電池におけるエネルギー変換効率の伸び

●印は蒸着法，■印は塗布法であることを示す。「/」は電子供与体と電子受容体の積層である p-n ヘテロ接合を，「：」は電子供与体と電子受容体が混合するバルクヘテロ接合を示す。

4　ローバンドギャップポリマー

最近の高いエネルギー変換効率実現の立役者であるローバンドギャップポリマー（図4）について概略を解説する。ローバンドギャップポリマーはポリマー主鎖内に，あるいは主鎖と側鎖に電子豊富部位と電子不足部位をもつ交互共重合体である。電子豊富部位は高い（浅い）HOMO 準位を，電子不足部位は低い（深い）LUMO 準位をもたらす。これによりバンドギャップが狭くなっている。電子豊富部位から電子不足部位への分子内電荷移動遷移により，800nm 程度までの長波長光を吸収する。そのため，P3HT に比べ太陽光スペクトルをより多くカバーすることが可能となり，光の吸収量が増えて太陽電池で得られる電流が増す。

5　なぜフラーレンは有機薄膜太陽電池のアクセプターとして好適か

ここではなぜフラーレンが有機薄膜太陽電池のアクセプターとしてよく用いられるかについて解説する[15]。有機 π 電子共役系は π 電子が豊富である。そのため有機 π 電子共役系は通常，電子ドナーである。π 電子の共役のため分子は平面状になるため，ドナー分子は通常平面型の形状をもつ。π 電子共役系が電子を受け入れて収納するためには，π 共役系を曲げて π 電子の密

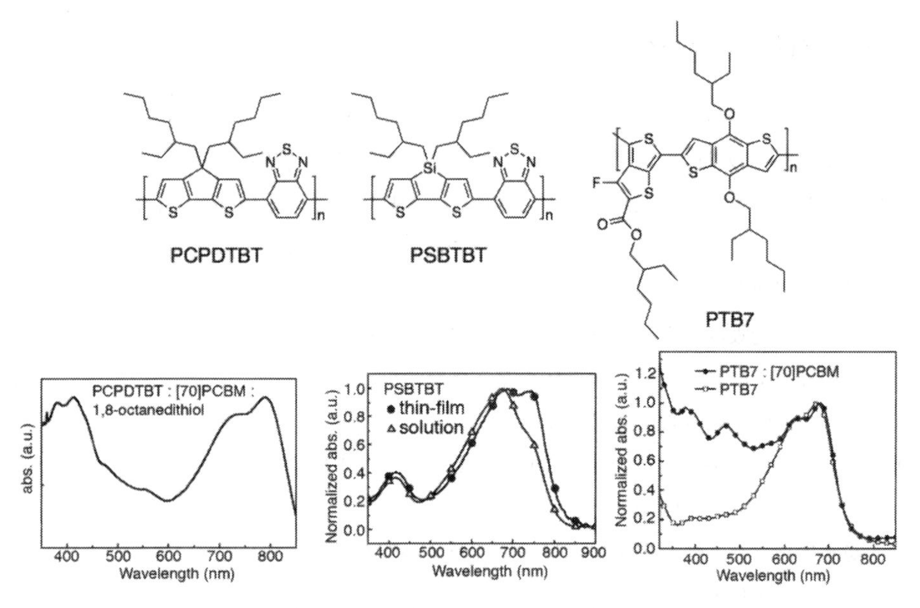

図4　ローバンドギャップポリマーとそれらの吸収スペクトル

度が疎となる部分をつくるか，電子求引基を導入して電子親和力を高める必要がある。フラーレンは曲がって球状に閉じたπ電子共役系をもつことから，最適なアクセプター分子の一つだといえる。実際に高効率な有機薄膜太陽電池にはフラーレン誘導体がアクセプターとして用いられている。

フラーレンがアクセプターとして好ましい理由は他にもある。以下に列挙する。①平面状のドナー分子と球状のフラーレンアクセプター分子はブレンド薄膜において，それぞれが凝集し，ナノサイズの凝集構造を形成する。平らな分子は平らな分子どうしで，丸い分子は丸い分子どうしで集まりやすい性質があるためである。こうしてできるナノサイズの凝集体は，電荷（電子，正孔）の輸送経路を形作る。もしドナーとアクセプターで形状が似ていると均一に混ざりあったり，ドナーとアクセプターのペアの凝集構造を形成しやすくなる。このようなドナーとアクセプターのペアは，電荷の輸送に不利な構造だといえる。②フラーレンは３次元的なπ電子共役系を有するため，凝集構造において隣の分子とのπ軌道の重なりが起こりやすい。③フラーレンが電子を受け取ったときに起こる構造変化が少ない。フラーレンが電子を受け取ってできるラジカルアニオンの電荷は，球状のπ電子共役系全体に非局在化され，構造変化が系全体に分散される。また，フラーレンは籠状に閉じた分子であるために，構造変化が小さくなる。構造変化の際に必要となるエネルギーが小さく，エネルギーのロスが小さい。

6 有機薄膜太陽電池の今後

シリコン太陽電池では実現が難しい分野においての実用化が検討されている。有機薄膜太陽電池は軽いので，建物の壁面や自動車・トラックなどへの設置が有望視されている。そうしたニッチな分野から有機薄膜太陽電池が世の中に浸透し，変換効率と安定性がさらに向上すれば，エネルギー問題解決への貢献もみえてくる。長寿命で高効率な有機薄膜太陽電池を実現するために，主として以下の課題が残っている。

① 高効率な光吸収，電荷移動が行えかつ安定な有機半導体材料の開発
② 有機薄膜中における分子組織体の精密構築
③ デバイス構造のさらなる最適化
④ 有機半導体分子のダイコート印刷，インクジェット印刷，グラビア印刷など，大面積連続塗布プロセスの開発
⑤ 安価に高バリア性を実現する封止プロセスの開発
⑥ モジュール化の検討

これまで有機薄膜太陽電池の開発は応用物理学者やデバイス工学者が牽引してきたが，今後，有機材料を設計・合成できる化学者や周辺部材の要素技術の専門家との連携がますます強く望まれるようになるだろう。

文 献

1) C. W. Tang, *Appl. Phys. Lett.*, **48**, 183 (1986)
2) G. Yu, J. Gao, J. C. Hummelen, F. Wudl, A. J. Heeger, *Science*, **270**, 1789 (1995)
3) J. C. Hummelen, B. W. Knight, F. LePeq, F. Wudl, J. Yao, C. L. Wilkins, *J. Org. Chem.*, **60**, 532 (1995)
4) M. T. Rispens, A. Meetsma, R. Rittberger, C. J. Brabec, N. S. Sariciftci, J. C. Hummelen, *Chem. Commun.*, 2116 (2003)
5) Organic Photovoltaics. Concept and Realization, C. Brabec, V. Dyakonov, J. Parisi, N. S. Saritiftci, Springer Verlag, Berlin (2003)
6) G. Li, V. Shrotriya, J. Huang, Y. Yao, T. Moriarty, K. Emery, Y. Yang, *Nat. Mater.*, **4**, 864 (2005)
7) M. Reyes-Reyes, K. Kim, D. L. Carroll, *Appl. Phys. Lett.*, **87**, 83506 (2005)
8) Y. Kim, S. Cook, S. M. Tuladhar, S. A. Choulis, J. Nelson, J. R. Durrant, D. D. C. Bradley, M. Giles, I. McCulloch, C.-S. Ha, M. Ree, *Nat. Mater.*, **5**, 197 (2006)
9) R. F. Service, *Science*, **332**, 293 (2011)
10) M. A. Green, K. Emery, Y. Nishikawa, W. Warta, E. D. Dunlop, *Prog. Photovolt : Res.*

Appl., **20**, 12 (2012)
11) D. Mülbacher, M. Scharber, M. Morana, Z. Zhu, D. Waller, R. Gaudiana, C. Brabec, *Adv. Mater.*, **18**, 2884 (2006)
12) J. Peet, J. Y. Kim, N. E. Coates, W. L. Ma, D. Moses, A. J. Heeger, G. C. Bazan, *Nat. Mater.*, **6**, 497 (2007)
13) J. Hou, H.-Y. Chen, S. Zhang, G. Li, Y. Yang, *J. Am. Chem. Soc.*, **130**, 16144 (2008)
14) Y. Liang, Z. Xu, J. Xia, S.-T. Tsai, Y. Wu, G. Li, C. Ray, L. Yu, *Adv. Mater.*, **22**, E135 (2010)
15) 有機薄膜太陽電池の科学, 松尾　豊, 化学同人 (2011)

第1章　新規ドナー材料

1　縮合多環ヘテロ芳香族を有する半導体ポリマー

尾坂　格[*1]，瀧宮和男[*2]

1.1　はじめに

現在の有機薄膜太陽電池は，p型材料[注]として用いられる半導体ポリマーの開発を中心に発展してきたと言っても過言ではないだろう。有機薄膜太陽電池開発の初期から，ポリヘキシルチオフェン（rrP3HT，図1）やポリパラフェニレンビニレン（MDMO-PPV，図1）などが用いられ，p型とn型材料（主に$PC_{61}BM$や$PC_{71}BM$などのフラーレン誘導体）の混合溶液を塗布することで活性層が作製されたバルクヘテロ接合型（BHJ）素子と呼ばれる太陽電池にて～5％程度のエネルギー変換効率が得られていた[1)]。一方で，これらのポリマーは吸収領域が狭く（rrP3HTの吸収端波長は～650nm，バンドギャップは～2.0 eV程度），必ずしも太陽光を効率的に補集出来ていたわけではなかった。吸収帯の広い（バンドギャップの小さい），いわゆるロー（スモール）バンドギャップポリマーの開発が進められてはいたが，キャリア輸送性が低いことや，バンドギャップが小さいと通常LUMOレベルは深く，HOMOレベルは浅くなることから，n型材料とのエネルギーレベルのマッチングが良くないことなどの問題から，変換効率は非常に低いものであった。しかし2005年以降になり，主鎖に導入する骨格によっては，小さいバンドギャップと

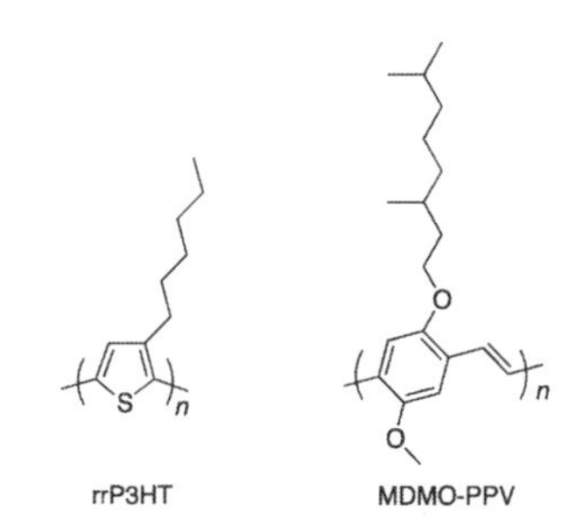

図1　ポリヘキシルチオフェン(rrP3HT)とポリパラフェニレンビニレン(MDMO-PPV)

(注) 本節ではポリマーの「ドナー」及び「アクセプター」ユニットとの混同を避けるため，有機薄膜太陽電池の活性層として用いるドナー材料をp型材料，アクセプター材料をn型材料と称する

＊1　Itaru Osaka　広島大学　大学院工学研究院　助教
＊2　Kazuo Takimiya　広島大学　大学院工学研究院　教授

好適なエネルギーレベル（特に深いHOMOレベル）を併せ持ち，さらに高いキャリア輸送性を示す，ドナー・アクセプター型（D-A）のスモールバンドギャップポリマーが合成され始め[2]，rrP3HTやMDMO-PPVの変換効率を超えることが報告されて以後，数多くのD-Aポリマーが合成され，現在では10％を超える効率が報告されている（学術文献ベースでは7％台が最高効率）。

D-Aポリマーを開発する上で，どのドナーもしくはアクセプターユニットを組み合わせるのか，あるいはどのようなユニットを開発するのか，ということが最も重要かつ最初のステップとなろう。高性能材料を与えるドナー及びアクセプターユニットの多くは縮合多環ヘテロ芳香族である。これは，π電子系をある程度拡張して吸収領域を広くするとともに，分子間の相互作用を高めてキャリア輸送を効率化することが，ポリマー開発の指針となるためである。これに加えて，適切なエネルギーレベルや十分な溶解性が必要となるため，それぞれのユニットの性質を把握したうえで，それらの組み合わせや可溶性置換基の選択と配置も慎重に設計する必要がある。

本節では代表的な高性能ポリマーについて，特にユニットの特徴に着目しながら系統的にまとめる。ドナーユニットとしてはシクロペンタジチオフェン（CDT）に代表される架橋型ビチオフェン，ベンゾジチオフェン（BDT）に代表されるアセンジチオフェン，及びカルバゾール（Cz）などの架橋型ビフェニレン，アクセプターユニットとしてはベンゾチアジアゾール（BTz）に代表されるチアジアゾール系，ジケトピロロピロール（DPP），チアゾロチアゾール（TzTz）を取り上げるが，一方で，その他多くのユニット，あるいはそれらを用いたポリマーも報告されており，本節で全てを網羅することは不可能であるため，その他のポリマーについては，多数発表されている最近のレビュー論文を参照されたい[3]。

1.2 ドナーユニット

1.2.1 架橋型ビチオフェン

架橋型ビチオフェンユニットの代表的な骨格として，炭素架橋型のシクロペンタジチオフェン（CDT，図2(a)）が挙げられる。2006年にMühlbacher，Scharberらは，CDTとBTzとのコポリマー（PCPDTBT，図2(b)）が，$PC_{61}BM$あるいは$PC_{71}BM$とのBHJ素子にて～3.2％の効率を示すことを報告している[2]。PCPDTBTはバンドギャップが1.6 eVと非常に小さいにも関わらず，HOMOレベルは−5.3 eVと深いことが特徴であり，11mA/cm^{2}の短絡電流（J_{SC}）と0.65Vの開放電圧（V_{OC}）を示す。一方で，有機トランジスタ素子にて評価したキャリア移動度は10^{-2}cm^2/Vsと比較的高いものの，フィルファクター（FF）が～0.47と低く，薄膜のモルフォロジー（ポリマーとPCBMとの相分離状態）があまりよくないことが示唆されていた。その後Heegerらは1,8-オクタンジチオールや1,8-ジヨードオクタンなどの添加剤を数％加えたPCDPTDBT/$PC_{71}BM$の混合溶液を用いて薄膜を作製することで，モルフォロジーの最適化を図り，最大で5.5％の変換効率を得ている[4]。

Yangらはケイ素架橋型のジチエノシロール（DTS，図2(a)）とBTzとのコポリマー

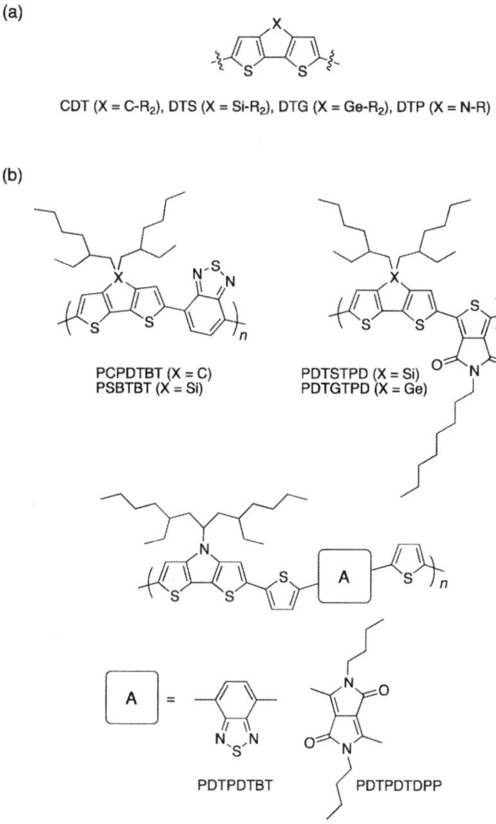

(a)

CDT (X = C-R_2), DTS (X = Si-R_2), DTG (X = Ge-R_2), DTP (X = N-R)

(b)

PCPDTBT (X = C)
PSBTBT (X = Si)

PDTSTPD (X = Si)
PDTGTPD (X = Ge)

A =

PDTPDTBT　PDTPDTDPP

図2　(a)架橋型ビチオフェンの構造式（X=C-R_2；シクロペンタジチオフェン（CDT），X=Si-R_2；ジチエノシロール（DTS），X=Ge-R_2；ジチエノゲルモール（DTG），X=N-R；ジチエノピロール（DTP））と（b)これらを用いた代表的なポリマー

（PSBTBT，図2(b)）を報告しており，PSBTBT/PC_{71}BM薄膜を形成した後に加熱処理し，素子を作製することで，＞5％の変換効率を得ている[5]。さらにYang及びScharberのグループはそれぞれ独立に，PSBTBTがPCPDTBTとバンドギャップはほぼ同等であるものの，変換効率が高いことを報告している。これはDTSを用いた方がポリマー主鎖間の相互作用が大きくなり，結晶性とそれに伴うキャリア移動度の向上が要因であると述べている[6]。DTS系ポリマーとしては，アクセプターユニットとしてチエノピロールジオン（TPD）を持つPDTSTPD（図2(b)）が7.3％と最も高い効率を与えている[7]。PDTSTPDはバンドギャップは1.73 eVとPSBTBTより0.1 eV程度大きいものの，HOMOレベルは−5.6 eVと約0.3 eV深いために高いV_{OC}（0.88V）を示すことが特徴である。一方，Reynoldsらは，ケイ素をゲルマニウムに置き換えたジチエノゲルモール（DTG，図2(a)）とTPDを有するポリマー（PDTGTPD，図2(b)）を合成しており，同様にして評価したPDTSTPDよりも高いJ_{SC}を示し，変換効率が7.3％とPDTSTPDのそれ（6.6％）を凌駕することを報告している[8]。これは，C-Si結合よりもC-Ge結合の方が長いために主鎖とアルキル置換基との距離が広がり，主鎖間の π-π スタッキングが助長されていることに起因すると，彼らは述べている。

但馬，橋本らは窒素で架橋したジチエノピロール（DTP，図2(a)）を有するポリマー（PDTPDTBT，PDTPDTDPP，図2(b)）を合成している[9]。いずれのポリマーもバンドギャップは小さく（<1.5 eV），J_{SC} は～15mA/cm^2 と大きい。一方で，DTPのドナー性が強いため，HOMOレベルは浅く（-4.9～-5.0 eV），PCBMとのBHJ素子では V_{OC} は～0.5Vと低い。そのため，変換効率は～2.7%程度にとどまっているが，LUMOレベルの浅いn型材料と組み合わせることで改善の余地があると言えよう。

1.2.2 アセンジチオフェン

代表的なアセンジチオフェンとして，アセン部位にベンゼンを有するベンゾジチオフェン（BDT，図3(a)）が挙げられる。BDTは先出のCDTやDTS等と同様に非常によく用いられるドナーユニットであり，ベンゼン環部位に置換基として，アルキル基だけでなくチオフェン等のアリール基やアルコキシ基を容易に導入できる。Yangらはジアルキルチオフェンを有するBDTとBTzのコポリマー（PBDTTBT，図3(b)）が，PC$_{71}$BMとのBHJ素子にて5.7%の変換効率を示すことを報告している[10]。PBDTTBTは，HOMOレベルは-5.3 eV程度であるが，V_{OC} が0.92Vと非常に高いのが特徴である。また，内部量子効率（IQE）も可視光領域では80%を超えてい

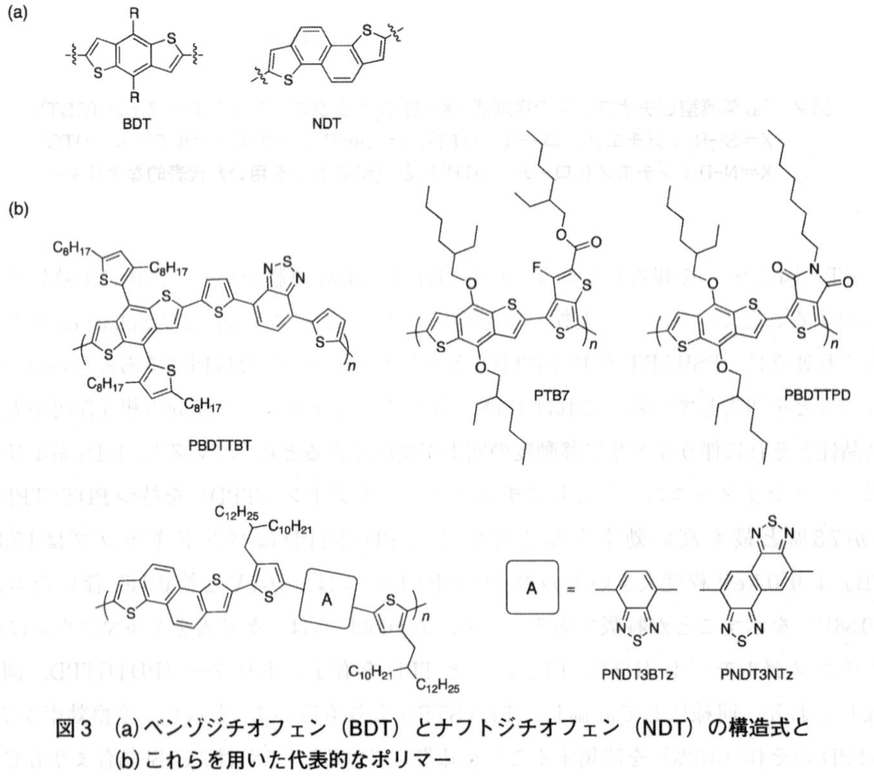

図3 (a)ベンゾジチオフェン（BDT）とナフトジチオフェン（NDT）の構造式と
(b)これらを用いた代表的なポリマー

ることから，非常に電荷分離効率が高いことが伺える。一方で，Yu のグループや Solarmar 社はアルコキシ基を有する BDT とチエノ[3,4-*b*]チオフェンとの一連のコポリマー（PTBn；n＝1〜7 や PBDTTT など，図 3(b)には PTB7 のみ示す）が 5〜7.4％の変換効率を示すことを報告している[11)]。チエノ[3,4-*b*]チオフェンは基本的にはドナー性ユニットであるため，PTB シリーズは D–A ではなく D–D 型と捉えるべきであるが，バンドギャップが 1.6 eV と小さいのは，チエノ[3,4-*b*]チオフェンによるキノイド構造安定化の寄与があると考えられる[11a)]。D–D であるため HOMO レベルが浅くなる傾向にあるが，チエノ[3,4-*b*]チオフェンに電子求引性のフッ素やエステル基を導入することで HOMO レベルが深くなるよう（−5.2 eV）設計されている[11b, c)]。また，Leclerc，Fréchet，及び Jen のグループは，ほぼ同時期にそれぞれ独立に，BDT と TPD とのコポリマー（PBDTTPD，図 3(b)）を報告している[12)]。$PC_{71}BM$ との BHJ 素子における変換効率は，4.2〜6.8％とグループによって差はあるが，これは分子量や素子作製プロセスの違いによるものと考えられる。TPD はあまりアクセプター性が強くないため，PBDTTPD のバンドギャップは 1.7 eV 程度であるが，HOMO レベルは −5.4 eV と深いため 0.85 eV と高い V_{OC} を示す。また，PBDTTPD は主鎖平面が基板に対して平行な face-on 配向をとることが，高効率を示す一つの要因と考えられる[12b)]。

筆者らは，アセン部位としてナフタレンを有するナフト[1,2-*b*：5,6-*b*′]ジチオフェン（NDT）を有するポリマー（PNDT3BTz，PNDT3NTz，図 3(b)）を合成した[13)]。NDT は BDT よりもさらに π 拡張された縮合多環芳香族であるため，非常に高い結晶性，キャリア輸送性を与える。BTz とのコポリマー（PNDT3BTz）はバンドギャップが 1.7 eV，HOMO レベルは −5.15 eV であり，$PC_{61}BM$ との BHJ 素子にて 3.8％の変換効率を示す。一方で，ナフトビスチアジアゾール（NTz）とのコポリマー（PNDT3NTz）は NTz の強いアクセプター性のため PNDT3BTz に比べて，バンドギャップは 1.6 eV と小さく，HOMO レベルは −5.25 eV と深くなり，$PC_{61}BM$ との BHJ 素子にて変換効率は 4.9％を示す。

1.2.3　架橋型ビフェニレン

架橋型ビフェニレン骨格としては，炭素架橋型のフルオレン（FO）やケイ素架橋型のジベンゾシロール（DBS），窒素架橋型のカルバゾール（Cz）などが挙げられる（図 4(a)）。これらは，オルト水素と隣接ユニットとの立体障害により，対応する架橋型ビチオフェン骨格を有するポリマーに比べて主鎖のねじれが大きくなる。そのため，これらを有するポリマーは比較的バンドギャップが広く，HOMO レベルは深い傾向にある。FO と BTz のコポリマーである APFO-3（図 4(b)）と $PC_{61}BM$ との BHJ 素子は，1.00V と非常に高い V_{OC} を与え，2.8％の変換効率を示す[14)]。北澤らは，FO とキノキサリンとのコポリマーである NP-7（図 4(b)）を合成し，$PC_{61}BM$ との BHJ 素子にて，V_{OC} は APFO-3 と同等（0.99V）ながら，9.76mA/cm^2 と高い J_{SC} が得られ，変換効率は 5.5％に達することを報告している[15)]。一方で，DBS と BTz のコポリマーである PSiF-DBT（図 4(b)）を用いた素子は，対応する FO 型の APFO-3 素子に比べて，V_{OC}＝0.90V とやや低いが，9.5mA/cm^2 と高い J_{SC} を示し，5.4％の変換効率を示す[16)]。また，Leclerc らは

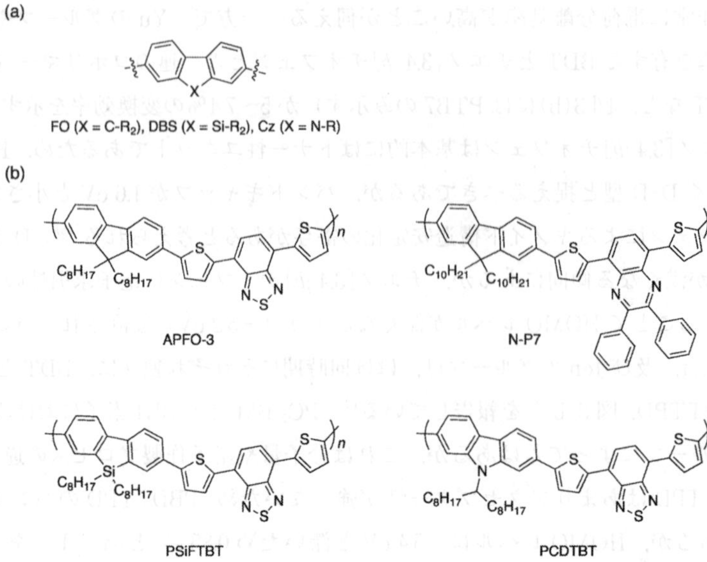

図4　(a)架橋型ビフェニレンの構造式（X＝C-R_2；フルオレン（FO），X＝Si-R_2；ジベンゾシロール（DBS），X＝Ge-R_2；カルバゾール（Cz），X＝N-R；ジチエノピロール（DTP））と（b)これらを用いた代表的なポリマー

Czを有する種々のD-Aポリマーを合成しているが，いずれもV_{OC}は高く（>0.85V），その中で，BTzを有するポリマーPCDTBT（図4(b)）が最も高い変換効率3.6％を示すことを報告している[17a)]。その後，HeegerらはPCDTBT素子の最適化を行うことで，J_{SC}の向上に成功し，最大で6.1％の変換効率を報告している[17b)]。

1.3　アクセプターユニット

1.3.1　ベンゾアゾール系

これまで紹介したポリマーの多くに用いられているように，BTzなどのベンゾアゾール系骨格（図5(a)）は，アクセプターユニットとして非常に有用である。YouらはドナーユニットにBDT，アクセプターユニットにベンゾアゾールを有する種々のポリマーを合成している[18)]。BTzを有するPBnDT-DTBT（図5(b)）は，－5.40 eVと深いHOMOレベルを持ち，$PC_{61}BM$とのBHJ素子にて5.0％の変換効率を示す。一方で，BTzの5,6位にフッ素を導入することで，アクセプター性が大きくなるため，ポリマー（PBnDT-DTffBT，図5(b)）のHOMOレベルは－5.54 eVとPBnDT-DTBTに比べて0.1 eV程度深くなっている。それに伴い，PBnDT-DTffBT/$PC_{61}BM$素子は，0.91Vと0.04V程度大きいV_{OC}を示すが，それだけでなく12.91mA/cm^2と高いJ_{SC}を示すことから，変換効率は7.2％に達する[18a)]。これは，PBnDT-DTffBTの方が吸光係数が大きいため，集光能がより高いことに起因すると考えられる。また，BTzよりもアクセプター性の強いチアジアゾロピリジン（PyT，図5(a)）を有するポリマー（PBnDT-DTPyT，図5

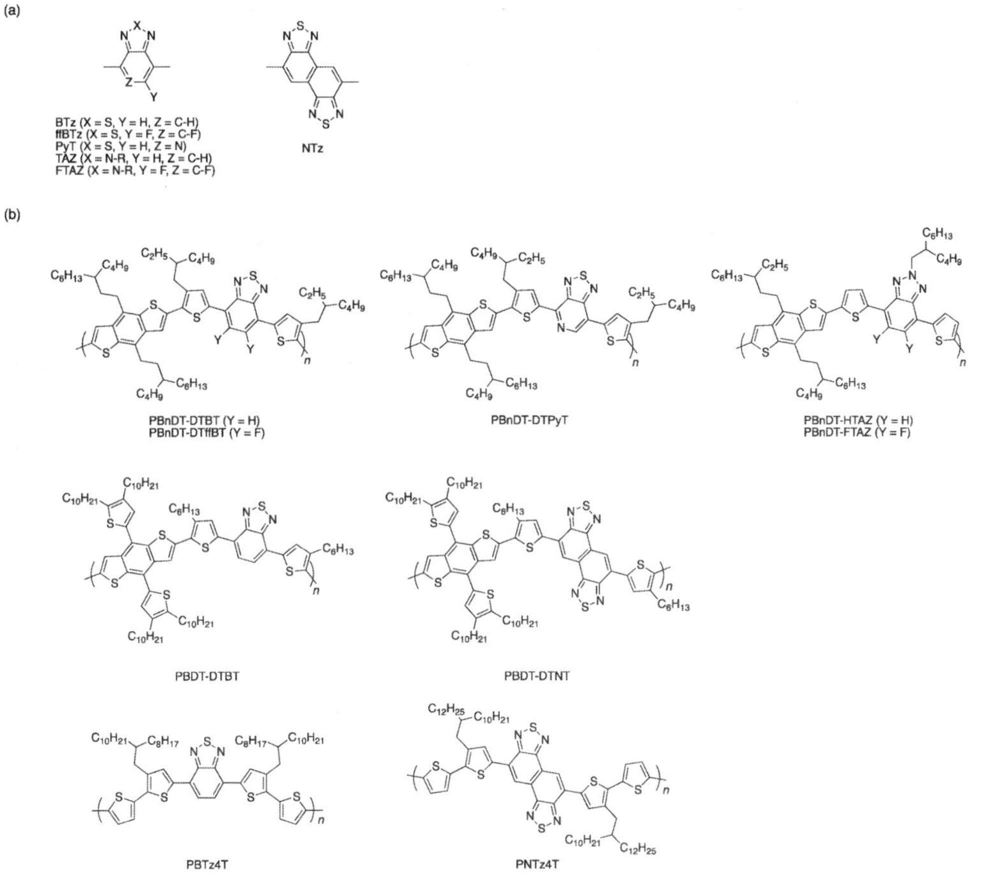

図５　(a)ベンゾアゾール系骨格の構造式（X＝S, Y＝H, Z＝C-H；ベンゾチアジアゾール（BTz）, X＝S, Y＝F, Z＝C-F；ジフルオロベンゾチアジアゾール（ffBTz）, X＝S, Y＝H, Z＝N；チアジアゾロピリジン（PyT）, X＝N-R, Y＝H, Z＝C-H；ベンゾトリアゾール（TAZ）, X＝N-R, Y＝F, Z＝C-F；ジフルオロベンゾトリアゾール（FTAZ））と（b）それらを有する半導体ポリマー

(b)）は，HOMO レベルは－5.47 eV と PBnDT-DTBT とさほど変わらないものの，LUMO レベルは－3.44 eV と約 0.2 eV 深い。PBnDT-DTPyT と $PC_{61}BM$ との BHJ 素子では，V_{OC} は 0.85 eV と PBnDT-DTBT 素子とほぼ同じであるが，J_{SC} は 12.78mA/cm^2 と高く，最大で 6.32％の変換効率を示す[18b]。You らはベンゾトリアゾール（TAZ，図５(a)）およびそのフッ素置換体（FTAZ，図５(a)）を有するポリマー（PBnDT-TAZ および PBnDT-FTAZ，図５(b)）を合成している。TAZ は BTz の硫黄が窒素に置換されたユニットであり，これにより TAZ にもアルキル基を導入することができるため，溶解性を付与する点で分子設計上有利である。一方で，窒素の電子的効果によりアクセプター性は弱いため，PBnDT-TAZ は PBnDT-DTBT に比べて LUMO レベルが浅く，バンドギャップが広い。PBnDT-TAZ/$PC_{61}BM$ 素子は，11.14mA/cm^2 と高い J_{SC} を与えるが，V_{OC} が 0.70V，FF が 0.55 程度とあまり高くないため変換効率は 4.3％に留まっている。

しかし，FTAZ を有する PBnDT-FTAZ は，フッ素基の効果により PBnDT-TAZ よりもやや深い HOMO レベルを持つことから素子の V_{OC} は 0.79V と高く，*FF* も 0.73 と高い値を示し，変換効率は 7.1％に到達する[18c)]。この顕著な *FF* の違いは，PBnDT-FTAZ の高いホール移動度に起因すると，彼らは述べている。

上述のように BTz にフッ素を導入したり，ベンゼンをピリジンに置換したりすることでアクセプター性を高め，HOMO レベルの低下，バンドギャップの狭小化が可能となる。一方で，BTz を縮合することによってもユニットのアクセプター性を高めることができる。Cao らは BTz が二つ縮合したヘテロ芳香族であるナフトビスチアジアゾール（NTz，図 5(a)）と BDT とのコポリマー（PBDT-DTNT，図 5(b)）を報告している[19a)]。PBDT-DTNT は，BTz 型の PBDT-DTBT（図 5(b)）に比べて LUMO レベルが深く，バンドギャップは 0.15 eV ほど小さい。そのため，PBDT-DTNT/$PC_{71}BM$ 素子は 11.71mA/cm^2 と PBDT-DTBT/$PC_{71}BM$ 素子に比べて約 2 倍の J_{SC} を示し，6.0％の変換効率を与える。一方で，筆者らも独立に NTz に着目し，NTz の効果をより理解するため，最もシンプルなドナーユニットであるクオーターチオフェンとのコポリマーである PNTz4T（図 5(b)）を合成した[19b)]。PNTz4T/$PC_{61}BM$ 素子は最大で 6.3％と，PBTz4T/$PC_{61}BM$ 素子（2.6％）に比べて高い変換効率を示した。これは，PNTz4T が対応する BTz 型ポリマー（PBTz4T，図 5(b)）に比べて，バンドギャップが 0.1 eV 小さいだけでなく約 2 倍の吸光係数を持ち，非常に集光能に優れていることと，ホール移動度が約一桁大きく，キャリ

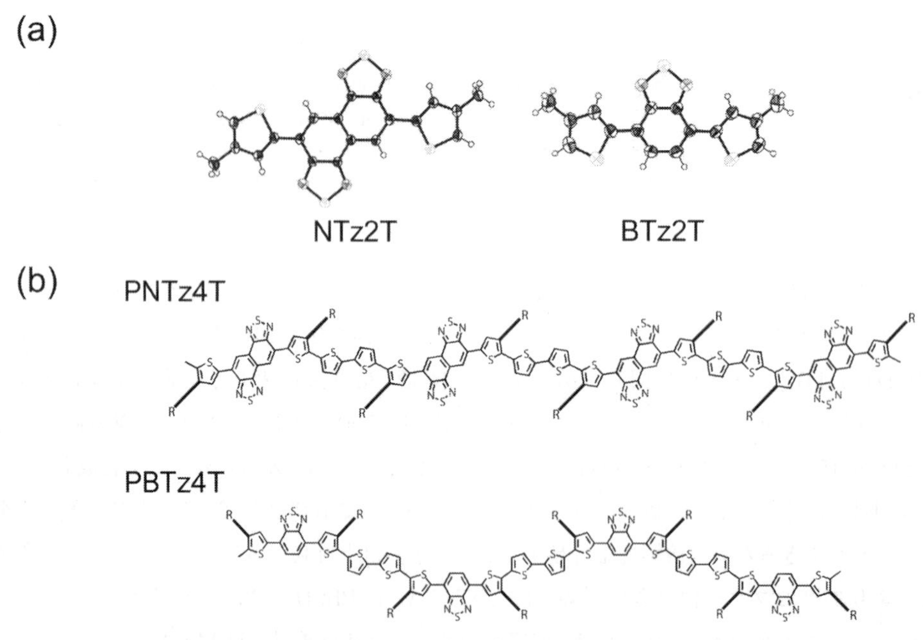

図 6　(a) NTz 及び BTz を有するモノマーユニット（NTz2T, BTz2T）の単結晶中の構造，(b) PNTz4T 及び PBTz4T の主鎖形状とアルキル基の配置

ア輸送効率が高いことに起因すると考えられる。また，このキャリア輸送性の違いを理解するため，ポリマー薄膜のX線回折測定を行ったところ，PNTz4TはPBTz4Tよりも極めて高い結晶性を有することが明らかとなった。さらに，ユニット部位の単結晶構造解析からNTzあるいはBTzに隣接するチオフェンの配置が異なることが分かった（NTzでは*anti*，BTzでは*syn*，図6(a))。これにより，それぞれのポリマー主鎖は擬直線型（PNTz4T）あるいは曲線型（PBTz4T）となり，またアルキル置換基は前者で常に*anti*配置となるのに対し，後者では*anti*と*syn*が混在することが分かる（図6(b))。これはユニットの対称性の違いに起因するものであり，軸対称性のBTzを持つPBTz4Tよりも，中心対称性のNTzを持つPNTz4Tの方が，いわゆる“規則性”の高い分子構造を有することが示唆され，これが薄膜における結晶性を決定する大きな要因の一つと推測される。

1.3.2　ジケトピロロピロール

最近，ジケトピロロピロール（DPP）を用いたポリマー材料の開発が盛んに行われている（図7)。DPPは元来，顔料として用いられており，非常に分子間相互作用の強いユニットであることから，DPP系ポリマーは有機トランジスタにおいて1 cm^2/Vsを超えるホール移動度を示すなど，キャリア輸送性が高いことが特徴である。また，非常にアクセプター性の強いユニットでもあるため，DPP系ポリマーのバンドギャップは一様に小さい（<1.5 eV)。最初にDPP系ポリマーを有機薄膜太陽電池に用いたのは，Janssenらのグループであり，PBBTDPP2と$PC_{71}BM$とのBHJ素子にて4.0％の変換効率を報告している[20a)]。また，同じグループよりDPPとターチオフェンのコポリマー（PDPP3T）が報告されており，$PC_{71}BM$とのBHJ素子にて変換効率は4.7％

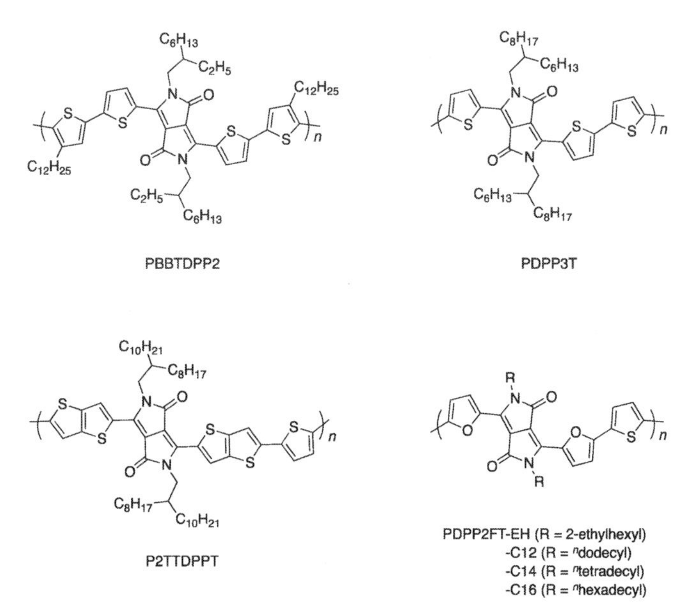

図7　ジケトピロロピロールを有するポリマー

を示す[20b)]。多くのDPP系ポリマーにおいて，DPPユニットに隣接するのはチオフェン環であるが，Bronsteinらのグループや Fréchetらのグループは，チエノチオフェンやフランを隣接基として有するDPP系ポリマー（P2TTDPPT，PDPP2FT）を報告している[21, 22)]。P2TTDPPT/$PC_{71}BM$は15.0mA/cm^2と非常に高いJ_{SC}を与え，変換効率は5.4%を示す[21)]。一方で，PDPP2FTは対応するチオフェン体ポリマー（PDPP3T）に比べて溶解性が高く，PDPP3Tでは2-ヘキシルデシル基（HD）のような長い分岐状アルキル基を導入しなければ十分な溶解性が得られないのに対し，PDPP2FTでは短い2-エチルヘキシル基（EH）あるいは，直線状のドデシル～ヘキサデシル基などを導入しても十分な溶解性を示す[22a)]。EH基を有するPDPP2FT-EHは，$PC_{71}BM$とのBHJ素子にて5.0%の変換効率を示すが，直線状アルキル基を有するポリマー（PDPP2FT-C12, -C14, -C16）は結晶性がより高いため，同様の素子にて変換効率は6.5%に達する[22b)]。

1.3.3　チアゾロチアゾール

チアゾロチアゾール（TzTz）は，比較的弱いアクセプターユニットであるが，高いキャリア輸送能をポリマーに与えるため，有機トランジスタ材料，有機薄膜太陽電池材料問わず用いられている。様々なグループが，BDTやCDT，DTS，Czなどのドナーユニットと組み合わせたTzTz系ポリマーを報告しており（図8），これらを用いた素子の変換効率は2～5%を示す[23)]。Konarka

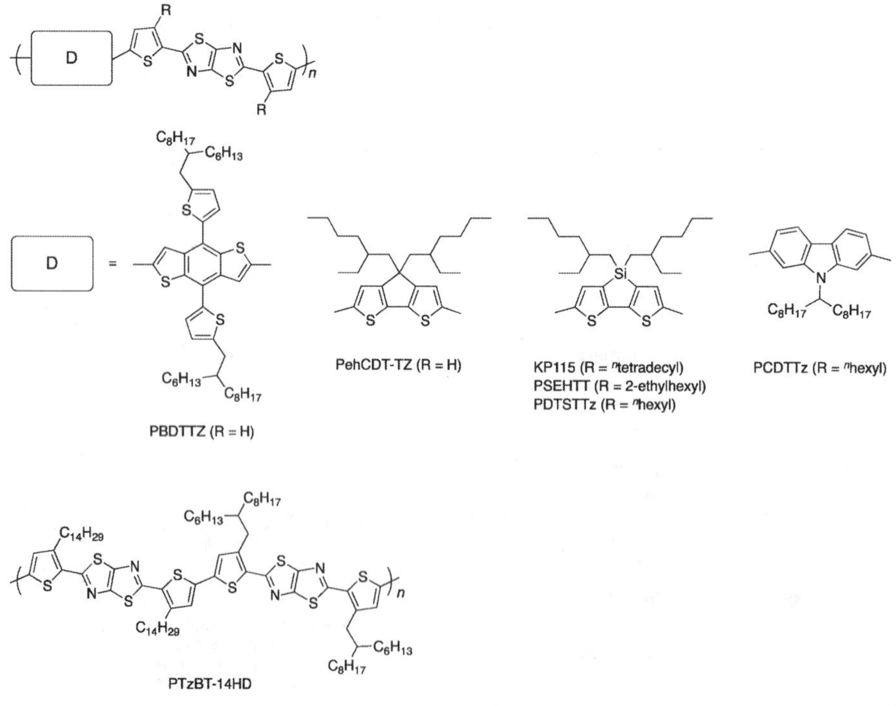

図8　チアゾロチアゾールを有する半導体ポリマー

社は，DTS と TzTz とのコポリマーである KP115 が，400nm ほどの厚膜においても変換効率が低下しないことを報告している[23c)]。

一方で，筆者らはよりシンプルな主鎖骨格である PTzBT-14HD（図 8）を報告した[24)]。PTzBT-HD は，有機トランジスタ用材料として開発されたポリマーであり，HOMO レベルが −5.2 eV と比較的深いことから，非常に大気安定なトランジスタ素子を与える。PTzBT-14HD は当初，分子量が 13000 程度と低く，$PC_{61}BM$ との BHJ 素子にて 3.2％程度の変換効率を示すのみであったが，分子量を 33000 まで増大させることで，5.7％と TzTz 系としては最も高い効率を示した。PTzBT-14HD はバンドギャップが 1.8 eV 程度（吸収端 680nm 程度）とあまり小さくないが，高い効率を与えるポリマーとして非常に興味深い。また，PTzBT-14HD は単独薄膜においては主鎖平面が基板に対して垂直な edge-on 配向を形成するが，$PC_{61}BM$ と混合することで face-on へと配向が変化し，PBDTTPD などのポリマーと同様，これが高効率を示す大きな要因と考えられる（図 9）。

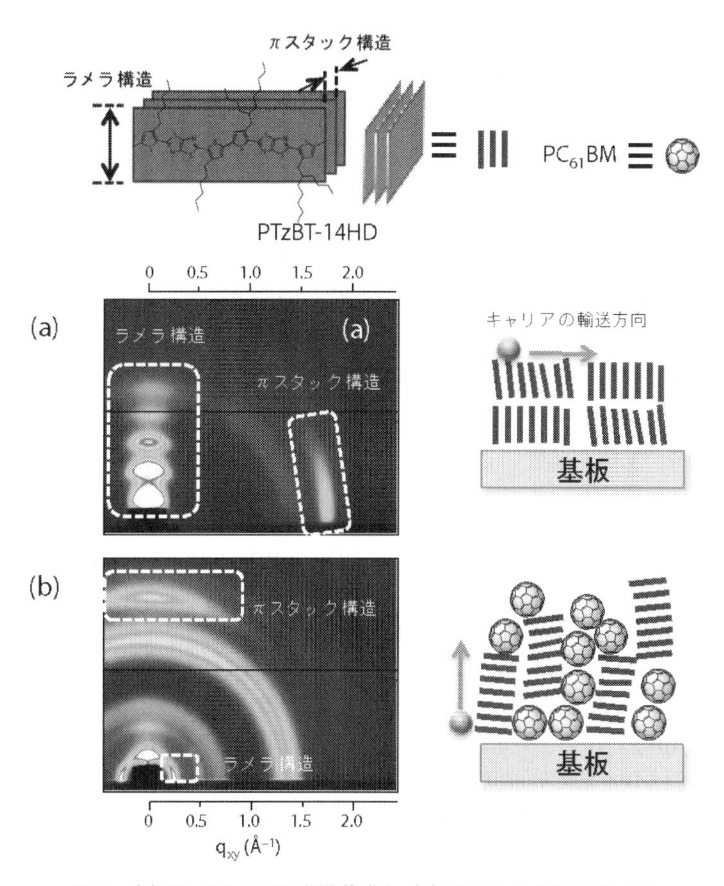

図 9　(a) PTzBT-14HD 単独薄膜と (b) PTzBT-14HD/$PC_{61}BM$ 混合薄膜の二次元 X 線回折像と配向の模式図

1.4 まとめ

本節では，ユニット骨格の特徴に焦点をあて，種々の高性能ポリマー材料を紹介した。有機薄膜太陽電池素子の高性能化を見据えた材料開発には，ユニットの選択に加えて，分子量の制御や導入する可溶性置換基の種類，形状，置換位置の制御によりポリマー構造の最適化を図ることが重要となる。一方で，同じポリマーを用いてもその素子特性は，p型ポリマーとn型フラーレン誘導体との混合比，溶媒の種類，添加剤，膜厚など様々な要因によって大きく変化するため，材料だけでなく，デバイスの最適化も極めて重要である。

ごく最近，有機薄膜太陽電池の大きなマイルストーンであった10%を超える変換効率が三菱化学，あるいは住友化学（UCLAとの共同研究）より発表され，これまで変換効率では欧米，学術論文数においても欧米あるいは中国に水をあけられていた本分野における日本の立場は，良い意味で変わりつつあり，国内の研究開発はさらに活気づいてきている。この有機薄膜太陽電池開発を“ブーム”で終わらせないためにも，本分野に関わる研究者が一丸となって研究開発を進めていかなければならない。

文　　献

1) S. Günes, *et al.*, *Chem. Rev.*, **107**, 1324 (2007)
2) D. Mühlbacher, *et al.*, *Adv. Mater.*, **18**, 2884 (2006)
3) a) P. T. Boudreault, *et al.*, *Chem. Mater.*, **23**, 456 (2011); b) P. M. Beaujuge, *et al.*, *J. Am. Chem. Soc.*, **133**, 20009 (2011); c) O. Inganäs, *et al.*, *Acc. Chem. Res.*, **42**, 1731 (2009); d) J. Chen, *et al.*, *Acc. Chem. Res.*, **42**, 1709 (2009); e) Y. Liang, *et al.*, *Acc. Chem. Res.*, **43**, 1227 (2010) など
4) a) J. Peet, *et al.*, *Nat. Mater.*, **6**, 497 (2007); b) J. K. Lee, *et al.*, *J. Am. Chem. Soc.*, **130**, 3619 (2008)
5) J. Hou, *et al.*, *J. Am. Chem. Soc.*, **130**, 16144 (2008)
6) a) H.-Y. Chen, *et al.*, *Adv. Mater.*, **22**, 371 (2010); b) M. C. Scharber, *et al.*, *Adv. Mater.*, **22**, 367 (2010)
7) T.-Y. Chu, *et al.*, *J. Am. Chem. Soc.*, **133**, 4250 (2011)
8) C. M. Amb, *et al.*, *J. Am. Chem. Soc.*, **133**, 10062 (2011)
9) a) E. Zhou, *et al.*, *Macromolecules*, **41**, 8302 (2008); b) E. Zhou, *et al.*, *Macromolecules*, **41**, 821 (2010)
10) L. Hou, *et al.*, *Angew. Chem. Int. Ed.*, **49**, 1500 (2010)
11) a) Y. Liang, *et al.*, *J. Am. Chem. Soc.*, **131**, 56 (2009); b) Y. Liang, *et al.*, *J. Am. Chem. Soc.*, **131**, 7792 (2009); c) J. Hou, *et al.*, *J. Am. Chem. Soc.*, **131**, 15586 (2009); d) Y. Liang, *et al.*, *Adv. Mater.*, **22**, E135 (2010); e) H.-Y. Chen, *et al.*, *Nature Photon.*, **3**,

649 (2009)
12) a) Y. Zou, *et al.*, *J. Am. Chem. Soc.*, **132**, 5330 (2010) ; b) C. Piliego, *et al.*, *J. Am. Chem. Soc.*, **132**, 7595 (2010) ; c) Y. Zhang, *et al.*, *Chem. Mater.*, **22**, 2696 (2010)
13) I. Osaka, *et al.*, *ACS Macro Lett.*, **1**, 437 (2012)
14) F. Zhang, *et al.*, *Adv. Funct. Mater.*, **16**, 667 (2006)
15) D. Kitazawa, *et al.*, *Appl. Phys. Lett.*, **95**, 053701 (2009)
16) E. Wang, *et al.*, *Appl. Phys. Lett.*, **92**, 033307 (2008)
17) a) N. Blouin, *et al.*, *J. Am. Chem. Soc.*, **130**, 732 (2008) ; b) S. H. Park, *et al.*, *Nature Photon.*, **3**, 297 (2009)
18) a) H. Zhou, *et al.*, *Angew. Chem. Int. Ed.*, **50**, 2995 (2011) ; b) H. Zhou, *et al.*, *Angew. Chem. Int. Ed.*, **49**, 7992 (2010) ; c) S. C. Price, *et al.*, *J. Am. Chem. Soc.*, **133**, 4625 (2011)
19) a) M. Wang, *et al.*, *J. Am. Chem. Soc.*, **133**, 9638 (2011) ; b) I. Osaka, *et al.*, *J. Am. Chem. Soc.*, **134**, 3498 (2012)
20) a) M. M. Wienk, *et al.*, *Adv. Mater.*, **20**, 2556 (2008) ; b) J. C. Bijleveld, *et al.*, *J. Am. Chem. Soc.*, **131**, 16616 (2009)
21) H. Bronstein, *et al.*, *J. Am. Chem. Soc.*, **133**, 3272 (2011)
22) a) C. H. Woo, *et al.*, *J. Am. Chem. Soc.*, **132**, 15547 (2010) ; b) A. T. Yiu, *et al.*, *J. Am. Chem. Soc.*, **134**, 2180 (2012)
23) a) L. Huo, *et al.*, *Macromolecules*, **44**, 4035 (2011) ; b) I. H. Jung, *et al.*, *Chem. Euro. J.*, **16**, 3743 (2010) ; c) J. Peet, *et al.*, *Appl. Phys. Lett.*, **98**, 043301 (2011) ; d) M. Zhang, *et al.*, *Adv. En. Mater.*, **4**, 557 (2011) ; e) S. Subramaniyan, *et al.*, *Adv. En. Mater.*, **5**, 854 (2011) ; f) S.-K. Lee, *et al.*, *Chem. Commun.*, **47**, 1791 (2011)
24) I. Osaka, *et al.*, *Adv. Mater.*, **24**, 425 (2012)

2　高性能ローバンドギャップポリマー材料の開発

前田勝浩*1，井改知幸*2

2.1　はじめに

高分子系有機薄膜太陽電池は，軽量，柔軟といった有機高分子に特徴的な利点を有するだけでなく，塗布法による大面積素子の製造が可能であり従来のシリコン系太陽電池よりも大幅な低コスト化が期待できるため世界的に関心が高まっている。高分子系有機薄膜太陽電池の有機発電層の構造は，電子ドナーとなるπ共役高分子と電子アクセプターとなるフラーレン誘導体などがナノスケールで混合されたバルクヘテロジャンクション型が主流となっている。電子ドナー材料として現在主に用いられているポリ(3-ヘキシルチオフェン)（P3HT）のフィルム状態の吸収スペクトル（破線）と太陽光スペクトル（実線）を図1に示す。太陽光には，おおよそ600～800nmの波長領域にもっとも光子が多く含まれていることが分かる。しかし，P3HTはHOMO-LUMO準位間のエネルギー差（バンドギャップ，E_g）が1.9 eVあり，650nm以下の波長の光しか吸収することができない。これは太陽光に含まれる光子を最高でも25%しか光電変換に利用できないことを意味している[1]。光電変換に利用可能な光子数を増やし，短絡電流密度（J_{SC}）と共に光電変換効率（PCE）の向上を目指すためには，E_gが小さく太陽光スペクトルとの整合性の高いローバンドギャップポリマー(ナローバンドギャップポリマーと同義)の開発が必要不可欠となる。

一方，有機薄膜太陽電池の開放電圧（V_{OC}）は，電子ドナーのHOMO準位と電子アクセプターのLUMO準位の差に比例すると考えられている[2, 3]。そのため，電子アクセプターとしてPCBMを使用する素子でV_{OC}を向上させるためには，電子ドナーとして用いるπ共役高分子の

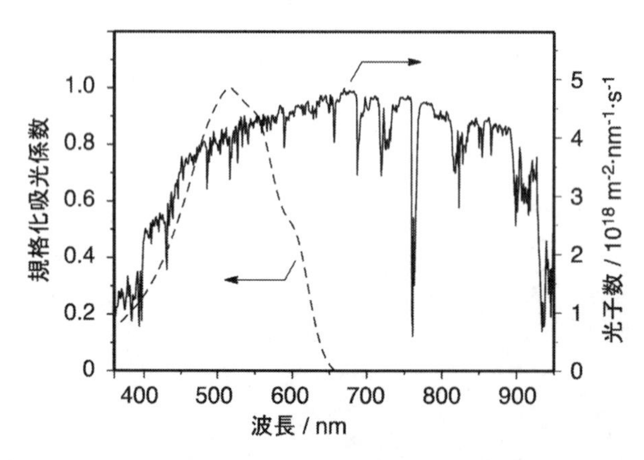

図1　P3HTの吸収スペクトル（フィルム）と太陽光の光子数分布

*1　Katsuhiro Maeda　金沢大学　理工研究域　物質化学系　准教授

*2　Tomoyuki Ikai　金沢大学　理工研究域　物質化学系　助教

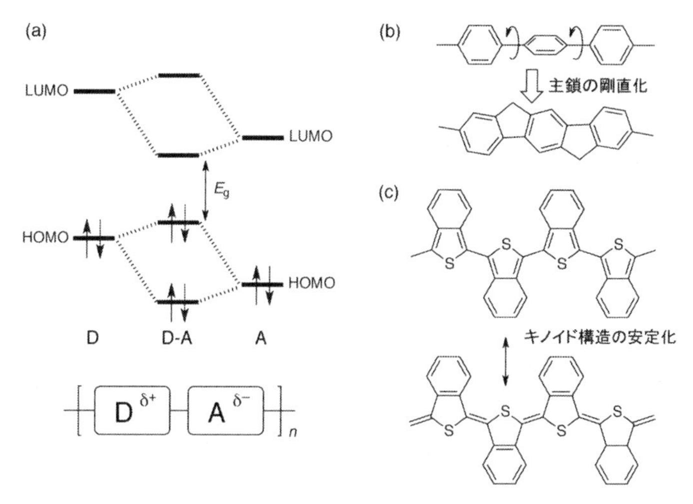

図2　π共役高分子をローバンドギャップ化する代表的な方法の概略図

HOMO準位を深くすることが不可欠となる。しかし，前述のように長波長領域の光を吸収できるようにE_gを小さくすることはHOMO準位の上昇につながるため，V_{OC}向上の観点から好ましくない。したがって，J_{SC}とV_{OC}が共に高い理想的な有機薄膜太陽電池用のドナー性π共役高分子を開発するためには，HOMO準位とLUMO準位の双方を精緻にチューニングする必要がある。PCBMを電子アクセプターに用いる場合，π共役高分子のE_gが1.5 eV程度になるように，HOMO準位は−5.2〜−5.5 eV，LUMO準位は−3.7〜−3.9 eVに調節するのが望ましい。

π共役高分子をローバンドギャップ化する代表的な方法を図2にまとめた[4〜8]。これまでにもっとも多く報告されているのが，電子豊富な芳香族ユニット（D）と電子欠乏性の芳香族ユニット（A）を交互共重合して得られるD-A型ポリマーである（a)。D-A型ポリマーは，分子内で電荷移動相互作用が働くことで大幅なローバンドギャップ化が図られている。また，主鎖の平面性を高めるために芳香族ユニット間を化学結合で連結する方法も提案されている（b)。さらに，π共役高分子に存在する芳香族型とキノイド型の2つの共鳴構造の中で，芳香族ユニット間の二重結合性を強めるためにキノイド構造の寄与を高める手法も注目されている（c)。

ここでは，有機薄膜太陽電池に用いられているローバンドギャップポリマーについて，特に高いPCEが達成されている材料に焦点をあてて述べる。その他の有機薄膜太陽電池用のπ共役高分子材料については，これまでに多くの優れた解説や総説があるので，そちらを参照して頂きたい[4, 9〜11]。

2.2　ベンゾチアジアゾールを用いたローバンドギャップポリマー

D-A型ポリマーの代表的なA成分としてベンゾチアジアゾール（2,1,3-benzothiadiazole, BT）が挙げられる（図3)。2007年にLeclercらは，D成分としてカルバゾールを用いたpoly-**1**を合

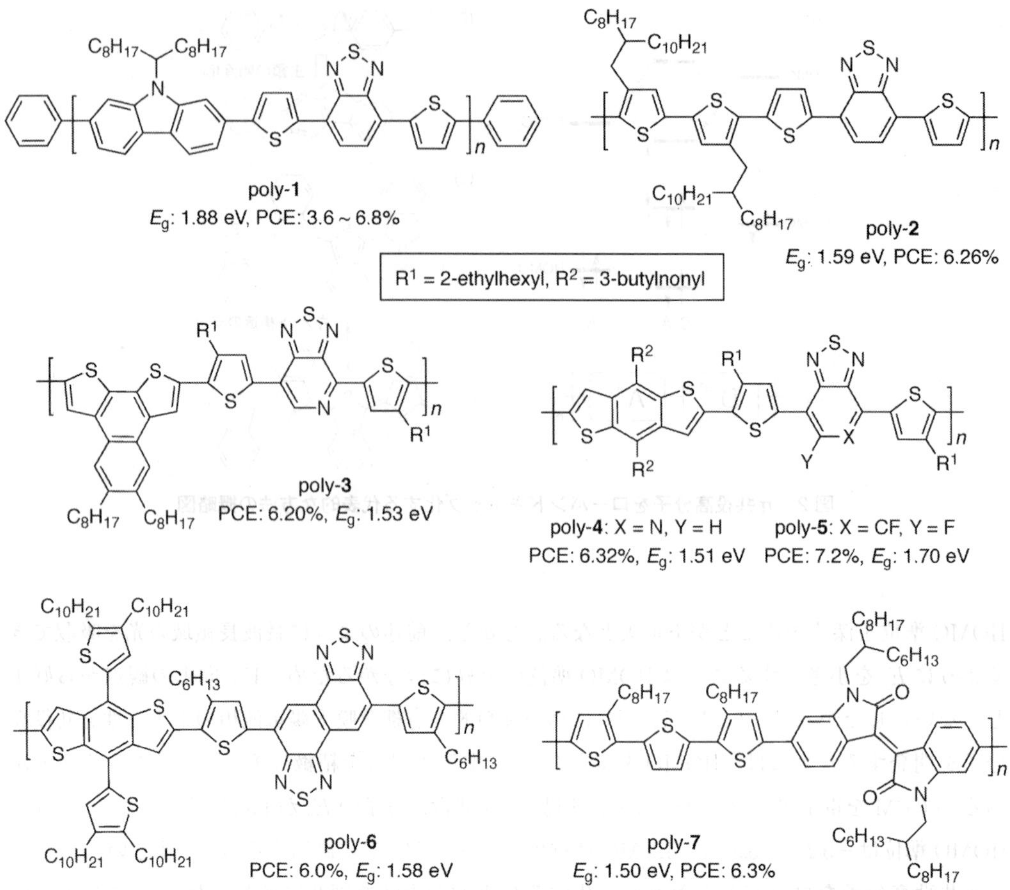

poly-**1**
E_g: 1.88 eV, PCE: 3.6 ~ 6.8%

poly-**2**
E_g: 1.59 eV, PCE: 6.26%

R^1 = 2-ethylhexyl, R^2 = 3-butylnonyl

poly-**3**
PCE: 6.20%, E_g: 1.53 eV

poly-**4**: X = N, Y = H
PCE: 6.32%, E_g: 1.51 eV

poly-**5**: X = CF, Y = F
PCE: 7.2%, E_g: 1.70 eV

poly-**6**
PCE: 6.0%, E_g: 1.58 eV

poly-**7**
E_g: 1.50 eV, PCE: 6.3%

図3　ベンゾチアジアゾール（BT）ユニットを用いたローバンドギャップポリマー

成し[12]，このポリマーを有機発電層の電子ドナーに用いた太陽電池素子によって，当時では最高レベルの3.6%のPCEを達成している。後に，Heegerらにより内部量子効率がほぼ100%となる素子構造が提案され，poly-**1**を用いた素子のPCEは6.1%に向上している[13]。最近，素子構造のさらなる改良により，PCEは6.79%に達している[14]。Poly-**2**は，D成分にチオフェンを利用した比較的単純な構造のポリマーであるが，E_gは1.59 eVまで小さくなり，P3HTよりも100nm以上長波長の光を吸収することができ，6.26%のPCEが報告されている[15]。

光吸収によりポリマー中に生成した励起子が，PCBM界面で効率的に電荷分離するためには，ポリマーとPCBMのLUMO準位間に0.3 eV程度のエネルギー差が必要となる[16]。PCBMのLUMO準位が−4.2 eV程度であるので[5]，ポリマーのLUMO準位は−3.7〜−3.9 eV程度であることが好ましい。BTユニットをA成分に用いたポリマーのLUMO準位は概して−3.7 eVよりも浅いため，LUMO準位を深めることがE_gを小さくする有効な手段となる。D–A型ポリマーのLUMO準位を深くするために電子欠乏性をさらに高めたBT誘導体がいくつか開発されている。ベンゼンよりもピリジンの方が電子欠乏性であることに着目し，BTの6員環上の炭素一つを窒素に置換して電子欠乏性を強めたpoly-**3**及びpoly-**4**が合成されており，対応するベンゼン型のポリマーと比べてLUMO準位が0.2 eV程度深くなり，E_gも0.1〜0.2 eV程度小さくなることが報告されている[17]。また，電気陰性度がもっとも大きいフッ素をBT環上に導入して電子欠乏性を強める試みも行われており[18]，poly-**5**のようにフッ素を2つ導入することによってLUMO準位は0.2 eV深くなることが分かっている[19]。実際に，poly-**3-5**を電子ドナーに用いた太陽電池素子で，それぞれ6.2%，6.3%，7.2%のPCEが報告されている。ここで得られた結果は電子アクセプターとして$PC_{61}BM$を用いた結果であり，可視領域の光をより効率的に吸収可能な$PC_{71}BM$を使用することでPCEの更なる向上が期待できる。さらに，poly-**3-5**と$PC_{61}BM$から成る発電層は，光電変換に最適なモルフォロジーを形成するために添加剤やアニーリング処理を必要としない。そのため，実験室レベルの小規模素子から工業規模の大面積素子へ容易にスケールアップすることが可能となる。

Y. Caoらのグループは，A成分として二つのBT環が縮環した構造を有するナフト[1,2-*c*:5,6-*c*]ビス[1,2,5]チアジアゾール(naphtho[1,2-*c*:5,6-*c*]bis[1,2,5]thiadiazole, NT）を報告している[20]。NTをA成分に有するpoly-**6**は，BTを用いたポリマーよりもE_gが0.15 eV小さくなり，PCEも2.11%から6.00%へ向上する。長波長領域の光を吸収できることに加え，NTの高い平面性のためにホール輸送が効率的に行われることがPCE向上の要因と考えられる。実際に，poly-**6**のホール移動度はBT系ポリマーよりも一桁大きい値（$\sim 10^{-5} cm^2/V \cdot s$）を示し，$J_{SC}$は5.80mA/cm^{2}から11.71mA/cm^{2}に向上している。

天然物から容易に合成でき，染料産業で幅広く使用されているイソインジゴ（isoindigo）をA成分に用いたローバンドギャップポリマーが報告されている[21]。Poly-**7**は，π-πスタッキングによりホール移動度の向上が期待できるターチオフェンをD成分に有し，吸収スペクトルの吸収端（826nm）からもとめたE_gは1.50 eVとなっている。電子アクセプターに$PC_{71}BM$を用いた素子で，J_{SC}が13.1mA/cm^{2}で，6.3%のPCEが達成されている。

2.3 平面性の高いユニットを用いたローバンドギャップポリマー

強固なπ-πスタッキングが期待できる平面性の高いユニットをポリマー主鎖骨格に組み込むことで，分子鎖を高密度にパッキングすることができ，優れたホール輸送能を有するπ共役高分子を合成することができる。5つの芳香環を縮環したインダセノジチオフェン(indacenodithiophene, IDT）は，代表的な平面性の高いDユニットであり，IDTを用いたローバンドギャップポリマーがいくつか報告されている（図4)。

D成分にIDT，A成分にBTを用いたpoly-**8**を電子ドナーに用いた太陽電池素子で，6.41%のPCEが達成されている[22]。また，A成分にも平面性の高いユニットを使用したpoly-**9**, poly-**10**が合成されており，電界効果トランジスタ（FET）素子を作製して求めたホール移動度は，それぞれ2.9×10^{-2}，$5.6 \times 10^{-2} cm^2/V \cdot s$となり，高分子系のホール輸送材料としては格段に高い

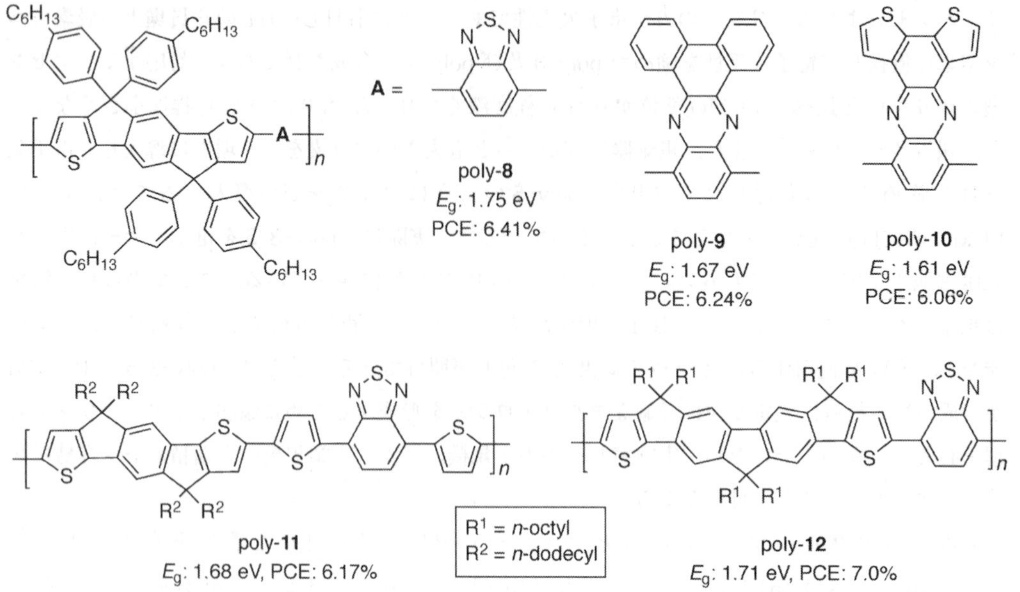

A =

poly-**8**
E_g: 1.75 eV
PCE: 6.41%

poly-**9**
E_g: 1.67 eV
PCE: 6.24%

poly-**10**
E_g: 1.61 eV
PCE: 6.06%

poly-**11**
E_g: 1.68 eV, PCE: 6.17%

R^1 = *n*-octyl
R^2 = *n*-dodecyl

poly-**12**
E_g: 1.71 eV, PCE: 7.0%

図4　平面性の高い共役ユニットを用いたローバンドギャップポリマー

値を示すことが報告されている[23, 24]。Poly-**9**，poly-**10** を用いた太陽電池素子で，それぞれ 6.24，6.06％の PCE が報告されている。

最近，アルキル基を直接 IDT に導入した poly-**11** が合成され，そのホール移動度は，$2.24 \times 10^{-3} cm^2/V \cdot s$（空間電荷制限電流法）であり，PCE は 6.17％を示す[25]。また，芳香環が7つ縮環したユニットを有する poly-**12** では，7.0％の PCE が達成されている[26]。

2.4　チエノピロールジオンを用いたローバンドギャップポリマー

簡便に合成が可能なチエノ[3,4-*c*]ピロール-4,6-ジオン（thieno[3,4-*c*]pyrrole-4,6-dione, TPD）を A 成分とする D-A 型ポリマーの開発に注目が集まっている。実際に，TPD モノマーは市販の 3,4-チオフェンジカルボン酸から2ポットの反応で得ることができ，適切な D 成分と共重合することで，6％以上の PCE を示すローバンドギャップポリマーを合成することができる（図5）。

2010 年に3つの研究グループから独立に，TPD とベンゾ[1,2-*b*:4,5-*b'*]ジチオフェン（benzo[1,2-*b*:4,5-*b'*]dithiophene, BDT）の共重合体である poly-**13** が報告された[27〜29]。中でも，Fréchet らは，電子アクセプターに $PC_{61}BM$ を用いた素子で，6.8％の変換効率を達成している。しかし，poly-**13** は主鎖間の π-π スタッキングだけでなくイミド基間の極性な相互作用が働くため，その溶解性は極めて低く，室温では一般的な有機溶媒にほとんど不溶となる。そのため，太陽電池素子を作製するには，100℃以上に加熱した poly-**13** と PCBM の混合溶液を基板に塗布する必要があり，高分子系有機薄膜太陽電池の最大のメリットである大面積素子を作製する際に

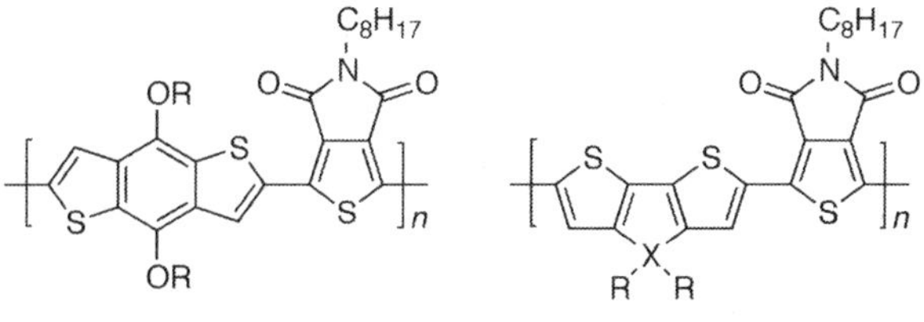

図5　チエノピロールジオン（TPD）ユニットを用いたローバンドギャップポリマー

大きな障害となる。これまでに溶解性の向上を目指して，TPDの側鎖に2-オクチルドデシル基を導入したポリマーが合成されているが，PCEは4.79%に低下している[30]。

一方，D成分としてBDTの代わりにジチエノ[3,2-*b*:2',3'-*d*]シロール（dithieno[3,2-*b*:2',3'-*d*] silole, DTS）を有するポリマーpoly-**14**が開発されている[31]。Poly-**14**は室温でもハロゲン系溶媒に対して良好な溶解性を示すだけでなく，E_gがpoly-**13**と比べて0.1 eV程度小さくなっている。実際に，1,8-ジヨードオクタンを添加した1,2-ジクロロベンゼンにpoly-**14**と$PC_{71}BM$を溶解させ，この混合溶液から有機発電層を調製することで7.3%のPCEが達成されている。添加剤として1,8-ジヨードオクタンを使用しない場合，$PC_{71}BM$は直径0.4 μm程度の巨大なドメインを形成してしまい，効率的に励起子解離，電荷輸送を行うことが困難となる。その結果，J_{SC}の低下に伴って，PCEも1.0%にまで低下する。したがって，poly-**14**と$PC_{71}BM$からなる有機発電層のモルフォロジーを光電変換に最適な状態に制御するためには，1,8-ジヨードオクタンを少量添加することが必要不可欠となる。

一般的に，ビチオフェンを炭素で連結した構造を有するシクロペンタジチオフェン（CPD）をD成分として導入したポリマーよりも，ケイ素で連結したDTSを含有するポリマーの方が，ホール移動度が高くなることが知られている。これは，Si-C結合の方がC-C結合と比べて原子間距離が長いため，DTSユニットを導入することで嵩高いアルキル鎖を主鎖から遠ざけることができ，分子鎖間のπ-πスタッキングがより効果的に作用することに起因すると考えられている。Reynoldsらのグループは，ケイ素よりも高周期の第14族元素を用いることで，さらに高効率な太陽電池素子の開発を試みている[32]。具体的には，ゲルマニウムでビチオフェンを連結したジチエノ[3,2-*b*:2',3'-*d*]ゲルモール(dithieno[3,2-*b*:2',3'-*d*]germole, DTG）をD成分として用いたpoly-**15**を報告している。彼らは，仕事関数が小さく酸化されやすいアルミニウムを電子捕集電極に用いる一般的な素子（ノーマル型素子）ではなく，酸素や水によって腐食されない化学的に安定な酸化亜鉛を電子捕集電極，銀（Ag）を正孔捕集電極に用いた逆型素子を用いて太陽電池の性能評価を行っている。比較のために，poly-**14**を用いて逆型素子を作製したところ，6.6%

の PCE（J_{SC}：11.5mA/cm^2）が得られている。前述の Leclerc らの結果（7.3%）よりも低下しているのは，素子構造の違いが影響しているものと考えられる。一方，poly-**15** を電子ドナーに用いることで，J_{SC} が 12.6mA/cm^2 に向上し，逆型素子としては世界最高効率（2012 年 2 月現在）である 7.3%の PCE が達成されている。

2.5 チエノチオフェンを用いたローバンドギャップポリマー

チエノ[3,4-*b*]チオフェン（thieno[3,4-*b*]thiophene, TT）を主鎖に有する π 共役高分子は，キノイド構造の安定化効果により E_g が小さくなり，光吸収領域を長波長化できることが知られている[33]。2009 年に TT と BDT の交互共重合体である π 共役高分子 poly-**16** を電子ドナーに用いた有機薄膜太陽電池で 5.6%の PCE が達成されて以来，TT ユニットは大きな注目を集めている（図 6）[34]。Poly-**17** のように，アルキルエステルよりも電子吸引性の強いアルキルケトンを TT の側鎖に導入することでポリマーの HOMO 準位が深くなり，それに伴って開放電圧（V_{OC}）が増加し，変換効率がさらに向上する（6.58%）[35]。一方，TT 環上に電子吸引性のフルオロ基を導入した poly-**18**，poly-**19** では，PCE が 7 %以上にまで向上する[36, 37]。特に poly-**19** では，素子構造を改良することにより，高分子系有機薄膜太陽電池の世界最高効率（2012 年 2 月現在）で

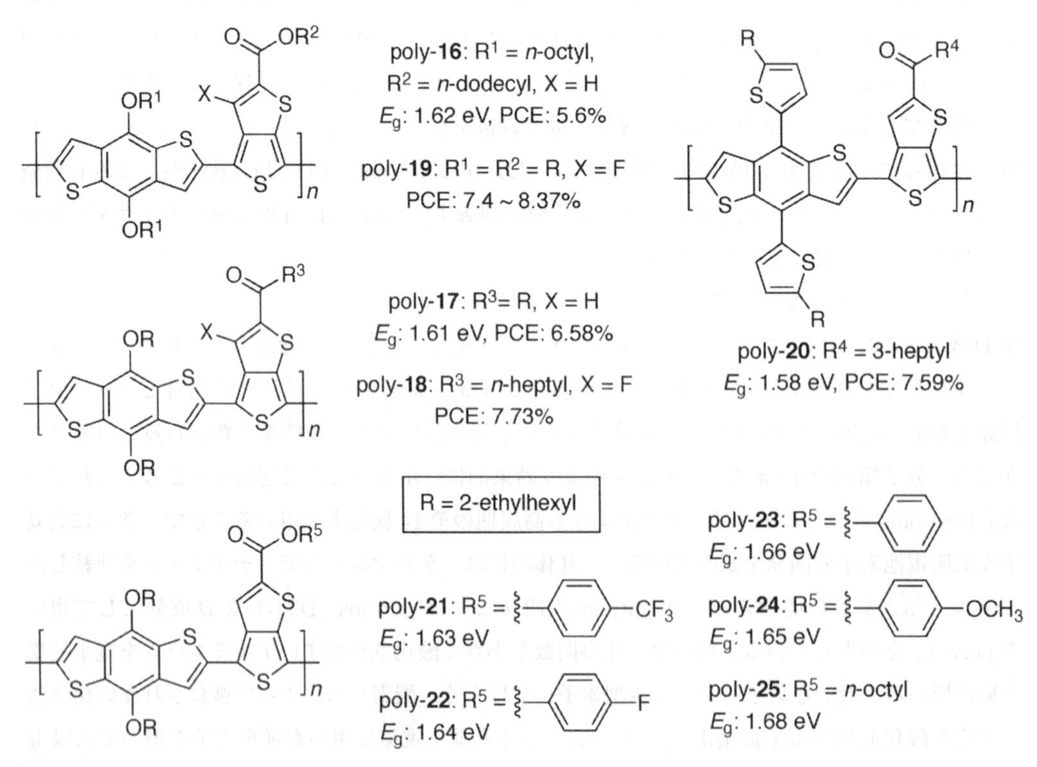

図 6 チエノチオフェン（TT）ユニットを用いたローバンドギャップポリマー

ある8.37％を記録している[14]。また，BDTの側鎖にチオフェン環を導入したpoly-**20**は，分子間のスタッキングが強まり劇的にホール移動度が向上することも報告されている[38]。

しかし，上記ポリマーの場合，その合成が非常に煩雑であるだけでなく，さらなる構造修飾によるエネルギー準位の制御も容易ではない。我々は，エネルギー準位を自在にチューニング可能なTT系ローバンドギャップポリマーを単純な反応経路で合成することを目指して，TTの側鎖にフェニルエステル基を導入したTTとBDTからなるポリマーを開発した[39]。

TTモノマーは，カルボキシル基を有するモノマー前駆体から，フェノール誘導体との1ポットの反応により高収率で合成することができる。反応させるフェノールの種類を変えて得られた4種類のモノマーをBDTと共重合することでpoly-**21**-**24**を合成した。ポリマーのフィルム状態での吸収スペクトルを図7に示す。側鎖にフェニルエステル基を有するpoly-**21**はオクチルエステル基を有するpoly-**25**よりも吸収領域が長波長側へシフトし，E_gが0.05 eV小さくなることが分かった。これは，側鎖にフェニルエステル基を導入することでポリマー主鎖の平面性がより高くなったためであると考えられる。

ポリマーのHOMO準位を大気中光電子分光法により求めたところ，フェニル基上にトリフルオロメチル基やフルオロ基のような電子吸引性の置換基を有するpoly-**21**，poly-**22**は，フェニル基上に置換基のないpoly-**23**と比較して深いHOMO準位を示した。一方，メトキシ基のような電子供与性基を有するpoly-**24**ではHOMO準位の上昇が見られた。ポリマーのHOMO準位をHammettの置換基定数（σ）に対してプロットした結果を図8に示す。ポリマーのHOMO準位とσ値との間には良好な線形的相関がみられることから，フェニル基上の置換基の電子的影響がフェニルエステル基を介して主鎖に伝搬していることが示された。以上のように，本手法はフェニル基上の置換基を適切に選択することで，理想的なエネルギー準位を有するローバンドギャップポリマーを合目的的に合成することが可能であるので，新たな電子ドナー材料を設計する上での有用な合成戦略になり得ると期待される。

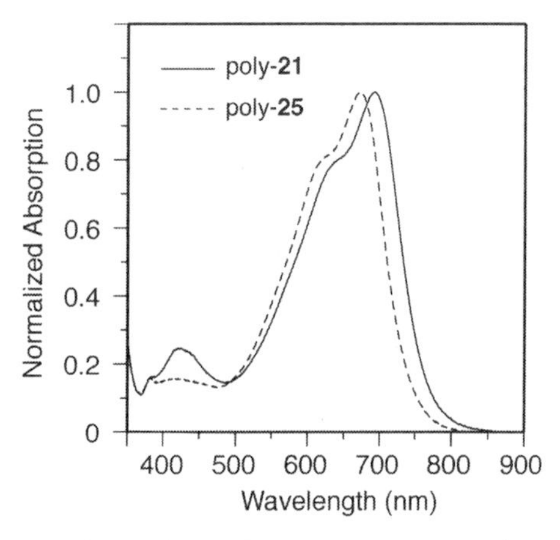

図7　Poly-**21**及びpoly-**25**の吸収スペクトル（フィルム）

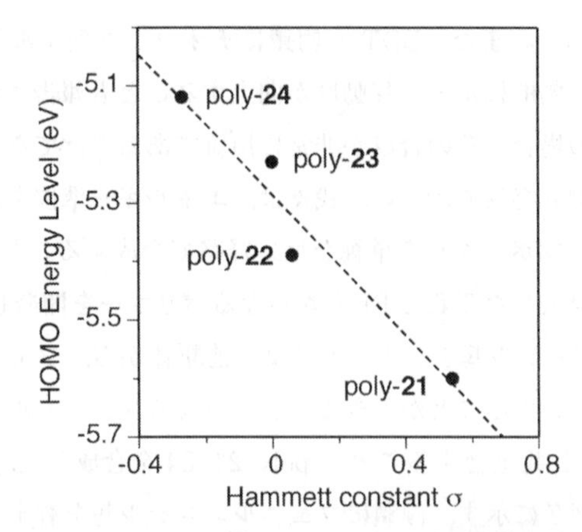

図8　Poly-**21**-**24** の HOMO 準位と Hammett の置換基定数（σ）の関係

2.6　おわりに

P3HT に変わる電子ドナー材料として高性能ローバンドギャップポリマーの開発競争が先鋭化する中で，高分子系有機薄膜太陽電池の PCE は最近の数年間で急速に向上しており，実用化の目安とされる 10%の PCE が射程に入ってきている。高分子材料開発の次ステージとして，PCE の向上と共に素子の耐久性にも焦点を当てていかなければならない。分子設計の自由度の高い有機材料には無限の可能性が秘められており，近い将来，真に実用的な高分子系ドナー材料が開発され，有機薄膜太陽電池の新時代を拓くものと信じている。

文　　献

1）E. Bundgaard, F. C. Krebs, *Sol. Energy Mater. Sol. Cells* **91**, 954 (2007)
2）C. J. Brabec, A. Cravino, D. Meissner, N. S. Sariciftci, T. Fromherz, M. T. Rispens, L. Sanchez, J. C. Hummelen, *Adv. Funct. Mater.* **11**, 374 (2001)
3）M. C. Scharber, D. Mühlbacher, M. Koppe, P. Denk, C. Waldauf, A. J. Heeger, C. J. Brabec, *Adv. Mater.* **18**, 789 (2006)
4）Y.-J. Cheng, S.-H. Yang, C.-S. Hsu, *Chem. Rev.* **109**, 5868 (2009)
5）H. Zhou, L. Yang, W. You, *Macromolecules* **45**, 607 (2012)
6）P.-L. T. Boudreault, A. Najari, M. Leclerc, *Chem. Mater.* **23**, 456 (2011)
7）A. Facchetti, *Chem. Mater.* **23**, 733 (2011)
8）J. Chen, Y. Cao, *Acc. Chem. Res.* **42**, 1709 (2009)
9）P. M. Beaujuge, J. M. J. Fréchet, *J. Am. Chem. Soc.* **133**, 20009 (2011)
10）C. J. Brabec, S. Gowrisanker, J. J. Halls, D. Laird, S. Jia, S. P. Williams, *Adv. Mater.* **22**,

3839（2010）
11）M. Helgesen, R. Søndergaard, F. C. Krebs, *J. Mater. Chem.* **20**, 36（2010）
12）N. Blouin, A. Michaud, M. Leclerc, *Adv. Mater.* **19**, 2295（2007）
13）S. H. Park, A. Roy, S. Beaupré, S. Cho, N. Coates, J. S. Moon, D. Moses, M. Leclerc, K. Lee, A. J. Heeger, *Nat. Photonics* **3**, 297（2009）
14）Z. He, C. Zhong, X. Huang, W.-Y. Wong, H. Wu, L. Chen, S. Su, Y. Cao, *Adv. Mater.* **23**, 4636（2011）
15）K.-H. Ong, S.-L. Lim, H.-S. Tan, H.-K. Wong, J. Li, Z. Ma, L. C. H. Moh, S.-H. Lim, J. C. de Mello, Z.-K. Chen, *Adv. Mater.* **23**, 1409（2011）
16）B. C. Thompson, J. M. J. Fréchet, *Angew. Chem. Int. Ed.* **47**, 58（2008）
17）H. Zhou, L. Yang, S. C. Price, K. J. Knight, W. You, *Angew. Chem. Int. Ed.* **49**, 7992（2010）
18）Q. Peng, X. Liu, D. Su, G. Fu, J. Xu, L. Dai, *Adv. Mater.* **23**, 4554（2011）
19）H. Zhou, L. Yang, A. C. Stuart, S. C. Price, S. Liu, W. You, *Angew. Chem. Int. Ed.* **50**, 2995（2011）
20）M. Wang, X. Hu, P. Liu, W. Li, X. Gong, F. Huang, Y. Cao, *J. Am. Chem. Soc.* **133**, 9638（2011）
21）E. Wang, Z. Ma, Z. Zhang, K. Vandewal, P. Henriksson, O. Inganäs, F. Zhang, M. R. Andersson, *J. Am. Chem. Soc.* **133**, 14244（2011）
22）Y.-C. Chen, C.-Y. Yu, Y.-L. Fan, L.-I. Hung, C.-P. Chen, C. Ting, *Chem. Commun.* **46**, 6503（2010）
23）Y. Zhang, J. Zou, H.-L. Yip, K.-S. Chen, D. F. Zeigler, Y. Sun, A. K.-Y. Jen, *Chem. Mater.* **23**, 2289（2011）
24）Y. Zhang, J. Zou, H.-L. Yip, K.-S. Chen, J. A. Davies, Y. Sun, A. K.-Y. Jen, *Macromolecules* **44**, 4752（2011）
25）M. Zhang, X. Guo, X. Wang, H. Wang, Y. Li, *Chem. Mater.* **23**, 4264（2011）
26）C.-Y. Chang, Y.-J. Cheng, S.-H. Hung, J.-S. Wu, W.-S. Kao, C.-H. Lee, C.-S. Hsu, *Adv. Mater.* **24**, 549（2012）
27）Y. Zou, A. Najari, P. Berrouard, S. Beaupré, B. Réda Aïch, Y. Tao, M. Leclerc, *J. Am. Chem. Soc.* **132**, 5330（2010）
28）Y. Zhang, S. K. Hau, H.-L. Yip, Y. Sun, O. Acton, A. K.-Y. Jen, *Chem. Mater.* **22**, 2696（2010）
29）C. Piliego, T. W. Holcombe, J. D. Douglas, C. H. Woo, P. M. Beaujuge, J. M. J. Fréchet, *J. Am. Chem. Soc.* **132**, 7595（2010）
30）G. Zhang, Y. Fu, Q. Zhang, Z. Xie, *Chem. Commun.* **46**, 4997（2010）
31）T.-Y. Chu, J. Lu, S. Beaupre, Y. Zhang, J.-R. Pouliot, S. Wakim, J. Zhou, M. Leclerc, Z. Li, J. Ding, Y. Tao, *J. Am. Chem. Soc.* **133**, 4250（2011）
32）C. M. Amb, S. Chen, K. R. Graham, J. Subbiah, C. E. Small, F. So, J. R. Reynolds, *J. Am. Chem. Soc.* **133**, 10062（2011）
33）M. Pomerantz, X. Gu, S. X. Zhang, *Macromolecules* **34**, 1817（2001）

34) H. J. Son, F. He, B. Carsten, L. Yu, *J. Mater. Chem.* **21**, 18934 (2011)
35) J. Hou, H.-Y. Chen, S. Zhang, R. I. Chen, Y. Yang, Y. Wu, G. Li, *J. Am. Chem. Soc.* **131**, 15586 (2009)
36) H.-Y. Chen, J. Hou, S. Zhang, Y. Liang, G. Yang, Y. Yang, L. Yu, Y. Wu, G. Li, *Nat. Photonics* **3**, 649 (2009)
37) Y. Liang, Z. Xu, J. Xia, S.-T. Tsai, Y. Wu, G. Li, C. Ray, L. Yu, *Adv. Mater.* **22**, E135 (2010)
38) L. Huo, S. Zhang, X. Guo, F. Xu, Y. Li, J. Hou, *Angew. Chem. Int. Ed.* **50**, 9697 (2011)
39) T. Yamamoto, T. Ikai, M. Kuzuba, T. Kuwabara, K. Maeda, K. Takahashi, S. Kanoh, *Macromolecules* **44**, 6659 (2011)

3　液晶性フタロシアニンを用いた有機薄膜太陽電池

尾崎雅則*1，藤井彰彦*2，清水　洋*3

3.1　はじめに

有機薄膜太陽電池は，π共役分子・高分子をベース材料としており，印刷法などのウェットプロセスを用いたロール・トゥ・トールによる生産が期待でき，大面積・大量生産が最大の特徴である[1)]。有機材料を用いた光起電力の研究の歴史は数十年前にさかのぼるが，実用的な太陽電池の実現を予感させる研究は1980年代半ばのTangらの低分子材料を真空蒸着法により積層させた研究である[2)]。一方で，塗布プロセス可能なπ共役高分子材料を用いた太陽電池の研究は，森田・吉野らによるフラーレンをドープした導電性高分子における電荷移動の発見に端を発する[3, 4)]。すなわち，π共役系の発達した高分子（いわゆる導電性高分子）に電子受容性の強いフラーレン（C_{60}）をほんの僅かでも添加すると，高分子からC_{60}へ電子が移動し，その結果，蛍光の消光や光電流の増大が観測されるというものである。この現象は，時を同じくして，米国のSariciftci，Heegerらも発見している[5)]。しかしながら，C_{60}は導電性高分子内に最大でも数%程度しか溶けないので，電荷分離が起こるサイトも少なく，また，C_{60}上に移動した電子も電極に到達する経路ができていないため，エネルギー変換効率は小さなものであった。その後，1990年代の半ばに，導電性高分子との相溶性の高いC_{60}の誘導体（PCBM）を多量にドープしたいわゆるバルクヘテロ型太陽電池で高い変換効率が示され（図1）[6)]，その後の有機薄膜太陽電池のデバイス設計の基本構造となっている。すなわち，高効率エネルギー変換のためには，図に示すようにドナー部とアクセプター部とが入り組んだナノスケールの相分離状態を形成し，キャリア生

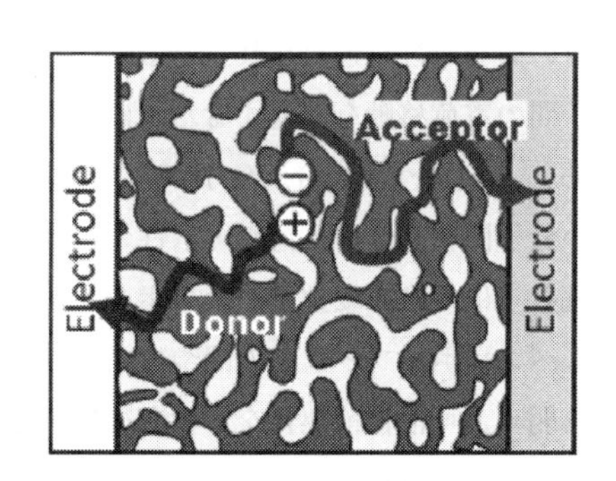

図1　ドナーとアクセプターがナノスケール相分離したバルクヘテロ接合構造の模式図

＊1　Masanori Ozaki　大阪大学大学院　工学研究科　電気電子情報工学専攻　教授
＊2　Akihiko Fujii　大阪大学大学院　工学研究科　電気電子情報工学専攻　准教授
＊3　Yo Shimizu　㈱産業技術総合研究所　関西センター　ユビキタスエネルギー研究部門
ナノ機能合成グループ　研究グループ長

成サイト（ドナー・アクセプター界面）を増やすことと，同時に，連続的な電荷輸送経路が確保される必要がある。そこで我々は，自己組織的に分子配向秩序をもつ液晶性有機半導体を用いたナノ相分離状態の形成と低分子塗布型バルクヘテロ接合有機薄膜太陽電池の開発を行っている。

3.2 液晶性フタロシアニンの半導体特性

導電性高分子は，元々は主鎖が剛直なため有機溶媒に不溶であるが，適当な側鎖の導入により溶媒に可溶となり，PCBM との組み合わせにより溶液からの塗布成膜が可能である。これまで世界中でこの高分子系を中心に実用に向けて研究開発が進められてきた。一方，歴史的にも有機太陽電池の研究は低分子有機半導体を用いて行われてきた。先にも述べたように，最初に変換効率１％を超えたのは，Tang が用いた銅フタロシアニンとペリレン誘導体の二層積層構造であったが[2]，その後，平本らにより二層構造の間に，フタロシアニンとペリレン誘導体の共蒸着層を挿入した三層構造が示され，低分子におけるバルクヘテロ構造である[7]。さらに低分子においてもバルクヘテロ構造の高次構造制御や高純度化などにより高効率化がすすめられてきた[8, 9]。しかし，いずれの方法もバルクヘテロ構造の実現には，真空共蒸着が用いられ，しかもペンタセンのような高移動度材料を用いようとした場合，積層構造は可能であっても共蒸着をするとペンタセンの凝集力が強すぎてバルクヘテロ構造の実現は困難であり，多層に相互積層するなどの特殊な工夫が必要となる[10]。

しかし，高分子材料が抱える純度の問題などを考えた場合，低分子材料での塗布プロセスの検討が必要である。なかでも，これまで低分子系の有機薄膜太陽電池として広く研究されてきたフタロシアニン系の材料は，電子感光体や顔料に既に応用されているように，耐光性が高く堅牢な分子であり，太陽電池向けに適していると言える。このような背景のもと，溶媒に可溶で塗布成膜可能な低分子有機半導体材料の開発が近年進められている。

有機半導体材料の場合，分子間の電荷移動を促進するために分子間相互作用を強くするように分子設計される。しかしながら，このような場合，分子が強く凝集するため溶媒に不溶となる。そこで，電気伝導のための強い分子間相互作用と溶媒可溶性のための弱い相互作用とをいかに両立するかがポイントとなる。荒牧らは，塗布変換型ベンゾポルフィリンで溶媒塗布性と高移動度を実現している[11]。すなわち，ベンゾポルフィリンの四つのベンゼン環をビシクロ構造にして立体障害により分子間相互作用を弱めた可溶性前駆体を，塗布後に熱処理によりベンゾポルフィリンに変換するものである。これをドナー材料として用いた太陽電池も実現されている[12]。

一方，分子間相互作用の制御により発現する液晶性を活用することにより，溶解性と電子伝導性の両立が可能となる[13]。フタロシアニンやトリフェニレン骨格の周囲に置換基を導入すると液晶性を示す場合がある。側鎖置換の液晶性フタロシアニンには，主に図２に示す二通りがある。(a)は，2,3,9,10,16,17,23,24 位，すなわち円盤状分子の一番外側にアルキル置換基が結合しており，それぞれの側鎖は比較的無理なく放射線状に延びることができ，その結果，円盤状の各分子がスタックして，図３に示すようなカラム状の積層構造を形成する。このように円盤状の分子がカラ

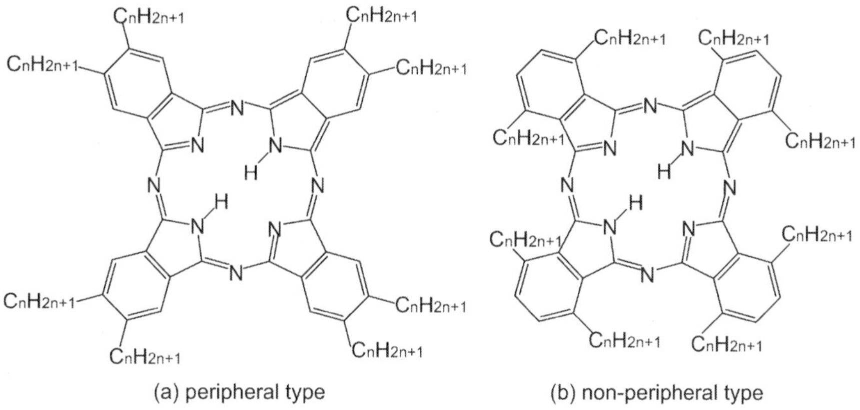

(a) peripheral type　　(b) non-peripheral type

図2　液晶性フタロシアニン誘導体の分子構造

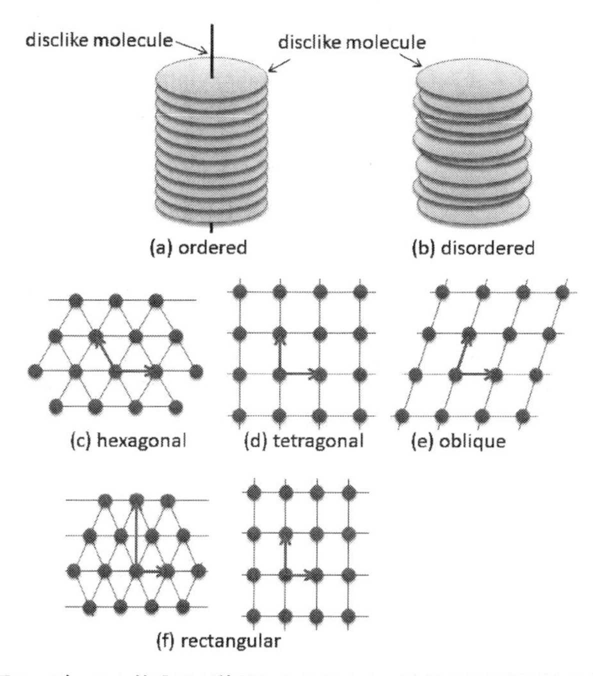

図3　ディスク状分子が積層したカラムナー液晶の分子配列と分類

ム状にスタックした液晶をカラムナー液晶と呼ぶ。一方，図2(b)の分子も円盤状の分子形状を反映してカラム構造を形成することがあるが，(a)に比べて一つ内側の1,4,8,11,15,18,22,25位にアルキル鎖を持ち，お互いの立体障害によって分子スタックが阻害される可能性がある。カラムナー液晶には，カラム内で分子が規則的に配列したorderedカラムと分子の積層秩序の低いdisorderedカラムがあり，さらに，カラム自体の二次元的な配列の仕方によって，図3の(c)から(f)に示すような様々な相を呈する。図2(a)のperipheral位にアルキル側鎖を持つものは，ordered hexagonal columnar（Col_{ho}）相をとることが多く，(b)のnon-peripheral置換の分子は側鎖の立体障害のためdisordered hexagonal columnar（Col_{hd}）相などをとることが多い[14, 15]。

カラムナー液晶は，π共役系の発達した中心コアの密なスタックのため，電子的な伝導が確認されており，比較的大きなキャリア移動度が報告されている[16, 17]。ところが，電気伝導を考えた場合，π共役コアのスタック秩序の高いordered columnar相が好ましいと考えられるが，アルキル側鎖長が8の1,4,8,11，15,18,22,25-octaoctylphthalocyanineにて0.1cm^2/Vsを超える両極性のキャリア移動度が報告された[18, 19]。この化合物は，non-peripheral位に位置するアルキル基が分子スタックを阻害しdisordered columnar相となるにもかかわらず，高い移動度を示していることは大変興味深い。事実，peripheralタイプとnon-peripheralタイプを同じアルキル側鎖長で比較すると，non-peripheralタイプの方が，透明点（液晶相から等方相へ転移する温度）ならびに融点がいずれも大幅に低下しており，液晶性が低下することが分かっている。我々は，この窮屈な位置にあるアルキル側鎖の分子スタックに及ぼす影響を調べるべく，側鎖長依存性を検討してきた。その結果，アルキル側鎖長が短いoctahexylphthalocyanine（$C6PcH_2$）において，図4に示すような極めて高いキャリア移動度を観測した[20]。すなわち，電極間距離15μmのITO電極付のガラスサンドイッチセル内に試料を封入してTime of Flight法により評価したところ，図からわかるようにカラムナー相において電子移動度およびホール移動度がそれぞれ0.33cm^2/Vsおよび0.21cm^2/Vsと両極性の高い移動度が確認された。いずれの移動度も電界には依存しないが，温度の降下とともに若干増大する。また，温度降下に伴い，140℃付近で結晶に相転移後，何れの移動度もステップ上に増大し，ホール移動度は最大1.4cm^2/Vsを示した。この場合，高温側の液晶相のカラム構造を保持しているものと考えられる。このような1 cm^2/Vsを超える大きな移動度は，単結晶有機半導体材料において報告されているが，$C6PcH_2$のように特別な分子配向操作を施すことなく単結晶並みの移動度が得られていることは興味深い。

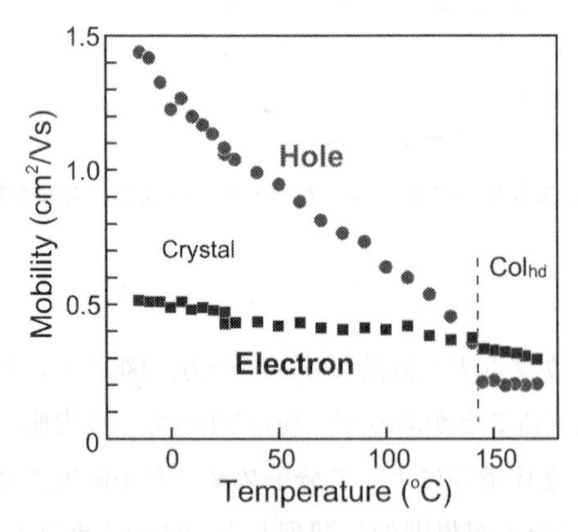

図4　Time of Flight法で評価した液晶性フタロシアニンのキャリア移動度

偏光顕微鏡下での光学組織観察および偏光吸収測定の結果，$C6PcH_2$はヘキサゴナルカラムナー（Col_h）相ではなく，pseudo-Col_r（rectangular columnar）相を形成しているものと考えられる。また，結晶X線回折解析の結果，側鎖アルキル基の一部が立体障害のため面外に飛び出た構造も確認されており[21]，その結果，分子面がカラム内で傾いた構造を形成しているのではないかと考えられる。この分子配列が，分子のカラム軸周りに回転の秩序を与え，分子間相互作用が高められ，その結果，良好な電子伝導性が実現できた可能性がある。

3.3　バルクヘテロ型薄膜太陽電池

この液晶性フタロシアニンは，有機溶媒に可溶で塗布成膜可能であるため，PCBMとの混合溶液のスピンコートによりバルクヘテロ型の太陽電池が作製できる[13, 22～25]。図5は，ITO基板上にMoO_3バッファー層を挿入したバルクヘテロ型素子の擬似太陽光照射下における電流密度-電圧特性である。バルクヘテロ構造が形成され良好な太陽電池特性が実現されている[24]。バルクヘテロ構造膜においても$C6PcH_2$のカラム構造に由来するX線回折ピークが観測されており，フタロシアニンの液晶構造秩序性が重要な役割を果たしているものと考えられる。さらに，側鎖アルキル基の長さの異なる同族体の中では，ヘキシル基で特に高い変換効率が観測されており，結晶状態においても分子秩序構造が維持されることが重要であると思われる。

物質を加熱したとき，固体相と液体等方相の間に液晶相（中間相）が発現するものをサーモトロピック液晶，一方，物質を溶媒に溶かしたとき，ある濃度範囲で液晶相が発現するものをリオトロピック液晶と呼ぶ。一般に，サーモトロピック液晶性を示す物質は，リオトロピック液晶性を示す場合も多く，$C6PcH_2$もバルクヘテロ構造作製時の溶液状態から固体状態へ移る過程で液晶状態を経ている可能性が高い。このようなバルクヘテロ構造で重要なナノ相分離構造の形成過程で物質の液晶性が重要な役割を果たしている場合が多い。事実，poly(3-alkylthiophene)やpoly(p-phenylenevinylene)誘導体も，サーモトロピック液晶性，リオトロピック液晶性のいず

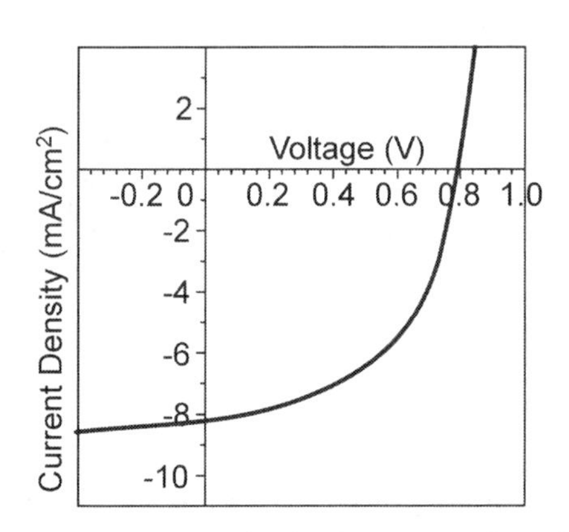

図5　$C6PcH_2$:PCBM（1:1）バルクヘテロ素子の擬似太陽光照射下における電流密度-電圧特性

れの性質も兼ね備えており[26, 27]，中でも側鎖の長さの比較的短く，しかもレジオレギュラリティの高いP3HTで良好な分子配向性を示している。

C6PcH$_2$:PCBM素子のもう一つの重要な特性は，開放電圧 V_{OC} が高いことである。0.8V以上の V_{OC} が得られており，さらに，よりLUMO準位の高い二置換PCBMでは V_{OC} = 0.95Vも観測されている。したがって，液晶性フタロシアニンは，500nm付近の吸収の窓波長域を補完することができれば，より高効率が望めるものと考えられる。

3.4　三成分バルクヘテロ型薄膜太陽電池

液晶性フタロシアニンのカラム構造形成能を活用した例を示す。すなわち，P3HT，PCBMとの三種混合系を用いたバルクヘテロ型薄膜太陽電池であり[28, 29]，フタロシアニンの光吸収波長範囲拡大の方法として，タンデム構造形成[24]とともにきわめて有効な手法である。図6に，P3HTおよびC6PcH$_2$の吸収スペクトル，P3HT:PCBMおよびP3HT:C6PcH$_2$:PCBMバルクヘテロ太陽電池素子の外部量子効率(EQE)スペクトルを示す。P3HT:PCBMおよびP3HT:C6PcH$_2$:PCBM活性層の重量組成比は，それぞれ1:1，10:3:10である。P3HT:PCBMバルクヘテロ素子では，P3HTの吸収ピークに対応する波長540nmにおいて74%の高いEQEが得られたものの，吸収を持たない650nm以上の波長領域においてはEQEが得られていない。ところが，C6PcH$_2$を含む素子では，波長540nmにおいて66%の高いEQEを維持すると同時に，C6PcH$_2$のQバンド吸収ピークに対応する波長730nmでEQEが大幅に増大し46%のEQEが得られた。すなわち，P3HT:PCBM太陽電池素子の近赤外領域の光吸収感度がC6PcH$_2$の添加に

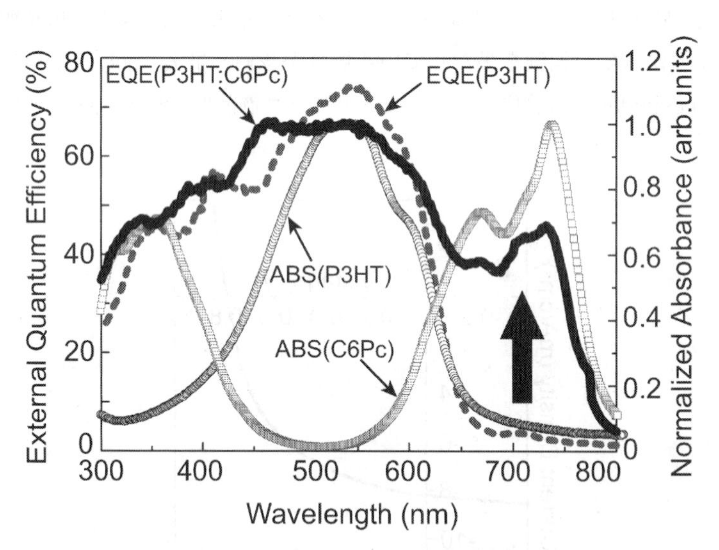

図6　P3HT:C6PcH$_2$:PCBM三成分バルクヘテロ構造素子の外部量子収率（実線）。参考に，P3HT:PCBMバルクヘテロ素子の外部量子収率（破線）と，P3HT，C6PcH$_2$それぞれの吸収スペクトルも示す。

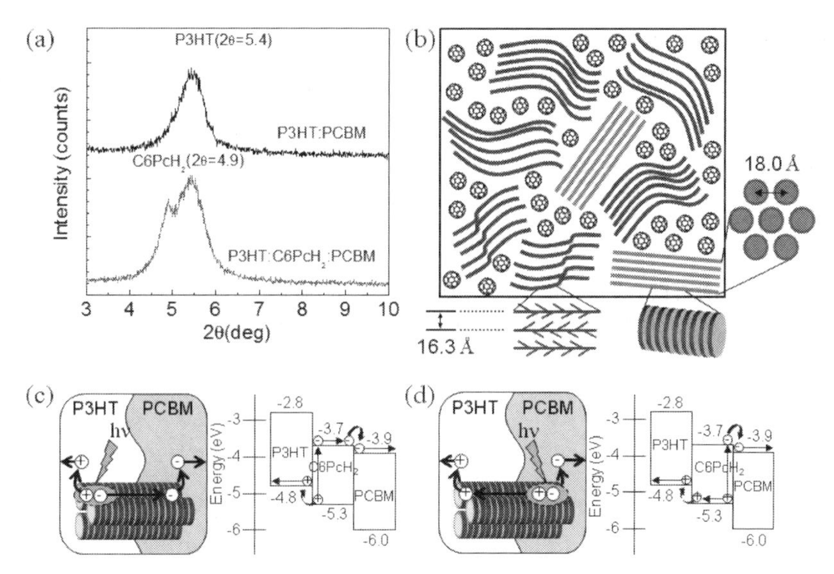

図7　(a)二成分（P3HT:PCBM）および三成分（P3HT:C6PcH$_2$:PCBM）バルクヘテロ構造素子のX線回折結果。(b)三成分バルクヘテロ構造の相分離ドメインの模式図。(c)(d)C6PcH$_2$内で生成された励起子の解離模式図。

よって補われている。これまでにも，P3HT:PCBMバルクヘテロ素子に赤外吸収色素を添加した試みは行われてきたが，光吸収は観測されるものの光電流としては十分に取り出せていないものが多くEQEは大きくない[30, 31]。ところが，P3HT:C6PcH$_2$:PCBM複合系では，フタロシアニンのQバンド吸収に対応するEQEが大きく増大し，また元々のP3HTの吸収に起因するEQEも減少しないことから，短絡電流密度が1.4倍も上昇した。これは，P3HT，C6PcH$_2$，PCBMのそれぞれがナノスケール相分離を起こしておりキャリアの生成と輸送が効率的に起こっていることによると考えられる。事実，図7に示すように，三成分混合系においても，P3HTの結晶構造に由来する回折ピークのほかに，C6PcH$_2$のカラム構造に起因する回折ピークも観測されている。しかも先に述べたようにC6PcH$_2$の両極性キャリア輸送特性のためにC6PcH$_2$がドナーとアクセプターの何れとしても機能し，P3HT(D):PCBM(A)界面，C6PcH$_2$(D):PCBM(A)界面（図7(d)）のほか，P3HT(D):C6PcH$_2$(A)界面（図7(c)）でも電荷分離，キャリア生成が起こっているものと考えている。

3.5　今後の展望

有機薄膜太陽電池，特にバルクヘテロ構造型の太陽電池素子においては，励起子の拡散長やキャリア輸送特性によって決まる最適なサイズで，しかも連続的につながったナノスケール相分離ドメイン構造の形成が不可欠である。これまで最も研究されてきたP3HTも潜在的に液晶性を兼ね備えており，溶液状態からの成膜時や熱あるいは溶媒によるアニール操作時にナノスケール相分離構造を形成する過程において，リオトロピック液晶性，サーモトロピック液晶性が重要な役割を果たしてきたと言える。液晶は，単なる分子集合性の違いによる相分離構造形成だけでなく，三次元の共連結ネットワーク構造などの高次の配向性を有しており，精緻に設計されたナノ相分離構造の形成も期待できる。

謝辞

本稿で紹介した液晶性有機半導体を用いた有機薄膜太陽電池の開発の一部は，独立行政法人科学技術振興機構（JST）の先端低炭素化技術開発（ALCA）プロジェクトの一環で行われたものである。

文　　献

1) K. Yoshino, Y. Ohmori, A. Fujii and M. Ozaki, *Jpn. J. Appl. Phys.*, **46**, 5655 (2007)
2) C. W. Tang, *Appl. Phys. Lett.*, **48**, 183 (1986)
3) S. Morita, A. A. Zakhidov and K. Yoshino, *Solid State Commun.*, **82**, 249 (1992)
4) K. Yoshino, X. H. Yin, S. Morita, T. Kawai and A. A. Zakhidov, *Solid State Commun.*, **85** (1993)
5) N. S. Sariciftci, L. Smilowitz, A. J. Heeger and F. Wudl, *Science*, **258**, 1474 (1992)
6) G. Yu, K. Pakbaz and A. J. Heeger, *Appl. Phys. Lett.*, **64**, 3422 (1994)
7) M. Hiramoto, H. Fujiwara and M. Yokoyama, *Appl. Phys. Lett.*, **58**, 1062 (1991)
8) P. Peumans and S. Uchida and S. R. Forrest, *Nature*, **425**, 158 (2003)
9) M. Hiramoto and K. Sakai, *Mol. Cryst. Liq. Cryst.*, **491**, 284 (2008)
10) J. Sakai, T. Taima, T. Yamanari, Y. Yoshida, A. Fujii and M. Ozaki, *Jpn. J. Appl. Phys.*, **49**, 032301 (2010)
11) S. Aramaki, Y. Sakai and N. Ono, *Appl. Phys. Lett.*, **84**, 2085 (2004)
12) Y. Matsuo, Y. Sato, T. Niinomi, I. Soga, H. Tanaka, E. Nakamura, *J. Am. Chem. Soc.*, **131**, 16048 (2009)
13) 清水洋，藤井彰彦，尾崎雅則，液晶，**15**，272（2011）
14) M. J. Cook, M. F. Daniel, K. J. Harrison, N. B. McKeown and A. J. Thomson, *J. Chem. Soc. Chem. Commun.*, **1087** (1987)
15) J. C. Swarts, E. H. G. Langner, N. Krokeide-Hove and M. J. Cook, *J. Mater Chem.*, **11**, 434 (2001)
16) D. Adam, P. Schuhmacher, J. Simmerer, L. Hussling, K. Siemensmeyer, K. H. Etzbach, H. Ringsdorf and D. Haarer, *Nature*, **371**, 141 (1994)
17) A. M. van de Craats, J. M. Warman, A. FechtenkRtter, J. D. Brand, M. A. Harbison and K. Mullen, *Adv. Mater.*, **11**, 1469 (1999)
18) H. Iino and J. Hanna, *Appl. Phys. Lett.*, **87**, 132102 (2005)

19） H. Iino, Y. Takayashiki, J. Hanna and R. J. Bushby, *Jpn. J. Appl. Phys.*, **44**, L1310 (2005)
20） Y. Miyake, Y. Shiraiwa, K. Okada, H. Monobe, T. Hori, N. Yamasaki, H. Yoshida, M. J. Cook, A. Fujii, M. Ozaki, Y. Shimizu, *Appl. Phys. Express*, **4**, 021604 (2011)
21） I. Chambrier, M. J. Cook, M. Heilliwell and A. K. Powell, *J. Chem. Soc., Chem. Commun.*, **444** (1992)
22） T. Hori, Y. Miyake, N. Yamasaki, H. Yoshida, A. Fujii, Y. Shimizu and M. Ozaki, *Appl. Phys. Express*, **3**, 101602 (2010)
23） 藤井彰彦，尾崎雅則，月刊ディスプレイ，**17**(6)，51 (2011)
24） T. Hori, N. Fukuoka, T. Masuda, Y. Miyake, H. Yoshida, A. Fujii, Y. Shimizu and M. Ozaki, *Solar Energy Materials and Solar Cells*, **95**, 3087 (2011)
25） T. Hori, Y. Miyake, T. Masuda, T. Hayashi, K. Fukumura, H. Yoshida, A. Fujii, Y. Shimizu and M. Ozaki, *J. Photonics for Energy*, **2**, 021004-1 (2012)
26） M. Hamaguchi and K. Yoshino, *Jpn. J. Appl. Phys.*, **33**, L1478 (1994)
27） M. Hamaguchi and K. Yoshino, *Jpn. J. Appl. Phys.*, **33**, L1689 (1994)
28） T. Hori, T. Masuda, N. Fukuoka, Y. Miyake, T. Hayashi, T. Kamikado, H. Yoshida, A. Fujii, Y. Shimizu and M. Ozaki, *Organic Electronics*, **13**, 335 (2012)
29） T. Masuda, T. Hori, K. Fukumura, Y. Miyake, D. Q. Duy, T. Hayashi, T. Kamikado, H. Yoshida, A. Fujii, Y. Shimizu and M. Ozaki, *Jpn. J. Appl. Phys.*, **51** (2012) on line 02BK15.
30） J. Peet, A. Tamayo, X.-D. Dang, J. H. Seo, T.-Q. Nguyen, *Appl. Phys. Lett.*, **93**, 163306 (2008)
31） S. Honda, T. Nogami, H. Ohkita, H. Benten, S. Ito, *Appl. Mater. Interfaces*, **1**, 804 (2009)

4 長波長領域の光吸収を示す有機薄膜太陽電池材料

鈴木 毅[*1]，松尾 豊[*2]

4.1 はじめに

近年，化石燃料を用いた大量エネルギー消費時代の反動から環境問題やエネルギー枯渇問題が深刻化している。化石燃料は埋蔵量が有限量の資源であるが，現在においても主要なエネルギー源として用いられている。しかし，全世界的に産業や経済が発展している現代においてその枯渇は時間の問題であり，化石燃料に変わる新たなエネルギー源が精力的に研究されている。ここで主に研究されている新エネルギーは風力，地熱，潮力といった半永久的に存在する自然のエネルギーを利用するものである。とりわけ太陽電池については，エネルギー源である太陽光は世界中のどこでも利用可能であり，また宇宙開発において太陽電池研究が盛んに行われていたバックグラウンドから，最も実用化に近い新エネルギーであると言える。

これまでの太陽電池材料といえばシリコンであるが，シリコン太陽電池はその製造コストの高さから従来の発電法よりもコストがかかるという問題点を抱えている。そのため，シリコン太陽電池は優れた特性を持つものが知られていながら化石燃料を用いた発電法に取って代われずにいる。このコスト問題を解決するための一つの画期的なコンセプトとして有機薄膜太陽電池（OPV）が挙げられる。OPVは溶液法よって作成可能であることからインクジェットなどによる印刷技術が利用可能であり，シリコン太陽電池よりも製造コストが大幅に削減できる。更に，溶液法によって大面積化や曲面への製膜が容易なほか，これまで実現不可能であったフレキシブ

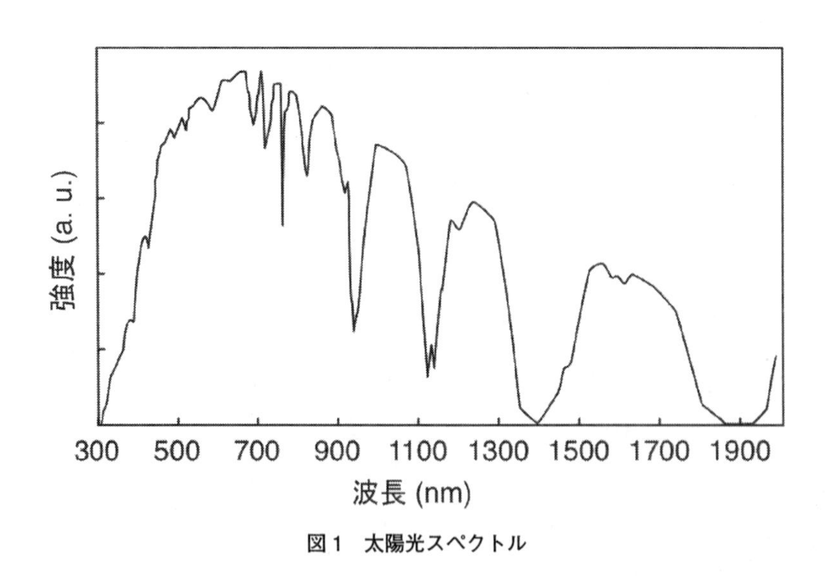

図1 太陽光スペクトル

＊1 Tsuyoshi Suzuki 東京大学大学院 理学系研究科 光電変換化学講座
＊2 Yutaka Matsuo 東京大学大学院 理学系研究科 光電変換化学講座 特任教授

ルな太陽電池も作成可能である。このような高い実用性と応用性を兼ね備えていることから，OPV 材料に関する研究は近年爆発的に増加している。

しかし，OPV の抱える深刻な問題点として，シリコン太陽電池と比較してエネルギー変換効率（PCE）が低いという点がある。OPV を実用化するためには少なくとも 10%の PCE が必要であると言われており，現在の研究は目下この点において盛んに検討されている。そのような高い PCE を得るための重要な特性の一つが長波長領域の光吸収である。地上に届く太陽光は 700nm 付近に極大を持つため（図 1），特にこの波長領域の光を吸収する材料を得ることが高効率化に重要である。

4.2　長波長光を吸収する低分子材料

広い共役系を持ち各種置換基効果を導入したことによって長波長光吸収を示す分子は数多く報告されており，有機薄膜太陽電池にも応用されている。長波長光吸収を示す材料が可視光や近赤外光によって電荷分離をしているか否かは外部量子収率（EQE）を測定することによって評価される。この EQE と光源のスペクトルから以下の式に従って短絡電流密度（J_{SC}）が計算できる。

$$J_{SC}=q\int d\lambda\cdot Q(\lambda)\cdot S(\lambda)$$

ここで，q は素子で生成された全電荷量，λ は波長，Q は EQE スペクトル，S は光源のスペクトルである。この式において q は素子面積に由来する値であり，S は光源が同じであれば常に同じ関数である。即ち，長波長領域の光を光電変換に用いる材料はより大きい λ に対して Q が値を持つため，結果的に J_{SC} が大きくなる。これによって高い PCE が実現される[1)]。

長波長光吸収を示す材料は低分子・ポリマー共に数多く報告されている。ポリマーの部分骨格は低分子として報告されているものが大半を占めるため，ここでは特に低分子材料について述べる。また，前述したように，700nm 付近において太陽光の強度が極大を示すことから，700nm 以上の光吸収末端を持つ化合物をとりあげる。それらの材料について，実際に有機薄膜太陽電池に応用されている低分子材料を構造上の類似点からカテゴリー分けして紹介する。

4.2.1　ポルフィリノイド

ポルフィリンは植物が光合成に利用していることでも有名な長波長光吸収を示す化合物である。このことから，ポルフィリンそのものの誘導体のほか，その骨格を部分的に変換したタイプの誘導体はポルフィリノイドと呼ばれ，700nm を超える光吸収末端を持つ化合物が多く報告されている。

フタロシアニンはポルフィリンのメソ位炭素を窒素に置き換えたものである。ポルフィリンよりも容易に合成可能であり，ポルフィリンでは導入できない金属を中心に取り込むことができることから様々な特性を持つフタロシアニンが合成されている。例えば，チタニルフタロシアニン（TiOPc）は中心にチタンを持ち，そのチタン原子に酸素原子が一個配位した構造を持つ（図 2-a）。TiOPc は固体状態で二種類のパッキング構造を持つことが知られている[2)]。蒸着膜は Phase

Iと呼ばれるパッキング状態を持ち，それをアニールすることでPhase IIと呼ばれるパッキング状態へ変化させることができる。Phase IIはPhase Iよりも分子同士の重なりが大きくなっており，より長波長光吸収を示すことが知られている。このとき，固体状態の光吸収末端は850nmから950nmにシフトする。N. R. ArmstrongらはPhase IとPhase IIのTiOPcを用いて有機薄膜太陽電池特性を比較し，Phase IのTiOPcを含んだOPVは最大で2.6%のPCEであったのに対して，Phase IIは最大で4.2%のPCEを示すことを報告している（表1）[3]。

フタロシアニンからイソインドール骨格を一つ除いた化合物はサブフタロシアニンと呼ばれる。さらに，イソインドール部位がベンゾイソインドールに置き換わった化合物はサブナフタロシアニン（SubNc）と呼ばれ（図2-b）薄膜状態において750nmに及ぶ光吸収末端を持つ。B. VerreetらはSubNcを用いたOPVを作製し，長波長領域の光まで効率的にエネルギー変換されていることを示した[4]。このデバイスの構造は最大で2.5%のPCEを示した（表1）。

ポルフィリンの部分骨格を持つボロンジピロメタン（BODIPY）誘導体は長波長光吸収を示し合成が容易であるが，有機薄膜太陽電池への応用例は少ない。R. ZiesselとJ. Roncaliらは図2-cに示したBODIPY誘導体を用いて，溶液法によってバルクヘテロ接合（BHJ）型の有機薄膜太陽電池を作製し，その特性を評価した[5]。このBODIPYは薄膜中で750nmに及ぶ光吸収を示し，

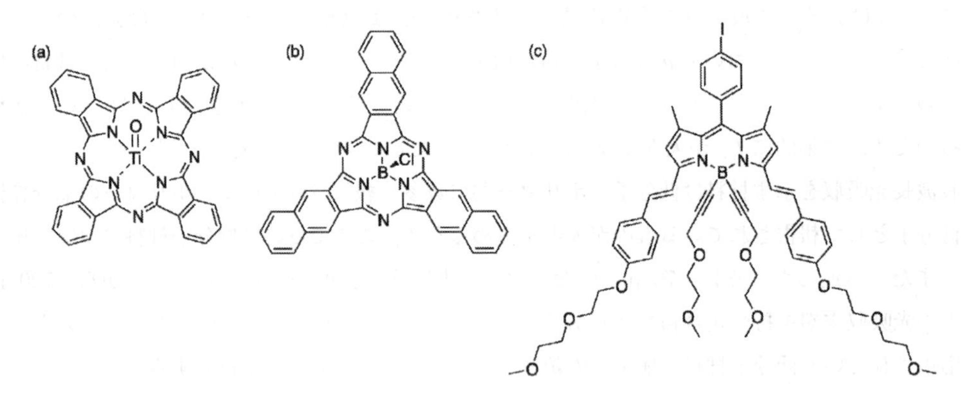

図2　ポルフィリノイドの構造（a）TiOPc,（b）SubNc,（c）BODIPY.

表1　ポルフィリノイドを用いたOPVの特性。光吸収末端は固体（薄膜）状態。デバイス構造―1）ITO/**TiOPc (Phase I)**（20nm）/C_{60}（40nm）/BCP（10nm）/Al, 2）ITO/**TiOPc (Phase II)**（20nm）/C_{60}（40nm）/BCP（10nm）/Al, 3）ITO/**SubNc**（13nm）/C_{60}（40nm）/BCP[27]（10nm）/Al, 4）ITO/PEDOT:PSS/PCBM:**BODIPY**（2:1 w/w, 40nm）/Al.

	ドナー材料	光吸収末端（nm）	J_{SC}（mA/cm^2）	V_{OC}（V）	*FF*	PCE（%）
1	TiOPc（Phase Ⅰ）	850	9.0	0.59	0.48	2.6
2	TiOPc（Phase Ⅱ）	950	15.1	0.57	0.53	4.2
3	SubNc	750	6.1	0.790	0.49	2.5
4	BODIPY	750	4.14	0.753	0.44	1.34

溶液状態と比較して80nm近く長波長シフトした。このデバイスは1.34%というPCEを示した(表1)。

4.2.2 カルコゲナジアゾール類

チアジアゾールやセレナジアゾールを含むカルコゲナチアゾール類は長波長光吸収を示し，合成が簡便であることから近年多くの太陽電池材料へ用いられ，高い特性を示すものが多く報告されている。J. A. Mikroyannidis と G. D. Sharma らは図3に示したベンゾビスチアジアゾール(BBTD)とチエノチアジアゾール(TTD)を合成し，それらのOPV特性を比較した[6]。いずれの化合物も固体状態では760nmほどの光吸収末端を持ち，同程度のHOMO-LUMOギャップを持っている。それぞれの材料を用いてBHJ OPVを作製し，特性を比較したところ，BBTDを用いたデバイスは2.02%のPCEを示したのに対し，TTDを用いたデバイスはより高い2.72%のPCEを示した(表2)。更に，TTDを用いたデバイスの作成条件を最適化したところ，最大で3.65%のPCEを示した。J. A. Mikroyannidis と G. D. Sharma らは，この差は電荷輸送能とド

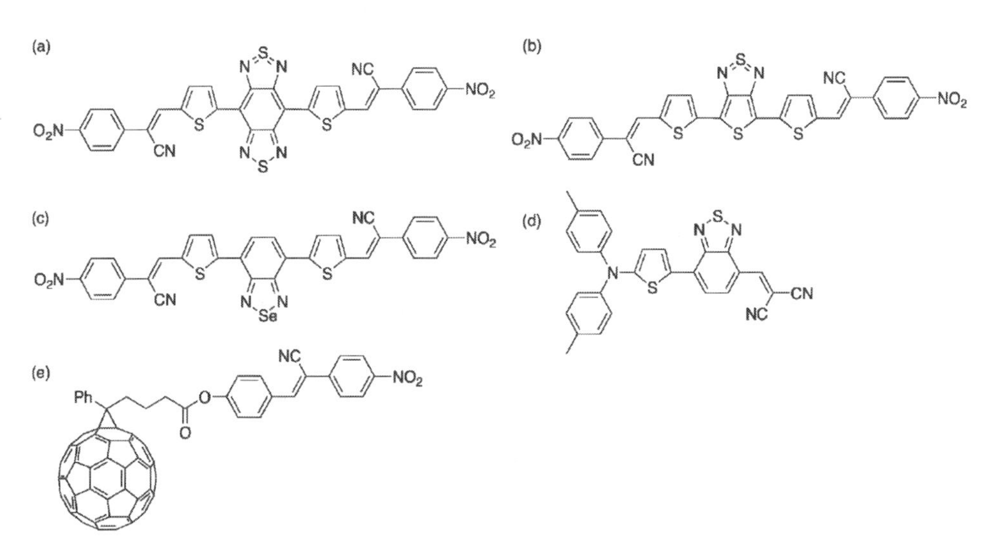

図3　カルコゲナチアゾール類の構造 (a) BBTD, (b) TTD, (c) BSeD, (d) DTDCTB, (e) PCBM-deriv.

表2　カルコゲナチアゾールを用いたOPVの特性。光吸収末端は固体(薄膜)状態。デバイス構造—1) ITO/PEDOT:PSS (60nm)/**BBTD**:PCBM-deriv (1:1 w/w, 80-85nm)/Al, 2) ITO/PEDOT:PSS (60nm)/**TTD**:PCBM-deriv (1:1 w/w, 80-85nm)/Al, 3) ITO/PEDOT:PSS/**BSeD**:PCBM (1:1 w/w, 100nm)/Al, 4) ITO/MoO_3 (5 nm)/**DTDCTB** (7 nm)/**DTDCTB**:C_{70} (1:1 v/v, 40nm)/C_{70} (7 nm)/BCP (10nm)/Ag

	ドナー材料	光吸収末端 (nm)	J_{SC} (mA/cm^2)	V_{OC} (V)	FF	PCE (%)
1	BBTD	760	5.00	0.88	0.46	2.02
2	TTD	760	8.30	0.80	0.56	3.65
3	BSeD	780	2.7	0.98	0.49	1.30
4	DTDCTB	880	14.68	0.79	0.50	5.81

ナーアクセプター間のエネルギー準位の適性のためだと結論している。

硫黄の代わりにセレンを含む化合物はより狭いHOMO–LUMOギャップを持つことが知られており，セレンを含む骨格は長波長光吸収材料を得るために有効であるとして注目されている。J. A. Mikroyannidis と G. D. Sharma らはセレナジアゾール（BSeD）を合成し（図3），この化合物は固体状態で780nmの光吸収末端を持つことを見出した[7]。BSeDとPCBMを用いてBHJ OPVデバイスを作成・評価したところ，1.30%のPCEを示した。セレンを含む化合物を用いたOPV材料は未だ報告例が少なく，今後更なる高変換効率を示す長波長光吸収材料が登場することが期待される。

2012年2月現在において低分子材料を用いたOPVにおいて最高のPCEを示すOPVはチアジアゾール骨格を持つ化合物を用いたものである。H.-W. Lin と K.-T. Wong らはドナーアクセプター部位を非対称に持つチアジアゾール誘導体DTDCTBを合成した（図3）[8]。DTDCTBは固体状態で880nmもの長波長光吸収を示し，C_{70}と共に用いたBHJ OPVは最大で5.81%のPCEを示した（表2）。

4.2.3　スクアリン系化合物

スクアリンは特異な芳香族性をもち，長波長領域に強い光吸収を持つことが知られている。また高い安定性も持ち合わせていることから色素として応用されており，近年は太陽電池としての応用例も多く報告されている[9]。

S. R. Forrest と M. E. Thompson らはSQ1を用いて（図4–a）OPVを作製し，活性層の膜厚と変換効率の相関を調べた[10]。その結果，SQ1は薄膜において750nmに達する長波長光吸収を示し，OPVデバイスにおいてはSQ1層が6.5nmという薄さにおいても3.2%という高いPCEを示すことを明らかとした（表3）。

更に，S. R. Forrest らは固体状態において810nmもの長波長光吸収を持つSQ2を合成し（図4–b），OPV特性を評価した[11]。このOPVデバイスは最大で5.7%ものPCEを示した（表3）。

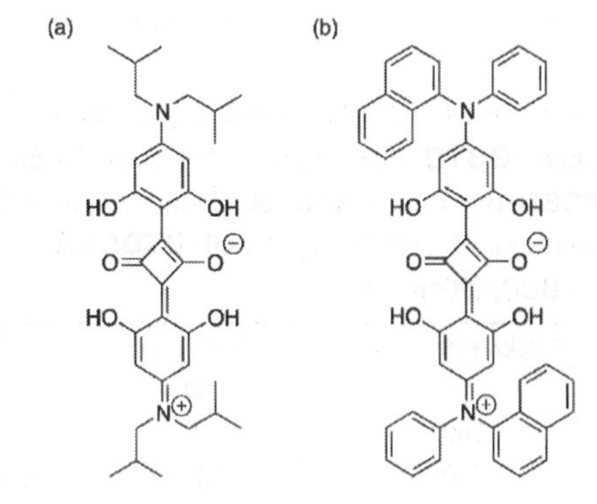

図4　スクアリン誘導体の構造（a）SQ1，（b）SQ2.

表3　スクアリンを用いたOPVの特性。光吸収末端は固体（薄膜）状態。デバイス構造―1) ITO/**SQ1**（6.5nm）/C_{60}（40nm）/BCP（10nm）/Al, 2) ITO/MoO_3（8 nm）/**SQ2**（20nm）/C_{60}（40nm）/BCP（10nm）/Ag.

	ドナー材料	光吸収末端（nm）	J_{SC}(mA/cm^2)	V_{OC}(V)	*FF*	PCE（%）
1	SQ1	750	7.13	0.75	0.60	3.2
2	SQ2	810	10.0	0.90	0.64	5.7

4.2.4　フェニレンビニレン及びアゾ化合物

合成が簡便であり，各種置換基の導入が容易であることから広く研究されている色素にパラフェニレンビニレン誘導体がある。ポリマーのパラフェニレンビニレン誘導体のOPVへの応用例はいくつか知られているが[12]，低分子材料の研究例は限られている。J. A. Mikroyannidis と G. D. Sharma らはトリアリールアミンとフルオレンをパラフェニレンビニレンによって架橋した化合物PVを合成し（図5-a），固体中での光吸収末端が750nm程にまでレッドシフトしていることを見出した[13]。PVとPCBM誘導体を用いてBHJ OPVを作成・評価したところ，最高4.38%のPCEを示した（表4）。

パラフェニレンビニレンのように鎖状の二重結合によって共役系が伸びている化合物にアゾ化合物がある。アゾ化合物は長波長領域の強い光吸収と高い安定性から，優れた色素として様々な応用例が報告されているが，OPVへの応用例は限られている。J. A. Mikroyannidis と G. D.

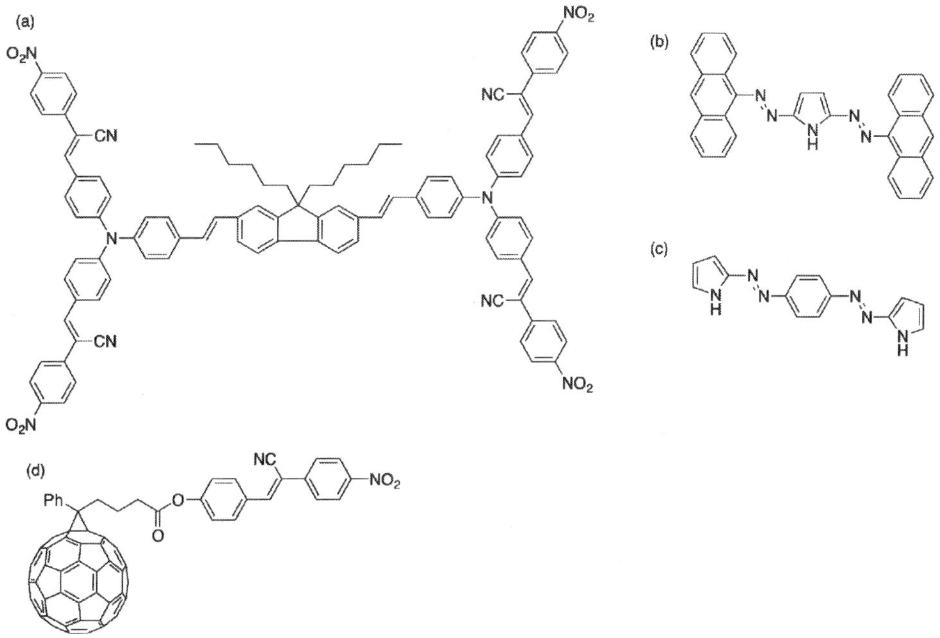

図5　パラフェニレンビニレン誘導体とアゾ化合物の構造
(a) PV，(b) AZ1，(c) AZ2，(d) PCBM-deriv.

表4　パラフェニレンビニレンとアゾ化合物を用いたOPVの特性。光吸収末端は固体（薄膜）状態。デバイス構造―1）ITO/PEDOT:PSS（70nm）/PV:PCBM-deriv（1:1 w/w, 90-95nm）/Al, 2）ITO/PEDOT:PSS（50nm）/AZ1:PCBM（1:1, 80nm）/Al, 3）ITO/PEDOT:PSS（50nm）/AZ2:PCBM（1:1, 80nm）/Al, 4）ITO/PEDOT:PSS（50nm）/AZ1:AZ2:PCBM（1:1:1, 80nm）/Al.

	ドナー材料	光吸収末端（nm）	J_{SC}（mA/cm^2）	V_{OC}（V）	*FF*	PCE（%）
1	PV	750	8.3	0.88	0.60	4.38
2	AZ1	830	6.12	0.84	0.51	2.62
3	AZ2	740	5.50	0.93	0.41	2.10
4	AZ1:AZ2	–	7.60	0.85	0.56	3.61

Sharmaらは二種類のアゾ化合物AZ1とAZ2を合成し（図5-b, c），それぞれOPVデバイスを作製した[14]。AZ1，AZ2の薄膜はそれぞれ830nm，740nmほどまでの光吸収を示した。またAZ1またはAZ2を含むデバイスはそれぞれ2.62%，2.10%というPCEを示したのに対して，AZ1とAZ2の両方を混合したデバイスはそれらよりも1%以上高い3.61%というPCEを示した（表4）。

4.2.5　その他の長波長光吸収材料

これまで述べてきた材料群の他にも多くの色素が有機薄膜太陽電池に応用されている。

ジケトピロロピロールは長波長領域に強い光吸収を持つ色素として知られている。ポリマーの太陽電池材料にも頻繁に用いられており，効率的な光吸収材料として有望である。A. FacchettiとS. I. Stupp，T. J. Marksらはジケトピロロピロール部位を持った低分子材料NDT(TDPP)$_2$を合成し（図6-a），固体状態で750nmまでの光吸収を持つことを示した[15]。これを用いたOPVデバイスは4.06%という高いPCEを示した（表5）。

メロシアニンは吸光波長領域を変化させることが容易であり，また高い吸光係数を持つことから色素として広く応用されている。そのため色素増感太陽電池として応用されているが，有機薄膜太陽電池への応用例は少ない[16]。F. WürthnerとK. Meerholzらは複数のメロシアニン色素（MC）を用いて有機薄膜太陽電池特性を比較した[16-a]。その結果，MD304と呼ばれる色素（図6-b）は固体状態で710nm程度の光吸収末端を持ち，また最も高い光電変換効率を示し，1.74%のPCEを示した（表5）。

アセン系化合物は堅牢な平面共役系を持つことからFET材料として広く研究されているが，太陽電池としての応用例はそれに比較して非常に少ない。筆者らはテトラセンにイミド部位とジスルフィド部位を導入した分子TIDS（図6-c）を合成し，薄膜の光吸収末端が880nmにまで伸びていることを示した[17]。TIDSを用いて有機薄膜太陽電池特性を評価したところ，PCEは0.70%と低いが，TIDSは長波長光吸収を示す新たな色素として期待される（表5）。

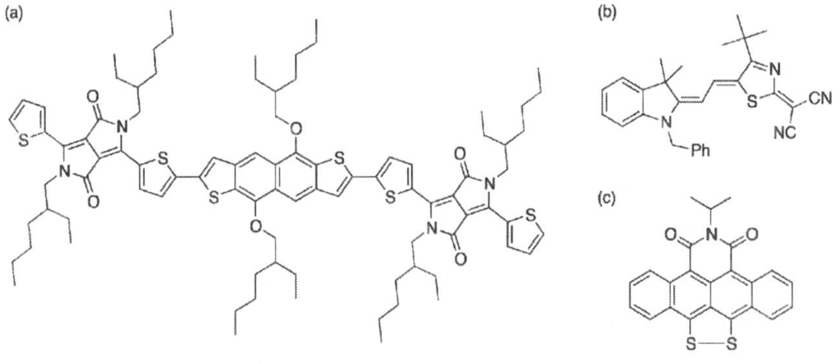

図６　その他の色素 (a) NDT (TDPP)$_2$, (b) MD304, (c) TIDS.

表５　その他の色素を用いた OPV の特性。光吸収末端は固体（薄膜）状態。デバイス構造—1) ITO/PEDOT:PSS/**NDT (TDPP)$_2$**:PCBM (3:2 w/w, 75nm)/LiF (1.0nm)/Al, 2) ITO/PEDOT:PSS (40nm)/**MD304**:PCBM (3:7 w/w, 50nm)/Al, 3) ITO/PEDOT:PSS (30nm)/**TIDS** (30nm)/C_{60} (30nm)/NBphen[28] (7 nm)/Al.

	ドナー材料	光吸収末端（nm）	J_{SC} (mA/cm^2)	V_{OC} (V)	*FF*	PCE（%）
1	NDT (TDPP)$_2$	750	11.27	0.84	0.42	4.06
2	MD304	710	6.3	0.76	0.36	1.74
3	TIDS	880	1.87	0.80	0.48	0.70

4.3　長波長光吸収の問題点と改善策

長波長光吸収材料は高い J_{SC} を示す OPV を得るために有望であり，これまで様々な色素が OPV に応用されてきた。しかし，長波長光吸収材料には次のような本質的な問題が存在する。OPV における開放電圧（V_{OC}）の値はドナーの HOMO 準位とアクセプターの LUMO 準位の差に影響される。長波長光吸収は HOMO-LUMO ギャップが狭い材料で見られるが，HOMO-LUMO 準位が狭いドナーは必然的にアクセプターとのエネルギー差が小さくなる。即ち，長波長光吸収材料は高い V_{OC} の値が得られにくいという問題点がある[18]。それはより長波長光を吸収する材料において特に顕著であり，今後より長波長光吸収を示す材料を OPV に応用する際に大きな問題点となると考えられる。そこでここでは長波長光吸収を得つつ，V_{OC} の低下を回避する方法論について紹介する。

4.3.1　タンデム型太陽電池

タンデム型太陽電池とはスペーサーを挟んで活性層が複数積層された構造の太陽電池である。それぞれの層に異なる波長領域において強い光吸収を示す材料を用いることで，広い範囲の波長を効率的に光電変換に利用することができる。また，タンデム型太陽電池の V_{OC} は各活性層が示す値の足し合わせとなるため通常の OPV よりも高い性能を示すと期待されている。このデバイスにおいて長波長光吸収材料と短波長光を吸収する材料を同時に用いることで広い領域の光を利用しつつ，V_{OC} の低下を回避することができる。このような利点から，タンデム型有機薄膜太陽電池は近年注目を集めている[19]。2012年2月にはアメリカのUniversity of California, Los AngelesのY. Yangと住友化学がタンデム型太陽電池を共同開発し，有機薄膜太陽電池として公式に認可されている値としては最高値の10.6%のPCEを得ている[20]。

4.3.2 増感剤を添加した有機薄膜太陽電池

長波長領域に強い光吸収を持つ材料と短波長に強い光吸収を持つ材料を混合した場合，V_{OC} の値はそれらの平均値となる。長波長領域に十分強い光吸収を持つ材料を少量添加することで，V_{OC} の低下を最小限に抑えつつ，超波長領域の光を吸収するOPVに関する研究が近年報告されている[21]。このようなデバイスは様々な色素を用いることが可能であり，また通常のOPVと同じ技術でデバイスを作成可能であるという利点を持つ。現在において，このような色素添加型有機薄膜太陽電池に関する研究例は少なく，今後の発展が期待される分野である。

4.3.3 金属ナノパーティクルによる長波長領域の光の利用

同量の正・負の電荷からなる媒質はプラズマと呼ばれ，金属内においては負電荷が自由電子として自由に動くことができる。自由電子の集団的な励起はプラズマ振動と呼ばれ，その量子がプラズモンである。金属のプラズモンの共鳴振動数は紫外光に対応し，さらに，金や銀のナノパーティクルにおいては可視光領域にシフトする[22]。この性質を利用して，OPVに金属ナノパーティクルを添加し，長波長領域の光を吸収するデバイスに関する研究が報告されている。V_{OC} の値は界面でのドナーアクセプター同士のエネルギー差に依存するため，金属ナノパーティクルによる影響は少ない。これを利用し，金属ナノパーティクルに長波長領域の光を吸収させ，V_{OC} の低下を避けることができる[23]。

4.3.4 界面制御による開放電圧の改善

高い V_{OC} を得るためには材料のエネルギーレベルを調節するのが一般的な方法である。しかし，界面の状態を精密に制御することによって，同じ材料でも V_{OC} の値を変化させることができる。K. HashimotoとK. Tajimaらはドナー層とアクセプター層の間に配向の揃った双極子を導入し，OPV特性の変化を評価した[24]。その結果，双極子の向きによって V_{OC} の値が変化するということを明らかとした。また，R. A. HattonらはITO表面に金ナノクリスタルを担持させることで V_{OC} の値を向上させることに成功した[25]。電極表面に自己組織化膜を成膜することで仕事関数を変化させる研究例はいくつか知られているが[26]，金ナノクリスタルによる方法は簡便に短時間で成膜することができる点において優れている。以上のような界面制御を施せば，活性層の材料を変えずに，長波長光吸収と同時に高い V_{OC} を得ることができる。

4.4 おわりに

近年，可視光の大部分を吸収するOPV材料が数多く報告されている。そして近い将来には近赤外領域の光を吸収するOPVが報告されると予想される。しかし，そのような材料を得るためには精密な分子設計が必要であり，狭いHOMO-LUMOギャップによって引き起こされる V_{OC}

の問題に直面することは明らかである。これはOPVの限界のように思われるが，これまでのOPV研究においてもこのような困難には幾度と無く見舞われている。その度にその障害を乗り越え，今や10％台のPCEを示すOPVが夢物語ではなくなりつつある。長波長光吸収と高いV_{OC}は同時に得られないという問題点は解決策が幾つか考えられる現在において，赤外光を吸収しより高いPCEを示す高効率OPVに関する研究が今後ますます熱を帯びてくることが期待される。

文　　献

1) P. Peumans, A. Yakimov, S. R. Forrest, *J. Appl. Phys.*, **93**, 3693 (2003)
2) J. Mizuguchi, G. Rihs, H. R. Karfunkel, *J. Phys. Chem.*, **99**, 16217 (1995)
3) D. Placencia, W. Wnag, R. C. Shallcross, K. W. Nebesny, M. Brumbach, N. R. Armstrong, *Adv. Funct. Mater.*, **19**, 1913 (2009)
4) B. Verreet, S. Schols, D. Cheyns, B. P. Rand, H. Gommans, T. Aernouts, P. Heremans, J. Genoe, *J. Mater. Chem.*, **19**, 5295 (2009)
5) T. Rousseau, A. Cravino, T. Bura, G. Ulrich, R. Ziessel, J. Roncali, *Chem. Commun.*, **2009**, 1673
6) J. A. Mikroyannidis, D. V. Tsagkournos, S. S. Sharma, Y. K. Vijay, G. D. Sharma, *J. Mater. Chem.*, **21**, 4679 (2011)
7) J. A. Mikroyannidis, P. Suresh, G. D. Sharma, *Org. Electron.*, **11**, 311 (2010)
8) L.-Y. Lin, Y.-H. Chen, Z.-Y. Huang, H.-W. Lin, S.-H. Chou, F. Lin, C.-W. Chen, Y.-H. Liu, K.-T. Wong, *J. Am. Chem. Soc.* **133**, 15822 (2011)
9) (a) F. Silvestri, M. D. Irwin, L. Beverina, A. Facchetti, G. A. Pagani, T. J. marks, *J. Am. Chem. Soc.*, **130**, 17640 (2008). (b) D. Bagnis, L. Beverina, H. Huang, F. Silvestri, Y. Yao, H. Yan, G. A. Pagani, T. J. Marks, A. Facchetti, *J. Am. Chem. Soc.*, **132**, 4074 (2010). (c) U. Mayerhöffer, K. Deing, K. Gruß, H. Braunschweig, K. Meerholz, F. Würthner, *Angew. Chem. Int. Ed.*, **48**, 8776 (2009)
10) S. Wang, E. I. Mayo, M. D. Perez, L. Griffe, G. Wei, P. I. Djurovich, S. R. Forrest, M. E. Thompson, *Appl. Phys. Lett.*, **94**, 233304 (2009)
11) G. Wei, X. Xiao, S. Wang, J. D. Zimmerman, K. Sun, V. V. Diev, M. E. Thompson, S. R. Forrest, *Nano Lett.*, **11**, 4261 (2011)
12) (a) S. Alem, R. de Bettignies, J.-M. Nunzi, M. Cariou, *Appl. Phys. Lett.*, **84**, 2178 (2004). (b) G. Yu, J. Gao, J. C. Hummelen, F. Wudl, A. J. Heeger, *Science*, **270**, 1789 (1995)
13) J. A. Mikroyannidis, A. N. Kabanakis, S. S. Sharma, G. D. Sharma, *Org. Electron.*, **12**, 774 (2011)
14) J. A. Mikroyannidis, D. V. Tsagkournos, S. S. Sharma, A. Kumar, Y. K. Vijay, G. D.

Sharma, *Sol. Energy Mater. Sol. Cells,* **94**, 2318 (2010)

15) S. Loser, C. J. Bruns, H. Miyauchi, R. P. Ortiz, A. Facchetti, S. I. Stupp, T. J. Marks, *J. Am. Chem. Soc.,* **133**, 8142 (2011)

16) (a) N. M. Kronenberg, M. Deppisch, F. Würthner, H. W. A. Lademann, K. Deing, K. Meerholz, *Chem. Commun.,* **2008**, 6489. (b) H. Bürckstümmer, N. M. Kronenberg, K. Meerholz, F. Würthner, *Org. Lett.,* **12**, 3666 (2010)

17) T. Okamoto, T. Suzuki, H. Tanaka, D. Hashizume, Y. Matsuo, *Chem. Asian J.* **7**, 105 (2011)

18) A. P. Zoombelt, M. Fonrodona, M. M. Wienk, A. B. Sieval, J. C. Hummelen, R. A. J. Janssen, *Org. Lett.,* **11**, 903 (2009)

19) (a) G. Dennler, H.-J. Prall, R. Koeppe, M. Egginger, R. Autengruber, N. S. Sariciftci, *Appl. Phys. Lett.,* **89**, 073502 (2006). (b) A. Hadipour, B. de Boer, P. W. M. Blom, *Adv. Funct. Mater.,* **18**, 169 (2008). (c) T. Ameri, G. Dennler, C. Lungenschmied, C. J. Brabec, *Energy Environ. Sci.,* **2**, 347 (2009)

20) 「有機薄膜太陽電池の変換効率10.6％を達成」, 住友化学 (ニュースリリース), 2012, http://www.sumitomo-chem.co.jp/newsreleases/docs/20120214.pdf

21) (a) J. Peet, A. B. Tamayo, X.-D. Dang, J. H. Seo, T.-Q. Nguyen, *Appl. Phys. Lett.,* **93**, 163306 (2008). (b) S. Honda, H. Ohkita, H. Benten, S. Ito, *Chem. Commun.,* **46**, 6569 (2010). (c) Y. Kubo, K. Watanabe, R. Nishiyabu, R. Hata, A. Murakami, T. Shoda, H. Ota, *Org. Lett.,* **13**, 4574 (2011)

22) 宇野良清, 津屋昇, 新関駒二郎, 森田章, 山下次郎, キッテル個体物理学入門, 第8版 (2005)

23) (a) K. Tvingstedt, N.-K. Persson, O. Inganäs, A. Rahachou, I. V. Zozoulenko, *Appl. Phys. Lett.,* **91**, 113514 (2007). (b) S.-S. Kim, S.-I. Na, J. Jo, D.-Y. Kim, Y.-C. Nah, *Appl. Phys. Lett.,* **93**, 073307 (2008). (c) F.-C. Chen, J.-L. Wu, C.-L. Lee, Y. Hong, C.-H. Kuo, M. H. Huang, *Appl. Phys. Lett.,* **95**, 013305 (2009). (d) J. Yang, J. You, C.-C. Chen, W.-C. Hsu, H.-R. Tan, X. W. Zhang, Z. Hong, Y. Yang, *ACS Nano,* **5**, 6210 (2011)

24) A. Tada, Y. Geng, Q. Wei, K. Hashimoto, K. Tajima, *Nat. Mater.,* **10**, 450 (2011)

25) L.-J. Pegg, S. Schumann, R. A. Hatton, *ACS Nano,* **4**, 5671 (2010)

26) (a) X. Crispin, *Sol. Energy Mater. Sol. Cells,* **83**, 147 (2004). (b) S. Lacher, Y. Matsuo, E. Nakamura, *J. Am. Chem. Soc.,* **133**, 16997 (2011)

27) Bathocuproineの略。2,9-dimethyl-4,7-diphenyl-1,10-phenanthrolineとも呼ばれる。

28) 2,9-bis(naphthalene-2-yl)-4,7-diphenyl-1,10-phenanthrolineの略。

5 高信頼性アモルファス薄膜を形成するトリフェニルアミン系ドナー材料

安田 剛*

5.1 はじめに

題目中のトリフェニルアミン（TPA）を骨格に用いた材料は，図1に示すTPDやスターバースト型のm-MTDATAを例として，古くより有機ELの正孔輸送層や正孔注入層として使われ，現在実用化に至った有機ELで最も重要な材料群の1つであることは間違いない[1)]。本章では，有機ELだけでなく，TPA系材料は溶液より作製するバルクヘテロ型有機薄膜太陽電池の光吸収及び正孔輸送（ドナー）材料としても有効な材料になり得るか，という観点でTPA系ドナー材料の現状と利点及び課題の解説を行う。

有機薄膜太陽電池は低コストプロセスによる大面積化が可能であり，有機デバイスの中で実用化した有機ELに続き，現在活発に研究・開発が行われている。特にp型のπ共役高分子とn型の可溶性フラーラン誘導体（PCBM）の混合薄膜を用いたバルクヘテロ型有機薄膜太陽電池は，近年進捗が目覚ましく，材料やデバイス構造は公開されていないが，2011年にはエネルギー変換効率10%が得られている。筆者も一般的な材料，デバイス構造を用いて，標準的な特性を有する有機薄膜太陽電池の作製を目指し，その作製過程や解析を通して，有機薄膜太陽電池の問題点や改善点の抽出を行うことにした。用いた材料はポリチオフェン誘導体であるP3HTと$PC_{60}BM$で，ガラス基板/透明電極ITO/PEDOT:PSS/P3HT:$PC_{60}BM$（1:1（重量比））/LiF/Alのデバイス構造を作製した。バルクヘテロ薄膜の形成には，オルトジクロロベンゼン（*o*-DCB）を溶媒に用い，薄膜を110℃で10分間熱処理を行った。この有機薄膜太陽電池をAM1.5疑似太陽光下で電流-電圧測定を行ったところ，エネルギー変換効率3.8%が得られた（図2(a)）。しかし，図2(b)に示すように，3.8%という値は，数多くの作製条件を変化させてデバイスを作製し，辿りついた値である。例えば，溶媒をクロロホルム（CF）にして，60℃10分間の熱処理を行う

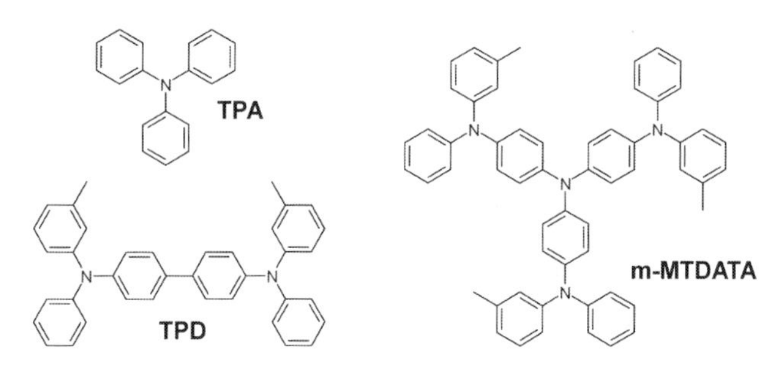

図1 トリフェニルアミン(TPA)と有機ELに用いられてきたTPD，スターバースト型のm-MTDATAの構造式

* Takeshi Yasuda ㈱物質・材料研究機構 太陽光発電材料ユニット 有機薄膜太陽電池グループ 主任研究員

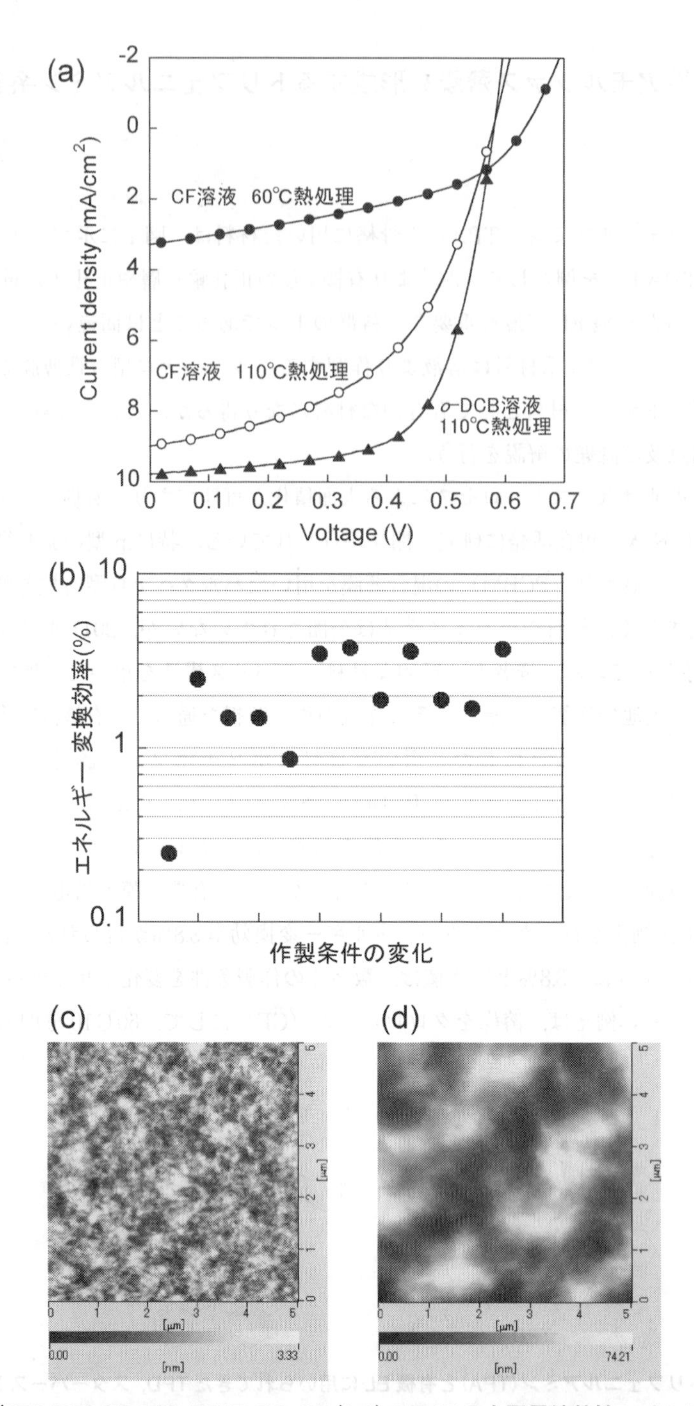

図2 (a) ITO/PEDOT:PSS/P3HT:PC_{60}BM (1:1)/LiF/Al の太陽電池特性。バルクヘテロ薄膜の形成には，クロロホルム (CF) あるいは，オルトジクロロベンゼン (*o*-DCB) を溶媒に用い，薄膜を 60℃または 110℃で 10 分間熱処理を行っている。(b) 作製条件を変化させて作製した P3HT:PC_{60}BM 太陽電池の変換効率。(c) (d) P3HT:PC_{60}BM バルクヘテロ表面の AFM 観察像 (c) CF 溶液，60℃で熱処理，(d) *o*-DCB 溶液，110℃で熱処理

と変換効率は0.87%となる。このような作製条件に依存する理由は，図2(c)及び(d)のAFM像に示すようにP3HTの結晶性やP3HTと$PC_{60}BM$の相分離がスピンコートに用いる有機溶媒や薄膜の熱処理温度に大きく依存することが原因である[2]。

また高い変換効率を示すP3HTと$PC_{60}BM$の混合膜では，図2(d)に示すように表面に±40nmの凹凸があり，P3HT多結晶に支配された薄膜となる。これらより，P3HTや結晶性の高いπ共役高分子を用いた場合，

①結晶性や相分離の程度（溶媒，熱処理依存）により太陽電池の特性差が大きい。

②有機半導体膜厚は100-200nmであるが，±40nmの凹凸があるため，ITO電極がP3HT粒界に侵入した金属を通じて上部電極と短絡し易くなる。

以上2つの問題により，信頼性や大面積化に問題が生じる可能性がある。筆者は，以上の問題が解決可能な①均質なアモルファス薄膜を形成（特性差を小さく）する，②高い正孔輸送能力を有する，③高い化学安定性を有する，④誘導体を合成し易い，TPA系低分子・高分子材料に着目して研究開発を行っている。繰り返しになるが，TPA系材料が有機ELの実用化に貢献しているのは，これらの4つの利点を有しているからである。

5.2　トリフェニルアミン系ドナー材料の現状

TPA系材料を有機ELの正孔輸送層として用いる場合は，光取り出しのITO透明陽極側に位置する為に，図3に示すような400nm以上の可視光を吸収しない広バンドギャップ材料が要請されている。一方，太陽光は400nmから可視-赤外領域に渡る幅広い光を放射している為，太陽電池材料は有機EL材料とは全く異なる材料設計，狭バンドギャップ化が求められる。TPA系

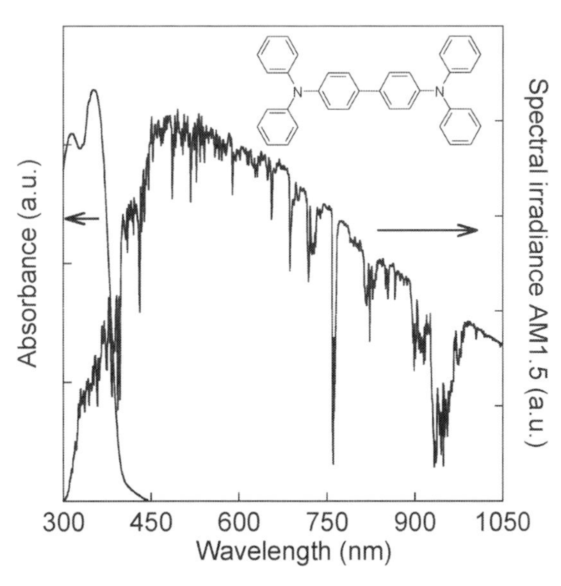

図3　TPA2量体薄膜の吸収スペクトル及び，AM1.5太陽放射光のスペクトル

材料において，狭バンドギャップ化を行うには，TPAに長い共役長の置換基を導入する，またはドナー性のTPAにアクセプター性の置換基を導入し分子内電荷移動による吸収を促進することが考えられる。本節ではこれまでに有機薄膜太陽電池材料として報告されているTPA系材料を紹介し，現状の解説を行う。尚，本内容で扱うTPA系材料は，可溶性フラーレン$PC_{60}BM$あるいは，$PC_{70}BM$との混合溶液より作製するバルクヘテロ型薄膜に用いられている材料に限定しているが，他にもTPA系材料の蒸着による積層膜太陽電池の研究も行われている[3, 4]。

図4から6に示すように，TPA系材料は，直線型低分子，スターバースト（星）型分子，高分子の3つに大別できる。低分子の利点として，合成や精製が容易であること，高分子の利点としては，機械的な強度，良成膜性，長い共役長を有することが挙げられる。スターバースト型分子はオリゴマーのように，低分子と高分子の中間に位置付けられる。以下ではそれぞれの分類での材料と太陽電池特性を紹介する。

5.2.1 直線型低分子

図4にTPAで両端をキャップしているタイプの直線型低分子を示し，表1にそれらの

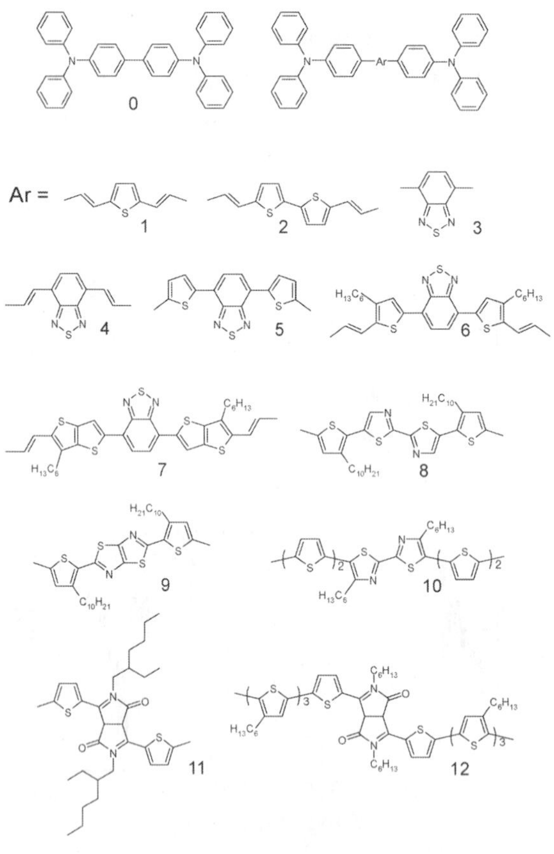

図4 TPA系直線型低分子の構造式

表1　TPA系直線型低分子のHOMO準位，薄膜吸収ピーク，太陽電池特性

材料	HOMO (−eV)	薄膜吸収ピーク（nm）	バルクヘテロ層（重量比）	J_{SC} (mA/cm^2)	V_{OC} (V)	FF	変換効率 (%)	文献
0	5.53[a]	352						
1	5.00[b]	442	1:$PC_{60}BM$(1:3)	1.33	0.56	0.30	0.23	5
2	5.01[b]	461	2:$PC_{60}BM$(1:4)	1.88	0.51	0.34	0.34	5
3	5.6[a]	477	3:$PC_{60}BM$(1:2)	1.53	0.87	0.32	0.43	6
4	5.3[a]	526	4:$PC_{60}BM$(1:2)	1.53	0.86	0.33	0.44	6
5	5.2[a]	545	5:$PC_{60}BM$(1:2)	3.57	0.81	0.34	1.00	6
6	5.14[b]	569	6:$PC_{70}BM$(1:3)	4.84	0.79	0.38	1.44	7
7	5.10[b]	581	7:$PC_{70}BM$(1:3)	5.71	0.74	0.34	1.44	7
8	5.27[b]	462	8:$PC_{70}BM$(1:3)	4.63	0.97	0.29	1.30	9
9	5.32[b]	469	9:$PC_{70}BM$(1:3)	6.49	0.94	0.39	2.39	9
10	5.22[b]	498	10:$PC_{70}BM$(1:4)	7.72	0.84	0.40	2.61	10
11	5.2[b]	645	11:$PC_{70}BM$(1:4)	4.3	0.73	0.31	1.0	11
12	4.88[b]	648	12:$PC_{60}BM$(1:0.9)	5.00	0.57	0.45	1.28	12
			12:$PC_{70}BM$(1:0.9)	5.73	0.59	0.45	1.50	12

(a)理研計器AC-3測定，(b)CV測定（表1から3も同様）

HOMO準位，吸収ピーク波長，太陽電池特性をまとめている。全ての材料において，アミン間に導入するユニットにより，HOMO-LUMO準位をコントロールしている。リファレンス材料のTPA2量体（**0**）と比較すると，チオフェン環とTPAをビニレン基で連結した材料**1**と**2**に関しては，ドナー性のチオフェン環の導入を増加することで，共役長が伸び太陽光吸収が増大し，変換効率が0.23％から0.34％にまで向上する[5)]。チオフェン環1つの導入で，19nmの長波長シフトが見られ，更なる導入で吸収ピークの長波長化，高効率化が望まれるが，これ以上の導入は，溶解性の問題や吸収の飽和が起こり，この材料開発の延長では500nm吸収を超える材料の開発は困難と思われる。

そこで現在TPA系材料で長波長化を行う際には，ドナー性のTPAにアクセプターの置換基を付与し，分子内電荷移動を利用する方法が主流になっている。その一番簡単な分子例として，筆者はTPAにベンゾチアジアゾール（BTD）を付与した**3**を報告している。**0**の吸収ピーク352nmと比較して，長波長化した477nmに吸収ピークを有し，太陽光の吸収が可能となることで，変換効率0.43％を示す。更にビニレン基やチエニル基で連結した材料**4**，**5**は526nm，545nmの長波長吸収ピークを示す。それに伴い短絡電流，変換効率それぞれが向上している[6)]。

その他にも，BTDとTPAをチエニル-ビニレンで連結した**6**，チエノチエニル-ビニレンで連結した**7**も報告され，長波長吸収には成功している[7)]。しかし，連結する部分のドナー性が強くなると，HOMO準位が大きくなり，PCBMのLUMO準位（−3.7 eV）との差に関連した開放電圧が小さくなり[8)]，総合的な変換効率としては，大きく向上していない。

またTPAに付与するアクセプターとして，チアゾール**8**，**10**，チアゾロチアゾール**9**，ジケトピロロピロール**11**，**12**を用いた材料も報告されており，それぞれ長波長化に成功してい

る[9〜12)]。特にジケトピロロピロールは，強いアクセプター性と高い平面性により，吸収ピークが650nmにまで達する。

5.2.2　スターバースト型分子

TPAを骨格とした材料の特徴として，アミンを中心にして，放射状に共役長が広がったスターバースト型の分子構造が挙げられる（図5，表2）。特に有機EL材料としてのスターバースト型TPA系材料は，その立体構造に由来するガラス転移温度が高い安定なアモルファス薄膜を形成することから，多用されてきた。有機薄膜太陽電池材料として利用する場合は，可視光を吸収させる為に，直線状低分子と同様にアクセプター骨格を導入する分子設計が行われる。

一番，単純な材料としては，TPAを中心に，BTDをビニレン基で連結した分子**1S**が報告さ

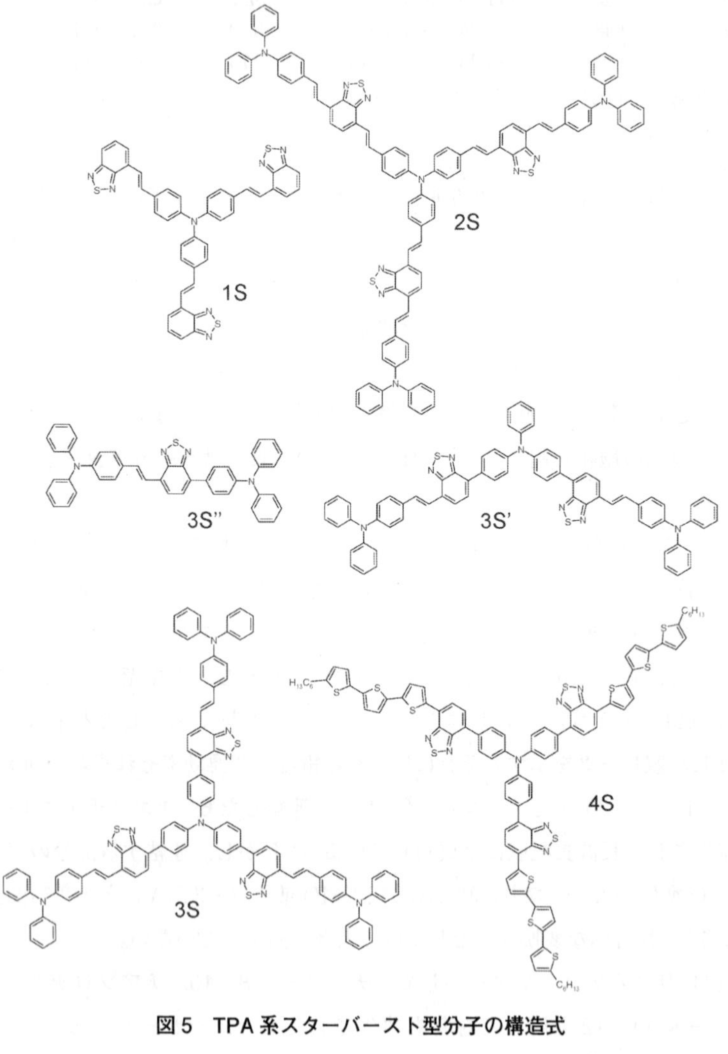

図5　TPA系スターバースト型分子の構造式

表2　TPA系スターバースト型分子のHOMO準位，薄膜吸収ピーク，太陽電池特性

材料	HOMO (−eV)[b]	薄膜吸収ピーク (nm)	バルクヘテロ層 (重量比)	J_{SC} (mA/cm^2)	V_{OC} (V)	FF	変換効率 (%)	文献
1S	5.41	486	1S :$PC_{60}BM$(1:3)	1.66	0.89	0.41	0.61	13
4	4.65	522	4 :$PC_{60}BM$(1:3)	1.25	0.84	034	0.35	14
2S	4.60	541	2S :$PC_{60}BM$(1:3)	4.18	0.81	0.39	1.33	14
3S″	5.14	496	3S″:$PC_{70}BM$(1:3)	4.29	0.86	0.36	1.33	15
3S′	5.07	504	3S′:$PC_{70}BM$(1:3)	6.28	0.89	0.40	2.23	15
3S	5.15	509	3S :$PC_{70}BM$(1:3)	7.77	0.92	0.44	3.14	15
4S	5.28	538	4S :$PC_{60}BM$(1:3)	5.90	0.86	0.46	2.34	16
4S			4S :$PC_{70}BM$(1:2)	9.51	0.87	0.52	4.30	16

れ，変換効率0.61％が得られている[13]。また，直線型分子**4**をスターバースト型にした分子**2S**も開発されている。放射状に発達した共役により，直線型分子と比較して，吸光係数が大きくなり，正孔移動度（空間電荷制限電流より導出）も1.46×10^{-6}cm^2/Vsから4.71×10^{-5}cm^2/Vsにまで向上しており，それに伴い大幅な短絡電流の向上が確認されている[14]。また同様の設計方針で，分子を徐々にスターバースト型にしている材料系の報告も興味深い。**3S″**から**3S**のように共役長を拡張していく過程の分子を用いて太陽電池特性を測定した結果，分子を拡張することで，徐々に短絡電流，フィルファクター，変換効率が向上する。これらの特性向上の要因も，吸収係数の増加，正孔移動度の向上と考えられている[15]。現在，スターバースト型分子で最も高い変換効率を示す材料は**4S**であり，アモルファス材料としては比較的高い正孔移動度4.8×10^{-4}cm^2/Vs（トランジスタ特性より導出）と変換効率4.3％を有している[16]。

5.2.3　高分子

高分子型のTPA系材料は高いガラス転移温度を有し，HOMO準位がITO電極の仕事関数に近い為，有機ELの正孔注入層，輸送層としての実績がある。しかし，有機EL材料では**0P**（図6）のように可視光を吸収しない材料（吸収ピーク波長379nm）であるため[17]，太陽電池用途として用いる場合は，これまでの開発方針に従い，可視光に吸収を有する分子設計が必要である(図6，表3)。

アミン間にナフタレンとビチオフェンを導入した**1P**は，446nmにまで吸収がシフトし，$PC_{60}BM$をアクセプターにした場合に1.02％，$PC_{70}BM$をアクセプターにした場合は2.22％の変換効率が得られている[18]。この材料の正孔輸送性や太陽電池特性は，P3HTと比較して大気中で安定であることが報告されている。また，正孔輸送性が薄膜作製に用いる溶媒に依存しないアモルファス特有の性質も報告している。**3P**のようにTPAとアントラセンをアセチレンユニットで連結し共役長を拡張した材料では吸収ピーク529nm，変換効率1.21％が得られている[19]。

筆者らの研究で，ドナーTPAとアクセプターBTDの最も簡単な繰り返し構造を有する**2P**では，2.65％の変換効率が得られている[20]。この**2P**材料の構成分子である直線型低分子**3**と特性を比較した場合，高分子化することで，正孔移動度の向上，吸収波長の長波長化が観測され，同

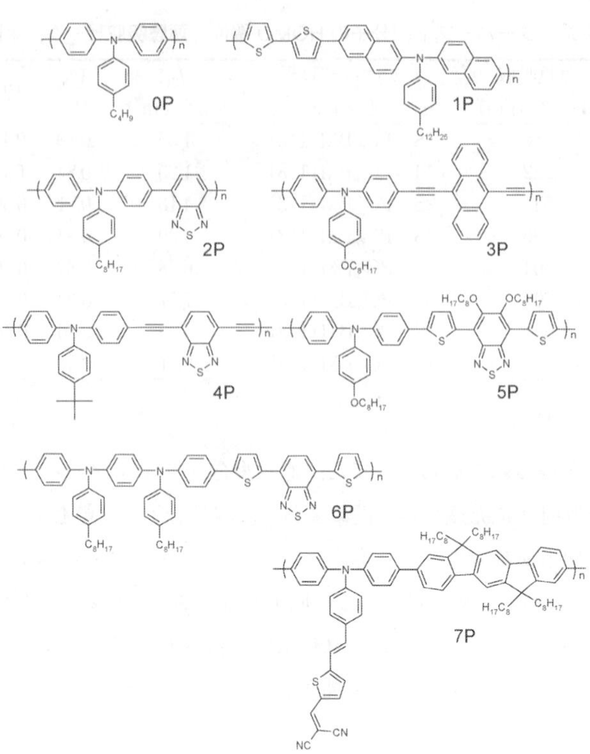

図6　TPA系高分子の構造式

表3　TPA系高分子のHOMO準位，薄膜吸収ピーク，太陽電池特性

材料	HOMO (−eV)	薄膜吸収ピーク (nm)	バルクヘテロ層 (重量比)	J_{SC} (mA/cm^2)	V_{OC} (V)	FF	変換効率 (%)	文献
0P	5.17[a]	379						17
1P	5.40[a]	446	1P:PC_{60}BM(1:4)	3.40	0.78	0.39	1.02	18
1P			1P:PC_{70}BM(1:4)	8.03	0.75	0.37	2.22	18
2P	5.47[a]	494	2P:PC_{60}BM(1:2)	2.64	0.93	0.36	0.88	20
2P			2P:PC_{60}BM(1:4)	3.96	0.90	0.38	1.34	20
2P			2P:PC_{70}BM(1:4)	7.45	0.92	0.39	2.65	20
3P	5.32[b]	529	3P:PC_{60}BM(1:4)	4.65	0.67	0.39	1.21	19
4P	5.42[b]	503(溶液)	4P:PC_{60}BM(1:4)	5.22	0.89	0.40	1.85	19
5P	5.29[b]	558	5P:PC_{70}BM(1:3)	6.9	0.77	0.43	2.3	21
6P	4.8[b]	577	6P:PC_{70}BM(1:3)	3.8	0.62	0.48	1.0	22
7P	5.32[b]	554	7P:PC_{70}BM(1:4)	7.4	0.93	0.44	3.1	23

じデバイス構造で約2倍変換効率が向上し，TPA系材料の高効率化には高分子化が有効であると報告している。同じ骨格で低分子，高分子を比較した例はほとんどなく，その理由として，高分子では成膜性が良く薄膜形成可能であるが，低分子だけでは結晶化により薄膜化不可になるこ

とが多かった為と推測している。一方，TPA 系材料は低分子においても結晶化を起こし難く，優れた成膜性があることから，同じ骨格で，低分子，高分子の特性比較が行える。

TPA と BTD を様々なユニットで連結した高分子材料としては，他にも **4P-6P** 等が報告され，吸収ピーク波長が 577nm にまで達している[19, 21, 22]。TPA 構造の特徴を利用した高分子としては，主鎖にアクセプターを導入するのではなく，ペンダント状にアクセプター基を付与する材料 **7P** も報告されている[23]。このような側鎖分子内にドナー/アクセプターを有する材料においても，長波長化の効果がみられ，変換効率 3.1％と比較的高い値が得られることは興味深い。

5.3　トリフェニルアミン系ドナー材料の利点と課題

5.3.1　TPA 系ドナー材料の利点

先に例で挙げた P3HT：$PC_{60}BM$ のバルクヘテロ薄膜において，P3HT が結晶性であり，その結晶性及び変換効率が薄膜作製条件に応じて大きく変化するため，作製プロセスに制約が生じる可能性がある。また，高効率を示す狭バンドギャップの PTB7 や PCDTBT 等の太陽電池においても変換効率が用いる溶媒や熱処理温度に依存することが報告されている[24, 25]。

一方，TPA 系材料の最大の利点は，安定なアモルファス薄膜を形成することである。実例として TPA 系材料である **2P** を用いた高信頼性薄膜に関する筆者らの研究を紹介する。図 7(a)に沸点が大きく異なる溶媒，CF（沸点 61℃）と *o*-DCB（沸点 181℃）を用いて薄膜を作製し，熱処理温度もそれぞれ 60℃，110℃で行った場合のトランジスタ特性を示す。それぞれ同等の形状をしており，特性は *o*-DCB（熱処理 110℃）の場合 $3.1\times10^{-4}cm^2/Vs$（しきい値電圧 −29V，on/off 電流比 1.3×10^4），CF（熱処理 60℃）の場合 $3.6\times10^{-4}cm^2/Vs$（しきい値電圧 −28V，on/off 電流比 1.5×10^4）であった。実験室レベルでの薄膜 XRD 測定においても，ピークは観察されず，溶媒や熱処理温度のような作製条件が大きく異なっても安定なアモルファス薄膜を形成していることが分かる。

この **2P** と $PC_{70}BM$ の混合薄膜を上記で述べた条件で作製した太陽電池特性を図 7(b)に示す。図 2 で示した P3HT：$PC_{60}BM$ の場合とは異なり，吸収スペクトル，AFM 薄膜表面観察の形状と太陽電池もほぼ同じ特性を示した。このように，他の材料系と比較して TPA 系材料は高信頼性の薄膜が得られる独自の利点を有している。

また，高分子材料には，低分子やオリゴマーには無い指標である分子量の分布が存在し，骨格が同じでも分子量が異なれば，結晶性や配向性が変化し，太陽電池特性が異なることが多く報告されている[26, 27]。一方，TPA 系高分子の正孔移動度はある程度（数平均分子量 Mn10,000）の分子量以上であれば，ほぼ一定となる報告がある[28]。TPA 系高分子の太陽電池に関し，分子量依存に関する報告は無いが，その特性は分子量に影響され難いと考えられる。

以上の 2 つの利点により，有機薄膜太陽電池の実際の開発者・研究者が，各材料でのデバイス作製の最適化条件を見出すことが，他の材料系に比べ，遥かに少ない時間で可能となる。

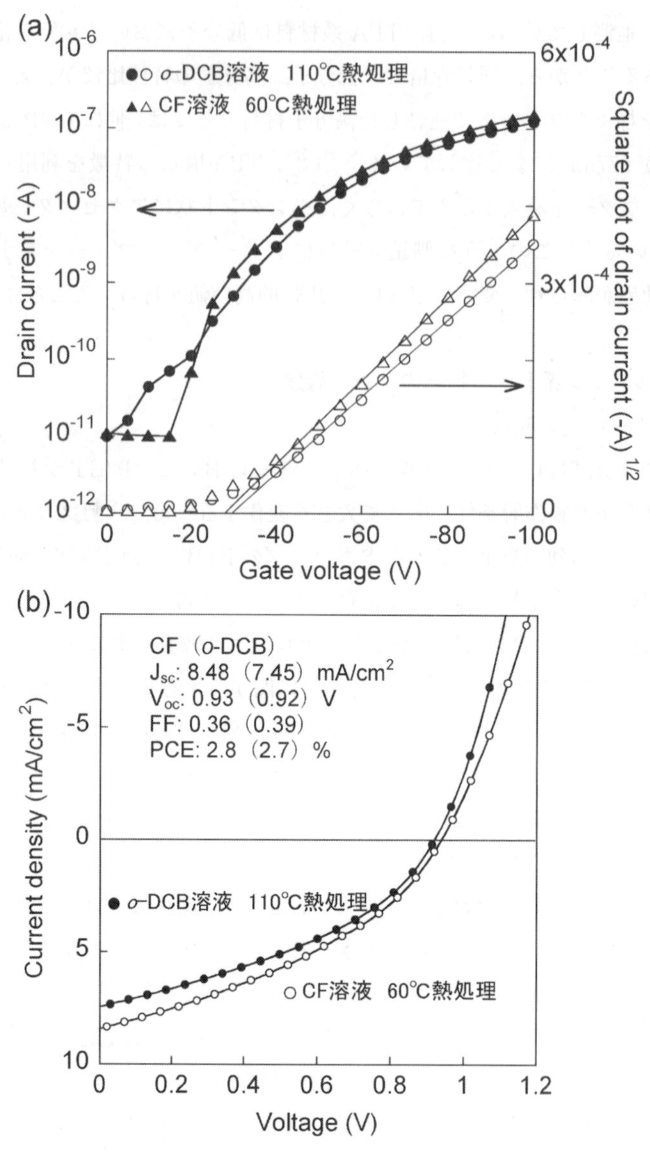

図7 (a)CF あるいは，*o*-DCB を溶媒に用い，薄膜を 60℃または 110℃で 10 分間熱処理を行った 2P のトランジスタ特性。(b) 2P と $PC_{70}BM$ のバルクヘテロ薄膜を上記と同様の条件で作製した太陽電池特性

5.3.2 TPA 系ドナー材料の課題

5.2 項で紹介した材料を用いた太陽電池特性の表 1 から 3 にも記載しているが，PCBM が TPA 系材料よりも高い電子移動度 $1\times10^{-2}cm^2/Vs$ を有している[29] にも関わらず，いずれの太陽電池も PCBM を増加させた場合に特性が向上している[30]。これは，TPA 系材料ではアミンを中心に 3 次元的に高分子主鎖が発達する為，アミン間に自由空間が生じ，少量の PCBM では PCBM 凝集体が孤立し易くなる可能性が考えられる。この状況では分離した電子と正孔が再結合し易い環境となり，結果としてフィルファクターが減少する。実際に表1から3で挙げた太陽電池特性のフィルファクターは，ほとんどの材料で0.4以下の値であり，P3HTやPTB7の太陽電池では0.6から0.7の値が得られることを考えると改善が必要となる。改善策として，溶媒に添加材を加え，5.3.1で述べた利点を損なわない程度の相分離を行う方法が挙げられる。高分子材料の**5P**と$PC_{70}BM$のバルクヘテロ相を作製する際に，溶媒に添加材ジヨードオクタン（DIO）を1％vol加えることで，フィルファクター（変換効率）が0.43（2.3％）から0.53（2.8％）にまで向上する[21)]。

また，有機ELの場合は，電子輸送材料の移動度（多くの場合が$10^{-4}cm^2/Vs$以下）と比較して，TPA系正孔輸送材料の移動度は数桁大きかった為，TPA系正孔輸送材料の移動度向上には特に着目されていなかった。しかし，有機半導体全体で見れば，TPA系材料が形成するアモルファス薄膜は，分子配向薄膜や多結晶薄膜に比べ，移動度が低いという欠点もある。

具体的な移動度比較の例として，図8に高い変換効率の狭バンドギャップ高分子材料PTB7及び**2P**のトランジスタ特性を示す。トランジスタ特性より求めたPTB7の正孔移動度は，$1.1\times10^{-3}cm^2/Vs$（しきい値電圧−6V，on/off電流比1.3×10^4）であり，**2P**の正孔移動度は

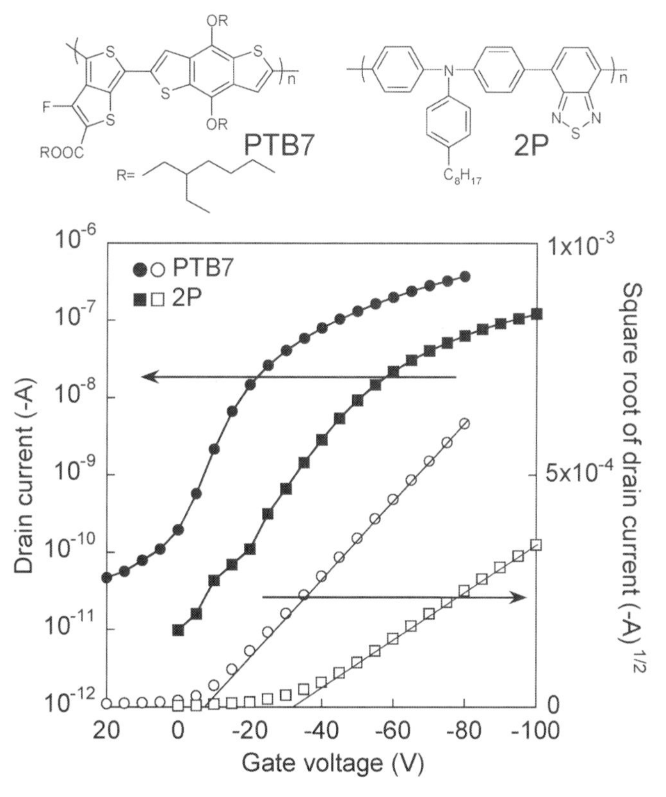

図8　PTB7と**2P**の構造式とそのトランジスタ特性の比較

$3.1\times10^{-4}cm^2/Vs$（しきい値電圧－29V，on/off 電流比 1.3×10^4）であり，約4倍PTB7の移動度が高い。移動度の評価法として，基板に対し垂直に電荷を流す太陽電池とは電流方向が異なるトランジスタ（基板に対し平行に電荷を流す）の測定を用いているが，筆者は異方性の無いアモルファス薄膜の場合では，トランジスタにより得られた移動度の比較は，有用であると考えている。（PTB7に関しては，実験室レベルでのXRD測定では結晶性は確認出来なかったが，PTB7と類似体のPTB1は，πスタックが基板垂直に発達している報告もあり[31]，縦に電荷を流す場合は，PTB7の移動度は更に高くなる可能性はある。）

バルクヘテロ構造で局所的に移動度が低いと，ドナー/PCBM界面での電荷分離効率が減少する等の弊害があり[32, 33]，TPA系材料においても正孔移動度の向上が望まれている。数値目標としては，バルクヘテロ層に $PC_{60}BM$（$PC_{70}BM$）をアクセプターとして使用する場合は，ドナー材料の正孔移動度を $PC_{60}BM$（$PC_{70}BM$）の電子移動度[29, 34]と同等の $1\times10^{-2}(2\times10^{-3})cm^2/Vs$ にまで向上させることが必要である。現状では，吸収波長ピークは394nmであるが，スターバースト型TPA材料であるTPTPA薄膜のトランジスタ測定において，正孔移動度 $1.0\times10^{-2}cm^2/Vs$ が得られており[35]，結晶材料には及ばないまでも，$PC_{60}BM$ の電子移動度と同程度の正孔移動度が報告され，TPA系材料においても高効率化には対応可能である。

5.4 まとめ

本解説では，バルクヘテロ型有機薄膜太陽電池用のTPA系ドナー材料に着目し，直線型低分子，スターバースト型分子，高分子型の3つに分類して，太陽電池特性の紹介を行った。TPA系材料では，低分子と同骨格のスターバースト型分子や高分子にすると，正孔移動度の向上が見られ，その低分子と比較して高い変換効率を示す。結晶性の材料と比較して，アモルファス薄膜を形成するTPA系材料を有機薄膜太陽電池に用いる利点としては，熱処理や用いる溶媒等の作製プロセスに依存せず，一定の膜質，正孔移動度，太陽電池特性を示す事が挙げられる。世の中には有機薄膜太陽電池材料が膨大に存在し，それぞれの材料で，デバイス作製の最適化を行うことには多大な労力を要するが，TPA系材料を用いる場合は最適化条件を見出す時間が，他の材料系に比べ遥かに短くなる。

課題としては，TPA系材料のアモルファス性によりPCBMとの相分離が起こり難く，電荷の再結合により，フィルファクターが0.4程度と小さくなること，TPA系材料の正孔移動度がPCBMの電子移動度に比べ低いことが挙げられ，現状では変換効率が5％を超える材料が見出されていない。しかし，その解決法や $1.0\times10^{-2}cm^2/Vs$ の正孔移動度を有するTPA系材料が報告されるようになり，今後の材料開発が期待される。

謝辞

筆者が研究に用いたTPA系材料は久留米工業高等専門学校 石井 努 准教授から提供して頂いた材料であり，感謝の意を表する。

文　　献

1) Y. Shirota *et al.*, *Chem. Rev.*, **107**, 953 (2007)
2) G. Dennler *et al.*, *Adv. Mater.*, **21**, 1323 (2009)
3) H. Kageyama *et al.*, *Appl. Phys. Express*, **4**, 032301 (2011)
4) A. Leliège *et al.*, *Org. Lett.*, **13**, 3098 (2011)
5) J. Kwon *et al.*, *New J. Chem.*, **34**, 744 (2010)
6) T. Yasuda *et al.*, *J. Photopolym. Sci. Tech.*, **23**, 307 (2010)
7) D. Deng *et al.*, *Org. Electronics*, **12**, 614 (2011)
8) Y. He *et al.*, *Phys. Chem. Chem. Phys.*, **13**, 1970 (2011)
9) P. Dutta *et al.*, *Org. Electronics*, **13**, 273 (2012)
10) Y. Lin *et al.*, *Org. Electronics*, **13** 673 (2012)
11) O. P. Lee *et al.*, *Adv. Mater.*, **23**, 5359 (2011)
12) B.-S. Jeong *et al.*, *Sol. Energy Mater. Sol. Cells*, **95**, 1731 (2011)
13) G. Wu *et al.*, *Sol. Energy Mat. Sol. Cells*, **93**, 108 (2009)
14) C. He *et al.*, *J. Mater. Chem.*, **18**, 4085 (2008)
15) J. Zhang *et al.*, *J. Phys. D : Appl. Phys.*, **44**, 475101 (2011)
16) H. Shang *et al.*, *Adv. Mater.*, **23**, 1554 (2011)
17) T. Yasuda *et al.*, *Chem. Lett.*, **38**, 1040 (2009)
18) T. Yasuda *et al.*, *Sol. Energy Mater. Sol. Cells*, **95**, 3509 (2011)
19) L. Blankenburg *et al.*, *J. Appl. Polym. Sci.*, **111**, 1850 (2009)
20) T. Yasuda *et al.*, *J. Mater. Chem.*, **22**, 2539 (2012)
21) M. Wang *et al.*, *Polymer*, **53**, 324 (2012)
22) G. Tu *et al.*, *J. Mater. Chem.*, **20**, 9231 (2010)
23) C. Duan *et al.*, *J. Polym. Sci. Part A : Polym. Chem.*, **49**, 4406 (2011)
24) Y. Liang *et al.*, *Adv. Mater.*, **22**, E135 (2010)
25) S. Yang *et al.*, *Chin. Phys. Lett.*, **28**, 128401 (2011)
26) R. C. Hiorns *et al.*, *Adv. Funct. Mater.*, **16**, 2263 (2006)
27) I. Osaka *et al.*, *Adv. Mater.*, **24**, 425 (2012)
28) M.-B. Madec *et al.*, *Org. Electronics*, **11**, 686 (2010)
29) T. D. Anthopoulos *et al.*, *Appl. Phys. Lett.*, **85**, 4205 (2004)
30) D. Veldman *et al.*, *J. Am. Chem. Soc.*, **130**, 7721 (2008)
31) J. Guo *et al.*, *J. Phys. Chem. B*, **114**, 742 (2010)
32) S. Shoaee *et al.*, *Chem. Commun.*, 5445 (2009)
33) J. D. Servaites *et al.*, *Energy Environ. Sci.*, **4**, 4410 (2011)
34) T. D. Anthopoulos *et al.*, *J. Appl. Phys.*, **98**, 054503 (2005)
35) H. Kageyama *et al.*, *Adv. Funct. Mater.*, **19**, 3948 (2009)

第2章　新規アクセプター材料

1　高LUMOフラーレンの設計コンセプト

松尾　豊*

1.1　はじめに

ここ数年における有機薄膜太陽電池の高効率化は，有機半導体の材料開発の進展によるところが大きい。有機薄膜太陽電池に用いる2種類の有機半導体のうち，電子供与体に関しては長波長光吸収が可能なローバンドギャップポリマーが，電子受容体に関しては高いLUMO準位をもつフラーレン誘導体が開発されてきた。前者は短絡電流密度（J_{SC}），後者は開放電圧（V_{OC}）の増大に貢献している。この節では，高いLUMO準位をもつフラーレン誘導体の設計と合成について解説する。

有機薄膜太陽電池において，高い開放電圧を得るためには，有機半導体のHOMO, LUMO準位を考慮する必要がある。電子供与体と電子受容体のエネルギーダイヤグラムを図1に示す。電子供与体のHOMO準位と電子受容体のLUMO準位の差が大きいほど，開放電圧が高くなるこ

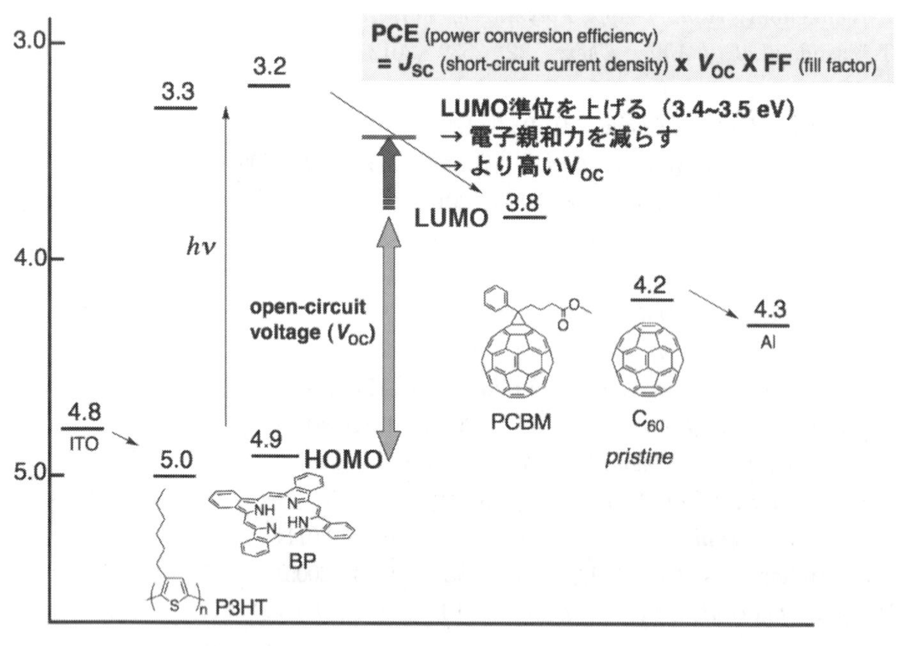

図1　電子供与体と電子受容体のエネルギーダイヤグラム

*　Yutaka Matsuo　東京大学大学院　理学系研究科　光電変換化学講座　特任教授

とが知られている。つまり高い開放電圧を得るためには電子供与体のHOMO準位を低く（深く）するか，電子受容体のLUMO準位を高く（浅く）することが有効である。電子供与体の設計において，幅広い範囲で光吸収を行うべく，そのHOMO-LUMOギャップを狭めていくことが多い。そのとき，電子供与体のHOMO準位は高くなりがちである。このことから，電子受容体側，すなわちフラーレン誘導体側でLUMO準位を高くする戦略が意義をもつ。

なお，フラーレン誘導体のLUMO準位を高くしすぎて，それが電子供与体のLUMO準位より高くなると，高効率な電荷分離が達成できない。フラーレン誘導体のLUMO準位は，電子供与体のLUMO準位より少し下にある必要がある。どのくらい下であればよいかということはしばしば議論になるが，多くの研究において，0.3 eV程度の差が必要であることが経験的に知られている。エネルギー変換効率の理論限界を議論する理論研究において，電子供与体と電子受容体のLUMO準位の差は0.3 eVより大きいと想定されていることが見て取れる[1, 2)]。

1.2　フラーレンへの電子供与基の導入による開放電圧の向上

高いLUMO準位をもつフラーレン誘導体を得る試みは，有機薄膜太陽電池に用いる電子受容体の標準材料であるPCBM[3)]の誘導体化にみられる[4)]。PCBMのフェニル基に電子供与基であるメトキシ基等を導入し，それによりフラーレンの電子親和力を下げてLUMO準位を上げることが検討された（図2）。溶解度に問題があった2-MeSおよび2,4,6-$(MeO)_3$置換体を除き，LUMO準位が上がるほど，高い開放電圧が得られることが確かめられた。2,3,4-$(MeO)_3$置換体が最も高い開放電圧を示し，無置換のPCBMに比べ30mV高い開放電圧が得られている。電気化学測定から見積もった両者のLUMO準位の差も，約30meVであり，この差がそのまま開放電圧の差に反映されている。また，この検討において用いられた電子供与体は，汎用的に用いられるポリ(3-ヘキシルチオフェン)(P3HT)より低いLUMO準位をもつMDMO-PPV（poly[2-methoxy-5-(3,7-dimethyloctyloxy)-*p*-phenylenevinylene]）であるので，全体的に高い開放電圧が得られている。

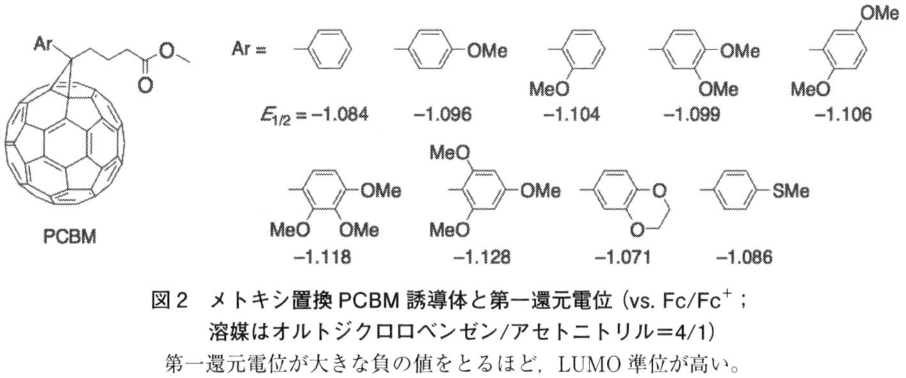

図2　メトキシ置換PCBM誘導体と第一還元電位（vs. Fc/Fc$^+$；溶媒はオルトジクロロベンゼン/アセトニトリル＝4/1）
第一還元電位が大きな負の値をとるほど，LUMO準位が高い。

1.3 フラーレンのπ電子共役系の縮小による開放電圧の向上

上に述べた電子供与基を導入してフラーレンの電子親和力を下げる方法では，LUMO 準位の下がり幅が小さく，開放電圧の大幅な向上は期待できない。より根本的な方法で LUMO 準位を向上する方法として，フラーレンのπ電子共役系の形を変える方法が提案される[5]。フラーレンのπ電子共役系に有機基を付加すると，付加した場所の sp^2 炭素原子が sp^3 炭素原子に変わり，π電子共役系が縮小される。それにより電子親和力が低下し，LUMO 準位が向上することが期待される。フラーレンのπ共役系の大きさは有機付加基の数だけでなく，その位置によっても変わる。決まった数の有機付加基を決まった位置に取り付けることができれば，LUMO 準位を広範囲でチューニングできるようになる。

1.3.1 シリルメチルフラーレン，SIMEF

PCBM の有機付加基は 1,2-付加型の様式で C_{60} に結合し，付加を受けた部分で二重結合が単結合に変わっており，60π共役系から 58π共役系に変わっている。つまり，PCBM はπ電子共役系は，1,2-付加型の 58π共役系である。この付加様式では，フラーレンのπ電子共役系の縮小は最小限にとどまる。一方，付加する位置がやや離れた 1,4-付加型の 58π共役系では，π電子共役系の広がりがやや小さくなる（図 3）。そのようなフラーレン誘導体として，SIMEF（サイメフと発音，ビス(シリルメチル)[60]フラーレン）がある[6, 7]。SIMEF は PCBM に比べ，より低い電子親和力とより高い LUMO 準位をもち，有機薄膜太陽電池の電子受容体として用いたとき，より高い開放電圧を与える。具体的には，SIMEF は PCBM に比べ，LUMO 準位が 60 から 80mV 程度高く，これにより有機薄膜太陽電池において開放電圧が 40 から 100mV 程度高くなる。

SIMEF は最近，様々な有機薄膜太陽電池に電子受容体の標準材料として用いられるようになってきた[8~10]。そして実際に高い開放電圧を与えている。例えば P3HT を電子供与体とするバルクヘテロ接合で逆型構成の有機薄膜太陽電池において，SIMEF を用いた素子は PCBM を用い

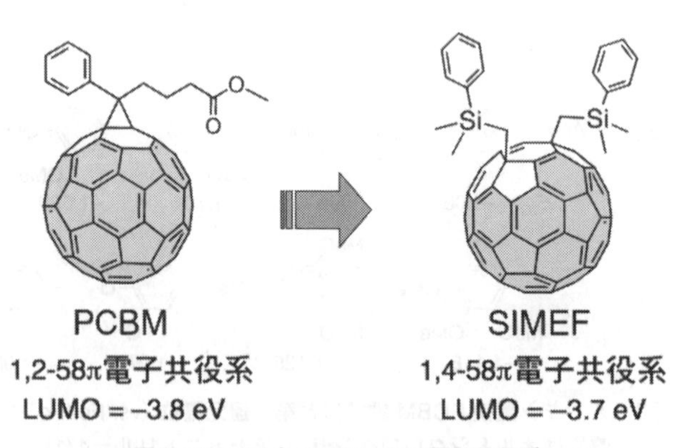

図 3　PCBM と SIMEF のπ電子共役系
ともに 58π共役系であるが，1,2-付加型より 1,4-付加型のほうがπ共役系の広がりがより小さい。

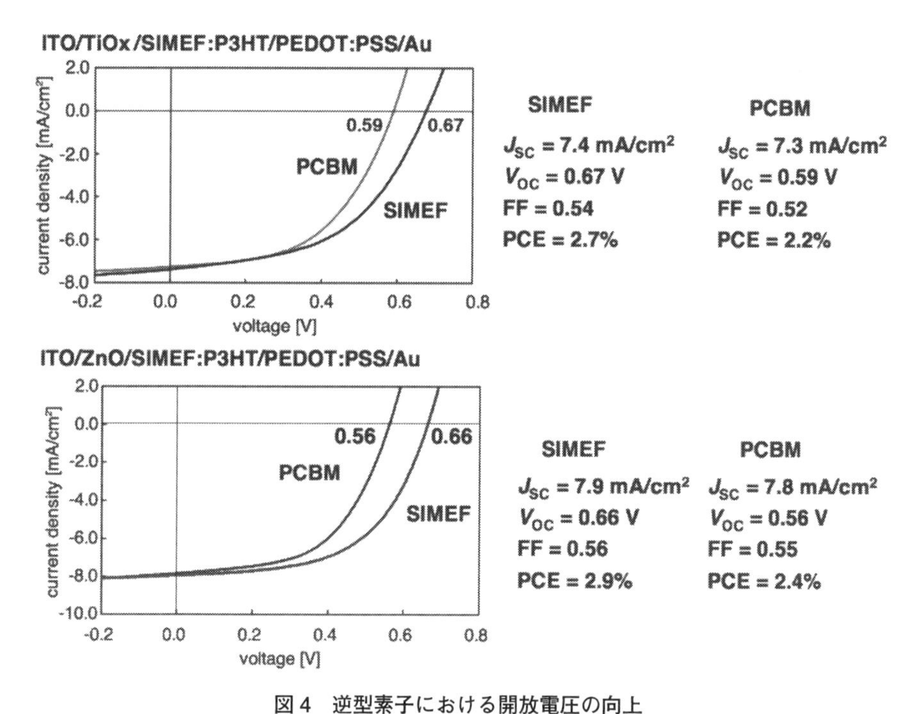

図4　逆型素子における開放電圧の向上

電子捕集層として酸化チタン(TiOx，上段)，酸化亜鉛(ZnO，下段)が用いられている。

た素子に比べ，80から100mV高い開放電圧を与える[10]。このとき，短絡電流密度，フィルファクタは低下していない。これはPCBMとSIMEFとで有機付加基部分の立体的な大きさがあまり変わらず，この両者は同程度の電子移動度をもつためだと考えられる。実際，空間電荷制限電流（SCLC, space charge limited current）法で求めた電子移動度は，PCBMで6×10^{-3}cm^2/Vs，SIMEFで8×10^{-3}cm^2/Vsである。多くの場合，開放電圧を高く取ろうとすると短絡電流密度が低下してしまうというトレードオフがよくみられるが，SIMEFを用いた素子ではこのようなトレードオフがない。

1.3.2　1,4-ジアリールフラーレン

SIMEFは1,4-ジアルキルフラーレンの一種であるが，2個のアリール基（芳香族性の有機基，フェニル基など）がフラーレンに1,4-型で付加した1,4-ジアリールフラーレン（図5）も報告されている[12~19]。ジアリールフラーレンはジアルキルフラーレンであるSIMEFに比べて溶解度が劣る傾向があり，有機薄膜太陽電池の電子受容体としては高い性能を示していない。また，アルキル基に比べアリール基自体が電子求引的となるため，ジアルキルフラーレンに比べジアリールフラーレンはLUMO準位が低くなる傾向があり，開放電圧の向上も限定的となる。実際，多くの1,4-ジアリールフラーレンのLUMO準位は，PCBMのそれと同程度になる。LUMO準位を上げるためにはフェニル基を電子豊富にする必要があり，フェニル基に3つのアルコキシ基を導入した化合物では，PCBMに比べLUMO準位が90meV高くなる。有機薄膜太陽電池の電子受

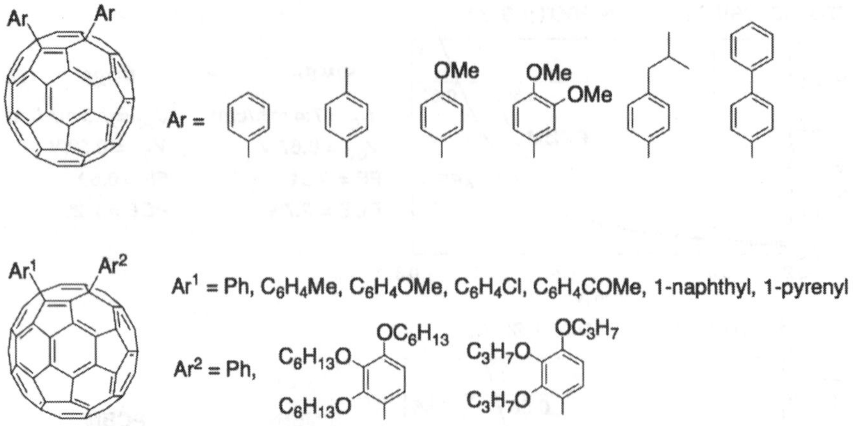

Ar =

Ar^1 = Ph, C_6H_4Me, C_6H_4OMe, C_6H_4Cl, C_6H_4COMe, 1-naphthyl, 1-pyrenyl

Ar^2 = Ph,

図5　1,4-ジアリールフラーレン

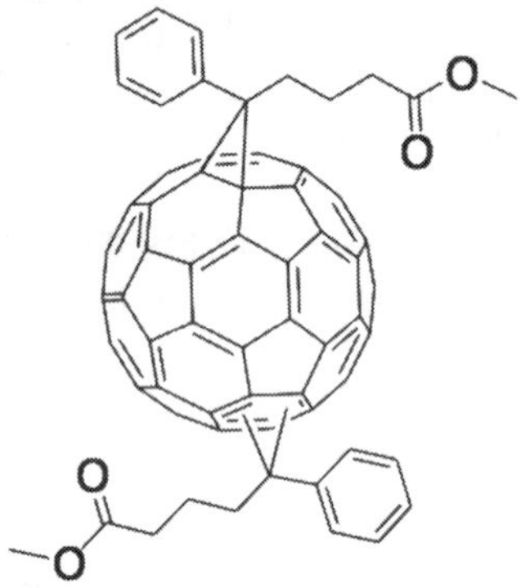

図6　56π共役系をもつbis-PCBM

容体としてジアリールフラーレンを用いて，中程度の変換効率（約2.3%）が報告されている[17]。ジアリールフラーレンはジアルキルフラーレンに比べて本質的には安定であるはずで，適切な化学修飾を施し，溶解度等の問題を解決すれば有用な電子受容体になる可能性がある。

1.3.3　bis-PCBM

PCBM, SIMEFや1,4-ジアリールフラーレンは58π共役系をもつが，さらにπ共役系をさらに縮小した，56π共役系をもつフラーレン誘導体が使われる例が増えてきている。bis-PCBM[20]は最初に報告された56π共役系フラーレンであり，PCBMの側鎖部分を2つもつ誘導体である(図6)。この化合物は元々PCBMを合成する際にできる副生成物であり，精製段階で取り除かれていた。トルエンとクロロホルムを移動相とするシリカゲルカラムクロマトグラフィーにより反応混合物から分離される。一重付加体であるPCBMと三重付加体を取り除いて，位置異性体の混合物としてbis-PCBMが得られる。

位置異性体の混合物の電気化学測定によって，bis-PCBMのLUMO準位は平均値として

100meV 程度高いことがわかっている。bis-PCBM を電子受容体，P3HT を電子供与体として用いたバルクヘテロ接合型の有機薄膜太陽電池において，4.5％のエネルギー変換効率が得られている。0.72V の開放電圧が得られており，これは PCBM を用いた同様の素子で得られる 0.58V 程度の開放電圧に比べ十分に高い。

1.3.4　インデン C60 ビスアダクト

インデン C60 ビスアダクト（ICBA，図 7）[21] は，PCBM に比べ，170meV 高い LUMO レベルをもつ。試薬として購入可能であることから，最近利用される例が多くなっている。Plextronics 社の活性層インクである Plexcore PV2000 に，電子受容体として含まれているほか，台湾の Lumtech から販売されている。しかしながら，精製プロセスにコストがかかるため，非常に高価である。ICBA は bis-PCBM と同様，位置異性体の混合物であり，そのために結晶性が低下していて，有機溶媒に対し高い溶解性を示す。P3HT を電子供与体とするバルクヘテロ接合型有機薄膜太陽電池において，0.84V 程度の開放電圧が得られ，エネルギー変換効率は 5.4 から 6.4％に達する[22～25]。また，C70 類縁体 $IC_{70}BA$ も報告されており，ICBA よりも可視領域での吸収が強くなっている[24]。長波長光を効率よく吸収するために用いられるローバンドギャップポリマーを用いた有機薄膜太陽電池では，現在のところ ICBA はあまり優秀な成績を収めていない。ローバンドギャップポリマーは低い LUMO 準位を有し，それに対し ICBA は高めの LUMO 準位をもつため，ローバンドギャップポリマーの LUMO 準位と ICBA のそれが近い値となってしまい，効率のよい電荷分離が起こらなくなっていると考えられている。また，ICBA の電子移動度がそれほど高くないことも，低い特性を与える原因になっている可能性もある。

1.3.5　ジヒドロメタノ基を有する 56π 共役系フラーレン

56π 共役系フラーレンで問題となるのが，置換基の増加による立体障害の増加である。有機付加基が空間的に占める割合が増えると，フラーレンの π 電子共役系どうしの接触の妨げとなり，薄膜での電子移動度が低下することが懸念される。PCBM や SIMEF などの 58π 共役系フラーレンではフラーレンの一箇所に有機付加基が存在しているが，56π 共役系フラーレンになるとその裏側にも有機付加基が存在し，裏側の有機基がフラーレンどうしの接触低下に及ぼす影響は大きそうである。電子移動度が低下することにより電池内部の抵抗が増し，フィルファクタや短絡電流密度が低下する。これでは 56π 共役系フラーレンを用いて開放電圧が高くなっても，フィルファクタや短絡電流密度の低下とのトレードオフになってしまう。実際に ICBA を用いた素子では，その傾向がよくみられる。

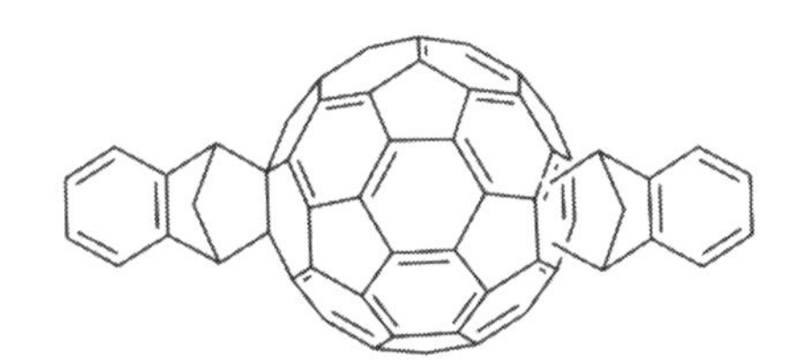

図7　56π 共役系をもつビスインデン付加体

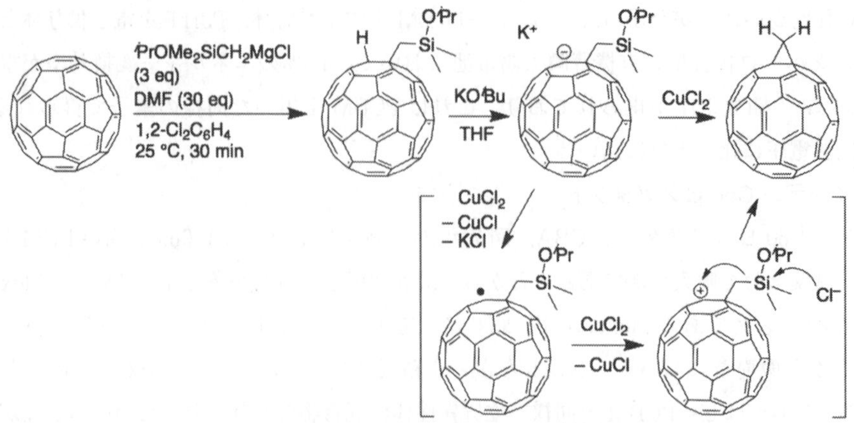

図8　ジヒドロメタノフラーレンの合成法

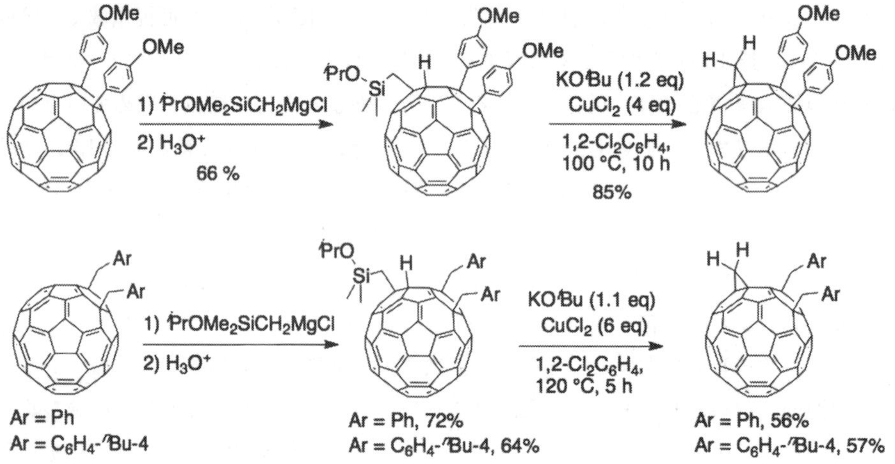

図9　ジヒドロメタノ基をもつ56π共役系の合成

そのようなトレードオフを回避するためには，できるだけ小さな付加基でフラーレンのπ電子共役系を縮小すればよい。最も小さな炭素付加基はメチレン（CH_2）であり，メチレンが付加したフラーレンはジヒドロメタノフラーレン[26]と呼ばれる。最近，筆者らは簡便にかつ高収率でジヒドロメタノフラーレン$C_{61}H_2$を得る反応を開発した（図8）[27, 28]。精製が可能な（イソプロポキシシリルメチル）（ヒドロ）フラーレン$C_{60}(CH_2SiMe_2O^iPr)H$を塩基により脱プロトンし，酸化剤である銅(II)塩を加えることによりジヒドロメタノフラーレンが得られる。反応中間体にはフラーレンのカチオンが含まれ，これは脱プロトンにより得られるフラーレンカチオンが銅(II)塩により酸化されることにより生成する。フラーレンカチオン中間体から，ケイ素-炭素結合の電子のフラーレンカチオンへの流れ込みと塩化物イオンのケイ素原子への反応が同時に起こり，三員環が形成される。

1,4-ジアルキルフラーレン $C_{60}(CH_2Ar)_2$ や1,4-ジアリールフラーレン $C_{60}Ar_2$ に対し同様な反応を行うことにより，ジヒドロメタノ基をもつ56π共役系フラーレンが合成される（図9）。これらの生成物は，単一の異性体として得られる。これは，1,4-付加体へのシリルメチル基の付加反応が位置選択的に進行するためである。ジヒドロメタノ基をもつ56π共役系フラーレンは58π共役系をもつ原料化合物に比べて140meV程度高いLUMO準位をもつため，有機薄膜太陽電池において高い開放電圧を与える。またこのとき，高い短絡電流密度やフィルファクタを与えることもわかっている[29)]。

1.3.6　ジヒドロメタノPCBM

ジヒドロメタノフラーレン $C_{61}H_2$ にPCBMの側鎖を導入した56π共役系フラーレンが報告されている（図10）[30)]。初めにメチレン基を導入しておき，PCBMの側鎖のカルベンを後から付加させて合成される。ジヒドロメタノPCBMのLUMO準位はPCBMと比較して150meV高い。また，高い電子移動度（$0.014cm^2/Vs$）を示す。また，PCBMは有機薄膜中，加熱によるアニールで凝集し，素子特性を低下させることが知られているが，位置異性体の混合物で非晶質であるジヒドロメタノPCBMはそのような凝集を起こさない。そのため，モルフォロジ的に安定となり，加熱に対し安定な有機薄膜太陽電池を与える。P3HTを電子供与体として用いたバルクヘテロ接合素子において，開放電圧は0.69V，エネルギー変換効率は3.8％である。

1.3.7　その他の56π共役系フラーレン

オルトキノジメタンビス付加体（図11，左）は，1993年にK. Müllenらにより報告された化合物であるが[31)]，ごく最近，有機薄膜太陽電池の電子受容体として検討されている[29, 32～34)]。オルトキノジメタンビス付加体は，ICBAからビシクロ環を取り去っただけの，ICBAと似た構造をもつ。オルトキノジメタンビス付加体のLUMO準位は，ICBAのそれよりも60meV低いと見積もられている。電子供与体としてP3HTを用いたバルクヘテロ接合素子において，同条件でbis-PCBM，ICBA，オルトキノジメタンビス付加体が電子受容体として比較され，変換効率がそれぞれ4.2％，5.6％，5.2％であったことが報告されている[32)]。また，オルトキノジメタンのモノ付加体，ビス付加体，トリス付加体の特性が比べられ，ビス付加体が最も高い変換効率を与え

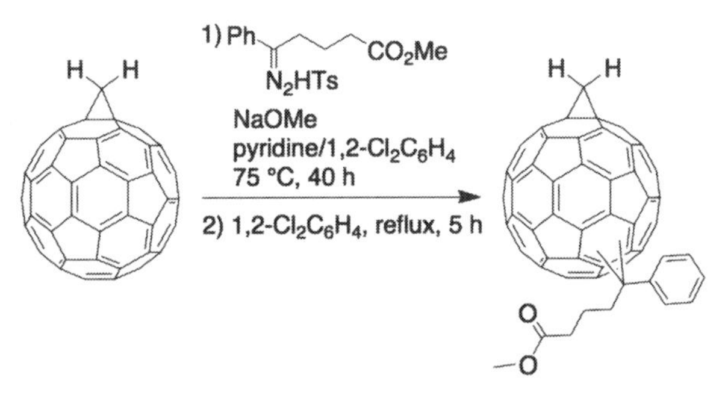

図10　ジヒドロメタノPCBMの合成

オルトキノジメタン
ビス付加体

チエノオルトキノジメタン
ビス付加体

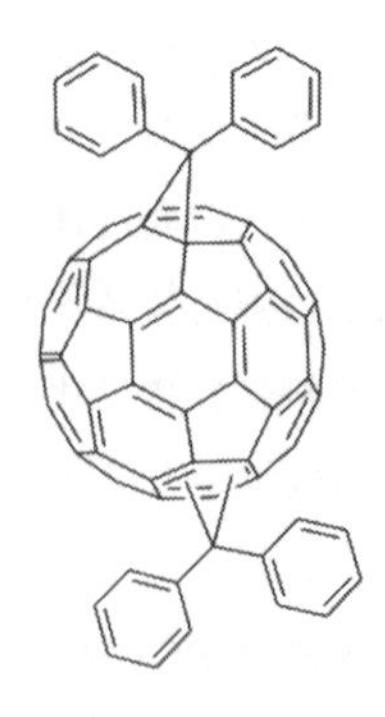

ジフェニルメタノ
ビス付加体

図11　種々の56π共役系フラーレン

ることが報告されている[33]。変換効率が高い順は，ビス付加体，モノ付加体，トリス付加体となり，トリス付加体は最も高い開放電圧（最高0.98V）を与えるが，フィルファクタが0.4程度となり，変換効率は2.6％程度にとどまる。

チエノオルトキノジメタンビス付加体（図11，中央）も同様の化合物であり，そのLUMO準位はPCBMに比べて160mV高い。P3HTを電子供与体として用いて0.86Vの開放電圧が得られ，変換効率は最高5.1％である[35]。また，ジフェニルメタノ基が2つ付加したビス付加体（図11右）が報告されている。熱的に安定であることが特徴で，0.87Vの開放電圧，5.2％の変換効率を示す[36]。

1.4　フラーレンのLUMO準位を下げる分子設計

この節ではフラーレンのLUMO準位を上げるためのフラーレン誘導体の設計について述べてきたが，対比できるよう，最後にLUMO準位を下げるための設計について紹介する[37]。フラーレンのLUMO準位を下げるためにはフラーレンへ電子求引性の有機付加基を導入する必要がある。エステル基は電子求引性と有機溶媒への高い溶解性をあわせもつことから，エステル基を2つ導入したフラーレン誘導体が合成された。C_{60}と塩化第二鉄($FeCl_3$）と種々のカルボン酸を室温で混ぜるだけという簡便な操作で，フラーレニルエステルC_{60}(OCOR)(OH）が得られる。残るヒドロキシ基に対し，カルボン酸の酸クロライドを反応させることにより，ジエステル誘導体が得られる。ジエステルのLUMO準位はPCBMよりも60mV低い。C_{60}のLUMO準位と比較しても20mV高いだけで，ジエステルはC_{60}とほぼ同程度の低いLUMO準位をもちながら，高い溶解性をもつフラーレン誘導体となる。このフラーレンジエステルを用いた有機薄膜太陽電池の性能はまだ不十分で，変換効率は1.3％にとどまるが，電子供与体側の都合で低いLUMO準位の電子受容体が必要な場合は有用になるだろう。このような要請は，タンデム素子の開発においてみられ，フロントセルとバックセルでそれぞれ，長波長光吸収材料と低いLUMO準位をもつ

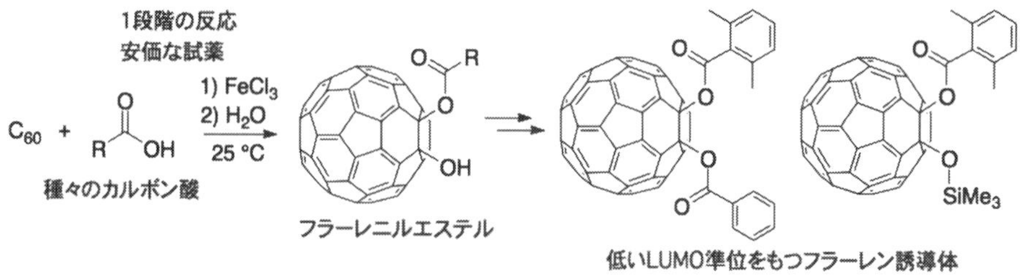

1段階の反応
安価な試薬
C_{60} + RCOOH
1) $FeCl_3$
2) H_2O
25 °C
種々のカルボン酸
フラーレニルエステル
低いLUMO準位をもつフラーレン誘導体

図12　低いLUMO準位をもつフラーレニルエステル誘導体

フラーレン，短波長光吸収材料と高いLUMO準位をもつフラーレンが組み合わせられることがある。

1.5　おわりに

P3HTとPCBMを用いたバルクヘテロ接合素子が有機薄膜太陽電池の標準的な素子となって以降，長波長光を吸収する電子供与体の研究が先行し，電子受容体の研究は出遅れていた。しかしながら，2010年以降，電子受容体の開発においても新しいフラーレン誘導体の報告例が増えてきている。LUMO準位を上げて高い開放電圧を得ることにはほぼ成功しているが，有機付加基が電子輸送の妨げにならないよう，フラーレン誘導体が薄膜で高い電子移動度をもつよう分子設計を行うことが今後の課題である。本節でとりあげたジヒドロメタノフラーレン誘導体は，その課題を解決するための1つの考え方を提供するだろう。

一方で，フラーレン誘導体のコストの問題もある。ローバンドギャップポリマーが幅広く使われるようになった今，相手が56π共役系フラーレンではローバンドギャップポリマーのLUMO準位を56π共役系フラーレンのLUMO準位が超えてしまい，電荷移動が起こりにくく，結局はPCBMが用いられることが多い。高い変換効率を得るために光吸収で有利なC_{70}-PCBMがよく用いられている。しかし，C_{70}-PCBMは非常に高価であり，実用化に向けた研究においては課題が残る。そもそもローバンドギャップポリマーも非常に高価であり，実用的な有機薄膜太陽電池を生み出すためには，電子供与体と電子受容体の両方エネルギー準位を考慮にいれて分子設計を行う必要があるだろう[38]。

文　　献

1）M. C. Scharber, D. Mühlbacher, M. Koppe, P. Denk, C. Waldauf, A. J. Heeger, C. J. Brabec, *Adv. Mater.*, **18**, 789 (2006)
2）G. Dennler, M. C. Scharber, C. J. Brabec, *Adv. Mater.*, **21**, 1323 (2009)

3) J. C. Hummelen, B. W. Knight, F. LePeq, F. Wudl, J. Yao, C. L. Wilkins, *J. Org. Chem.*, **60**, 532 (1995)
4) F. B. Kooistra, J. Knol, F. Kastenberg, L. M. Popescu, W. J. H. Verhees, J. M. Kroon, J. C. Hummelen, *Org. Lett.*, **9**, 551 (1997)
5) Y. Matsuo, *Pure Appl. Chem.*, **84**, 945 (2012)
6) Y. Matsuo, A. Iwashita, Y. Abe, C.-Z. Li, K. Matsuo, M. Hashiguchi, E. Nakamura, *J. Am. Chem. Soc.*, **130**, 15429 (2008)
7) Y. Matsuo, Y. Sato, T. Niinomi, I. Soga, H. Tanaka, E. Nakamura, *J. Am. Chem. Soc.*, **131**, 16048 (2009)
8) H. Tsuji, K. Sato, Y. Sato, E. Nakamura, *Chem. Asian J.*, **5**, 1294 (2010)
9) H. Tsuji, Y. Yokoi, Y. Sato, H. Tanaka, E. Nakamura, *Chem. Asian J.*, **6**, 2005 (2011)
10) H. Tanaka, Y. Abe, Y. Matsuo, J. Kawai, I. Soga, Y. Sato, E. Nakamura, *Adv. Mater.*, in press.
11) Y. Matsuo, J. Hatano, T. Kuwabara, K. Takahashi, *Appl. Phys. Lett.*, **100**, 063303 (2010)
12) Y. Tajima, K. Takeuchi, *J. Org. Chem.*, **67**, 1696 (2002)
13) Y. Tajima, T. Hara, T. Honma, S. Matsumoto, K. Takeuchi, *Org. Lett.*, **8**, 3203 (2006)
14) G.-W. Wang, Y.-M. Lu, Z.-X. Chen, *Org. Lett.*, **11**, 1507 (2009)
15) A. Varotto, N. D. Treat, J. Jo, C. G. Shuttle, N. A. Batara, F. G. Brunetti, J. H. Seo, M. L. Chabinyc, C. J. Hawker, A. J. Heeger, F. Wudl, *Angew. Chem. Int. Ed.*, **50**, 5166 (2011)
16) A. Iwashita, Y. Matsuo, E. Nakamura, *Angew. Chem. Int. Ed.*, **46**, 3513 (2007)
17) Y. Matsuo, Y. Zhang, I. Soga, Y. Sato, E. Nakamura, *Tetrahedron Lett.*, **52**, 2240 (2011)
18) M. Nambo, R. Noyori, K. Itami, *J. Am. Chem. Soc.*, **129**, 8080 (2007)
19) M. Nambo, K. Itami, *Chem. Eur. J.*, **15**, 4760 (2009)
20) M. Lenes, G.-J. A. H. Wetzelaer, F. B. Kooistra, S. C. Veenstra, J. C. Hummelen, P. W. M. Blom, *Adv. Mater.*, **20**, 2116 (2008)
21) WO/2008/018931；US Patent Application 20090176994.
22) Y. He, H.-Y. Chen, J. Hou, Y. Li, *J. Am. Chem. Soc.*, **132**, 1377 (2010)
23) Y. He, G. Zhao, B. Peng, Y. Li, *Adv. Funct. Mater.*, **20**, 3383 (2010)
24) G. Zhao, Y. He, Y. Li, *Adv. Mater.*, **22**, 4355 (2010)
25) Y.-J. Cheng, C.-H. Hsieh, Y. He, C.-S. Hsu, Y. Li, *J. Am. Chem. Soc.*, **132**, 17381 (2010)
26) A. B. Smith, III；R. M. Strongin, L. Brard, G. T. Furst, W. J. Romanow, *J. Am. Chem. Soc.*, **115**, 5829 (1993)
27) Y. Zhang, Y. Matsuo, C.-Z. Li, H. Tanaka, E. Nakamura, *J. Am. Chem. Soc.*, **133**, 8086 (2011)
28) Y. Zhang, Y. Matsuo, E. Nakamura, *Org. Lett.*, **13**, 6058 (2011)
29) 特願 2010-220413
30) C.-Z. Li, S.-C. Chien, H.-L. Yip, C.-C. Chueh, F.-C. Chen, Y. Matsuo, E. Nakamura, A. K.-Y. Jen, *Chem. Commun.*, **47**, 10082 (2011)
31) P. Belik, A. Gügel, J. Spickermann, K. Müllen, *Angew. Chem. Int. Ed.*, **32**, 78 (1993)

32) E. Voroshazi, K. Vasseur, T. Aernouts, P. Heremans, A. Baumann, C. Deibel, X. Xue, A. J. Herring, A. J. Athans, T. A. Lada, H. Richter, B. P. Rand, *J. Mater. Chem.*, **21**, 17345 (2011)
33) K.-H. Kim, H. Kang, S. Y. Nam, J. Jung, P. S. Kim, C.-H. Cho, C. Lee, S. C. Yoon, B. J. Kim, *Chem. Mater.*, **23**, 5090 (2011)
34) X. Meng, W. Zhang, Z. Tan, C. Du, C. Li, Z. Bo, Y. Li, X. Yang, M. Zhen, F. Jiang, J. Zheng, T. Wang, L. Jiang, C. Shu, C. Wang, *Chem. Commun.*, **48**, 425 (2012)
35) C. Zhang, S. Chen, Z. Xiao, Q. Zuo, L. Ding, *Org. Lett.*, **14**, 1508 (2012)
36) Y.-J. Cheng, M.-H. Liao, C.-Y. Chang, W.-S. Kao, C.-E. Wu, C.-S. Hsu, *Chem. Mater.*, **23**, 4056 (2011)
37) M. Hashiguchi, N. Obata, M. Maruyama, K. S. Yeo, T. Ueno, T. Ikebe, I. Takahashi, Y. Matsuo, submitted.
38) 有機薄膜太陽電池の科学, 松尾　豊, 化学同人 (2011)

2 ポリ(3-ヘキシルチオフェン)(P3HT)との相溶化を指向したフラーレン誘導体の設計

松元　深[*1]，大野敏信[*2]

2.1 はじめに

高分子系有機薄膜太陽電池は，印刷技術により作製可能なフレキシブルで軽量な太陽電池として期待が集まっており，実用化を意図してここ2，3年間に目覚ましい勢いでその光電変換効率が高められている。高分子系有機薄膜太陽電池においては，ドナー（p型半導体）である共役高分子とアクセプター（n型半導体）を混合した活性層が用いられる。近年の目覚ましい性能向上はドナー材料としてローバンドギャップ型ポリマーと呼ばれる共役高分子の開発によるところが大きく，短絡電流を大きくするためにより長波長領域に感度を持つようにバンドギャップを狭くし，さらに開放端電圧を大きくするためHOMOエネルギーを深くする方向で分子設計が行われている。

アクセプター材料としては，電子受容性が高いn型有機半導体であることが必要である。C_{60}[1]などのフラーレン類はその電子受容性によって極めて速い電荷分離を引き起こし，その分離状態を維持する能力が高い。すなわち，発生したキャリアの再結合を起こしにくくすることができ，太陽電池に適した材料と言える。フェニル基と酪酸エステル基をメチレンで架橋したメタノフラーレンPCBM（[6,6]Phenyl-C_{61}-Butylic acid Methyl ester）が合成され，ポリパラフェニレンビニレンにアルコキシ基を導入したMEH-PPV（poly(2-methoxy-5-(2′-ethyl-hexyloxy)-1,4-phenylene vinylene）とPCBMを混合し活性層とするMEH-PPV/PCBM系ではC_{60}に比べてエネルギー変換効率が数倍に改善されることが報告[2]されて以来，未だにアクセプターとしては，このPCBMの使用が一般的である。

これまで様々な化学修飾を施したフラーレン誘導体が検討されてきたが，PCBMを超える性能を示すものは殆どなく，その設計指針も十分に分かっていないのが現状である。図1にこれまでに報告されてきたアクセプターの構造を掲げる。近年のアクセプターの開発としては，ICBAが最も画期的であるが，位置異性体の分離精製の困難さに伴う再現性の確保と対応できるポリマーの汎用性に難があると言われている。

有機薄膜太陽電池では主に，ドナー材料とアクセプター材料を混合したバルクヘテロ接合を光電変換の中心機構としており，これらの材料の混合性が問題となっている。本稿では，この相性とも言うべき材料間のマッチングに対して我々の行っているアプローチを紹介するとともに，これまでに開発したフラーレン誘導体とその太陽電池性能について説明する。

＊1　Fukashi Matsumoto　(地独)大阪市立工業研究所　有機材料研究部　研究員
＊2　Toshinobu Ohno　(地独)大阪市立工業研究所　理事（研究担当）

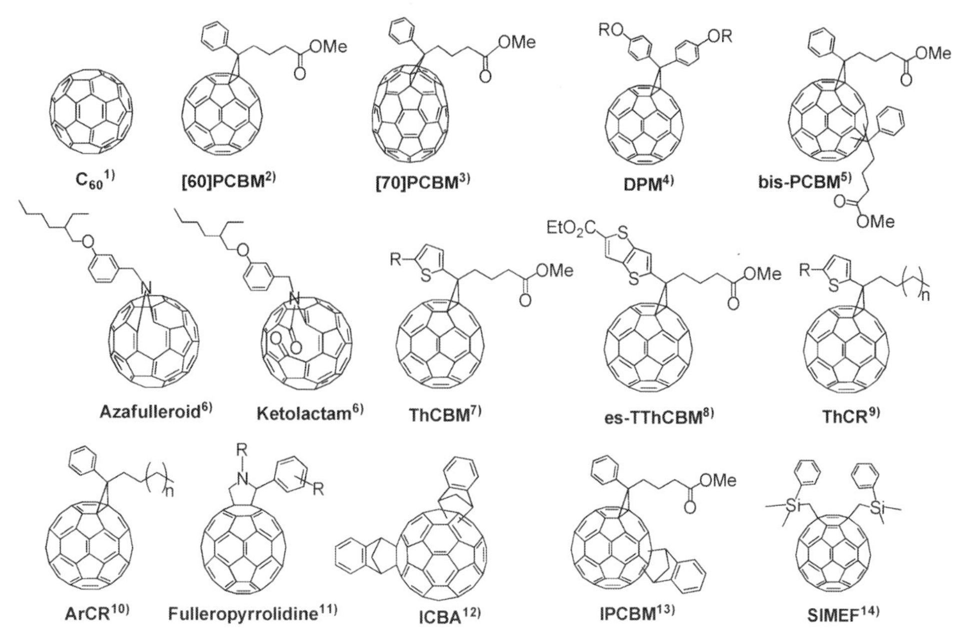

図1　有機薄膜太陽電池に用いられるフラーレン誘導体の例

2.2　高性能化のための基本設計

太陽電池の電圧に関わる重要なファクターとして，有機材料のエネルギー準位の設計が挙げられる。すなわち，有機薄膜太陽電池の開放端電圧はドナー材料の最高占有軌道（HOMO）エネルギーと，アクセプター材料の最低非占有軌道（LUMO）エネルギーの差に依存し，次式のように表されることが経験的に知られている[15]。

$$V_{\mathrm{OC}} = \frac{1}{e}\left[\left|E_{\mathrm{Donor}}^{\mathrm{HOMO}}\right| - \left|E_{\mathrm{Acceptor}}^{\mathrm{LUMO}}\right|\right] - 0.3V \tag{1}$$

このため低いHOMOエネルギーを持つドナー材料，あるいは高いLUMOエネルギーを持つアクセプター材料を設計することで開放端電圧が増大し，光電変換効率の向上が期待できる。フラーレン誘導体のLUMOエネルギーを上昇させる簡便な方法としては，フラーレン核に複数の置換基を誘導する手法が知られている（図1，bis-PCBM, ICBA）。しかしながら，これらはフラーレンが球状化合物であるため原理的に位置異性体を含む混合物となっており，エネルギー準位にばらつきが生じたり[16]，高純度化が困難で材料としての再現性に問題がある。単一の置換基によってLUMOエネルギーを上げる試みとしては，Hummelenらにより PCBMのフェニル基に電子供与性基を導入した誘導体が報告されており（図2）[17]，メトキシ基を複数置換するとLUMOエネルギーが高くなることが分かっている。

我々はこれに関して更に検討するため，メトキシ基の数，フェニル基における置換位置の効果

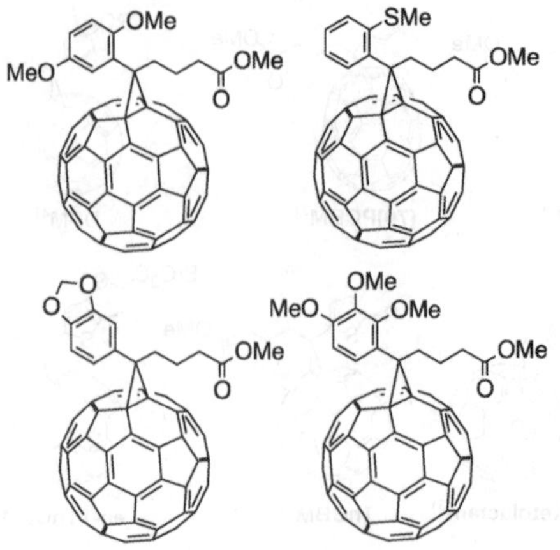

図2　ドナー基を置換したPCBM類似フラーレン誘導体

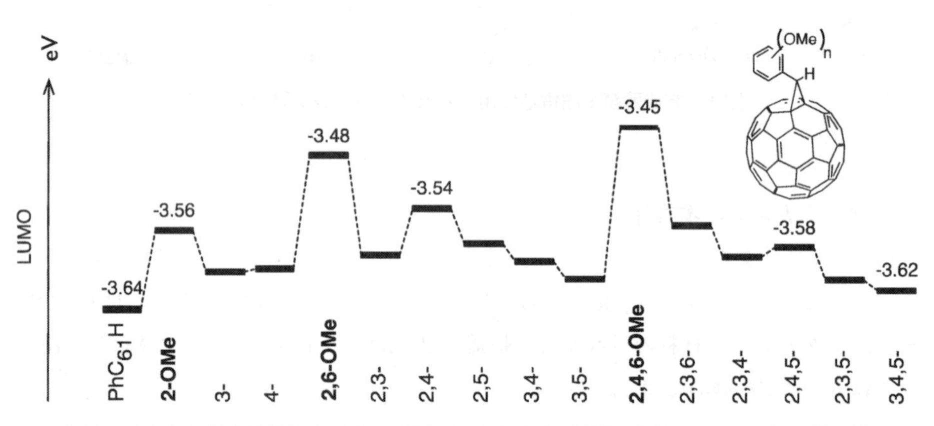

図3　メトキシ基を置換したメタノフラーレンのDFT計算によるLUMOエネルギー値

について理論計算により評価を行った。まず，モデルとして構造を単純化したメタノフラーレンのフェニル基にメトキシ基を配し，密度汎関数法（DFT）により構造最適化を行いKohn-Sham HOMOエネルギーを求めた。これに時間依存密度汎関数法（TD-DFT）により得られたHOMO-LUMOギャップエネルギーを加算することでLUMOエネルギー準位を算出した[18]。図3にその結果を示すが，メタ位やパラ位に比べ，オルト位に置換した場合のLUMOエネルギーが突出して高くなっていることが分かる。したがって単に電子供与性基を多く置換すればよいのではなく，フラーレンに近い位置に置換することが重要であると判断される。そこで我々は，2,6-ジメトキシフェニル基を持つメタノフラーレンを基本骨格として選択した。この構造はPCBMに対して最小限の修飾を施したものであり，太陽電池素子への適用も容易であると考えられる。また，一置換体でありながら二置換フラーレン誘導体に匹敵するLUMOエネルギーを与えることも計算により予測され，構造の明確な材料が得られるという利点がある。

当然のことながら，LUMO エネルギーだけを設計すればよい訳ではなく，その他の物性も素子性能に大きく影響する。バルクヘテロ接合型有機薄膜太陽電池では，ドナーであるポリマー材料と，アクセプターのフラーレン誘導体を一層に混合し，pn 接合界面を広くする方法が取られている。このためフラーレン誘導体が凝集していたり，ポリマーと大きく分離したりする場合，電荷分離効率の低下や発生した電荷が外部に取り出されない状況を引き起こす[19)]。活性層の薄膜はスピンコート法により溶液から成膜されるため，フラーレン誘導体の溶解性は非常に重要であり，溶解性に優れた PCBM がスタンダード材料となっているのもここに理由がある。Troshin ら[10a)] は 27 種のフラーレン誘導体を合成し，その溶解性と太陽電池特性の関連性について調べている。その結果，溶解性の低い誘導体はやはり変換効率が低く，PCBM と同等の溶解性のものは効率も高くなっている。興味深いことに，更に溶解性の高いものでは性能が低下している。この結果からポリマーと同程度の溶解性を持つことが重要であるとされており，溶解度がフラーレン誘導体の設計指標になるとしている。しかしながら溶解性は溶媒によって大きく異なり，温度等の溶解条件によって左右され一義的に評価することが難しい。

一方でフラーレン誘導体にポリマーと同程度の溶解性が必要ということは，ポリマーとの性質が似ており，混合性が良いとも解釈できる。このような異種材料間の混合・分離に関しては材料の極性を考慮して議論されることが多く，一般に極性の近い材料は均一に混合しやすく，極性の大きく異なる材料は自発的に相分離構造を取る傾向があるとされている。あるいは分子間力の違いが材料間の相溶性を左右しているとも表現されている。我々はフラーレン誘導体の材料極性がポリマーとの相分離構造を支配する要因の一つであると考え，極性に着目してフラーレン誘導体の設計を行った。すなわち可溶性を付与するために柔軟なアルキル基は必須であるが，エステル基やエーテル基といった極性基を導入したフラーレン誘導体を設計し，分子構造と薄膜の相分離構造の関係性を明らかにすることを試みた。

2.3　フラーレン誘導体の合成・評価

フラーレン誘導体はスキーム１に従い合成を行った。トリメトキシベンゼンやジメトキシベンゼンを出発原料とし，既知の合成法[2a)] を基に 2,6−ジメトキシフェニル基を持つメタノフラーレン誘導体に誘導した。図４に得られた誘導体のジクロロメタンに対する溶解度と，サイクリックボルタンメトリー測定から求めた第一還元電位を示すが，何れも溶解度は PCBM に比べ 50％程度であった。一般的に溶解性はアルキル鎖の長さや分岐構造，極性基により影響を受けるが，分子構造との相関を予測することは困難である。第一還元電位は PCBM より大きな値を示し，メトキシ基に起因する LUMO エネルギー準位の上昇が確認できる。

次にフラーレン誘導体の極性評価を行った。極性の指標としては，固体表面における表面自由エネルギーを用いた。表面自由エネルギーは表面張力と同じく材料の濡れ性を評価するために使われるが，分子間力の強さを表したものと言える。測定はスピンコート法により作成したフラー

i) MeO–(OMe)(OMe) + ClC(O)R → (SnCl4 /CH2Cl2) R: 1a, 1b

ii) (OMe)(OMe) + ClC(O)CH2CH2CH2CO2Me → (n-BuLi/Cu(I)Br/THF) 1c

iii) 1 + TsNHNH2 → (MeOH)

2a R_1 = OMe, R_2 = $CH(C_2H_5)C_4H_9$

2b R_1 = OMe, R_2 = $CH_2OC_2H_4OCH_3$

2c R_1 = H, R_2 = $CH_2CH_2CH_2CO_2CH_3$

iv) C_{60}, KO^tBu / oDCB →

TMPCEP　TMPCMEM　DMPCBM

スキーム１　フラーレン誘導体の合成

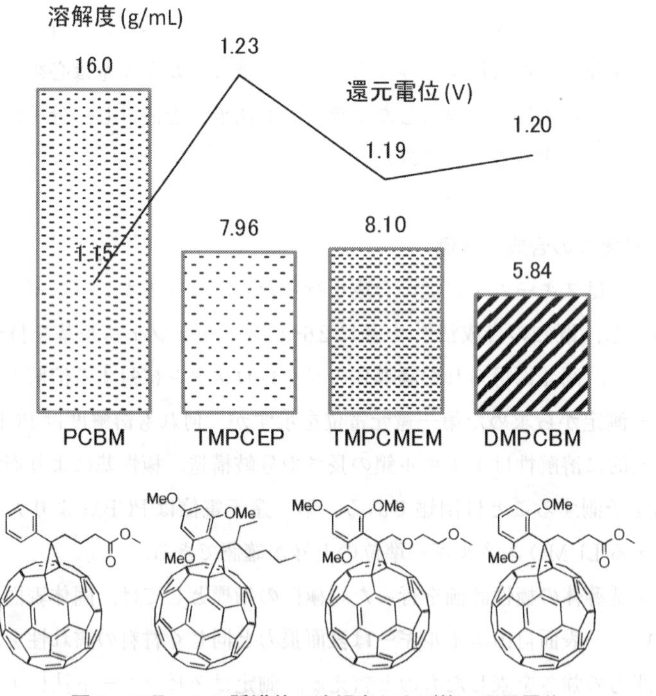

図４　フラーレン誘導体の溶解度および第一還元電位

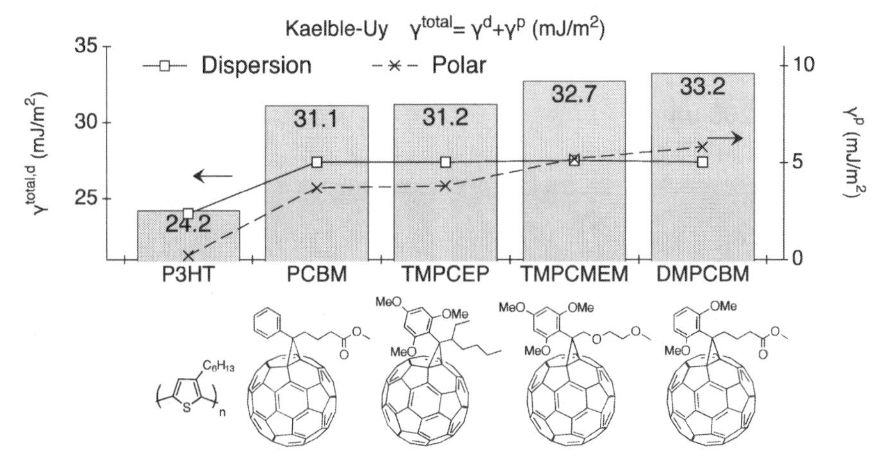

図5　P3HT およびフラーレン誘導体の表面自由エネルギー

レン誘導体の固体薄膜に対して液体を滴下し，その接触角から Young の式，Kaelble-Uy による関係式を用いて表面自由エネルギーを算出した。

$$\gamma_{SV} = \gamma_{SL} + \gamma_{LV}\cos\theta \tag{2}$$

$$\gamma_{SV}^{total} = \gamma_{SV}^{d} + \gamma_{SV}^{p} \qquad 2\left(\sqrt{\gamma_{LV}^{d}\gamma_{SV}^{d}} + \sqrt{\gamma_{LV}^{p}\gamma_{SV}^{p}}\right) = \gamma_{LV}^{total}(1+\cos\theta) \tag{3}$$

上式において，γ は表面自由エネルギー，θ は接触角であり，添字の S，L，V はそれぞれ固相，液相，気相界面を示している。また式(3)においては表面自由エネルギーを分散力による成分（d），極性による成分（p）からなると定義しており，これらが既知な2種のプローブ液体（本研究では水およびヘキサデカン）を用いることで固体表面のエネルギーが求められる。図5に各フラーレン誘導体の表面自由エネルギーを示すが，TMPCEP が PCBM とほぼ同程度の値を示したのに対し，TMPCMEM，DMPCBM では極性成分の増加により高い値を示した。これらと溶解度の間には明確な相関は見られないが，エーテル基やエステル基の有無により極性成分が増減しており構造との関係性が理解される。

2.4　薄膜形態の評価

バルクヘテロ接合構造に対するフラーレン誘導体の分子構造の影響について調べるため，ポリマーとの混合薄膜の評価を行った。オゾン洗浄したガラス基板上に，ポリ(3-ヘキシルチオフェン)（P3HT）とフラーレン誘導体を1：1の質量比でクロロベンゼン（CB）に溶解した溶液からスピンコート法により約 100 nm の薄膜を成膜した。同様にオルトジクロロベンゼン（oDCB）を溶媒に用いた薄膜も作製し，加熱などの後処理は行わずそのまま分析を行った。図6に CB から成膜した薄膜の光学顕微鏡写真と原子間力顕微鏡（AFM）による位相図を示す。光学観察においては TMPCMEM，DMPCBM を用いた薄膜にフラーレンに由来する凝集体[20]が多く見られ

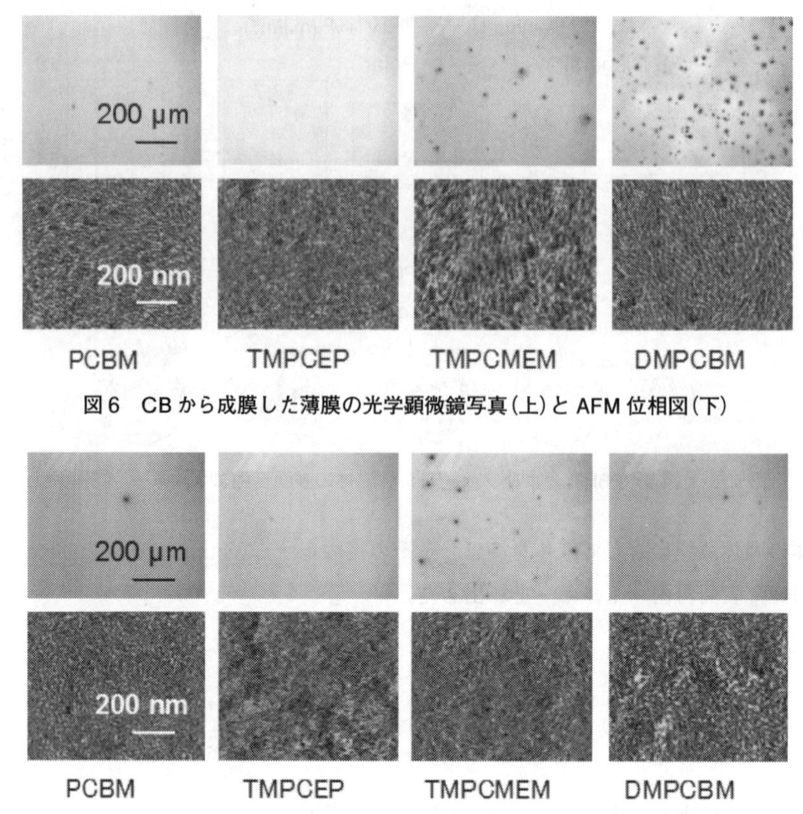

図6　CB から成膜した薄膜の光学顕微鏡写真（上）と AFM 位相図（下）

図7　oDCB から成膜した薄膜の光学顕微鏡写真（上）と AFM 位相図（下）

た。AFM では表面の弾性率（柔かさ）に対応した像が得られており，P3HT が結晶化した明るい領域と，アモルファス部分の暗い領域が表されている[21]。この領域間の界面長をそれぞれ比較すると，TMPCMEM と DMPCBM がやや短くなっており，ポリマーとフラーレン誘導体の分離が大きいことが示唆される。TMPCEP と TMPCMEM の溶解度は同程度であったことから，これらの結果はフラーレン誘導体の溶解度を反映したものではなく，TMPCMEM と DMPCBM の表面自由エネルギーの増加に対応するものと考えられる。一方 oDCB から作製した薄膜では，TMPCMEM に凝集体がやや見られたが，AFM における界面長もほぼ同じ結果となった（図7）。oDCB は CB に比べ高極性で揮発性も低いため，これらが成膜後のモルフォロジーに影響したものと考えられる。

更に薄膜の状態について評価するため，分光解析を行った。図8は薄膜の紫外可視吸収スペクトルを測定したものであるが，CB から作製した薄膜では P3HT に帰属される 500-600 nm の吸収ピークに違いが見られ，TMPCMEM，DMPCBM の混合膜でポリマーの結晶化度が高いことが示唆される。oDCB による薄膜では材料間の違いは少ないものの，長波長側のピークが増大しており全体として P3HT の結晶化が進行している[22] ことが分かる。図9に各薄膜の蛍光発光ス

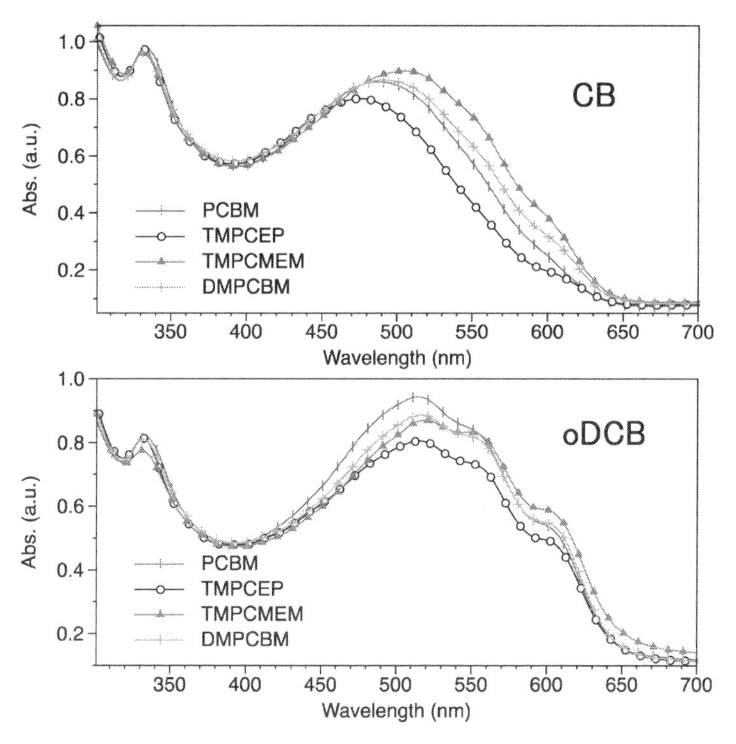

図8　CB(上)およびoDCB(下)から作製した薄膜の紫外可視吸収スペクトル

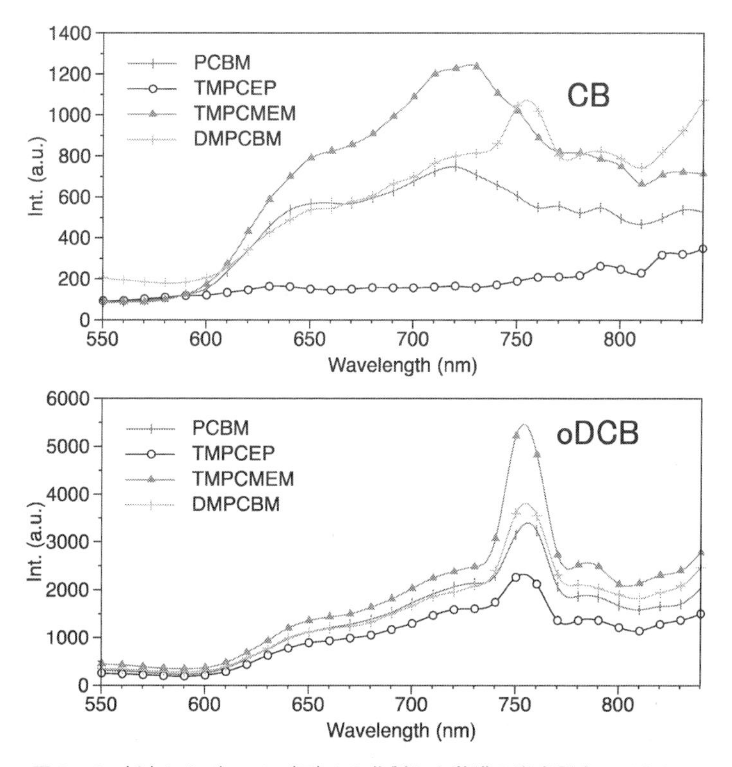

図9　CB(上)およびoDCB(下)から作製した薄膜の蛍光発光スペクトル

ペクトルを示す。P3HT は通常固体状態でも強い蛍光発光を示すが，近傍に存在するフラーレン誘導体により消光作用を受ける。したがってより均一に混合しているほど消光が強くなるため，発光強度により P3HT とフラーレン誘導体の相分離状態を評価することができる[23]。これまでの結果と同様に，oDCB を用いた薄膜では材料間の相違が小さいものの，TMPCMEM，DMPCBM を含む薄膜で発光強度が大きくなっており，相分離が大きい傾向が見られた。

以上の結果からフラーレン誘導体の分子構造と薄膜のモルフォロジーについてまとめると，凝集体の形成，ポリマーとの相分離は表面自由エネルギーの大きな TMPCMEM，DMPCBM において顕著であり，それに応じて P3HT の結晶化度も高くなる傾向が見られた。これらのフラーレン誘導体では，極性基の導入により P3HT との表面自由エネルギーの差が大きくなっており，相溶性が低下したものと考えられる。また oDCB を成膜溶媒に用いた場合では材料間の差が小さくなる傾向があり，スピンコート中における P3HT，フラーレン誘導体，溶媒の 3 成分相互の分子間力が薄膜のモルフォロジーを決定していることが示唆される。

2.5 デバイス性能評価

本研究において合成したフラーレン誘導体では，メトキシ基をフェニル基に導入し，可溶性基として分岐アルキル基を持つ TMPCEP の表面自由エネルギーが PCBM に最も近く，薄膜の形態も比較的 PCBM に近いものが得られた。したがって TMPCEP では PCBM と同様のデバイス作成条件が適用でき，十分な光電変換特性を示すと期待できる[24]。そこで類似構造の TMPCTMP，DMPCEP を加え太陽電池素子を作成し，ソーラーシミュレーターを用いてデバイス性能を評価した。太陽電池デバイスは以下のように作製した。ITO 基板に成膜した PEDOT：PSS の上に，P3HT とフラーレン誘導体の oDCB 溶液から薄膜を作製し，150℃で加熱処理を行った。更にバッファー層として TiO_X 層を成膜し，真空蒸着によってアルミ電極を作製した。デバイス評価の結果を表 1 に示すが，表面自由エネルギーの大きな TMPCMEM では曲線因子

表 1　フラーレン誘導体の構造と太陽電池特性（AM1.5）

	J_{SC} (mA/cm^2)	V_{OC} (V)	FF	η (%)
PCBM	7.86	0.61	0.57	2.77
TMPCMEM	3.71	0.52	0.48	0.94
TMPCTMP	4.59	0.75	0.60	2.08
TMPCEP	6.86	0.68	0.61	2.83
DMPCEP	7.99	0.68	0.62	3.31

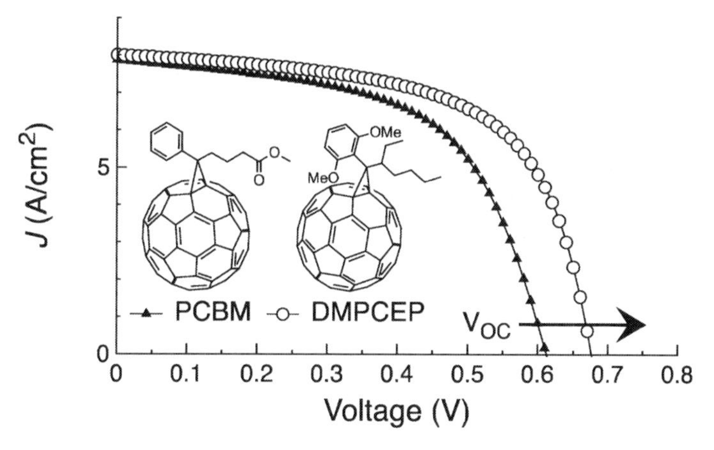

図10　PCBMおよびDMPCEPのI-V曲線

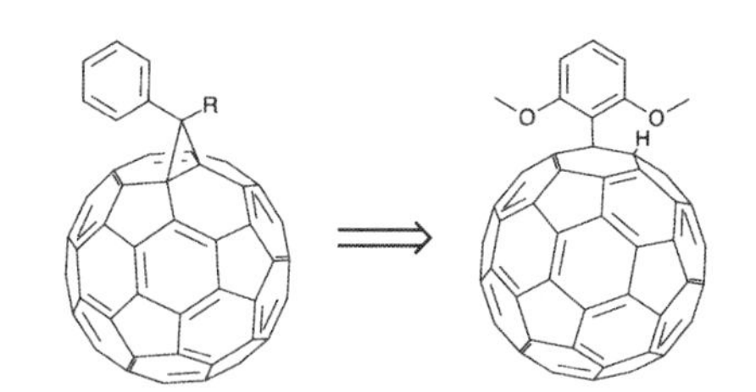

図11　新コンセプトによるフラーレン誘導体

の低下が見られ，相分離の拡大による性能低下が示唆される。一方，適切な分子極性を持つ他のフラーレン誘導体では曲線因子や短絡電流の低下は見られず，高いLUMOエネルギー準位による開放端電圧の増大が確認できた。更に成膜条件の最適化を行ったDMPCEPにおいては，PCBMを大きく上回る3.3%の変換効率が得られた（図10）。

2.6　新しいコンセプトによるフラーレン誘導体の設計

これまでメトキシ基を効果的に配置したメタノフラーレンの設計，デバイスへの応用について述べてきたが，本節では更に開放端電圧の増大が期待できるフラーレン誘導体の設計について紹介する。メトキシ基をフラーレン核に近い位置に配置することでLUMOエネルギーが上昇することは先に述べたが，メタノフラーレンのシクロプロパン構造を介さず，2,6-ジメトキシフェニル構造を直接フラーレン核に置換するとフラーレン核との距離が更に近くなり，LUMOエネルギーへの効果が高まると予想される（図11）。

そこで我々はロジウム触媒によるボロン酸とフラーレンのカップリング反応[25]により種々のモデル化合物を合成した（表2）。得られたフラーレン誘導体の第一還元電位を測定したところ，メタノフラーレンの場合と同様にフラーレン核に近接したオルト位にメトキシ基を持つ誘導体の

表2　モデル化合物の合成

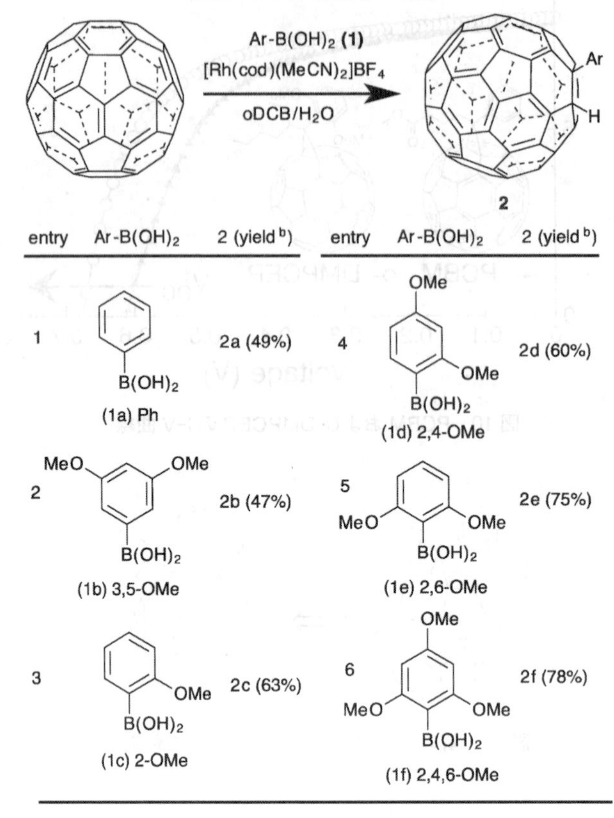

a Condisions: 70 °C, 3h. Molar ratio: C_{60}/1/Rh cat. = 1:1.2:0.1.
b Yield determined from HPLC area retio.

LUMO エネルギーが高くなることが確認された。

このメタノフラーレン型，直接置換型におけるフェニル基に対するメトキシ基の効果について，それぞれ無置換，2 位，2,4,6 位に置換した構造の第一還元電位を比較したところ，直接置換型での置換基効果がより大きいことが確認できた（図 12）。この原因については理論的な検証が必要となるが，シクロプロパンを経由する構造に比べ炭素-炭素結合を通じた電子効果が大きくなったこと（Through-bond），近接した酸素原子とフラーレン核上の電子間の空間的相互作用（Through-space）が生じたことが考えられる。簡易的な解析ではあるが，DFT 計算によって構造最適化したモデル化合物に対し自然結合軌道（NBO）解析を行い，得られた酸素原子の孤立電子対に対応する自然局在化分子軌道（NLMO）を図 13 に示した。その結果，メタノフラーレン型での酸素の孤立電子対はフラーレン核上には局在化していないのに対し，直接置換型ではフラーレン核上にも局在化していることが確認された。したがって直接置換型では酸素原子とフラーレン核の距離が近くなったことにより，メタノフラーレン型に比べ空間的な電子相互作用が大きくなっていることが示唆される。

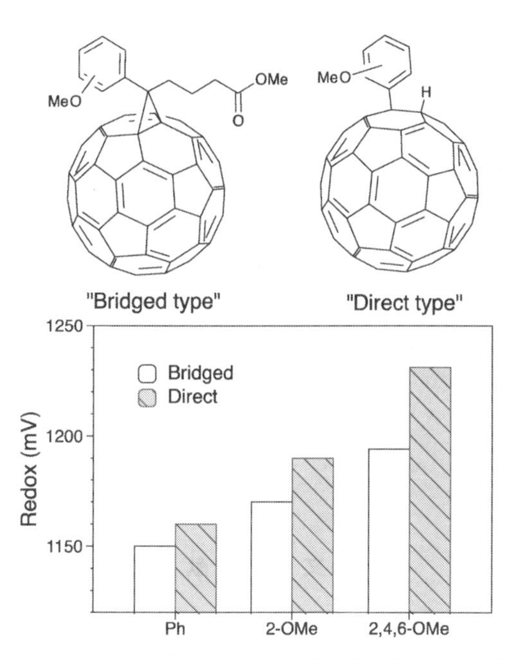

図12　メタノフラーレンと直接置換型の第一還元電位

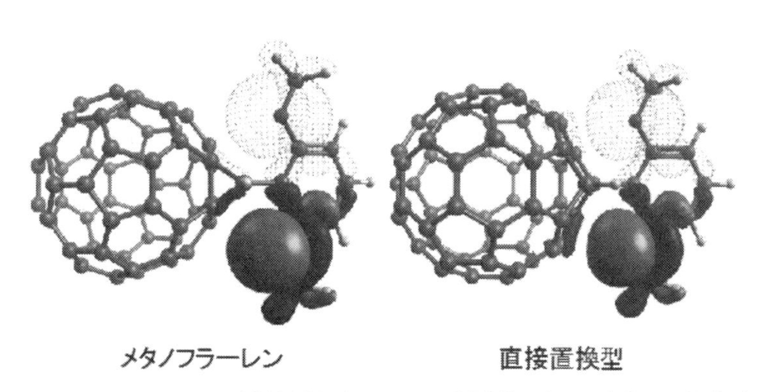

図13　メタノフラーレンおよび直接置換型フラーレン誘導体の自然局在化分子軌道（NLMO）

このように，フラーレン核にドナー性置換基を近接させることは，LUMOエネルギーを効果的に上昇させるために有効な設計指針であると言える。現在，この指針を元に，2,6-ジメトキシフェニル基を2つフラーレン核に置換したフラーレン誘導体[26]を合成し，P3HTとのバルクヘテロ型素子において開放端電圧が0.8Vに増大することを確認している。今後分子極性および薄膜形態の最適化を行うことで，更に高性能なアクセプター材料が得られると期待される。

2.7 まとめ

有機薄膜太陽電池におけるフラーレン誘導体については，これまでLUMOエネルギーの設計以外に明確な設計指針がなく，有効に機能する材料が得難いのが問題であった。我々は分子軌道計算を利用したLUMOエネルギーの設計，表面自由エネルギーを指標とした分子間の相溶性の調整，さらにその薄膜形態との相関を調べることによって，有効に機能する新規アクセプター材料の開発に成功した。このアプローチによって設計指針が明確になったとは言えないが，現在ドナー材料はP3HTからバンドギャップの狭い新しいタイプのポリマーに置き換わりつつあり，こうした新しい材料に対応していく上でも分子間の相溶性に着目した材料開発のアプローチは必要になってくると考えられる。

文　献

1) N. S. Sariciftci, L. Smilowitz, A. J. Heeger, F. Wudl, *Science*, **258**, 1474-1476 (1992)
2) a) J. C. Hummelen, B. Knight, F. LePeq, F. Wudl, J. Yao, C. Wilkins, *J. Org. Chem.*, **60**, 532-538 (1995), b) G. Yu, J. Gao, J. C. Hummelen, F. Wudl, A. J. Heeger, *Science*, **270**, 1789-1791 (1995)
3) M. M. Wienk, J. M. Kroon, W. J. H. Verhees, J. Knol, J. C. Hummelen, P. A. van Hal, R. A. J. Janssen, *Angew. Chem. Int. Ed.*, **42**, 3371-3375 (2003)
4) I. Riedel, N. Martín, F. Giacalone, J. Segura, D. Chirvase, *Thin Solid Films*, **43-47**, 451-452 (2004)
5) M. Lenes, G.-J. A. H. Wetzelaer, F. B. Kooistra, S. C. Veenstra, J. C. Hummelen, P. W. M. Blom, *Adv. Mater.*, **20**, 2116-2119 (2008)
6) a) C. J. Brabec, A. Cravino, D. Meissner, N. S. Sariciftci, T. Fromherz, M. T. Rispens, L. Sánchez, J. C. Hummelen, *Adv. Funct. Mater.*, **11**, 374-380 (2001), b) C. J. Brabec, A. Cravino, D. Meissner, N. S. Sariciftci, M. T. Rispens, L. Sánchez, J. C. Hummelen, T. Fromherz, *Thin Solid Films*, **403-404**, 368-372 (2002)
7) a) L. M. Popescu, P. Van T Hof, A. B. Sieval, H. T. Jonkman, J. C. Hummelen, *Appl. Phys. Lett.*, **89**, 213507 (2006), b) H. Zhao, X. Guo, H. Tian, C. Li, Z. Xie, Y. Geng, F. Wang, *J. Mater. Chem.* **20**, 3092-3097 (2010)
8) a) F. Matsumoto, K. Moriwaki, Y. Takao, T. Ohno, *Beilstein J. Org. Chem.*, **4**, 33 (2008), b) F. Matsumoto, K. Moriwaki, Y. Takao, T. Ohno, *Synthetic Metals*, **160**, 961-966 (2010) c) 大野敏信，高尾優子，森脇和之，松元深，内田聡一，戸谷智博，中村勉，大阪市立工業研究所，新日本石油，特開2009-057356
9) a) P. A. Troshin, E. A. Khakina, M. Egginger, A. E. Goryachev, S. I. Troyanov, A. Fuchsbauer, A. S. Peregudov, R. N. Lyubovskaya, V. F. Razumov, N. S. Sariciftci, *ChemSusChem*, **3**, 356-366 (2010), b) K. Moriwaki, F. Matsumoto, Y. Takao, D.

Shimizu, T. Ohno, *Tetrahedron*, **66**, 7316-7321 (2010), c) 大野敏信, 高尾優子, 森脇和之, 松元深, 内田聡一, 池田哲, 大阪市立工業研究所, 新日本石油, 特開 2011-26235
10) a) P. A. Troshin, H. Hoppe, J. Renz, M. Egginger, J. Y. Mayorova, A. E. Goryachev, A. S. Peregudov, R. N. Lyubovskaya, G. Gobsch, N. S. Sariciftci, V. F. Razumov, *Adv. Funct. Mater.*, **19**, 779-788 (2009), b) G. Zhao, Y. He, Z. Xu, J. Hou, M. Zhang, J. Min, H.-Y. Chen, M. Ye, Z. Hong, Y. Yang, Y. Li, *Adv. Funct. Mater.* **20**, 1480-1487 (2010)
11) K. Matsumoto, K. Hashimoto, M. Kamo, Y. Uetani, S. Hayase, M. Kawatsura, T. Itoh, *J. Mater. Chem.*, **20**, 9226-9230 (2010)
12) Y. He, H.-Y. Chen, J. Hou, Y. Li, *J. Am. Chem. Soc.*, **132**, 1377-1382 (2010)
13) Y. He, B. Peng, G. Zhao, Y. Zou, Y. Li, *J. Phys. Chem. C*, **115**, 4340-4344 (2011)
14) Y. Matsuo, A. Iwashita, Y. Abe, C.-Z. Li, K. Matsuo, M. Hashiguchi, E. Nakamura, *J. Am. Chem. Soc.*, **130**, 15429-15436 (2008)
15) M. C. Scharber, D. Muhlbacher, M. Koppe, P. Denk, C. Waldauf, A. J. Heeger, C. J. Brabec, *Adv. Mater.*, **18**, 789-794 (2006)
16) J. M. Frost, M. A. Faist, J. Nelson, *Adv. Mater.*, **22**, 4881-4884 (2010)
17) F. B. Kooistra, J. Knol, F. Kastenberg, L. M. Popescu, W. J. H. Verhees, J. M. Kroon, J. C. Hummelen, *Org. Lett.*, **9**, 551-554 (2007)
18) G. Zhang, C. B. Musgrave, *J. Phys. Chem. A*, **111**, 1554-1561 (2007)
19) H. Hoppe, T. Glatzel, M. Niggemann, W. Schwinger, F. Schaeffler, A. Hinsch, M. C. Lux-Steiner, N. Sariciftci, *Thin Solid Films*, **511**, 587-592 (2006)
20) E. Klimov, W. Li, X. Yang, G. Hoffmann, J. Loos, *Macromolecules*, **39**, 4493-4496 (2006)
21) V. Shrotriya, Y. Yao, G. Li, Y. Yang, *Appl. Phys. Lett.*, **89**, 063505 (2006)
22) A. J. Moulé, K. Meerholz, *Adv. Mater.*, **20**, 240-245 (2008)
23) G. Janssen, A. Aguirre, E. Goovaerts, P. Vanlaeke, J. Poortmans, J. V. Manca, *Eur. Phys. J-Appl. Phys.*, **37**, 287-290 (2007)
24) 大野敏信, 高尾優子, 森脇和之, 松元深, 吉川暹, 佐川尚, 内田聡一, 市林拓, 大阪市立工業研究所, 京都大学, JX 日鉱日石エネルギー, 特開 2012-020949
25) M. Nambo, R. Noyori, K. Itami, *J. Am. Chem. Soc.*, **129**, 8080-8081 (2007)
26) 大野敏信, 松元深ほか, 特許出願中

3　電子吸引性フラーレン誘導体

林　靖彦*

3.1　*n* 型溶解性フラーレン誘導体の設計

新規高分子材料の開発報告は多いが，可溶性 *n* 有機半導体はフラーレン C_{60} やフラーレン誘導体 PCBM（Phenyl C61-butyric acid methyl ester）など一部の有機化合物に限られた研究で開発が遅れている。高効率有機薄膜太陽電池を実現するには，*p* 型のみならず *n* 型新規有機材料の設計・合成が不可欠である。

筆者らは，有機薄膜太陽電池の中でも特にバルクヘテロジャンクション型有機薄膜太陽電池に注目し，アクセプターとしてフラーレンを基盤にした新規 *n* 型有機材料の設計・合成を行い，太陽電池への応用を行った。分子設計に際しては，光誘起された電子を素早く受容する「電子吸引性」が高く，受容した電子を素早く別のフラーレン誘導体に輸送する「電子輸送性」の高い新規 *n* 型溶解性フラーレン誘導体の設計・合成を行うため，以下の点に注目した。

① 電子供与性のアルコキシ基を導入することによりフラーレンの LUMO レベルを上げ，開放電圧（V_{OC}）を向上させる[1]。

② 電子吸引性基を導入することにより，フラーレンの電子受容性を高め効率的な励起子からの電荷分離を促進させる。

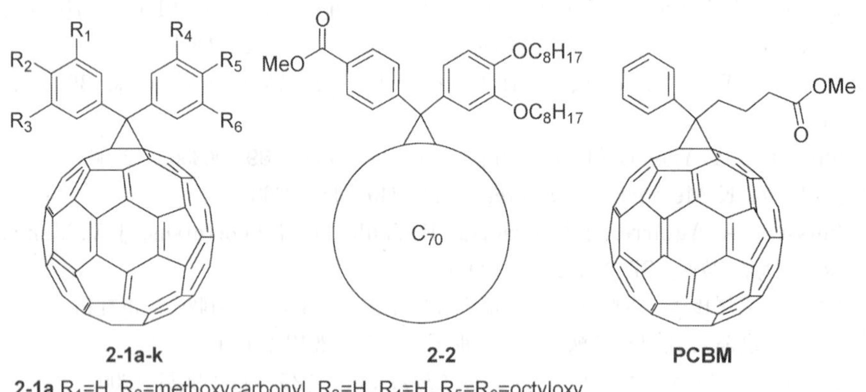

2-1a R_1=H, R_2=methoxycarbonyl, R_3=H, R_4=H, R_5=R_6=octyloxy
2-1b R_1=H, R_2=methoxycarbonyl, R_3=H, R_4=R_5=R_6=octyloxy
2-1c R_1=H, R_2=methoxycarbonyl, R_3=H, R_4=H, R_5=octyloxy, R_6=H
2-1d R_1=H, R_2=methoxycarbonyl, R_3=H, R_4=H, R_5=R_6=methoxy
2-1e R_1=H, R_2=methoxycarbonyl, R_3=H, R_4=R_5=R_6=H
2-1f R_1=methoxycarbonyl, R_2=H, R_3=methoxycarbonyl, R_4=H, R_5=R_6=octyloxy
2-1g R_1=H, R_2=cyano, R_3=H, R_4=H, R_5=R_6=octyloxy
2-1h R_1=H, R_2=nitro, R_3=H, R_4=H, R_5=R_6=octyloxy
2-1i R_1=R_2=H, R_3=nitro, R_4=H, R_5=R_6=octyloxy
2-1j R_1=H, R_2=metylsulfonyl, R_3=H, R_4=H, R_5=R_6=octyloxy
2-1k R_1=H, R_2=trifluoromethylsulfonyl, R_3=H, R_4=H, R_5=R_6=octyloxy
2-1l R_1=H, R_2=*tert*-butyloxycarbonyl, R_3=H, R_4=H, R_5=*tert*-butyloxycarbonyl,R_6=H
2-1m R_1=H, R_2=*n*-hexyloxycarbonyl, R_3=H, R_4=H, R_5=*n*-hexyloxycarbonyl,R_6=H

図1　フラーレン誘導体の構造

＊ Yasuhiko Hayashi　名古屋工業大学　工学研究科　未来材料創成工学専攻　准教授

③　長鎖アルキル基を導入することにより，溶解性を向上させ塗布法による成膜時の分子配列制御および *p* 型ポリマーのヘキシル基との強い相互作用を目指した。

以上の方針により，図1に示すフラーレン誘導体を設計・合成した。

3.2　ジアリルメタノフラーレン誘導体 DopC61bm

3.2.1　DopC61bm の設計・合成

図2に示すように，電子吸引基としてメトキシカルボニル基，長鎖アルコキシ基としてオクチ

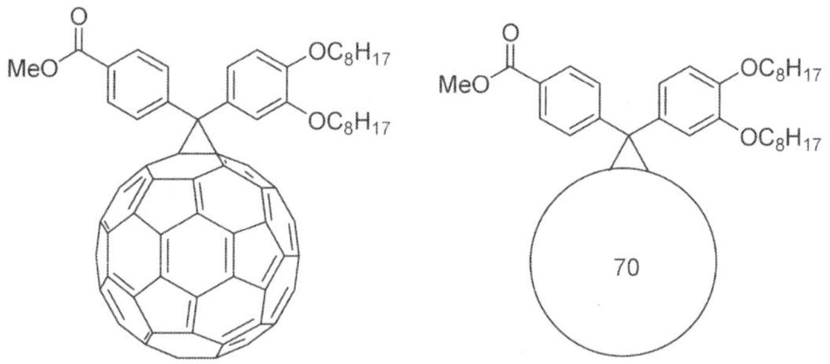

MeO　OC_8H_{17}　OC_8H_{17}　70

DopC61bm (2-1a)　DopC71bm (2-2)

図2　DopC61bm および DopC71bm の構造

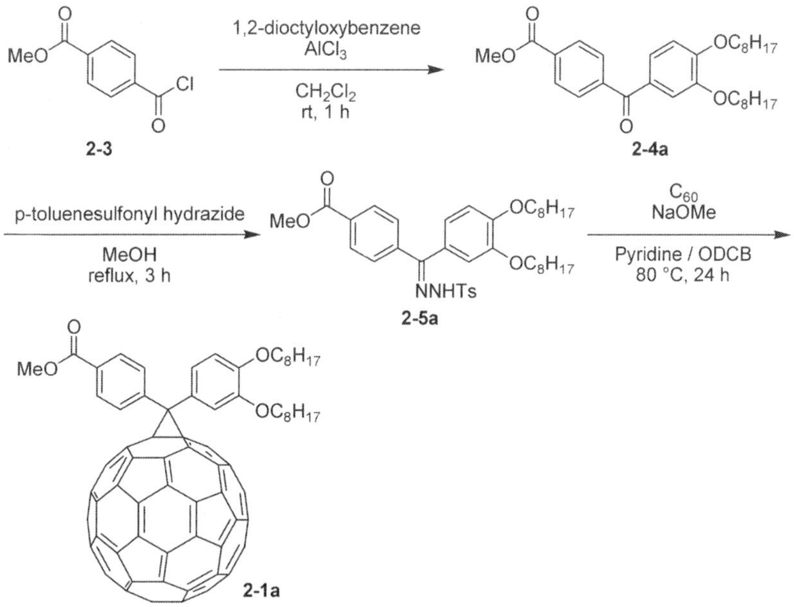

MeO　Cl　2-3　1,2-dioctyloxybenzene　$AlCl_3$　CH_2Cl_2　rt, 1 h　OC_8H_{17}　OC_8H_{17}　2-4a

p-toluenesulfonyl hydrazide　MeOH　reflux, 3 h　NNHTs　2-5a　C_{60}　NaOMe　Pyridine / ODCB　80 °C, 24 h

2-1a

図3　Wudl-Hummelen 法を参考にした合成ルート

ル基を2本有するジアリルメタノフラーレン誘導体 DopC61bm を設計・合成した。尚，同様のプロセスで C_{70} を基盤とした DopC71bm の設計・合成も行った。

図2に示す DopC61bm の合成は，Wudl-Hummelen 法を参考に図3に示す合成ルートで行った[2)]。

3.2.2 電気化学的測定結果

微分パルスボルタンメトリ（DPV）により，合成した誘導体の還元電位の測定を行った。電解質として，Tetrabutylammonium Hexafluorophosphate（TBAPF）を 0.1M 含む Tetrahydrofuran（THF）中で行い，作用電極として 3 mm 白金ディスク，対極として白金ワイヤー，参照電極としてパイコールガラスで区切ったアセトニトリル（0.01M Ag/$AgNO_3$, 0.1M TBAPF）溶液を用いて測定を行った。

フラーレン誘導体 **2-1a**，**2-2** とも，PCBM と比較して還元電位が小さいことが分かる。このことから合成した誘導体は PCBM と比較し還元されやすい，即ち電子を受け取りやすいということが予測される。計算により求めた HOMO/LUMO の値を，表2に示す。

フラーレン誘導体 **2-1a** の LUMO レベルは PCBM より高い値であり，太陽電池の開放電圧（V_{OC}）の理論上の最大値はドナーの HOMO とアクセプターの LUMO レベルの差に起因するため，合成した化合物は PCBM と比べて高い V_{OC} を与えることが期待できる。

3.2.3 有機太陽電池への応用

太陽電池の作製には ITO 透明導電膜基板を用いた。基板表面を有機溶剤により洗浄した後，UV オゾン洗浄により基板表面の有機汚染物質を光化学的プロセスで除去する。ポリ(エチレンジオキシチオフェン)：ポリ(スチレン・スルフォン酸) PEDOT:PSS と呼ばれる水溶性導電性高分子をスピンコートして，ITO 透明導電膜表面の平滑化と正孔取出層を形成する。その後，有機溶剤ジクロロベンゼンに *p* 型分子 P3HT と *n* 型分子 PCBM もしくは **2-1a** を溶かした混合溶液をスピンコート法により基板上に塗布し，バルクヘテロジャンクション構造光電変換層を形成した。スピンキャストした膜は 80～150℃程度のアニール（熱処理）を行い，光電変換層の上に電極を形成する。電極材料として，アルミニウム（Al）を用いた。

表1　DPV の測定結果

Derivative	E^1_{red}	E^2_{red}	E^3_{red}	E^4_{red}	E^5_{red}	E^6_{red}
2-1a	−0.900	−1.205	−1.420	−1.770	−2.270	
2-2	−0.915	−1.385	−1.565	−1.725	−1.865	−2.125
PCBM	−1.049	−1.290	−1.535	−1.785	−2.285	

表2　DopC61bm と PCB の HOMO/LUMO 準位

Derivative	HOMO	LUMO
2-1a	5.65	2.95
PCBM	6.18	3.48

n 型材料として PCBM および新規フラーレン誘導体 **2-1a** を用いた場合の太陽電池特性の比較を，表3に示す。3.2.2 節で予測した通り，フラーレン誘導体 **2-1a** は PCBM に比べ高い V_{OC} を示していることが分かる。また，フラーレン誘導体 **2-1a** を用いた太陽電池では，アニーリング温度が高くなると V_{OC} が上昇する傾向にあるが，PCBM を用いた太陽電池においてはアニーリング温度が上がるほどに V_{OC} の値が下がっており，耐温度特性に優れていることが分かる。

3.3　アルキル鎖による影響

3.3.1　DopC61bm アルキル鎖誘導体の設計・合成

アルキル鎖の数，長さによって，溶解度の変化や成膜時にフラーレンの配列に影響を与える[3, 4]。そこで，図4に示すアルコキシ鎖を変化させた DopC61bm 誘導体の設計・合成を行った。

表3　P3HT:2-1a および P3HT:PCBM 太陽電池特性とアニールの効果

Cell	Temperature (℃)	*Eff* (%)	*FF*	V_{OC}	J_{SC}
P3HT:**2-1a**	60	1.93	0.54	0.55	6.41
	80	1.88	0.56	0.57	5.80
	100	2.06	0.57	0.61	5.83
	130	1.93	0.59	0.61	5.41
	140	1.91	0.58	0.61	5.47
P3HT:PCBM	100	2.19	0.64	0.55	6.31
	130	1.98	0.56	0.52	6.82
	140	1.84	0.56	0.49	6.69

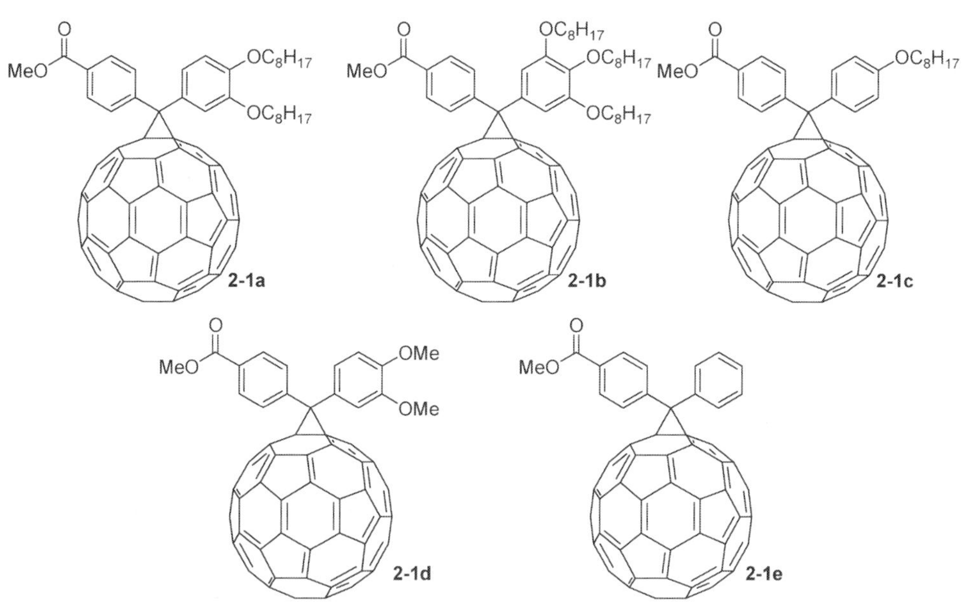

図4　アルコキシ鎖を変えた DopC61bm

3.3.2 電気化学的測定結果

DPVにより，合成した誘導体の還元電位の測定を行った。電解質として，TBAPFを0.1M含むTHF中で行い，作用電極として3 mm白金ディスク，対極として白金ワイヤー，参照電極としてパイコールガラスで区切ったアセトニトリル（0.01M Ag/$AgNO_3$, 0.1M TBAPF）溶液を用いて測定を行った。

表4から，無置換の誘導体**2-1e**を除きPCBMに比べ還元電位が小さく，電子の受容性が増加していると考えられる。このことから，太陽電池で生成された励起子からの効率的な電荷分離，分離した電荷の長寿命化が期待できる。計算により求めたHOMO/LUMOの値を，表5に示す。

計算から得られたLUMOの値より，今回合成した誘導体は**2-1c**を除きPCBMよりも高い開放電圧V_{OC}を与える可能性が示唆される。

3.3.3 有機太陽電池への応用

有機太陽電池は，3.2.3節で説明した同様な方法で作製した。

*n*型材料としてPCBMおよび新規フラーレン誘導体を用いた場合の太陽電池特性の比較を，表6に示す。オクチルオキシ基の数が2本の誘導体が最も高い値を与えた。**2-1a**，**2-1b**，**2-1c**

表4 DPVの測定結果

Derivative	E^1_{red}	E^2_{red}	E^3_{red}	E^4_{red}	E^5_{red}	E^6_{red}
2-1a	−0.900	−1.205	−1.420	−1.770	−2.270	
2-1b	−0.945	−1.376	−1.885	−2.100	−2.395	
2-1c	−0.905	−1.285	−1.505	−1.775	−2.265	
2-1d	−0.835	−1.210	−1.715	−2.155		
2-1e	−1.050	−1.320	−1.800	−2.275		
PCBM	−1.049	−1.290	−1.535	−1.785	−2.285	

表5 HOMO/LUMO準位

Derivative	HOMO	LUMO
2-1a	5.65	2.95
2-1b	5.67	2.97
2-1c	5.23	3.50
2-1d	5.69	2.95
2-1e	5.77	3.03
PCBM	6.18	3.48

表6 P3HT:新規フラーレン誘導体およびP3HT:PCBM太陽電池特性

Derivative	*Eff*（%）	*FF*	V_{OC}	J_{SC}
2-1a	1.93	0.59	0.61	5.41
2-1b	1.50	0.49	0.66	4.60
2-1c	1.05	0.39	0.60	4.43
2-1d	0.022	0.18	0.49	0.25
2-1e	—	—	—	—
PCBM	1.98	0.56	0.52	6.82

を比較すると，アルコキシ置換基の数が多い誘導体のほうが高い V_{OC} を与えている。このことから電子供与性基によってLUMOレベルが高くなり，高い値を与えていることが分かる。

3.4　電子吸引性置換基の影響

3.4.1　DopC61bm 電子吸引性置換基誘導体の設計・合成

電子吸引性置換基の効果によってフラーレン上の電子密度が減少し，電荷分離が効率的に起こり，また電荷分離状態の長寿命化が期待できると考え，電子吸引性置換基の種類による効果を，図5に示すようなフラーレン誘導体の設計・合成から検討した。

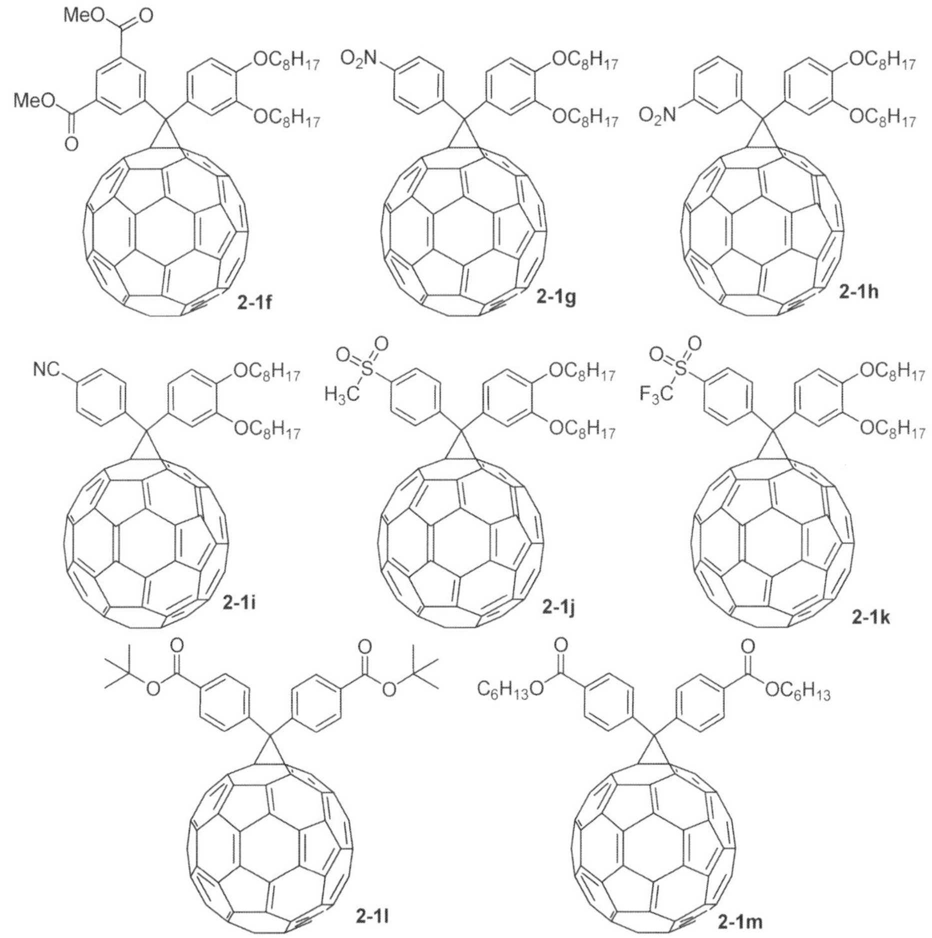

図5　電子吸引性置換基を変えた DopC61bm

3.4.2 電気化学的測定結果

DPV により，合成した誘導体の還元電位の測定を行った。電解質として，Tetrabutylammonium Hexafluorophosphate（TBAPF）を 0.1M 含む Tetrahydrofuran（THF）中で行い，作用電極として 3 mm 白金ディスク，対極として白金ワイヤー，参照電極としてパイコールガラスで区切ったアセトニトリル（0.01M Ag/AgNO$_3$, 0.1M TBAPF）溶液を用いて測定を行った。

今回合成したフラーレン誘導体はいずれも PCBM と比較して小さな還元電位を有しており，電子受容性が高いと考えられる。計算により求めた HOMO/LUMO の値を，表 8 に示す。

今回合成したフラーレン誘導体はいずれも高い LUMO を持ち，PCBM よりも高い V_{OC} を与える可能性が示唆される。また，還元電位も小さいため，電子受容性も高いため高い効率が期待できる。

表 7　DPV の測定結果

Derivative	E^1_{red}	E^2_{red}	E^3_{red}	E^4_{red}	E^5_{red}	E^6_{red}
2-1a	−0.900	−1.205	−1.420	−1.770	−2.270	
2-1f	−0.915	−1.290	−1.530	−1.705	−2.320	
2-1g	−0.905	−1.455	−1.836	−2.275		
2-1h	−0.890	−1.270	−1.770	−2.245		
2-1i	−0.890	−1.290	−1.590	−1.885	−2.170	−2.350
2-1j	−0.883	−1.253	−1.780	−2.252		
2-1k	−0.897	−1.279	−1.737	−1.873		
2-1l	−0.909	−1.282	−1.791	−2.302		
2-1m	−0.904	−1.278	−1.796	−2.298		
PCBM	−1.049	−1.290	−1.535	−1.785	−2.285	

表 8　HOMO/LUMO 準位

Derivative	HOMO	LUMO
PCBM	6.18	3.48
2-1a	5.65	2.95
2-1f	5.65	2.92
2-1g	5.67	3.06
2-1h	5.59	2.99
2-1i	5.75	3.01
2-1j	5.61	2.89
2-1k	5.65	2.92
2-1l	5.83	3.06
2-1m	5.79	2.82

表9　P3HT：新規フラーレン誘導体およびP3HT：PCBM太陽電池特性

Derivative	*Eff*（%）	*FF*	V_{OC}	J_{SC}
2-1a	1.93	0.59	0.61	5.41
2-1f	1.00	0.59	0.54	3.13
2-1g	0.84	0.40	0.52	4.09
2-1h	0.051	0.21	0.35	0.69
2-1i	—	—	—	—
2-1j	1.24	0.50	0.56	4.43
2-1k	0.86	0.43	0.48	4.20
2-1l	0.75	0.49	0.51	2.97
2-1m	1.31	0.58	0.57	3.91
PCBM	1.98	0.56	0.52	6.82

3.4.3　有機太陽電池への応用

有機太陽電池は，3.2.3節で説明した同様な方法で作製した。

*n*型材料としてPCBMおよび新規フラーレン誘導体を用いた場合の太陽電池特性の比較を，表9に示す。ニトロ基を有するものを除き，PCBMの場合や**2-1a**には及ばなかった。ニトロ基及びシアノ基を有するものは受け取った電子が共鳴によって安定化されると考えられる。メタ位にニトロ置換基を有する**2-1i**に関しては，より共鳴安定化の効果が強かったため太陽電池として動作しなかったと考えられる。また，**2-1l**，**2-1m**の比較から*tert*-ブチルのように大きな置換基よりも，*n*-ヘキシル基のような長鎖のアルキル基の方がよい結果を与えたことから，長鎖アルキル基による配列制御，P3HTの*n*-ヘキシル基との相互作用がある可能性が示唆される。今回設計，合成を行った化合物の中ではメトキシカルボニル基を1つとオクチルオキシ基を2つ有する**2-1a**がもっともよい値を与えることが分かった。

文　　献

1） F. B. Kooistra, J. Knol, F. Kastenberg, L. M. Popescu, W. J. H. Verhees, J. M. Kroon, J. C. Hummelen：*Org. Lett.*, **9**, 551（2007）

2） J. C. Hummelen, B. W. Knight, F. LePeq, F. Wudl, J. Yao, C. L. Wilkins：*J. Org. Chem*, **60**, 532（1995）

3） T. Nakanishi, W. Schmitt, T. Michinobu, D. G. Kurth, K. Ariga：*Chem. Commun.*, 5982（2005）

4） T. Nakanishi, M. Miyashita, T. Michinobu, Y. Wakayama, T. Tsuruoka, K. Ariga, D. G. Kurth：*J. Am. Chem. Soc.*, **128**, 6328（2006）

4 非フラーレンアクセプター材料

波多野淳一[*1]，松尾　豊[*2]

4.1 はじめに

現在，有機薄膜太陽電池に使用されるアクセプター材料のほとんどは[6,6]-Phenyl C_{60} butyric acid methyl ester（[60]PCBM；図1，**1**）[1] に代表されるフラーレン誘導体（図1，**2-4**）[2~4] である。フラーレンは（1）LUMOのエネルギー準位が深い，（2）容易に還元される，（3）高い電子輸送能を示すなどアクセプター材料として適した特徴を有している。特にその球体形状のためドナー分子とのバルクヘテロ接合中でも自己凝集しやすく，かつ3次元方向への電荷輸送が可能である。さらに広いπ共役系を持ち，強固な構造であるため再配向エネルギーが小さく電荷分離が効率よく起こる。しかしながら，フラーレン誘導体もいくつかの欠点を抱えている。太陽光スペクトルのうちフラーレンが吸収可能な領域は限られており，アクセプター材料にフラーレン誘導体を使用した有機薄膜太陽電池の吸光能はドナー材料に負うところが大きい。また高い製造コストが実用化の上で問題となってくる。

そのため，フラーレンに代わるアクセプター材料の開発がここ数年で活発に行われている[5~7]。非フラーレン系アクセプター材料の研究は上記問題を解決するのみではなく，アクセプター材料がこれまでほぼフラーレンに限られていたことを考えると，有機薄膜太陽電池における分子の構造とデバイス特性との関係を解明するのに役立つと期待される。またドナー材料とアクセプター材料の組み合わせを多様化することができ，フラーレンとの組み合わせに適さないドナー材料も使用可能になるなどの利点もある。ここでは，これまで探求されてきた非フラーレンアクセプター材料の分子骨格と新規材料開発の指針について解説する。

4.2 低分子溶液塗布型非フラーレンアクセプター材料

近年の有機薄膜太陽電池におけるアクセプター材料の主流が可溶性フラーレンであるためか，非フラーレンアクセプターも低分子溶液塗布型に属するものが最も多い。

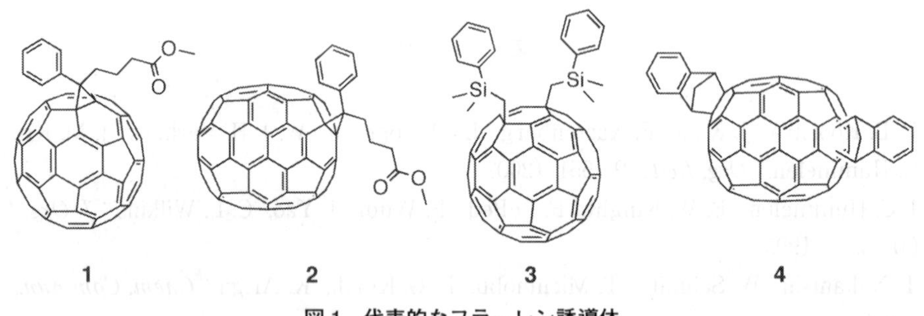

図1　代表的なフラーレン誘導体

＊1　Junichi Hatano　東京大学大学院　理学系研究科　光電変換化学講座
＊2　Yutaka Matsuo　東京大学大学院　理学系研究科　光電変換化学講座　特任教授

4.2.1　ペリレンジイミド誘導体

ペリレンジイミド（PDI）誘導体は，多環芳香族化合物であるペリレン環の両端にイミド基を導入した化合物である。イミド基の強い電子求引性により高い電子親和性を持ち，かつ高い熱及び光安定性を示す。n型有機半導体として古くから研究が行われており，有機薄膜太陽電池における非フラーレンアクセプター材料としても最も一般的なものとなっている。

PDI誘導体はフラーレン材料が普及する以前からアクセプター材料として使用されている。例えば，1986年にTangらにより最初のp-nヘテロ接合型有機薄膜太陽電池が報告されたが，この系ではアクセプター材料としてPDI誘導体（図2，**5**），ドナー材料として銅フタロシアニン（図2，**6a**）が使われている。75mW/cm^2 AM2の擬似太陽光照射下で0.95%という当時としては高い変換効率を示した（J_{SC} = 2.3mA/cm^2, V_{OC} = 0.45V, FF = 0.65）[8]。

1995年にバルクヘテロ接合型の有機薄膜太陽電池が開発されてからは，数々の可溶性ペリレンジイミド誘導体がアクセプター材料として検討されてきた。中でもイミド窒素上に3-ペンチル基をもつ誘導体（図3，**7**）において様々なドナー材料との組み合わせが試された[9]。しかし変換効率はポリ(3-ヘキシルチオフェン)（P3HT，図3，**8**）との組合せで0.25%と低く，より相補的な光吸収を持つポリカルバゾール（図3，**9**）との組み合わせでも0.63%に留まった。これは3-ペンチルPDIの結晶性が高すぎて，活性層中で電子トラップとなる大きなドメインを形成してしまうからである。結晶性を調整する試みとしては相溶性共重合体（図3，**10**）を用いて3-ペ

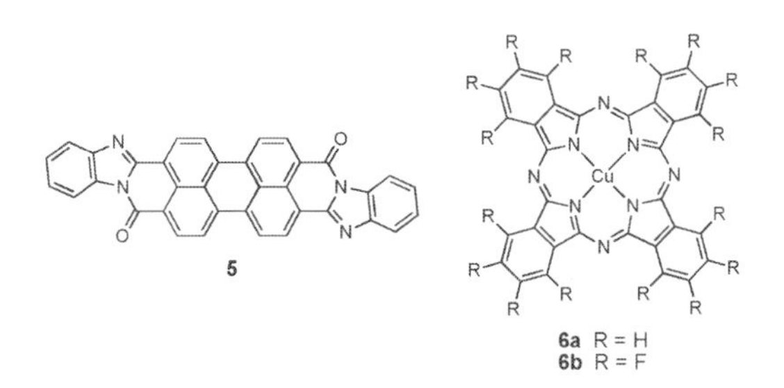

図2　ペリレンジイミド誘導体と銅フタロシアニン

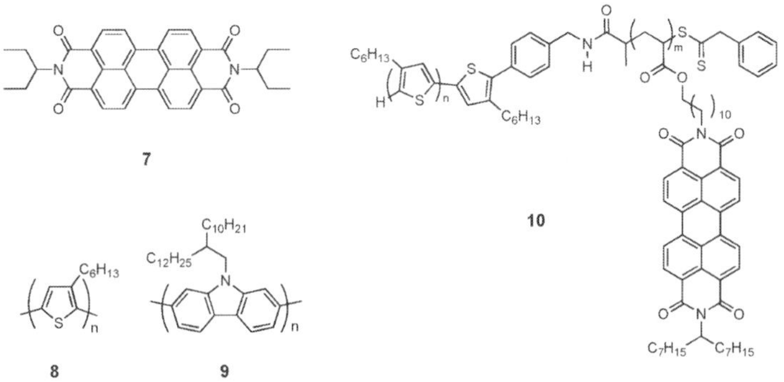

図3　3-ペンチルペリレンジイミド誘導体とp型ポリマー，相溶化材

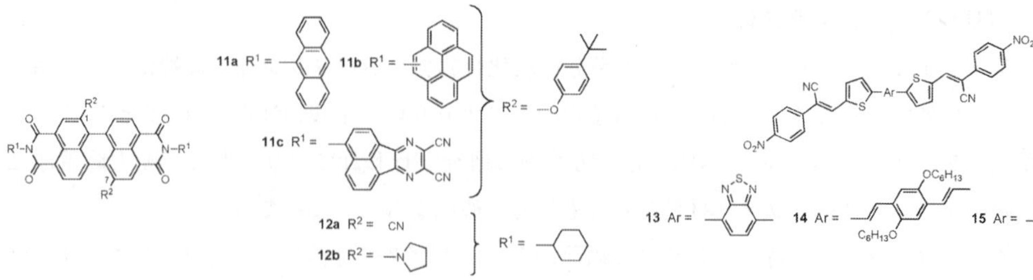

図4　可溶性ペリレンジイミド誘導体とp型オリゴマー材料

ンチル PDI **7** と P3HT のそれぞれのドメインを小さくすることが試されている。しかし，この場合も変換効率は 0.55％に留まる[10]。

最近，Sharma らは PDI 骨格の 1,7 位に *tert*-ブチルフェノキシ基を導入した高性能のアクセプター材料を開発した[11~14]。窒素上にアントラセンを導入した化合物 **11a**（図 4）はオリゴマー**13**（図 4）との組合せにより 2.85％の変換効率（J_{SC}＝6.8mA/cm^2，V_{OC}＝0.88V，FF＝0.47）を示し，ピレンを導入した化合物 **11b**（図 4）はオリゴマー**14**（図 4）との組合せにより 1.87％を示した。さらにアセトナフトピラジンジカルボニトリルを導入した **11c**（図 4）と p 型オリゴマー**15**（図 4）の組合せでは，熱アニール後，3.88％の変換効率（J_{SC}＝8.3mA/cm^2，V_{OC}＝0.90V，FF＝0.52）を得ており，これはフラーレンを含まないバルクヘテロ接合型有機薄膜太陽電池の中で最も高い値である。**11c** の可視光領域における広範囲の光吸収が高い変換効率につながっていると考えられている。一方，1,7 位に環状アミンやシアノ基を導入した場合（図 4，**12a**，**12b**）は，モルフォロジーが悪くなることから変換効率は著しく低下する[15]。

4.2.2　ベンゾチアジアゾール誘導体

ベンゾチアジアゾール（BT）は電子不足の芳香族骨格であり，ドナーアクセプター型のドナー材料のアクセプター部位としてよく登場する[16, 17]。その電子求引能が注目されて，BT 骨格を持つ数々の n 型半導体が開発されている。

Sellinger らは種々のビナゼン誘導体（置換ジシアノイミダゾール誘導体）のアクセプター材料への応用を検討した。その中で最も高い変換効率を示したのが BT 骨格を導入した誘導体であった。例えば V-BT（図 5，**16a**）は P3HT との組合せで 0.45％の変換効率を示した（J_{SC}＝1.79mA/cm^2，V_{OC}＝0.67V，FF＝0.37）[18]。さらにビナゼン骨格の側鎖のアルキル鎖を 2-エチルヘキシル基にした化合物 EV-BT（図 5，**16b**）が合成されている。V-BT よりも溶解性が高く，最適な熱アニール温度が低くなった。このため EV-BT は P3HT との組合せで変換効率は 1.1％まで向上した（J_{SC}＝3.0mA/cm^2，V_{OC}＝0.76V，FF＝0.48）。またポリ(3-(4-オクチルフェニル)チオフェン)（POPT，図 5，**17**）と組み合わせると変換効率は 1.4％まで上昇した（J_{SC}＝5.5mA/cm^2，V_{OC}＝0.62V，FF＝0.40）[19]。これは活性層の吸光能やモルフォロジーの改善によるものではなく，POPT に導入されているフェニル基の自由回転により，ドナー材料とアクセプター材料の間に距

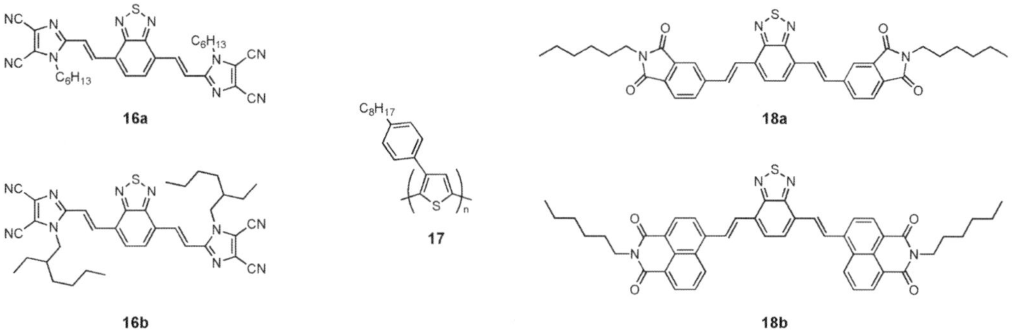

図5　ベンゾチアジアゾール誘導体とp型ポリマーPOPT

離が生まれ，前者に比べて電荷再結合が抑制されるためと考えられている。

イミド骨格を有するBT誘導体のPI-BTとNI-BT（図5，**18a**，**18b**）もアクセプター材料として検討されている[20]。ナフタルイミド骨格を有するNI-BTでは0.12％の変換効率（J_{SC}＝0.5mA/cm^2，V_{OC}＝0.65V，FF＝0.40）しか得られない一方，フタルイミド骨格を有するPI-BTでは2.54％の変換効率（J_{SC}＝4.7mA/cm^2，V_{OC}＝0.96V，FF＝0.56）が得られる。この変換効率は，P3HTと非フラーレンアクセプター材料を組合せた有機薄膜太陽電池の中で最も高い値である。密度汎関数計算によればPI-BT分子内の原子が同一平面上にある一方，NI-BTは立体障害により分子がねじれており，再配向エネルギーも大きい。PI-BTに比べてNI-BTの結晶性が悪いことが微小角入射X線散乱解析によって確かめられている。またPI-BTの電子移動度は未報告であるが，EV-BTの電子移動度より高く短絡電流と変換因子の上昇に効いていると考えられている。

4.2.3　ジケトピロロピロール誘導体

ジケトピロロピロール（DPP）は合成が簡便で，光を強く吸収し，高い熱・光安定性を示すため顔料として広く使われている。有機薄膜太陽電池においてもその高い吸光能からドナー材料として検討されてきた[21, 22]。このDPP骨格は元々LUMOの準位が低く，電子移動度も比較的高い。電子求引基を導入し電子受容性を高めることでアクセプター材料としての利用が探求され始めている。

Sonarらは電子求引基としてフルオロ基またはフルオロアルキル基を導入した（図6，**19a-d**）。このうち最も良い性能を示したのはトリフルオロメチルフェニル置換体TFPDPP **19a**であり，P3HTとのバルクヘテロ接合型素子で1.00％の変換効率（J_{SC}＝2.36mA/cm^2，V_{OC}＝0.81V，FF＝0.52）が得られている[23]。

一方，Janssenらは電子求引基としてホルミル基を導入したアクセプター材料（図6，**20a-d**）を報告しているが，これらの誘導体ではLUMOが低すぎて開放電圧が低く，層分離が粗いため光電流と変換因子も小さい。最も良い変換効率はDPP-TA1 **20b**の0.31％（J_{SC}＝1.93mA/cm^2，V_{OC}＝0.52V，FF＝0.31）に留まる[24]。

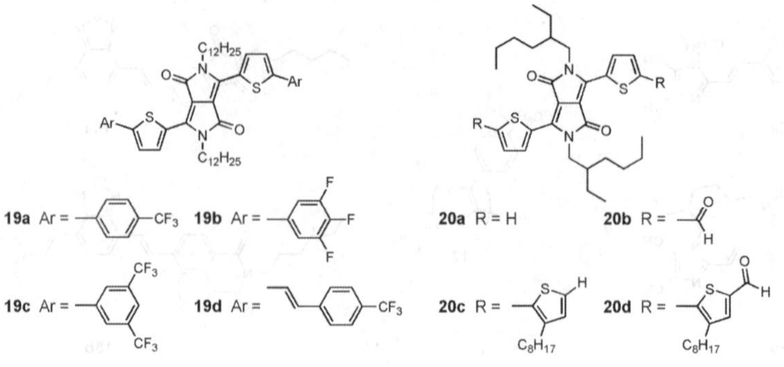

図6　ジケトピロロピロール誘導体

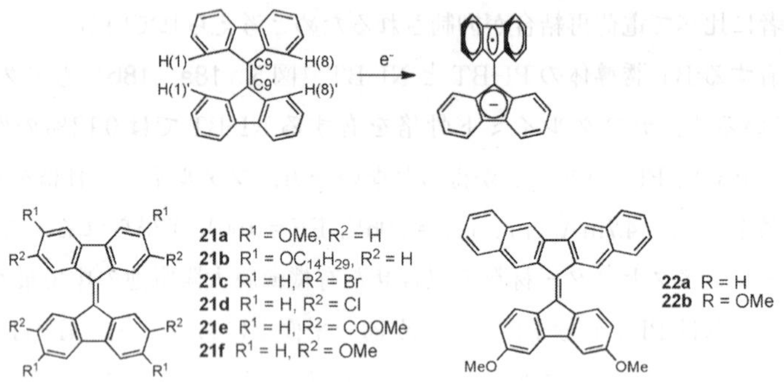

図7　ビフレオレニリデン誘導体

4.2.4　ビフルオレニリデン誘導体

2010年，Wudlらは9,9′-ビフルオレニリデン（99′BF）誘導体（図7，**21a-f**，**22a-b**）を低分子アクセプター材料として用いるという巧妙なアプローチを行った[25, 26]。

99′BFはテトラベンゾフルバレンとも見なすことができ，2つのフルオレンの9位同士を2重結合で繋いだ構造をしている。基底状態では，この2重結合は全ての原子を同一平面上に束縛しようとするが，H1-H1′とH8-H8′間に反発作用が生じるため99′BFはややねじれた構造をとる。しかしこの分子が電子を受け取ると，2つのフルオレンユニットを結ぶ2重結合は単結合となり，自由回転できるようになるため立体ひずみは緩和される。さらにそれぞれのユニットが14π芳香族性を獲得することにより電子状態的にも安定となる。そのため電荷の再結合が起こりにくくなると考えられている。

この分子には置換基を導入できるサイトが12カ所あり，官能基化が容易である。溶解性の向上と共役系の拡張を指向して合成されたメトキシ誘導体**22b**とP3HTの組み合わせで1.7%（J_{SC}=3.9mA/cm^2，V_{OC}=1.10V，FF=0.40）の変換効率が得られている。開放電圧の値はP3HTと[60]PCBMの組合せで得られるもののおよそ2倍である。比較的低い短絡電流の値は電子移動度が10^{-5}cm^2/Vsと，P3HTの正孔移動度に比べて低いことが一因であると考えられている。

4.2.5 ペンタセン誘導体

ペンタセンは通常p型有機半導体と見なされ，有機電界効果トランジスタや有機薄膜太陽電池の正孔輸送材料として使用されてきた[27, 28]が，電子求引基を導入してHOMO，LUMOの準位を下げることによってアクセプター材料として働かせることができる。

Anthonyらは高い溶解性を持つシリルエチニルペンタセンに様々な電子求引基を導入して，有機薄膜太陽電池におけるアクセプター材料としての性能を比較した（図8，**23a-g**）。ここで興味深いのは分子のHOMO，LUMOのエネルギー準位に加えて，結晶のパッキング構造によって大きく性能が異なることである。1Dサンドウィッチヘリンボン構造を持つ分子をP3HTと組み合わせたときに，最も高い効率を示す傾向が見られた[29, 30]。

結晶構造はケイ素上の置換基によって変化させることができ，他には2Dブリックワーク構造や1Dスリップスタック構造を持つ分子が得られたが，これらを用いたデバイスでは高い変換効率は得られなかった。これは2Dブリックワーク構造では分子の相互作用が強すぎて大きな結晶ドメインを形成してしまうのに対し，1Dサンドウィッチヘリンボン構造ではπスタッキング相互作用が比較的弱い為に，電荷分離に効果的なモルフォロジーを持つフィルムを形成できるからではないかと考えられている。有機電界効果トランジスタでは相互作用の強い2Dブリックワーク構造の分子がよい移動度を示すのとは対照的である。

最も高い変換効率を示したのは**23a**であり，P3HTとの組合せで1.29％の値が得られている（J_{SC}＝3.72mA/cm^2，V_{OC}＝0.84V，FF＝0.41）。**23f**と**23g**でもそれぞれ1.26％（J_{SC}＝3.17mA/cm^2，V_{OC}＝0.80V，FF＝0.50）と1.00％（J_{SC}＝2.44mA/cm^2，V_{OC}＝0.95V，FF＝0.43）の変換効率が得られており，これらの誘導体は全て1Dサンドウィッチヘリンボン構造を示す。

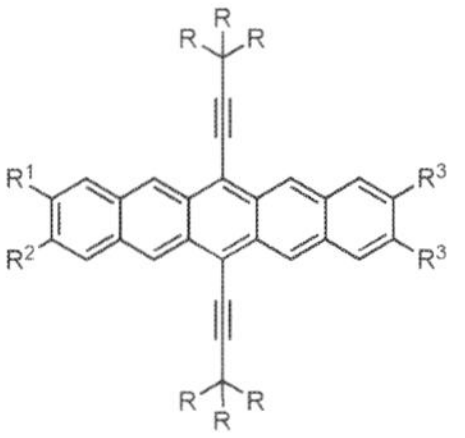

23a R = cyclopentyl, R^1 = CN, R^2 = R^3 = H
23b R = cyclopentyl, R^1 = R^2 = CN, R^3 = H
23c R = *iso*-propyl, R^1 = R^2 = CN, R^3 = H
23d R = *iso*-butyl, R^1 = R^2 = CN, R^3 = H
23e R = *iso*-propyl, R^1 = R^2 = R^3 = CN
23f R = *iso*-butyl, R^1 = CF_3, R^2 = R^3 = H
23g R = cyclopentyl, R^1 = Cl, R^2 = R^3 = H

図8　ペンタセン誘導体

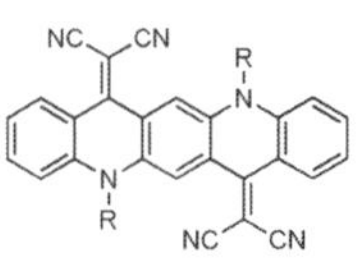

24a R = *n*-butyl
24b R = *n*-hexyl
24c R = *n*-octyl

図9　キナクリドン誘導体

4.2.6　キナクリドン誘導体

キナクリドンとその誘導体は代表的な有機顔料であり，高い化学的・熱的安定性，固有の超分子特性，光電子工学特性を持つ。無置換のキナクリドンは溶解性が低いが，窒素上にアルキル鎖を導入することで溶解性を高め，溶液プロセスのデバイスに応用することができる。

Wang らはキナクリドンのカルボニル酸素をマロノニトリル基で置換することによってn型半導体として使用できるDCN-CAQ（図9，**24a-c**）を開発した[31]。DCN-CAQ はP3HT と相補的な領域の光を吸収することができる。有機薄膜太陽電池の変換効率はアルキル鎖の長さによって変化し，オクチル誘導体**24c**とP3HT の組合せで1.57％の変換効率（J_{SC}＝5.72mA/cm^2, V_{OC}＝0.48V, FF＝0.57）を得ている。一方ブチル誘導体**24a**とヘキシル誘導体**24b**による変換効率はそれぞれ，0.28％と0.30％でありオクチル誘導体と比較して著しく低下する。この理由は明らかにされていないが，デバイス作成に使用される混合溶媒（クロロホルム：オルトジクロロベンゼン＝1：1）に対する溶解性の差により生じるモルフォロジーの違いによると考えられている。置換基によるエネルギー準位やモルフォロジーの最適化によってさらなる効率の向上が期待されている。

4.2.7　フルオランテンイミド誘導体

フルオランテンイミドはPei らによって開発されたn型半導体材料である。ごく最近シアノ基とチオフェン環を導入したFFI-1（図10，**25**）という化合物が報告されている[32]。チオフェン環はフルオランテン環に対してほぼ垂直に立っているため分子間のπ－π相互作用が強すぎず，イミド窒素上にオクチル鎖が導入されているため，有機溶媒への十分な溶解性が確保されている。FFI-1 をP3HT と組合せた系では溶液の蒸発速度とアニールが活性層のモルフォロジーに影響する。蒸発速度を遅くすると結晶成長が促進され，さらにアニールすることにより相分離がよくなる。その結果，短絡電流と変換因子が上昇して，変換効率が0.92％から1.86％に倍増する（J_{SC}＝4.40mA/cm^2, V_{OC}＝0.76V, FF＝0.56）。

4.2.8　BODIPY 誘導体

ボロンジピロメテン（BODIPY）は高い光安定性，吸光係数，蛍光量子収率を示し，特に生体ラベル試薬として盛んに研究されている重要な色素である。太陽電池のドナー材料としても研究されている。BODIPY はホウ素の強い電子求引性のため低分子n型半導体材料としても利用し得ると考えられるが，それを証明した例はなかった。最近，忍久保らは酸化的縮環反応により共

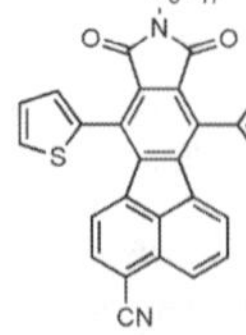

C_8H_{17} N O O S S CN

25

図10　フルオランテン誘導体

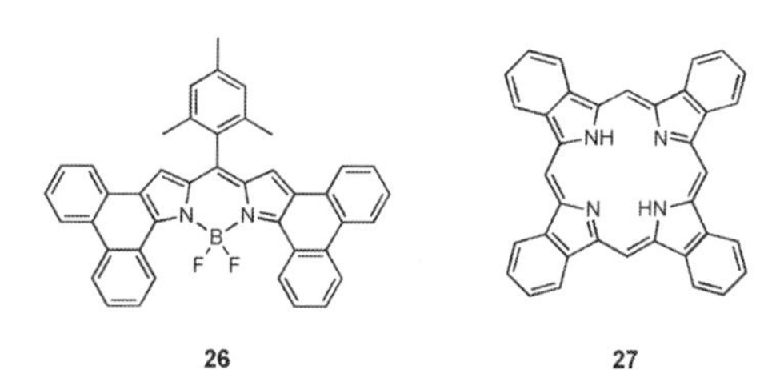

図11　BODIPY誘導体とベンゾポルフィリン

役系が拡張されたビフェニル縮環BODIPY（図11，**26**）を得ることに成功した[33]。このBODIPYは700nm付近に吸光係数10万を超える吸収極大を示し，フラーレンやペリレンジイミドに匹敵する深い準位にLUMOを持つ。また時間分解マイクロ波吸収伝導度測定法（TRMC法）により高い電子移動度を示し得ることが示唆された。実際，テトラベンゾポルフィリン（図11，**27**）をドナー材料として用いたp-nヘテロ接合太陽電池で0.52％の効率（J_{SC}＝2.9mA/cm^2, V_{OC}＝0.51V, FF＝0.35）を示した。

4.3　低分子蒸着型非フラーレンアクセプター材料

有機溶媒への溶解性が悪い分子も蒸着によって有機薄膜太陽電池に応用することができる。前述したように最初のヘテロジャンクションの有機薄膜太陽電池は1986年にTangらが報告した，アクセプター材料にペリレンジイミド誘導体，ドナー材料に銅フタロシアニンを用いた低分子蒸着型有機薄膜太陽電池であった。ここでは金属フタロシアニン・サブフタロシアニンについて解説する。

4.3.1　金属フタロシアニン・サブフタロシアニン

金属フタロシアニン（MPc）は一般的にp型半導体として知られるが，ハロゲンを環周辺に導入することによってn型半導体の性質を持たせることができる。例えばヘキサデカフルオロ銅フタロシアニンF_{16}CuPc（図2，**6b**）は有機電界効果トランジスタにおいて5.0×10^{-3}cm^2/Vsの電子移動度を示す[34]。YanらはF_{16}CuPcをアクセプター材料として用いた有機薄膜太陽電池において0.18％（J_{SC}＝0.96mA/cm^2, V_{OC}＝0.42V, FF＝0.46）の変換効率を得ている[35]。

この概念はフタロシアニンの類縁体であるサブフタロシアニン（SubPc）にも応用することができ，2009年にTorresらはCuPc（図2，**5a**）をドナー材料，F_{13}SubPc（図12，**28c**）をアクセプター材料として使用したp-nヘテロ接合型の有機薄膜太陽電池において0.96％の変換効率を得ている（J_{SC}＝2.1mA/cm^2, V_{OC}＝0.94V, FF＝0.49）[36]。さらに2011年には，JonesらがSubPc（図12，**28a**）をドナー材料，選択的に塩素化したCl_6SubPc（図12，**28b**）をアクセプター材料として用いて2.68％の変換効率を得ている（J_{SC}＝3.53mA/cm^2, V_{OC}＝1.31V, FF＝0.58）[37]。C_{60}を用いて作成されたコントロールデバイスの変換効率2.97％（J_{SC}＝5.03mA/cm^2, V_{OC}＝1.10V, FF＝0.53）と比較すると，SubPcとCl_6SubPcの吸収波長領域にほとんど差がなく，

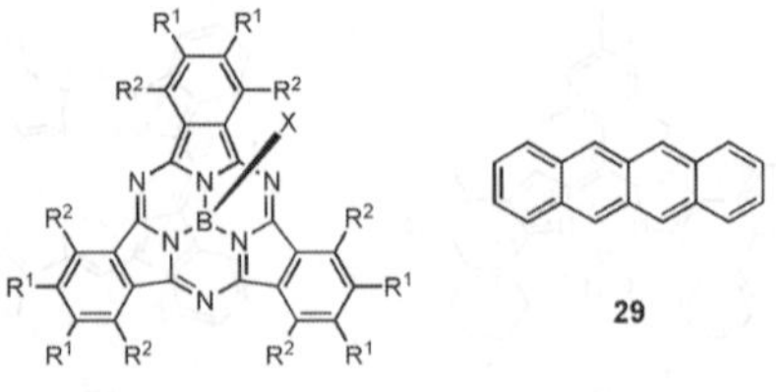

28a $R^1 = R^2 = H, X = Cl$
28b $R^1 = Cl, R^2 = H, X = Cl$
28c $R^1 = R^2 = X = F$

29

図12 サブフタロシアニン誘導体とテトラセン

フラーレンが吸収できる400-500nm領域の吸光能がともに低いため，短絡電流値では劣るが，開放電圧は0.2V上昇しており，変換効率は遜色の無い値である。

興味深いことに，ごく最近，同じグループが通常のSubPcをアクセプター材料，テトラセン（図12，**29**）をドナー材料として用いることによって，2.89％の変換効率を得ており（J_{SC}＝4.01mA/cm^2, V_{OC}＝1.24V, FF＝0.58），通常p型半導体の性質を持つSubPcも，他との組合せによってアクセプター材料として働くことを示している[38]。

4.4 高分子溶液塗布型非フラーレンアクセプター

共役系高分子は一般的によい製膜性を示し，塗布による素子作製が容易であることから低コストでの大面積化や大量生産に向いている。また，その長い分子鎖は電荷のよい伝導パスとなるため，高分子を用いた有機薄膜太陽電池はバルクヘテロ接合が開発されてから大きく注目を集めてきた。 しかしながら，有機薄膜太陽電池の発展に寄与してきたのは，P3HTやナローギャップ高分子に代表されるドナー材料であり，アクセプター材料としてはあまり注目されてこなかった。ドナー材料，アクセプター材料ともに高分子である全高分子有機薄膜太陽電池はバルク接合が開発された1990年代から研究されているものの，未解決の問題を多く残している。

全高分子太陽電池の変換効率が低い理由は一般的に（1）ドナー材料とアクセプター材料がそれぞれで凝集しやすく，電荷分離に適した相分離構造が得られない（2）活性層の表面が平滑でなく電極との接触抵抗が大きい（3）電荷移動度が低いこと等が挙げられる。問題の中でも（1）のナノスケールのモルフォロジー制御は最も重要で，全高分子太陽電池は単純なバルクヘテロ接合型では高い効率を示さない傾向にある。

例えば，全高分子太陽電池で最も高い変換効率は，n型高分子として最も一般的なシアノポリフェニレンビニレン（CNPPV，図13，**30**）をアクセプター材料，POPTをドナー材料として用いて得られた2.0％であるが，これはp-nヘテロ接合型素子で得られている[39]。バルクヘテロ接合型素子では，光電流が低下し変換効率も低下する。この理由は明らかにされていないが，単純なバルクヘテロ接合型素子では活性層でのそれぞれの材料のドメインが大きくなり，電荷分離が効率的に起こっていないと考えられる。

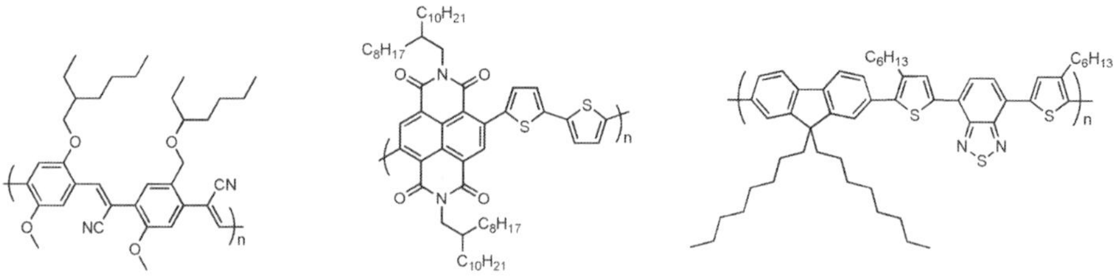

30　31　32

図13　高分子アクセプター材料

また，Facchettiらによって開発されたナフタレンジイミドとチオフェンの共重合体であるP(NDI2OD-T2)（図13，**31**）は高い電子移動度（0.85cm^2/Vs）を持ち，P3HTと相補的な領域の光も吸収でき，アクセプター材料として適切なエネルギー準位を持つため太陽電池への応用が期待されたが，P3HTと組み合わせたバルクヘテロ接合有機薄膜太陽電池は0.2%の効率を示すに終わった[40]。これは電荷分離後200ピコ秒以内に起こってしまう非常に速い電荷の再結合が原因とされている。再結合が速い理由は明白ではないが，P(NDI2OD-T2）とP3HTの界面の相互作用とナノスケールのモルフォロジーに問題があると考えられている。高効率の新規アクセプター材料開発において，単純に化合物単体の電荷移動度とエネルギー準位を改善するだけでなく，活性層中でのドナー分子・アクセプター分子の集合構造の制御が重要であることを再認識させられる結果である。

集合構造制御の重要性がさらに強調される研究として，Huckらが行った，ナノインプリント法による相互貫入ヘテロ接合型全高分子太陽電池の開発がある[41]。ナノインプリント法ではバルクヘテロ接合のように広い接触面積を維持しつつ，p-nヘテロ接合のようにそれぞれの材料を適切な電極側に配置でき，また孤立したドメインができることがないため高い電荷分離効率が期待される。フルオレンとチオフェン，ベンゾチアジアゾールの共重合体であるF8TBT（図13，**32**）とP3HTを用いて作成された通常のバルクヘテロ接合型デバイスが1.1%，p-nヘテロ接合型デバイスは0.4%の効率しか示さない一方，相互貫入型デバイスでは1.9%の変換効率が得られている。

4.5　おわりに

ここ十数年間での有機薄膜太陽電池の発展は目覚ましく，デバイス効率や寿命は増加し続けている。これらは主にデバイス構造の工夫とドナー材料の改良によるものである。その一方でアクセプター材料としては，フラーレン誘導体が欠かせない存在となっている。確かに非フラーレンアクセプター材料を用いたデバイスでフラーレン誘導体に匹敵する変換効率を出しているものはほとんど無い。しかしながら，上に挙げてきた例からも分かるように，非フラーレンアクセプター材料への注目は増しつつあり，多くの新規骨格が研究されている。

有機化学者にとって，化学的修飾による分子の吸光特性や光安定性の向上，HOMO-LUMOのエネルギー準位の制御は比較的容易であり，これまでの研究でそれらとデバイス効率の関係が明らかにされてきた。そのため，次の課題は活性層中での電荷移動度の向上と膜のモルフォロジーの制御にある。単一ではよい電荷移動度を示す有機半導体も，別の材料と混合した際には移動度が著しく減少することが多い。また熱や溶媒によるアニーリング，溶媒の蒸発速度の制御，ナノインプリント技術など，相分離を促進する様々な手法が開発されているものの，最適なモルフォロジーを生み出す絶対的な方法が存在している訳ではない。ドナー材料とアクセプター材料がバルクヘテロ接合中でどのようにドメインを形成するかについても，未だ分からない部分も多い。これまでの化学的アプローチに加えて，電荷輸送能・モルフォロジーとデバイス効率の関係を明らかにする動力学的アプローチが，非フラーレンアクセプター材料開発，ひいては有機薄膜太陽電池の更なる効率向上の鍵となると考えられる。

文　　献

1) J. C. Hummelen, B. W. Knight, F. LePeq, F. Wudl, J. Yao, C. L. Wilkins, *J. Org. Chem.*, **60**, 532 (1995)
2) M. M. Wienk, J. M. Kroon, W. J. H. Verhees, J. Knol, J. C. Hummelen, P. A. van Hal, R. A. J. Janssen, *Angew. Chem. Int. Ed.* **42**, 3371 (2003)
3) Y. Matsuo, Y. Sato, T. Niinomi, I. Soga, H. Tanaka, E. Nakamura, *J. Am. Chem. Soc.* **131**, 16048 (2009)
4) Y. He, H.-Y. Chen, J. Hou, Y. Li, *J. Am. Chem. Soc.* **132**, 1377 (2010)
5) J. E. Anthony, *Chem. Mater.* **23**, 583 (2010)
6) P. Sonar, J. P. F. Lim, K. L. Chan, *Energy. Environ. Sci.* **4**, 1558 (2011)
7) P. M. Beaujuge, J. M. J. Fréchet, *J. Am. Chem. Soc.* **133**, 20009 (2011)
8) C. W. Tang, *Appl. Phys. Lett.* **48**, 183 (1986)
9) J. Li, F. Dierschke, J. Wu, A. C. Grimsdale, K. Müllen, *J. Mater. Chem.* **16**, 96 (2006)
10) S. Rajaram, P. B. Armstrong, B. J. Kim, J. M. J. Fréchet, *Chem. Mater.* **21**, 1775 (2009)
11) J. A. Mikroyannidis, M. M. Stylianakis, M. S. Roy, P. Suresh, G. D. Sharma, *J. Power Sources*, **194**, 1171 (2009)
12) G. D. Sharma, P. Balraju, J. A. Mikroyannidis, M. M. Stylianakis, *Sol. Energy Mater. Soll. Cells*, **93**, 2025 (2009)
13) G. D. Sharma, P. Suresh, J. A. Mikroyannidis, M. M. Stylianakis, *J. Mater. Chem*, **20**, 561. (2010)
14) J. A. Mikroyannidis, P. Suresh, G. D. Sharma, *Synth. Met.* **160**, 932. (2010)
15) W. S. Shin, H.-H. Jeong, M.-K. Kim, S.-H. Jin, M.-R. Kim, J.-K. Lee, J. W. Lee, Y.-S. Gal, *J. Mater. Chem*, **16**, 384. (2006)

16) D. Mühlbacher, M. Scharber, M. Morana, Z. Zhu, D. Waller, R. Gaudiana, C. Brabec, *Adv. Mater.* **18**, 2884 (2006)
17) J. Hou, H.-Y. Chen, S. Zhang, G. Li, Y. Yang, *J. Am. Chem. Soc.* **130**, 16144 (2008)
18) R. Y. C. Shin, T. Kietzke, S. Sudhakar, A. Dodabalapur Z.-K. Chen, A. Sellinger, *Chem. Mater.* **19**, 1892 (2007)
19) C. H. Woo, T. W. Holcombe, D. A. Unruh, A. Sellinger, J. M. J. Fréchet, *Chem. Mater.* **22**, 1673 (2010)
20) J. T. Bloking, X. Han, A. T. Higgs, J. P. Kastrop, L. Pandey, J. E. Norton, C. Risko, C. E. Chen, J.-L. Brédas, M. D. McGehee, A. Sellinger, *Chem. Mater.* **23**, 5484 (2011)
21) J. C. Bijleveld, A. P. Zoombelt, S. G. J. Mathijssen, M. M. Wienk, M. Turbiez, D M. de Leeuw, René A. J. Janssen, *J. Am. Chem. Soc.* **131**, 16616 (2009)
22) S. Loser, C. J. Bruns, H. Miyauchi, R. Ponce Ortiz, Antonio Facchetti, S. I. Stupp, T. J. Marks, *J. Am. Chem. Soc.* **133**, 8142 (2011)
23) P. Sonar, G.-M. Ng, T. T. Lin, A. Dodabalapur, Z.-K. Chen, *J. Mater. Chem.* **20**, 3626 (2010)
24) B. P. Karsten, J. C. Bijleveld, R. A. J. Janssen, *Macromol. Rapid. Commun.* **31**, 1554 (2010)
25) F. G. Brunetti, X. Gong, M. Tong, A. J. Heeger, F. Wudl, *Angew. Chem. Int. Ed.* **49**, 532 (2010)
26) X. Gong, M. Tong, F. G. Brunetti, J. Seo, Y. Sun, D. Moses, F. Wudl, A. J. Heeger, *Adv. Mater.* **23**, 2272 (2011)
27) S. K. Park, T. N. Jackson, J. E. Anthony, D. A. Mourey, *Appl. Phys. Lett.* **91**, 063514 (2007)
28) M. T. Lloyd, A. C. Mayer, A. S. Tayi, A. M. Bowen, T. G. Kasen, D. J. Herman, D. A. Mourey, J. E. Anthony, G. G. Malliaras, *Org. Electron.* **7**, 243 (2006)
29) Y.-F. Lim, Y. Shu, S. R. Parkin, J. E. Anthony, G. G. Malliaras, *J. Mater. Chem.* **19**, 3049 (2009)
30) Y. Shu, Y.-F. Lim, Z. Li, B. Purushothaman, R. Hallani, J. E. Kim, S. R. Parkin, G. G. Malliaras and J. E. Anthony, *Chem. Sci.* **2**, 363 (2011)
31) T. Zhou, T. Jia, B. Kang, F. Li, M. Fahlman, Y. Wang, *Adv. Energy. Mater.* **1**, 431 (2011)
32) Y. Zhou, L. Ding, K. Shi, Y.-Z. Dai, N. Ai, J. Wang, J. Pei, *Adv. Mater.* **24**, 957 (2012)
33) Y. Hayashi, N. Obata, M. Tamaru, S. Yamaguchi, Y. Matsuo, A. Saeki, S. Seki, Y. Kureishi, S. Saito, S. Yamaguchi, and H. Shinokubo, *Org. Lett.* **14**, 866 (2012)
34) Z. Bao, A. J. Lovinger, J. Brown, *J. Am. Chem. Soc.* **120**, 207 (1998)
35) X. Jiang, J. Dai, H. Wang, Y. Geng, D. Yan, *Chem. Phys. Lett.* **446**, 329 (2007)
36) H. Gommans, T. Aernouts, B. Verreet, P. Heremans, A. Medina, C. G. Claessens, T. Torres, *Adv. Funct. Mater.* **19**, 3435 (2009)
37) P. Sullivan, A. Duraud, l. Hancox, N. Beaumont, G. Mirri, J. H. R. Tucker, R. A. Hatton, M. Shipman, T. S. Jones *Adv. Energy. Mater.* **1**, 352 (2011)

38) N. Beaumont, S. W. Cho, P. Sullivan, D. Newby, K. E. Smith, T. S. Jones, *Adv. Funct. Mater.* **22**, 561 (2012)
39) T. W. Holcombe, C. H. Woo, D. F. J. Kavulak, B. C. Thompson, J. M. J. Fréchet, *J. Am. Chem. Soc.* **131**, 14160 (2009)
40) J. R. Moore, S. Albert-Seifried, A. Rao, S. Massip, B. Watts, D. J. Morgan, R. H. Friend, C. R. McNeill, H. Sirringhaus, *Adv. Energy. Mater.* **1**, 230 (2011)
41) X. He, F. Gao, G. Tu, D. Hasko, S. Hüttner, U. Steiner, N. C. Greenham, R. H. Friend, W. T. S. Huck, *Nano. Lett.* **10**, 1302 (2010)

第3章　界面構造に関する研究

1　陽極/ドナー層界面に励起子ブロッキング層を有する低分子有機薄膜太陽電池[1)]

平出雅哉*1，安達千波矢*2

1.1　はじめに

近年，有機薄膜太陽電池（Organic Photovoltaic Cell：OPV）は活発に研究がなされ，日々進歩を遂げているが[2, 3)]，そのエネルギー変換効率（η_{PCE}）は未だSiなどの太陽電池に比べて低い値に留まっている。OPVの外部量子効率（η_{EQE}）は太陽光の吸収効率（η_{A}），ドナー/アクセプター（D/A）界面への励起子拡散効率（η_{ED}），D/A界面での電荷分離効率（η_{CT}），電極への電荷収集効率（η_{CC}）の積からなり次の式で表される。

$$\eta_{EQE} = \eta_{A}\eta_{ED}\eta_{CT}\eta_{CC} \tag{1}$$

有機薄膜中における励起子拡散長は多くの場合10nm前後と非常に短く[4)]，いかに効率よくD/A界面に励起子を到達させるかが重要な課題である。

これらの問題を解決するために，バルクヘテロ構造[5)]，りん光材料[6)]，ナノ構造体[7, 8)]の利用など，様々な取り組みがなされている。また，この点においては電極における励起子失活の抑制も非常に重要な因子である。今日，報告されている多くのOPVにおいてはBathocuproine（BCP）などの励起子ブロッキング層がアクセプター/陰極界面に用いられている[4)]。これにより，陰極界面での励起子失活の抑制，およびアクセプター層への励起子の閉じ込め，陰極成膜時の活性層へのダメージの低減などの効果が得られている。一方で，陽極界面に注目すると様々なバッファ層が用いられており，リーク電流の低減による開放端電圧（V_{OC}）の向上[9)]，積層させたドナー層のモフォロジー制御[10)]，バッファ層からのエネルギー移動による増感作用[11)]など様々な試みがなされている。特にpoly(3,4-ethylenedioxythiophene)：poly(styrenesulfonate)（PEDOT：PSS）層は陽極界面に標準的に挿入されており，それにより耐久性の向上[12)]，リーク電流を低減することができる[13)]。しかしながら，PEDOT：PSS層は同時に励起子失活を引き起こす消光剤として働くことも知られており[14)]，陽極界面における励起子失活を抑制することで更なる高効率化が期待できる。これまでに励起子ブロッキング効果の可能性は示唆されているものの[9~11)]，実験的に示された例はない。そこで，本稿においては，陽極界面に励起子ブロッキング層を挿入し，その影響についての検証結果について述べる。

＊1　Masaya Hirade　九州大学　大学院工学府　物質創造工学専攻

＊2　Chihaya Adachi　九州大学　最先端有機光エレクトロニクス研究センター　主幹教授

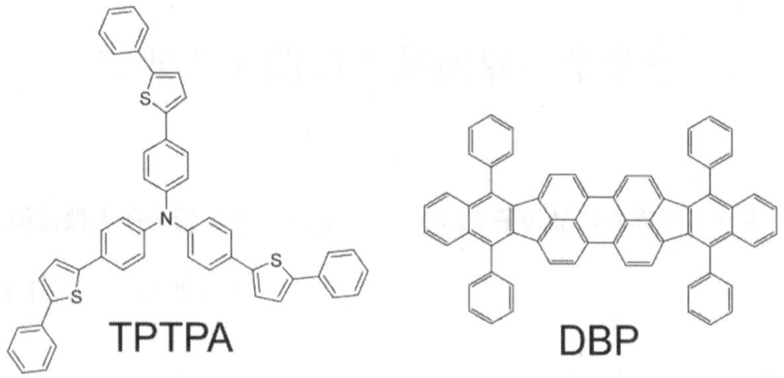

TPTPA DBP

図1　本研究で用いた励起子ブロッキング材料（TPTPA），およびドナー材料（DBP）の分子構造

1.2　実験

実験で用いた励起子ブロッキング材料，およびドナー材料の組み合わせについて述べる。ドナー層からのエネルギー移動を避けるため，ドナー材料よりもエネルギーギャップが広い材料を用いることが大前提であるが，本研究ではその他の影響を無くすために，ドナー材料と同じ最高被占軌道（HOMO）準位を有しており，かつドナー材料よりも高いホール移動度を有する材料を用いることとした。これにより，ヘテロ界面や励起子ブロッキング層（ExBL）におけるホールの輸送が律速過程にならないような組み合わせとした。次に，本実験で用いた励起子ブロッキング材料，ドナー材料を図1に示す。ここでは励起子ブロッキング材料にtris[4-(5-phenylthiophen-2-yl)phenyl]amine(TPTPA)[15]，ドナー材料にtetraphenyldibenzoperiflanthene (DBP)[16]を用いた。これら材料系においては，TPTPAはDBPよりもエネルギーギャップが広く（TPTPA:E_g～2.7 eV，DBP:E_g～1.9 eV，共に薄膜の吸収端より算出），ほぼ同様のHOMO準位を有しており（～5.4 eV，理研計器AC-2にて測定），かつホール移動度はDBP: μ_h～10^{-4}～10^{-3}cm^{2}V^{-1}s^{-1}（ホールオンリー素子の空間電荷制限電流領域より算出）よりも，TPTPA: μ_h～10^{-3}～10^{-2}cm^{2}V^{-1}s^{-1}の方が高い値を有しており[15]，上で示した条件はすべて満たされている。

素子作製は，以下の手順で行った。ITO基板を洗剤，イオン交換水，有機溶媒で超音波洗浄したのち，UV/O_3処理を行った。その後，ただちにPEDOT:PSS膜をスピンコート法により成膜し，大気中でアニールを行った。このときのPEDOT:PSSの膜厚は20nmであった。アニール後，真空蒸着法により，以下に示すような構造のデバイスを作製した。ITO/PEDOT:PSS/TPTPA(Xnm)/DBP(20-Xnm)/C_{60}(50nm)/BCP(10nm)/Al(100nm)　陰極は1 mmϕの円盤電極であり，光電流の測定は真空下において，AM1.5G，100mW/cm^{2}の疑似太陽光照射下で行い，分光感度特性の測定も同様に真空下で行った。

1.3　結果・考察

図2(a)に各デバイスの暗電流，光電流の電流密度-電圧（J-V）特性を示す。また，表1に各

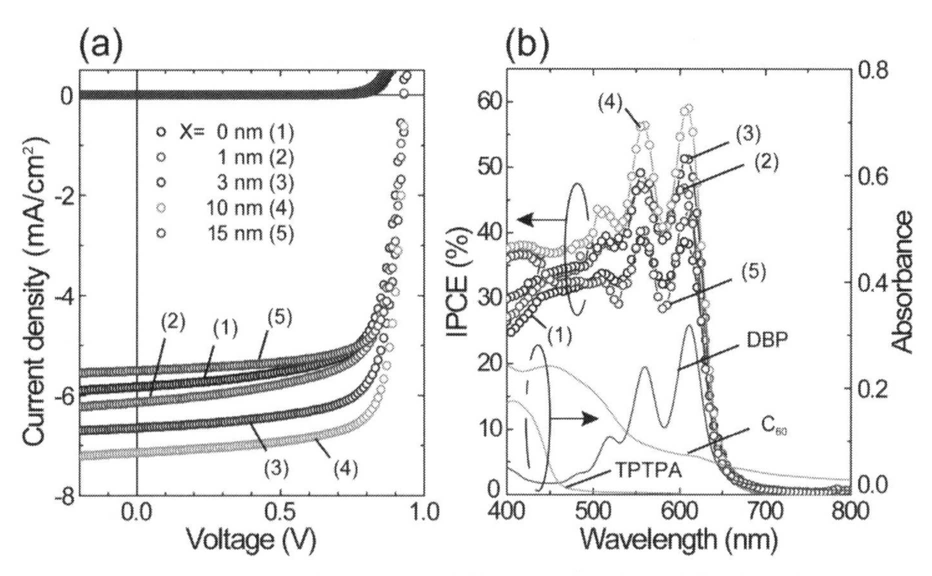

図2　(a)暗電流，および光電流の *J–V* 特性の TPTPA 層膜厚依存性，(b)各素子における分光感度曲線，および活性材料の吸収スペクトル

表1　各デバイスの太陽電池特性値

X(nm)	J_{SC}(mA/cm^2)	V_{OC}(V)	FF	η_{PCE}(%)
0	−5.82 ± 0.08	0.92 ± 0.01	0.72 ± 0.01	3.88 ± 0.06
1	−6.22 ± 0.10	0.93 ± 0.01	0.70 ± 0.02	4.05 ± 0.09
3	−6.62 ± 0.22	0.93 ± 0.01	0.73 ± 0.01	4.53 ± 0.10
10	−7.15 ± 0.25	0.93 ± 0.01	0.74 ± 0.03	5.04 ± 0.21
10 (Best)	−7.25	0.94	0.77	5.25
15	−5.82 ± 0.45	0.93 ± 0.01	0.77 ± 0.01	3.78 ± 0.25

太陽電池特性を示す。参照素子（X＝0 nm）の場合においては短絡電流密度（J_{SC}）＝－5.82±0.08 mA/cm^2，V_{OC}＝0.92±0.01V，曲線因子（Fill Factor：FF）＝0.72±0.01，η_{PCE}＝3.88±0.06％が得られた。TPTPA 層の膜厚を厚くすることに伴い，J_{SC}，および η_{PCE} の向上が見られた。特に，X＝10nm の場合において，J_{SC}＝－7.15±0.25mA/cm^2，V_{OC}＝0.93±0.01V，FF＝0.74±0.02，η_{PCE}＝5.04±0.21％という最も高い η_{PCE} が得られ，最高で η_{PCE}＝5.25％を示した。一方で，X＝15nm の場合には，J_{SC}＝－5.28±0.45mA/cm^2，V_{OC}＝0.93±0.01V，FF＝0.77±0.01，η_{PCE}＝3.78±0.25％と太陽電池特性は低下する傾向が見られた。

この結果について考察を行う。図2(b)に分光感度特性，および各活性層の吸収スペクトルを示す。分光感度曲線からも明らかなように，TPTPA 層の膜厚を増加させるにつれ，DBP の吸収帯において Incident Photon to Current Efficiency（IPCE）の増加が見られた。このことは以下の二点が影響しているものと考えられる。

①TPTPA 層挿入に伴う，DBP 層のモフォロジー，および吸光度変化

②TPTPA 層による励起子ブロッキング効果

続いてこれらの検証を行う。

まず，モフォロジーであるが，図3に DBP 層の X 線回折パターンを示す。(a)が out-of-plane，(b)が in-plane 測定の回折パターンである。このように，TPTPA 層の有無に関わらず，out-of-plane，in-plane ともに，ITO 基板に由来するピークのみが得られたことより，TPTPA 層が DBP 層の結晶性に与える影響はないと言える。

次に，吸光度変化の検証を行う。図4に石英基板上に成膜した DBP 膜の吸収スペクトルを示す。このように，TPTPA の有無に関わらず，IPCE の増加が見られた領域（500～650nm）での吸光度の変化は見られなかった。これらの結果から，TPTPA 層が DBP の配向，モフォロジーに与える影響はないと結論できる。

続いて，励起子ブロッキング効果の検証を行う。ここでは DBP の発光強度を比較することで，励起子ブロッキング効果の検証を行った。図5に様々な膜厚の TPTPA 層を PEDOT:PSS 界面に有する DBP の発光スペクトルを示す。

図5に示すように，X＝0 nm の場合，PEDOT:PSS 上に成膜した DBP において発光強度の減少が見られており，PEDOT:PSS 層が消光剤として働いていることが確認できた。一方で，1 nm の TPTPA 層を基板，および PEDOT：PSS 界面に挿入することで，DBP 層からの発光強度が増加しており，TPTPA 層が ExBL として働いていることも確認できた。しかしながら，PEDOT:PSS 層なしの場合に比べ発光強度は依然として低いままである。そこで，TPTPA 層の膜厚を増加させたところ，PEDOT:PSS 層による消光の影響は更に抑制され，発光強度の増加

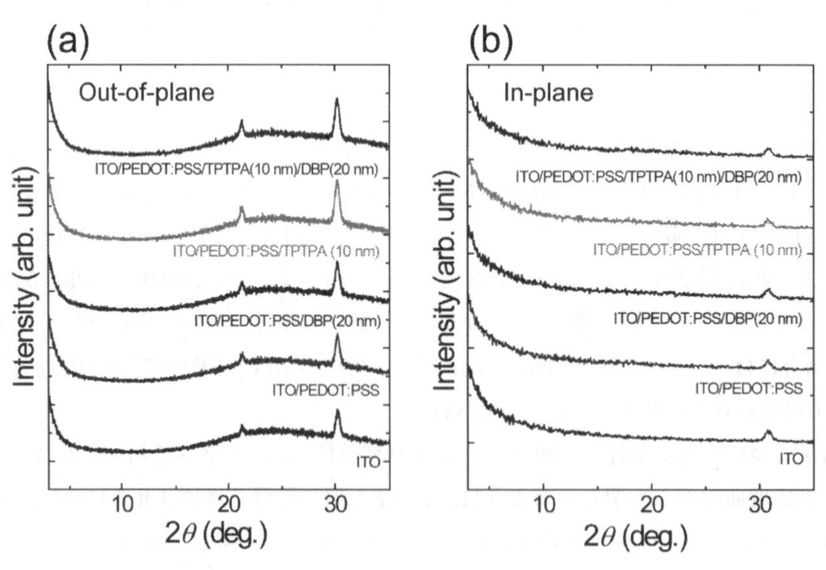

図3　各 DBP 薄膜の X 線回折パターン（a）out-of-plane，（b）in-plane

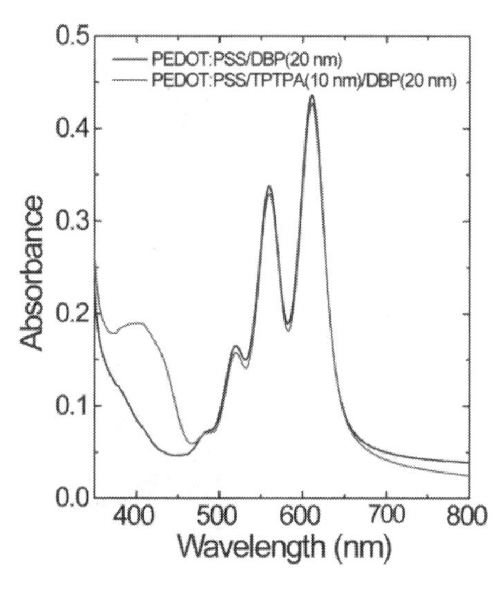

図４　DBP 薄膜の吸収スペクトル

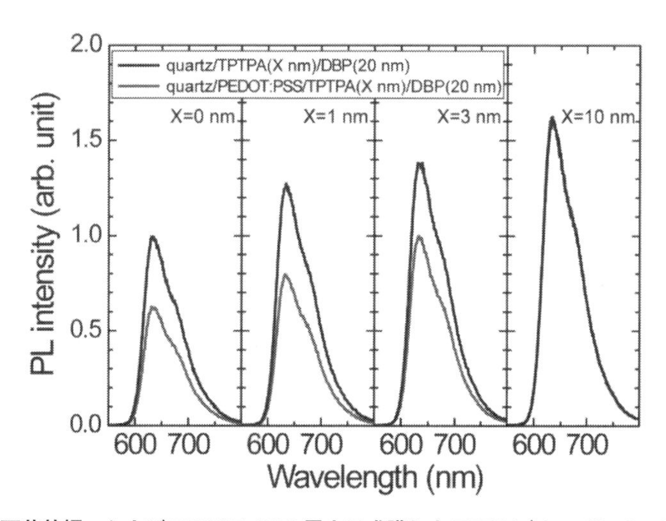

図５　石英基板，および PEDOT:PSS 層上に成膜した TPTPA（Xnm, X＝0～10nm）/ DBP （20nm）膜の発光スペクトル

が見られた。そして，TPTPA 層が 10nm の場合においては，PEDOT:PSS 層の有無に関わらず，ほぼ等しい発光強度が得られたことから，ここでは PEDOT:PSS 層による消光は完全に抑制されていると言え，励起子ブロッキングには 10nm の TPTPA 層が必要であるということが結論できる。

続いて，各膜厚の TPTPA 層の膜形態の観察を原子間力顕微鏡（AFM）にて行った。図６に PEDOT:PSS 層，および PEDOT:PSS 上に成膜した 1～10nm の膜厚の TPTPA 層の表面形状像，位相像を示す。TPTPA 層が 1 nm の場合，島状の TPTPA 層が得られた。また，3 nm の

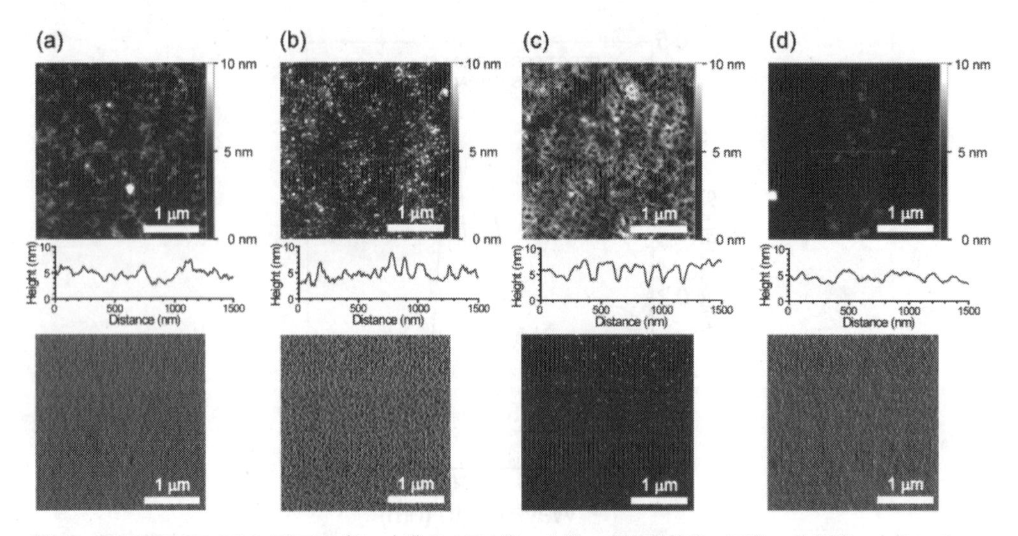

図6　ITO/PEDOT:PSS/TPTPA(Xnm)膜のAFM像，上段：表面形状像，下段：位相像，(a)X=0 nm (PEDOT：PSS層)，(b)X=1 nm，(c)X=3 nm，(d)X=10nm，(b)，および(c)の位相像においては暗い領域がTPTPA層に相当する。

場合，PEDOT:PSS層は大部分が覆われ，10nmの場合においてはPEDOT:PSSは完全に覆われた。このように，完全な励起子ブロッキングには一様な膜が必要であると考えられる。

上記より，TPTPA層の最適膜厚は10nmであると分かった。続いて，ドナー層であるDBP層の最適化を行った。以下にデバイス構造を示す。

ITO/PEDOT:PSS/TPTPA(10nm)/DBP(Xnm)/C_{60}(50nm)/BCP(10nm)/Al(100nm)

また，各デバイスのJ-V特性を図7(a)，分光感度特性，および活性材料の吸収スペクトルを図7(b)，太陽電池特性値を表2に示す。

このように，DBP層が10nmの場合において，最も高い特性が得られた。また，DBP層が薄い場合（X=5 nm），J_{SC}の低下が見られた。ここでは，FFには大きな影響が見られなかったことや，DBPの吸収帯でのみIPCEが低下していることからDBPの膜厚が薄く，吸収が不十分であったと考えられる。一方で，厚い場合（X=30nm）においても素子特性の低下が見られた。この場合においては，FFが低下したこと，IPCEが全波長範囲で低下していることから，素子の直列抵抗が増加したためであると考えられる。また，X=10～20nmにおいてはほぼ同様の素子特性が得られた。

この点に関して励起子拡散長の観点から考察を行う。ここでは，PL消光法を用いて励起子拡散長を見積もった[4]。ここでは励起子消光剤として4,4′,4′′-tris[3-methylphenyl(phenyl)-amino]triphenylamine（m-MTDATA）を用いた。m-MTDATAはDBPと比べ，エネルギーギャップが広く（E_g～3.1 eV，薄膜の吸収端より算出），かつDBPとのHOMO準位差が～0.3 eV程度ある（m-MTDATA：HOMO～5.1 eV，AC-2にて測定）。そのためDBPを励起した場合，生成

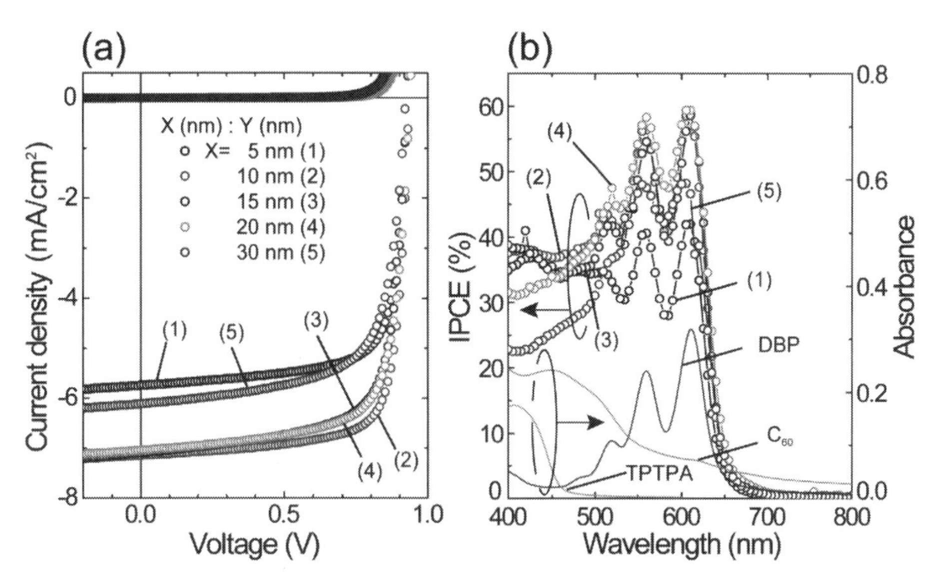

図7　(a)暗電流，および光電流の*J-V*特性のDBP層膜厚依存性，
(b)各素子における分光感度曲線，および活性材料の吸収スペクトル

表2　各デバイスの太陽電池特性値

X(nm)	J_{SC}(mA/cm^2)	V_{OC}(V)	FF	η_{PCE}(%)
5	−5.66±0.25	0.93±0.01	0.75±0.02	3.96±0.16
10	−7.15±0.25	0.93±0.01	0.74±0.03	5.04±0.21
15	−7.12±0.24	0.93±0.01	0.72±0.01	4.70±0.18
20	−6.98±0.40	0.93±0.01	0.73±0.01	4.77±0.28
30	−6.13±0.41	0.93±0.01	0.69±0.01	3.89±0.27

した励起子の内，*m*-MTDATA界面に到達したものは消光される。この現象を用いて励起子拡散効率を算出することができる。

$$\eta_{ED}=1-\frac{PL_1}{PL_2} \tag{2}$$

ここではPL_1は*m*-MTDATA層上に積層したDBP，PL_2はDBP層単体のPL強度である。また，この励起子拡散効率は以下のようにも表すことができる。

$$\eta_{ED}=\frac{L_D}{d}\frac{[1-\exp(-2d/L_D)]}{[1+\exp(-2d/L_D)]} \tag{3}$$

L_D，dはそれぞれ，DBP層中における励起子拡散長，DBP層の膜厚である。これらの式(2)，(3)を用いることで励起子拡散長を見積もることができる。そこで，石英基板/TPTPA(10nm)/

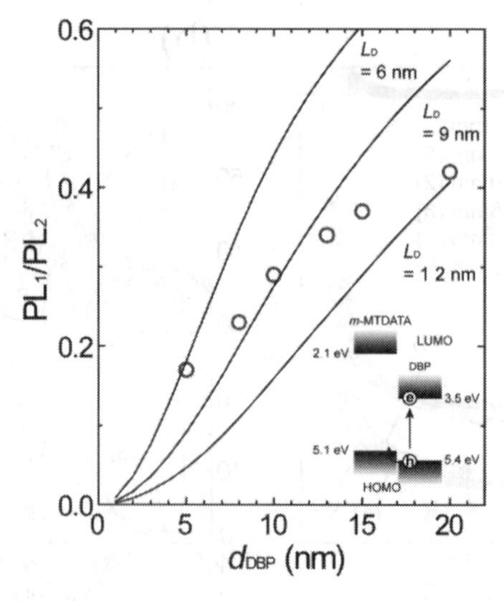

図 8　*m*-MTDATA 層有無の場合における，DBP の発光強度比の DBP 層の膜厚依存性

DBP(Xnm)film，および石英基板/TPTPA(10nm)/*m*-MTDATA(10nm)/DBP(Xnm)の 2 種類の薄膜を作製し，PL 強度比の膜厚依存性の評価を行った。ここでは石英基板による消光を防ぐため，TPTPA 層を励起子ブロッキング層として用いた。図 8 に PL 強度比の DBP 層膜厚依存性を示す。また実線は励起子拡散長が 6 nm〜12nm の場合の計算結果を示している。このことから，DBP 膜中における，励起子拡散長はおよそ 9±3 nm であると見積もられた。この結果より，D/A 界面から 9 nm 前後で生成した励起子が主に光電変換に寄与しており，ドナー層はこの程度あれば十分であり，DBP が 10nm の場合において最も高い素子特性が得られ，10〜20nm において，ほぼ同様の特性が得られたと考える。

1.4　結論

本稿では陽極界面に TPTPA 層からなる励起子ブロッキングを有する低分子有機薄膜太陽電池の作製を行い，励起子ブロッキング効果，励起子閉じ込め効果の検証を行った。それにより，10nm の TPTPA 層では PEDOT:PSS 層界面での励起子失活を完全に抑制し，かつドナー層の膜厚を制御することで，最高で η_{PCE} = 5.25 % を得ることができた。この値は低分子蒸着系の平面へテロ接合型素子においては最高レベルの特性であり，励起子ブロッキング効果，励起子閉じ込め効果が，有機薄膜太陽電池の素子特性を向上させるためには重要であることを明らかにした。

文　　献

1) M. Hirade and C. Adachi, *Appl. Phys. Lett.* **99**, 153302 (2011)
2) J. Peet, J. Y. Kim, N. E. Coates, W. L. Ma, D. Moses, A. J. Heeger, and G. C. Bazan, *Nature Mater.* **6**, 497 (2007)
3) R. Fitzner, E. Reinold, A. Mishra, E. M. Osteritz, H. Ziehlke, C. Körner, K. Leo, M. Riede, M. Weil, O. Tsaryova, A. Weiß, C. Uhrich, M. Pheiffer, and P. Bäuerle, *Adv. Funct. Mater.* **21**, 897 (2011)
4) P. Peumans, A. Yakimov, and S. R. Forrest, *J. Appl. Phys.* **93**, 3693 (2001)
5) J. Xue, B. P. Rand, S. Uchida, S. R. Forrest, *Adv. Mater.* **17**, 66 (2005)
6) B. P. Land, S. Schols, D. Cheyns, H. Gommans, C. Girotto, J, Genoe, P. Heremans, J. Poortmans, *Org. Electron.* **10**, 1015 (2009)
7) Y. Matsuo, Y. Sato, T. Niinomi, I. Soga, H. Tanaka, and E. Nakamura, *J. Am. Chem. Soc.*, **131**, 16048 (2009)
8) M. Hirade, H. Nakanitani, M. Yahiro, and C. Adachi, *Appl. Mater. Int.* **4**, 804 (2011)
9) N. Li, B. E. Latssiter, R. R. Lunt, G. Wei, and S. R. Forrest, *Appl. Phys. Lett.* **94**, 023307 (2009)
10) B. Yu, L. Huang, H. Wang, and D. Yan, *Adv. Mater.* **22**, 1017 (2010)
11) M. Ichikawa, E. Suto, H. G. Jeon, and Y. Taniguchi, *Org. Electron.* **11**, 700 (2010)
12) P. Peumans and S. R. Forrest, *Appl. Phys. Lett.* **79**, 126 (2001)
13) A. W. Hains, and T. J. Marks, *Appl. Phys. Lett.* **92**, 023504 (2008)
14) A. V. Dijken, A. Perro, E. A. Meulenkamp, and K. Brunner, *Org. Electron.* **4**, 131 (2003)
15) B. Maenning, J. Drechsel, D. Gebeyehu, P. Simon, F. Kozlowshi, A. Werner, F. Li, S. Grundmann, S. Sonntag, M. Koch, K. Leo, M. Pfeiffer, H. Hoppe, D. Meissner, N. S. Sariciftci, I. Riedal, V. Dyakonov and J. Parisi, *Appl. Phys.* **A79**, 1 (2004)
16) H. Kageyama, H. Ohishi, M. Tanaka, Y. Ohmori, and Y. Shirota, *Adv. Funct. Mtaer.* **19**, 3948 (2009)
17) D. Fujishima, H. Kanno, T. Kinoshita, E. Maruyama, M. Tanaka, M. Shirakawa and K. Shibata, *Sol. Ener. Mat. and Sol. Cells*, **93**, 1029 (2009)

2 ドーピングによるpn制御と有機薄膜太陽電池

平本昌宏[*1]，久保雅之[*2]，石山仁大[*3]，嘉治寿彦[*4]

2.1 はじめに

有機薄膜太陽電池（Organic Photovoltaics；OPV）の変換効率は，2011年7月に，実用化の目安である10%を越え[1, 2]，2012年3月時点での世界最高値は11%に達し，シリコンなどの無機系太陽電池と同じ土俵での競争が不可避となるまでに成長している。

私たちは，有機半導体へ，無機半導体の考え方を直接適用して，「有機半導体のバンドギャップサイエンス」を確立することが重要と考えている。すなわち，有機半導体においても，超高純度化，ドーピングによるpn制御，内蔵電界形成，オーミック接合形成，半導体パラメータ精密評価，等の，シリコン無機半導体に匹敵する，有機半導体物性物理学を確立して，有機薄膜太陽電池に適用する。最終的には，効率15%以上の有機薄膜太陽電池を実現できると考えている。

2.2 セブンナイン（7N）超高純度化

有機半導体もシリコンと同じ半導体であるので，その真の性質，機能を有効活用するには，精製によって，シリコンで言われるイレブンナイン並みに，超高純度化する技術が欠かせない。有機半導体の精製に用いられる，温度勾配電気炉を用いたトレインサブリメーション法[3]において，条件を1気圧のガス中とすると，炉心管内に対流が発生するために，有機半導体を超高純度の単結晶の形で析出させることができる[4]。図1に，この方法で得たC_{60}単結晶の写真を示す。サイズは数ミリ角に達し，2次イオン質量分析（SIMS），温度制御脱離質量分析（TPD-mass）を駆使することによって，純度がセブンナイン（7N；99.99999%）以上であることを確認している[5]。なお，今回の結果は，すべてこのセブンナインC_{60}を用いた結果である。

有機半導体の電子材料レベルの高純度化は，セル性能の本質的な向上に非常に重要で，このセブンナインC_{60}と，同じ方法で超高純度化した無金属フタロシアニン（H_2Pc）との共蒸着膜を用いると，共蒸着膜厚を1ミクロン以上まで厚膜化でき[6]，入射した可視光のほぼすべてを有効利用できるため，20mA/cm^{2}近い短絡光電流，変換効率5.3%を得ることができる[7~10]。詳細な結果は，「有機薄膜太陽電池の最新技術II」第4章第2節（発行：シーエムシー出版）[10]を参照してほしい。

＊1　Masahiro Hiramoto　分子科学研究所　分子スケールナノサイエンスセンター　教授
＊2　Masayuki Kubo　分子科学研究所　分子スケールナノサイエンスセンター
CREST研究員
＊3　Norihiro Ishiyama　総合研究大学院大学　物理科学研究科　機能分子科学
＊4　Toshihiko Kaji　分子科学研究所　分子スケールナノサイエンスセンター　助教

図１　セブンナイン（7N；99.99999%）C_{60} 単結晶の写真

2.3　有機半導体のドーピングによる pn 制御

超高純度化の次にくる課題が，ドーピングによる pn 制御である。有機半導体における精密な pn 制御技術の確立によって初めて，有機半導体のフェルミレベル（E_F）の自由な制御が可能になる。それによって，有機薄膜太陽電池の内蔵電界の形成が，pn 接合に代表されるセルのエネルギー構造の設計によって自由自在にできるようになる。また，セルバルク抵抗を大きく低減できる。同時に，高濃度ドープした有機／金属接合はオーミックとなるため２つの有機／金属界面抵抗を根本的に低減できる。以上の効果によって，根本的な効率の向上が可能と予想できる。

2.3.1　ドーピング技術の確立

ドーピングは，共蒸着によって行った。単独有機薄膜だけでなく，有機共蒸着膜に対してドーピングすることも考え，蒸着装置内に３つの蒸着源と水晶振動子膜厚計（QCM）を設置し，３種の材料の蒸着速度を独立にモニターできるように仕切り版を設けた（図２)。極微量でドーピングを行う必要があるため，QCM からの出力を PC に取り込んでディスプレイに表示し，非常にゆっくりとした膜厚の変化をモニターした（図３)。膜厚出力の周期的変動[11]があるが，ベースラインの変化から，図３では，１秒あたり 0.00014 オングストロームの変化までとらえている。以上の工夫で，現在の最高で，20ppm までの極微量ドーピングができるようになった[12]。

有機半導体薄膜には，空気から侵入する酸素と水が不純物となる。そのため，１度でもサンプルを空気にさらすと，フェルミレベル（E_F)，セルの光起電力特性が大きく影響を受ける。そのため，再現性が非常に問題となる。そのため，今回，蒸着装置を，酸素 0.5ppm 以下，水 0.1ppm 以下のグローブボックスに内蔵し（図４)，空気に全くさらさない条件で，E_F，光起電力特性測定を行った。

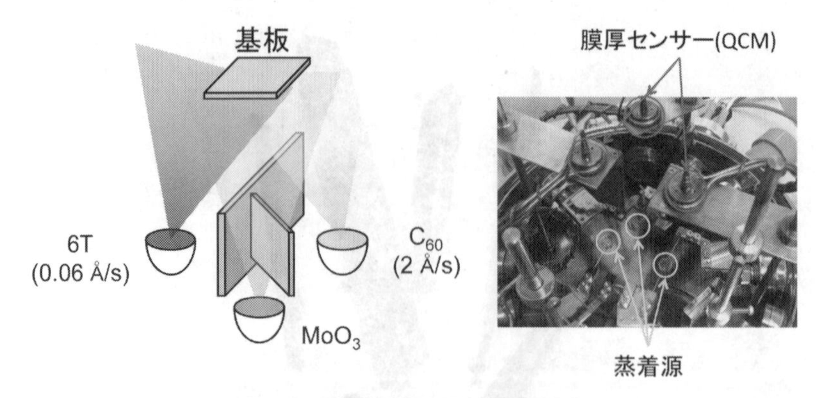

図 2　3 元蒸着の概念図と装置の写真
3 つの材料をそれぞれ独立に QCM で蒸着速度をモニター・コントロールして共蒸着する。

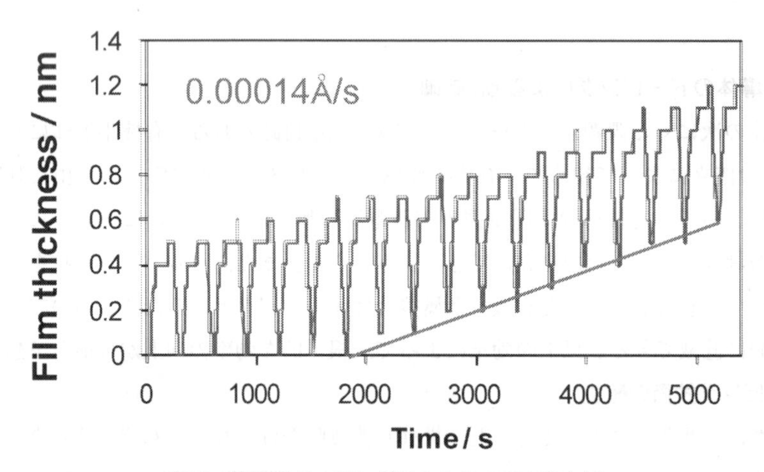

図 3　極微量ドーピングのための QCM 出力例
ベースラインから 0.00014A/s と分かる。現在，20ppm（体積比）極微量までドーピングできる。

以上の，酸素と水の影響を排除した極微量ドーピング技術を開発して初めて今回の結果を得ることができた。

2.3.2　C_{60} の p 型化[13)]

まず，有機薄膜太陽電池の非常に重要な基幹材料である，C_{60} の pn 制御技術について述べる。MoO_3 を共蒸着によってドーピングした。MoO_3 蒸着膜の E_F は 6.69 eV と非常に深く，C_{60} の価電子帯（6.4 eV）から十分電子を引き抜く能力を持ち，p 型化できると予想できた。実際，ノンドープ C_{60} の E_F はバンドギャップ中央より上であるが，MoO_3 を 3300ppm ドープすると，E_F は大きくプラスシフトして価電子帯（6.4 eV）に近づき，5.88 eV となり，p 型化することが分かった（図 5）。C_{60} は非常に酸化しにくい材料であることが知られており，これは，驚きの結果であった。

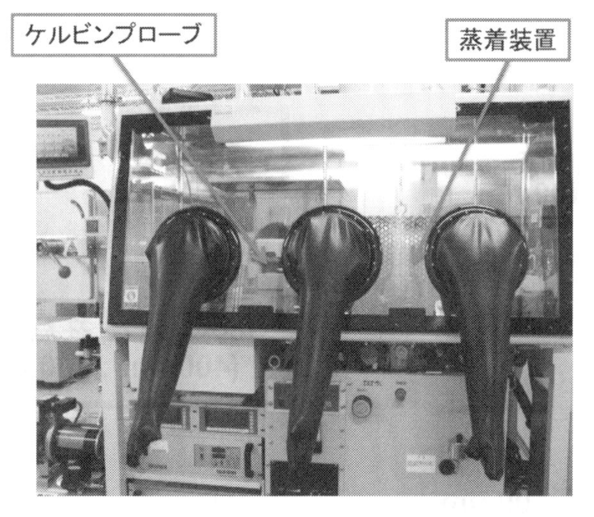

図4　蒸着装置内蔵グローブボックスの写真
ケルビンプローブはグローブボックス内にある。サンプルは，光学窓のついたサンプルボックにいれて持ち運びし，光起電力特性を測定する。空気にまったくさらさず，一連の作製，測定を行うことができる。

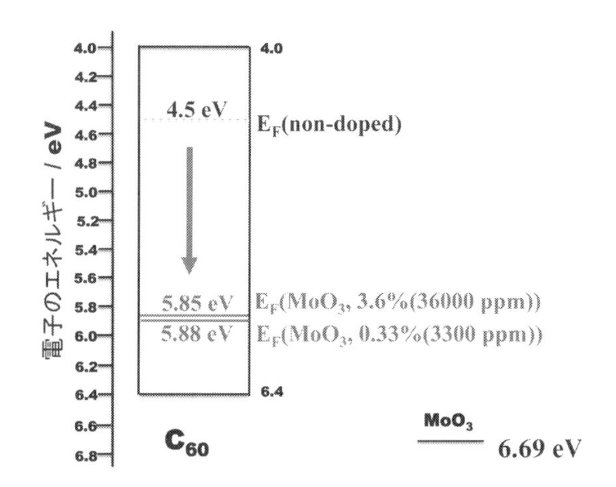

図5　C_{60} のエネルギーダイヤグラム
MoO_3 のドーピングによって E_F は価電子帯近くまでプラスシフトし，p 型化していることが分かる。

また，MoO_3 と C_{60} の共蒸着膜は，可視，赤外にかけて強く着色し，基底状態で電荷移動（CT）錯体が形成されていることが明らかになった（図6）。図7のドーピング機構を考えている。基底状態で CT 錯体 ($C_{60}{}^{+}$---$MoO_3{}^{-}$) が形成される。室温の熱エネルギーで C_{60} 上のプラス電荷は，$MoO_3{}^{-}$イオンから解放され，価電子帯を自由に動けるようになり，E_F がプラスシフトし p 型化する。これは，シリコンに対するホウ素(B)ドーピングの機構のアナロジーとして考えることが

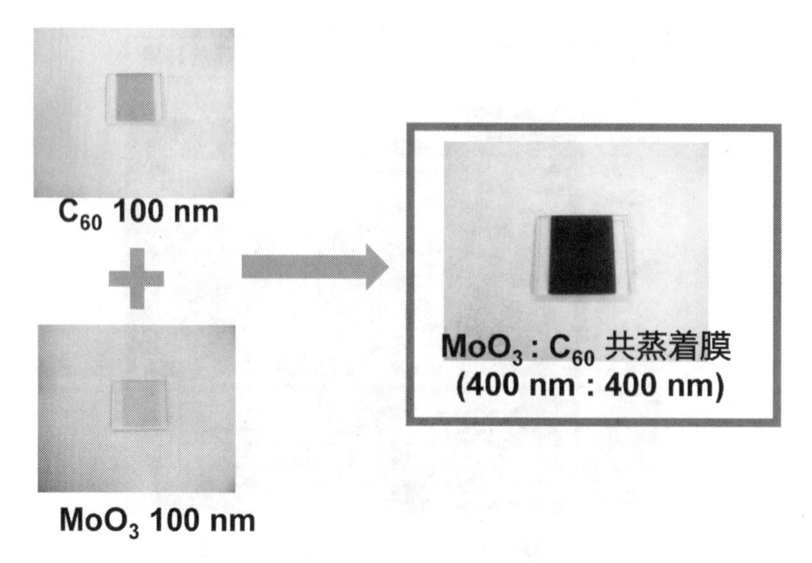

図6　MoO_3：C_{60}（1：1）共蒸着膜の写真
MoO_3 は透明，C_{60} は薄い黄色だが，共蒸着するとCT吸収のため，濃い茶色となる。

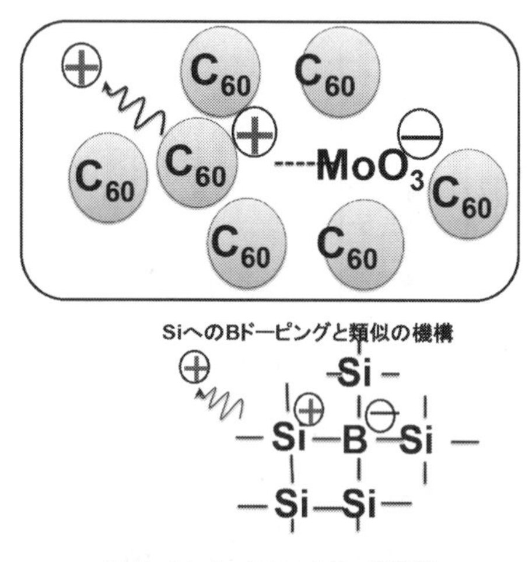

図7　MoO_3 のドーピング機構

できる。ただし，シリコンの場合，Bは格子の中に組み込まれており，Siの価数(4)とBの価数(3)の違いによってアクセプター性ドーパントとして働くことが決まる。それに対して，C_{60} 分子は1つ1つが独立しており，MoO_3 は格子に取り込まれているわけではなく，C_{60} との間でダイレクトに酸化還元反応を起こすことでアクセプター性ドーパントとなっているところが異なる。

次に，p型化が実際にセルの光起電力特性として現れるか検討した。ノンドープ，MoO_3 ドープした1ミクロンの C_{60} 膜を，MoO_3 とAgでサンドイッチしたセル（図8）を作製した。まず，光起電圧の方向は，Ag がマイナス，ITO（MoO_3）がプラスになることが分かった（図9）。

作用スペクトルから，光電流を発生する活性界面が MoO_3/C_{60} と C_{60}/Ag のどちらに位置しているか決定することができる。ノンドープの場合（図10），ITO 電極側から光照射すると（hν (a)），C_{60} 膜の吸収と一致した領域に作用スペクトルが出現する。これは光照射界面近傍で光電流が発生していることを意味する。一方，Ag 電極側から照射すると（hν (b)），光電流の絶対値が非常に小さくなり，作用スペクトルは吸収のすそに出現する。これは，光照射界面と反対側の界面まで到達した光のみが光電流発生に寄与していることを示している（マスキング効果）。以上を総合すると，このときの活性界面は ITO 電極側，すなわち，MoO_3/C_{60}（ノンドープ）界面にあることが特定できる。

MoO_3 をドープした C_{60} の場合，結果が全く逆になる（図11）。作用スペクトルは，Ag 側照射

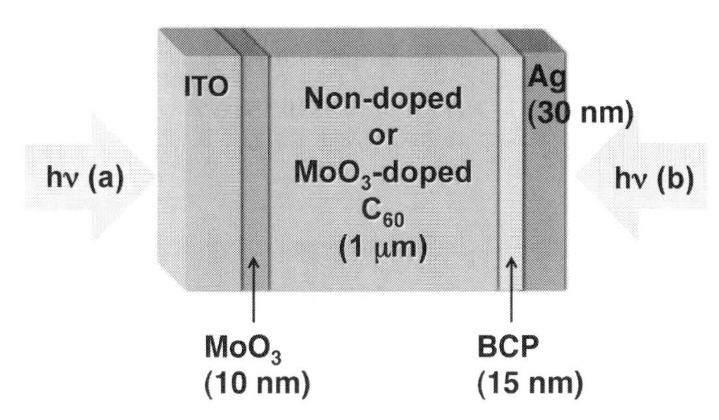

図8　C_{60} 単独膜セル

ノンドープまたは MoO_3 ドープ C_{60} を用いる。ITO/MoO_3 電極と BCP/Ag 電極でサンドイッチし，ITO 電極側（hν (a)）または Ag 電極側（hν (b)）から光照射する。

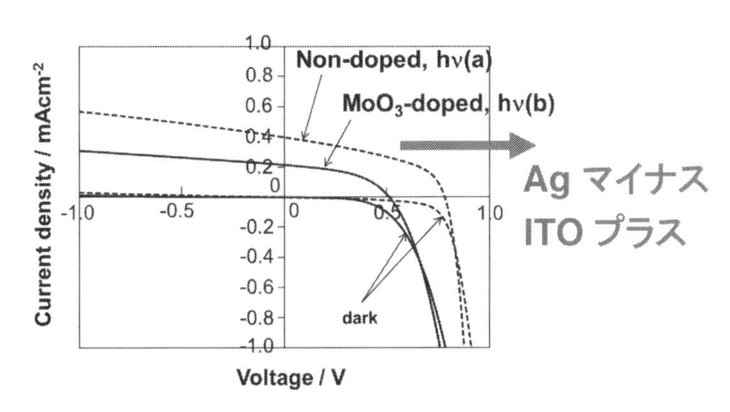

図9　電流-電圧特性

100mW/cm^2 擬似太陽光照射下。Ag がマイナス，ITO がプラスの光起電圧を生ずる。

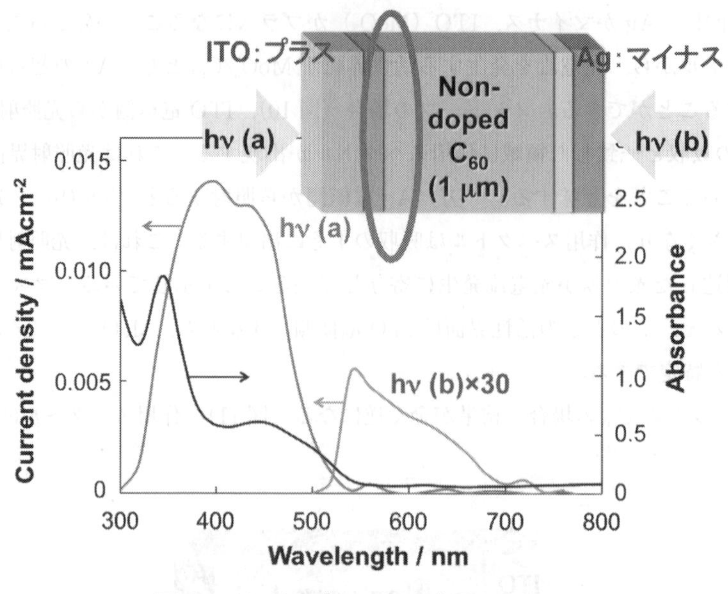

図10　ノンドープ C_{60} セルの作用スペクトル
C_{60} 膜の吸収も示してある。

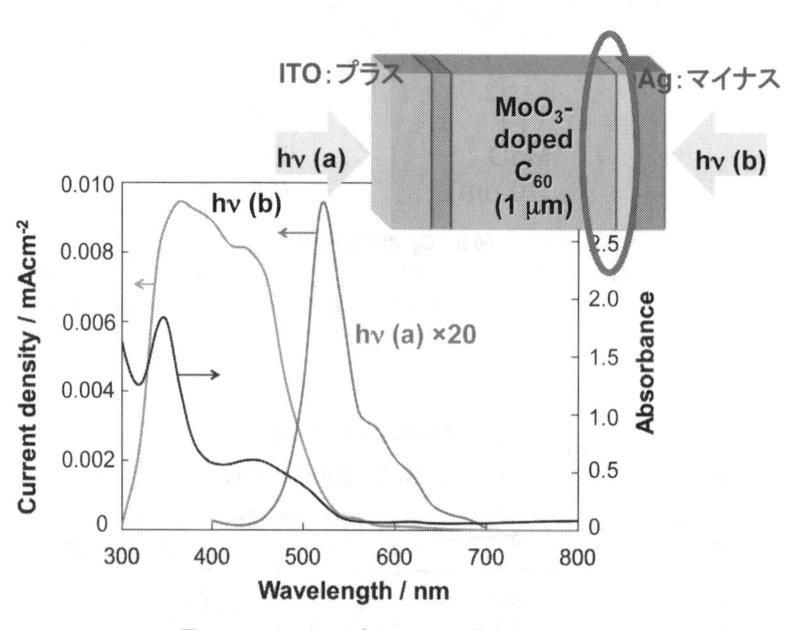

図11　MoO_3 ドープ C_{60} セルの作用スペクトル

(hν (b)) では吸収に一致し，ITO 側照射 (hν (a)) では吸収のすそに現れマスキング効果を示す。すなわち，活性界面は Ag 電極側，Ag/C_{60} (MoO_3 ドープ) にあることが特定できる。

以上の結果は，ノンドープの場合には MoO_3 との間に下に凸の n 型ショットキー接合，MoO_3

ドープの場合には Ag との間に上に凸の p 型ショットキー接合が形成されるとして合理的に説明できる（図 12)。このように，光起電力特性からも，MoO_3 ドーピングによって C_{60} が元来の n 型から p 型に変化したことを証明できた。

なお，Ca は C_{60} を n 型化できるドナー性ドーパントとして働くことが，上記と同様の実験を行った結果，明らかになった。この場合は，MoO_3 の場合とは裏返しの機構となる（図 13)。

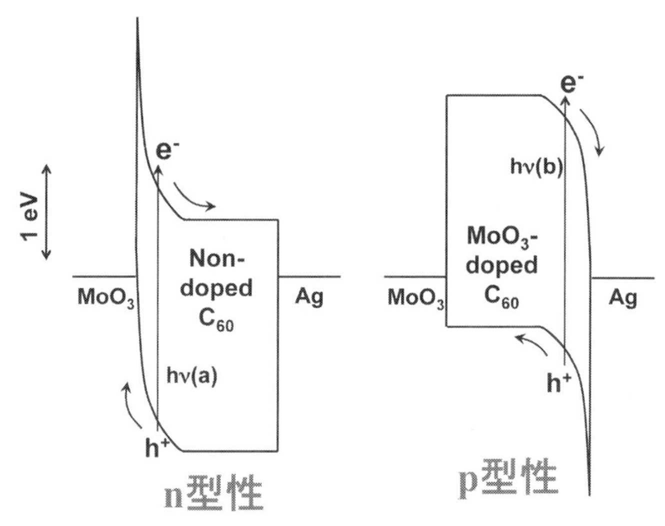

図 12　ノンドープ C_{60} セルと MoO_3 ドープ C_{60} セルのエネルギー図
ノンドープでは n 型ショットキー接合，MoO_3 ドープでは p 型ショットキー接合が形成される。

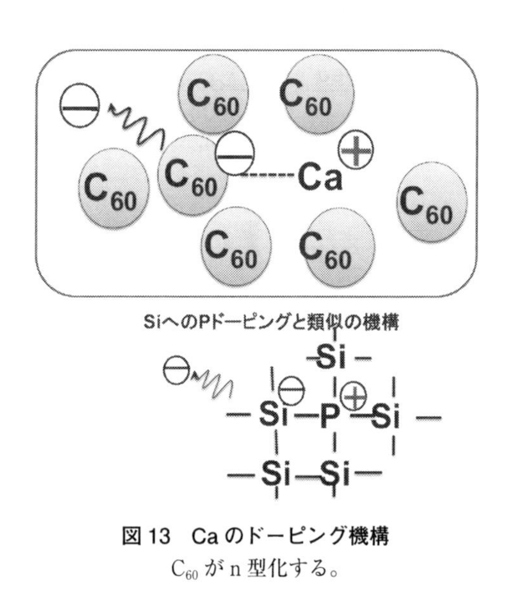

図 13　Ca のドーピング機構
C_{60} が n 型化する。

2.3.3 C_{60} 単独膜における pn ホモ接合の形成[14]

C_{60} のドーピングによる p 型化と n 型化，すなわち，pn 制御技術を確立できたので，この結果を利用して，pn ホモ接合を持つ C_{60} 単独薄膜セルを作製した。図 14 に，セル構造を示す。接合位置が，ITO 電極寄り，中央，Ag 電極寄りの，3 つのセルを作製した。ITO 電極から光照射すると（図 15 左），ITO 寄りでは C_{60} の吸収と一致した波長域で，中央では吸収の端で，Ag 寄りでは，さらに吸収の小さい長波長域で光電流が生じている。これは，接合が，光照射 ITO 電極より遠ざかるにつれて，光電流の生じない領域（デッドレイヤー）が接合の前に広がってくることを意味している（マスキング効果）。一方，Ag 電極から光照射すると（図 15 右），逆の順序となり，接合が光照射 Ag 電極に近づくほどデッドレイヤーが消失していることを意味する。

以上の結果は，光電流が生じる活性領域が，MoO_3-/Ca-dope 接合と一緒に動くことを示している。すなわち，pn ホモ接合（図 16）が，単独 C_{60} 薄膜中に形成できていると結論できる。pn 接合は半導体デバイス作製の基本である。以上は，有機太陽電池の内蔵電界設計の基礎となる成果である。

C_{60}[12, 13] の他にも，メタルフリーフタロシアニン（H_2Pc）に対して，pn 制御，pn ホモ接合形成に成功している[15]。この結果は，C_{60} が n 型，H_2Pc が p 型という従来の常識に関係なく，無機半導体と同様に，単一の有機半導体がドーピングによって n 型にも，p 型にもなれることを明

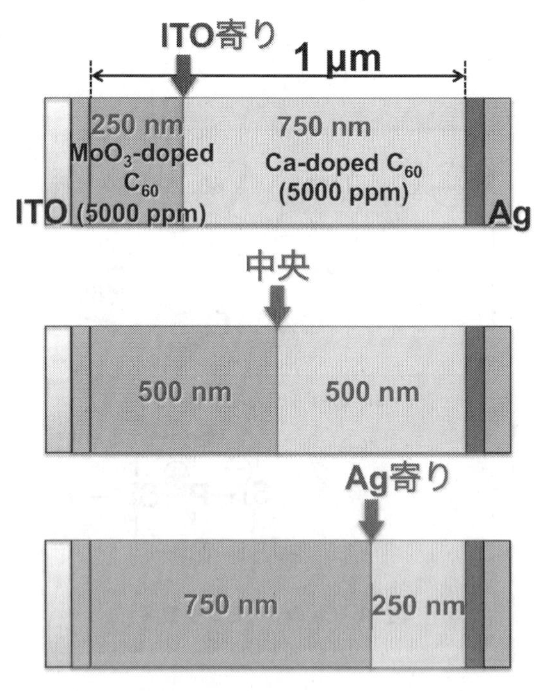

図 14　接合位置の異なる C_{60} 単独 pn ホモ接合セル

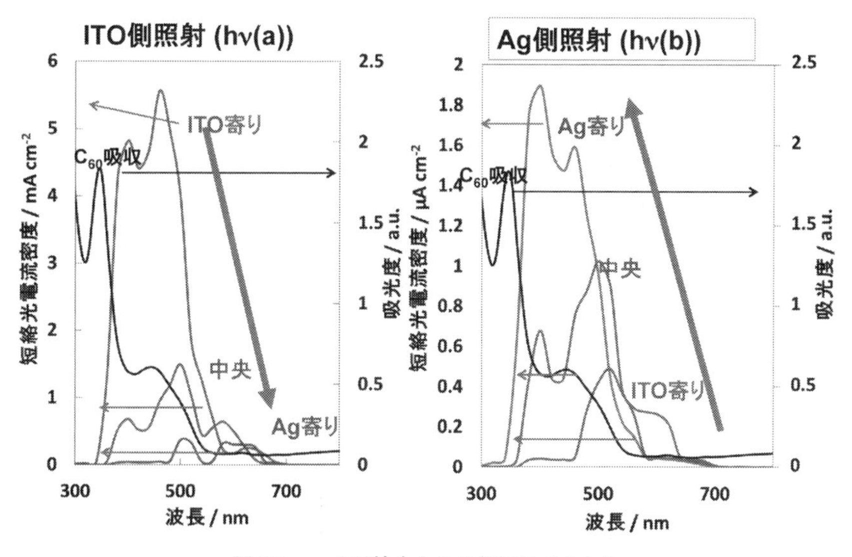

図15　pn ホモ接合セルの作用スペクトル
左は ITO 側照射，右は Ag 側照射。

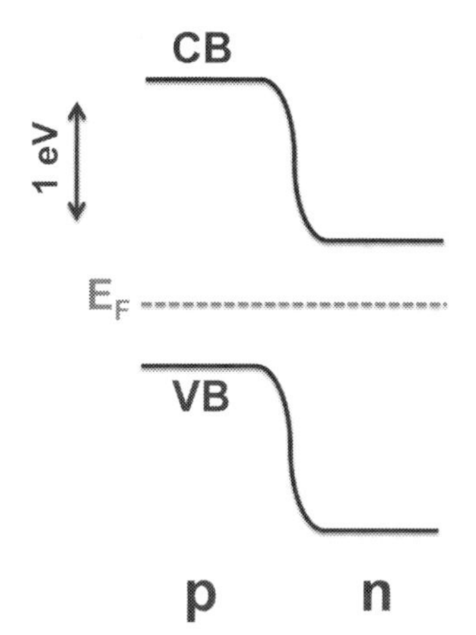

図16　C_{60} 単独薄膜中に形成された pn ホモ接合のエネルギー図
E_F, CB, VB 位置関係は実測に基づく。

確に示している。代表的有機半導体の C_{60}, フタロシアニンについて成功したことは，ほぼすべての有機半導体に対してドーピングによる pn 制御が可能なことを意味している。

2.4　共蒸着膜へのドーピング効果[16)]

C_{60} 単独膜において pn 制御と pn ホモ接合作製に成功した。しかし，単独の有機半導体では，生ずる光電流量が非常に少ない。有機薄膜太陽電池では，光誘起電子移動によるドナー／アクセプター増感（図17）[17)] を，ドナー／アクセプター共蒸着膜を作製することで利用できるようにして，実用レベルの光電流量を得る。そこで今回は，アクセプターのC_{60}にドナーのチオフェン誘導体（6T）[18]を混合した共蒸着膜に対して直接pn制御を行った，成功すれば，セル内部抵抗の本質的減少と内蔵電界の最適設計ができるようになる。以下，C_{60}：6T共蒸着膜にMoO_3をドーピングすることでセルのエネルギー構造を自在に制御した例について述べる。

C_{60}：6T共蒸着膜（6Tの割合：3-10%）に，MoO_3を3元蒸着でドーピングした（図3，4参照）。図18に，C_{60}，6T単独膜，C_{60}：6T共蒸着膜のエネルギーダイヤグラムを示す。3000ppmのMoO_3ドーピングで，C_{60}，6T単独膜のフェルミレベル（E_F）は両者とも価電子帯に近づきp型化したことが分かる。C_{60}：6T共蒸着膜のE_Fもプラスシフトし，5.51 eVに達し，共蒸着膜全

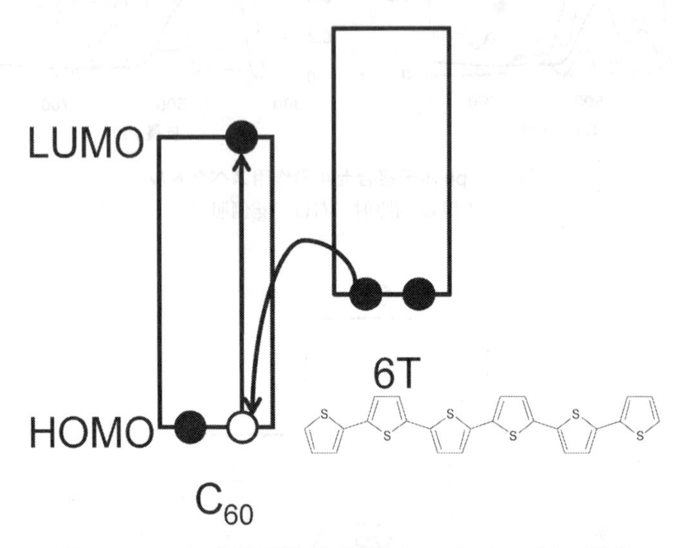

図17　C_{60}：6T共蒸着膜におけるドナー／アクセプター増感

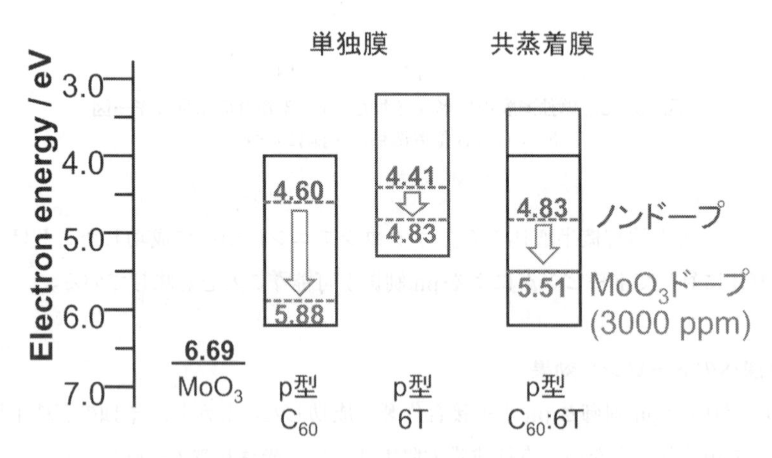

図18　C_{60}：6T共蒸着膜とC_{60}，6T単独膜のエネルギーダイヤグラム
MoO_3ドーピングによって共蒸着膜全体をp型化できる。

体としてp型化したことを示す結果が得られた。

そこで，C_{60}：6T共蒸着膜をMoO_3とITOでサンドイッチしたセル（図19）を作製し，MoO_3ドーピング濃度を，0，400，600，1100，4300ppmと変化させて，ITO電極側から光照射して，光起電力特性を評価した。図20に作用スペクトルを示す。0，400ppmでは，吸収スペクトルのすそに作用スペクトルが出現，すなわち，マスキング効果がはっきり現れることから，活性領域

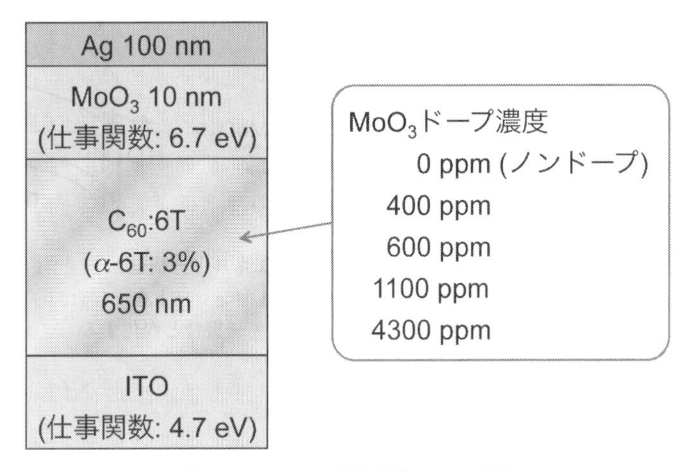

図19　C_{60}：6T共蒸着膜セルの構造
MoO_3ドーピング濃度を，0, 400, 600, 1100, 4300ppmと変化させた。

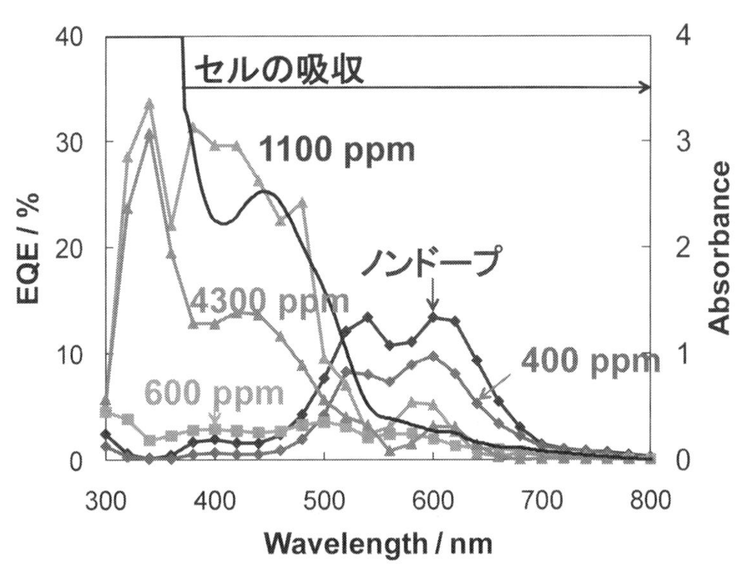

図20　C_{60}：6T共蒸着膜セルの示す作用スペクトル
セル吸収も示してある。MoO_3ドーピング濃度によって形状が敏感に変化する。

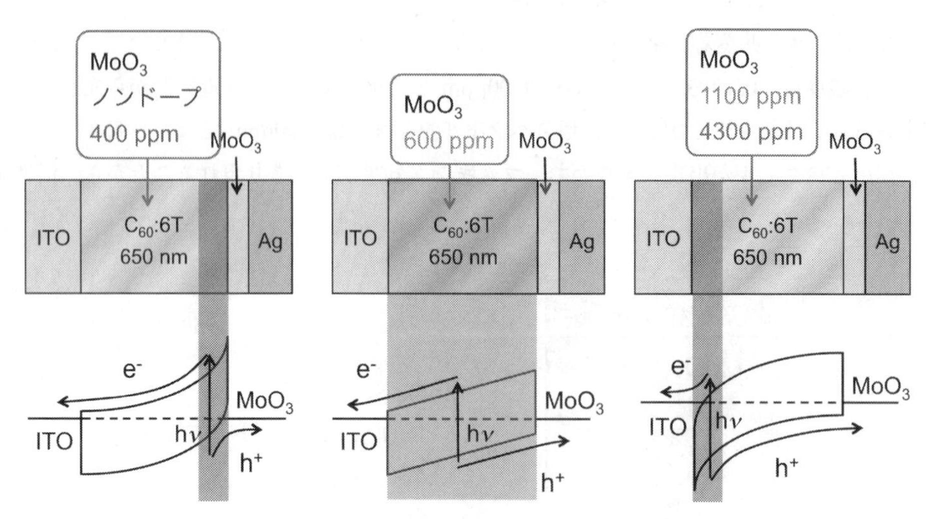

図 21　C_{60}：6T 共蒸着膜セルのエネルギー構造

MoO_3 ドーピング濃度が増えるにつれ，n 型ショットキー接合，
金属／絶縁体／金属接合，p 型ショットキー接合と変化する。

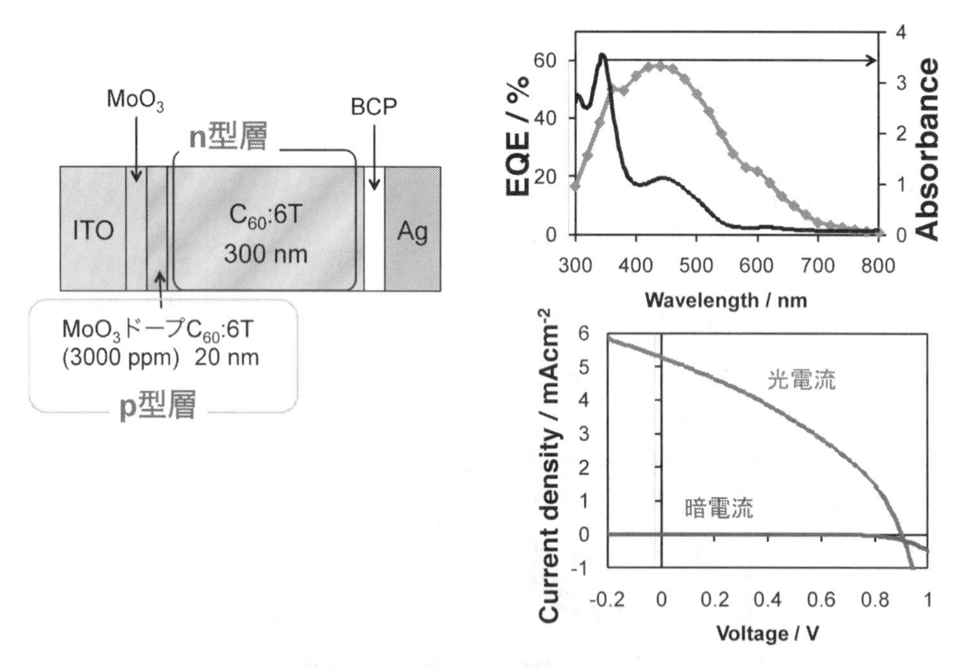

図 22　C_{60}：6T 共蒸着膜 pn ホモ接合セルの構造（左），および，電流-電圧特性（右下），外部量子効率（EQE）の作用スペクトル

効率：1.7%，J_{SC}：5.3 mA cm^{-2}，V_{OC}：0.90V，FF：36%。

は C_{60}：6T/MoO_3 界面にあると分かる。600ppm では可視全領域で均等に光電流が発生し，C_{60}：6T 共蒸着膜全体が活性領域となっている。1100，4300ppm では，作用スペクトルは吸収スペクトルに一致し，活性領域は ITO/C_{60}：6T 界面に移動したことが分かる。

以上の結果は，n 型ショットキー接合（ノンドープ，400ppm），金属／絶縁体（intrinsic）／金属接合（600ppm），p 型ショットキー接合（1100, 4300 ppm）が形成されていることを示している（図 21）。すなわち，ノンドープの C_{60}：6T は元来 n 型性であるが，600ppm のアクセプター（MoO_3）ドーピングで，n 型の起源となるドナー性不純物のプラスイオンが補償されて絶縁体化する。さらに，アクセプター（MoO_3）濃度を増やすと多数キャリアが電子からホールへと変わり，p 型化する。以上のように，フェルミレベル測定，および，光起電力測定から，共蒸着膜が p 型化したことを確認した。伝導度からも，この変化を支持する結果が得られた。

p 型，絶縁体（intrinsic）型，n 型の C_{60}：6T 共蒸着膜ができたので，共蒸着膜内部の pn ホモ接合を形成できる。図 22 に，C_{60}：6T 共蒸着膜 pn ホモ接合セルの構造，電流-電圧特性，作用スペクトルを示す。短絡電流量は 5.3mA/cm^2 とかなり大きく，効率 1.7%が得られた。ただ，曲線因子が低く，今後，セル内部抵抗と２つの金属／有機界面抵抗の本質的低減，内蔵電界の最適設計に進まなければならない。

2.5　まとめ

典型的な有機半導体である C_{60} とフタロシアニンについて，ドーピングによる pn 制御と pn ホモ接合の形成技術を確立した。共蒸着層そのものに対してドーピングによる pn 制御が可能であることを示した。この技術を用いれば，光を充分吸収できる十分な厚さの共蒸着膜内部に，pn ホモ接合，オーミック接合，p 型，n 型ショットキー接合など，一連の基本的接合を自由自在に作製でき，高効率セルに展開する基礎が整ったと考えている。

文　献　他

1)　山岡弘明，日経エレクトロニクス，pp116-121，6 月 27 日（2011）
2)　「塗る太陽電池，実用化めど　三菱化学，13 年春頃発売」朝日新聞，7 月 19 日（2011）
3)　H. J. Wagner，R. O. Loutfy，C. Hsiao，*J. Mater. Sci.*，**17**，2781（1982）
4)　R. A. Laudise，Ch. Kloc，P. G. Simpkins，and T. Siegrist，*J. Crystal Growth*，**187**，449（1998）
5)　C_{60} 単結晶サンプルはフロンティアカーボン社㈱によって市販されている。
6)　厚膜化には，超高純度化と同時に，共蒸着膜のナノ構造制御を行うことも不可欠で，本書，第４章第２節（平本，嘉治）を参照してほしい。
7)　K. Sakai and M. Hiramoto，*Mol. Cryst. Liq. Cryst.*，**491**，284（2008）

8) M. Hiramoto, Proceedings of SPIE Vol.7052, Organic photovoltaics IX, pp70520H-1-6, San Diego, CA, USA, 12-14 Augst (2008)
9) 平本昌宏，応用物理，**77**，539-544 (2008)
10) 平本昌宏，「有機薄膜太陽電池の最新技術 II」，第 4 章第 2 節，発行　シーエムシー出版㈱，pp191-204 (2009)
11) 周期的変動は，QCM 冷却の水温がチラーのオンオフによって変動するため現れる。
12) 独立多元蒸着源は，エピテック㈱に特注し，既存の蒸着装置内に設計・設置した。
13) M. Kubo, K. Iketaki, T. Kaji, and M. Hiramoto, *Appl. Phys. Lett.*, **98**, 073311 (2011)
14) M. Kubo, T. Kaji, and M. Hiramoto, *AIP Advances*, **1**, 032177 (2011)
15) 新村祐介，久保雅之，嘉治寿彦，平本昌宏，応用物理学会第 59 回春季年会予稿 16p-F7-1 (2012)
16) N. Ishiyama, M. Kubo, T. Kaji, M. Hiramoto, *Appl. Phys. Lett.*, **99**, 133301 (2011)
17) 光誘起電子移動によるドナー／アクセプター増感においては，有機半導体分子が光吸収することによってはじめて電子移動が起こり，CT 励起子を介して，光電流が大幅に増大する。一方，ドーピングにおいては，光は全く関係なく，暗時に，母体の有機半導体とドナー性，アクセプター性ドーパントの間で電子移動が起こり，CT 錯体を介して，電子またはホール濃度が増大し，n 型化，p 型化する。異なる過程の両方にドナー，アクセプターという言葉がでてくるが，両者を明確に区別して理解することが必要である。
18) J. Sakai *et al.*, *Organic Electronics*, **9**, 582 (2008)

3　有機薄膜太陽電池の性能向上に向けたドナー／アクセプター界面構造制御

但馬敬介*

3.1　はじめに

有機薄膜太陽電池は，近年の新規な材料開発によってその性能が急速に向上しており，2011年には10%を超える太陽光変換効率が報告されている[1)]。一方で後述するように，現在の技術の延長線上にあるドナー／アクセプター混合薄膜（混合バルクヘテロ接合）を用いた単セルの有機薄膜太陽電池の変換効率の上限は，およそ11-12%と見積もられている[2~4)]。そのため，今後のさらなる効率の向上を目指す上では，現在の変換効率の限界を決定している要因を明らかにし，それらを元にしたより精密な分子レベルでの設計や，薄膜中の構造の制御を行うことで，現在の限界を超える方法論を探ることが必要であると考えられる。本稿では，特に有機薄膜太陽電池でのドナー／アクセプター界面構造と太陽電池性能を結びつけた最近の研究を紹介し，さらなる効率の向上のために必要な技術について考察する。

3.2　有機薄膜太陽電池の動作原理

まず動作原理について，現在までに提案されている光電変換課程のモデルをもとに簡単に説明する[5)]。有機薄膜中のヘテロ界面の空間的な模式図と，それぞれの状態におけるエネルギー状態図を図1に示す。なおここでは，ドナー／アクセプター二層型とバルクヘテロ接合型の有機薄膜太陽電池において，光電変換過程に本質的な差はないと仮定している。

3.2.1　光吸収および励起子生成

活性層中の有機半導体が光を吸収すると，有機物中で電子がHOMOからLUMOへと励起され，励起状態が生成する。無機半導体中では，励起された電子は非常に弱く束縛された状態となり，室温付近では自発的に自由な電子とホールに分離する。対照的に有機半導体中では，有機物の比誘電率が3～4と小さく，電荷同士のクーロン力による安定化が大きいことに加え，分子構

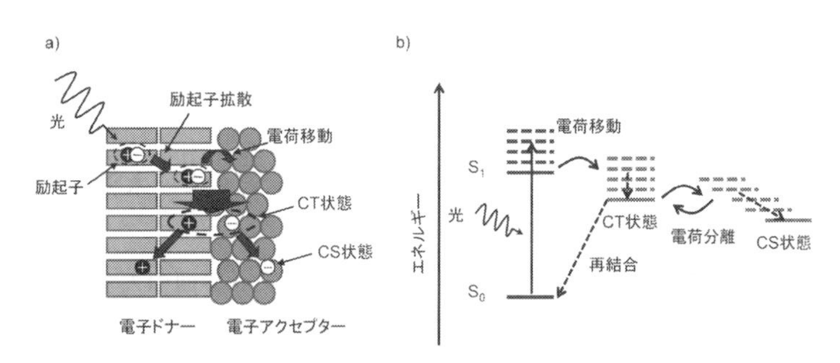

図1　a)有機ヘテロ界面の模式図及びb)それぞれの状態におけるエネルギー状態図

*　Keisuke Tajima　東京大学大学院　工学系研究科　応用化学専攻　准教授

造変化による励起状態の安定化も大きい（励起子結合エネルギーが大きい）。そのため室温程度での熱的なエネルギーでは電荷分離できず，励起状態は中性の粒子（励起子）として取り扱われる。

3.2.2 励起子拡散

励起子は電気的に中性であるため，電場によっては移動せず，有機物中を拡散によって移動する。この時，励起子が再結合などによって失活するまでの間に移動する平均的な距離を励起子拡散長という。有機半導体中の励起子拡散長は物質や結晶状態によって異なるが，5～20nm 程度であると言われている。励起子はその寿命の間の拡散移動中に，発光や熱的緩和による再結合，もしくは電荷移動などによって消滅する。

3.2.3 電荷移動・電荷分離

励起子が拡散によって活性層/電極界面や活性層中の異種有機物界面などのヘテロ接合界面に到達すると，電荷移動して電子とホールが生成する。その際，効率的な電荷移動が起きるためには，ヘテロ接合界面における電荷移動によって励起子結合エネルギーの損失よりも大きなエネルギーが得られなければならない。ヘテロ接合界面での 2 種の物質のイオン化ポテンシャル，電子親和力，もしくは仕事関数などの相対的な関係によって，電子とホールのどちらが受け渡されるかが決まる。

生成した電子とホールは，界面で別々の分子に存在するが，やはりクーロン力によって安定化されて束縛された状態が形成しうる（Charge Transfer State（CT 状態））。これが熱的に活性化されることで，自由な電荷キャリア（Charge Separated State（CS 状態））となることができる。このような界面で安定化された CT 状態の存在は，後述するように様々な分光学的な手法によって検出されている。一方で，励起子から熱的に励起された CT 状態を介することで，最低振動準位の CT 状態の生成を経ずに，直接自由な電荷キャリアが生成する機構も提唱されている[6)]。ただ，どちらの機構がどの程度の寄与があるかといった点についてはまだ議論がある[7)]。

3.2.4 電荷輸送および電荷収集

自由になった電子とホールは，活性層中の別々の物質を移動して電極へ到達することで，電流として取り出される。特にバルクヘテロ接合構造では，自由な電荷キャリアのペアが再び界面での CT 状態に戻る過程が存在すると考えられている。また，電極と有機半導体界面での電荷の再結合の可能性も考慮する必要がある。

有機薄膜太陽電池の性能を示す因子としては，短絡電流密度（J_{SC}），開放電圧（V_{OC}），フィルファクター（FF）がある。変換効率はこれらの因子の積となるので，太陽電池性能を向上させるためには，これらを同時に向上させる必要がある。

上記の動作原理を考えると，電流密度がドナー／アクセプター界面の大きさに依存する事は理解しやすい。平滑なドナー／アクセプター界面を持つ二層型の構造では，電荷分離が起こる界面はデバイス面積に近くなる。また，上記 3.2.2 項の励起子拡散長を考えると，有機薄膜の厚みを大きくしても，界面に到達する励起子の数は増えないために電流値は頭打ちになる。現在使われている材料では，平滑な界面を持つ二層型の構造では J_{SC} は数 mA/cm^2 程度が限界と考えられる。一方，現在最も高い効率を与える混合バルクヘテロ接合は，ドナー／アクセプターの混合によって界面の面積を増大させてより多くの励起子を電荷分離させ，電流値を向上させるアプローチであるといえる。ただし，混合状態においてホールと電子の両方に対して輸送経路を構築し，効率的に電荷を回収する必要がある。これが達成できない，非常に均一に分子レベルで混合するような系では，電荷発生量は多いが，回収できないためにFFが下がるという傾向がある。例として，ドナー／アクセプターを連結したダイアド分子などの系では，得られる電流値は混合の系よりも高いが，FFが低い傾向が一般的に見られる[8~11]。もちろん，界面の大きさだけが電流値に影響するわけではなく，用いる分子同士がエネルギー的・空間的にどのように接合しているかが大きく影響することが予想される。

一方で，有機太陽電池のV_{OC}もドナー／アクセプター界面で決定されることが最近明らかになってきている。研究の初期の頃は，用いる電極の仕事関数によってV_{OC}が決定されるとされていたが[12]，最近の研究では，適切な仕事関数の電極を選ぶことで，最大得られるV_{OC}は材料の組み合わせで決まる値に収束することが分かってきている。ここで重要な事は，この最大のV_{OC}に対して，実際のデバイスでV_{OC}を下げる要因はいくつか存在しているということである。例えば，用いる電極との界面でエネルギーレベルのミスマッチが起こり，ショットキー障壁を形成する場合や，ホールと電子の選択的な透過（ブロッキング）が起こらず電極界面で電荷再結合を起こす場合，あるいは単純に金属電極の有機層への侵入などによってデバイスが部分的に短絡している場合にもV_{OC}は実際に得られるはずの値よりも低くなる。しかし，これらの要因は本質的な限界ではなく，デバイス構造の最適化の範疇に入ると言える。また，V_{OC}は照射光強度や測定温度によっても変化するため，標準的な条件（AM1.5 100mW/cm^{2}照射下，室温）で議論する事が必要である。最大のV_{OC}がドナー／アクセプター界面によって決まっていると言うことは，ドナー／アクセプターのエネルギーレベルに加えて，光照射時の定常状態における電荷生成／電荷再結合の過程の相対的な速度によって，擬フェルミレベルが決まっていることを意味している。

FFに関しては，上記のV_{OC}を決める要因に加えて，物質中の電荷移動度とも大きく関連しているため議論が複雑である。そのため界面構造との関連はほとんど明らかになっていないが，界面で電荷トラップが存在している場合には大きな影響があることが予想される。

このように，ドナー／アクセプターの分子レベルでの界面構造は，太陽電池性能に大きく影響する。しかし，比較的単純な構造を持つドナー／アクセプター二層積層型の有機薄膜太陽電池においてさえ，その界面構造が薄膜内部に存在しているために，それらを直接分析したり，制御したりすることは極めて困難である。まして現在主流の混合バルクヘテロ接合においては，より複雑な有機物の界面に関する情報は全くと言って良いほど分かっていない。これは，有機接合界面の構造と太陽電池性能を直接結びつける実験的な手法が限られているためと言える。

3.3 V_{OC} の起源に関する研究

有機薄膜太陽電池の V_{OC} は，用いるドナー分子のHOMOとアクセプター分子のLUMOのエネルギーレベルの差（ΔE_{DA}）と相関があることが初期の研究で報告されている。Hummelenらは，アクセプターとなるフラーレン分子の官能基を変えることでLUMOのエネルギーレベルを変化させると，太陽電池の V_{OC} がそれに応じて変化することを示している[13]。Brabecらは，様々な材料の組み合わせによるバルクヘテロ接合での結果を比較することで，ΔE_{DA} と V_{OC} の間に以下の様な関係式が経験的に成り立つことを示した[2]。

$$V_{OC} = \frac{1}{e}\Delta E_{DA} - 0.3\mathrm{V} \tag{1}$$

このような傾向はポリマー／フラーレンだけでなく，ポリマー／ポリマー混合型の太陽電池においても同様に見られている[14]。またBrabecらは，(1)式で V_{OC} が決まると仮定して，アクセプターをフラーレン誘導体（PCBM）に固定してドナー材料のエネルギーレベルを変化させた時の変換効率を計算し，その最大値を10%程度と見積もっている[13]。

ここで注意しなければならないのは，分子のHOMO及びLUMOのエネルギーレベルは，サイクリックボルタンメトリー（CV）や紫外光電子分光法（UPS），大気中光電子分光法（PESA）など様々な方法で測定されており，測定法によって測定している値の意味は当然違ってくるという点である。例えばUPS，PESAは表面からの光電子を測定するため，電気双極子モーメントの形成などの様々な表面状態による影響も含んだ値となっており，厳密には材料固有の値を測っているとは言い難い[15]。また，混合薄膜中で，相対的なエネルギーレベルが1分子の時と同じように保たれているという保証は無い。そのため，これらの分析で得られた値が混合状態でのエネルギー状態を反映していると単純に仮定するのは危険であると考えられる。

実際，混合バルクヘテロ接合において同じ材料の組み合わせを用いても，作製プロセスなどによって V_{OC} に違いが見られることも報告されており，用いる材料だけでデバイスの V_{OC} が決定されるわけでは無いことは明らかである。例えば，最も広く研究されているP3HT:PCBMの組み合わせによる混合バルクヘテロ接合デバイスにおいても，観測される V_{OC} は報告によって0.5-0.7Vの範囲でばらつきがある。また，最近Janssenらは，ジケトピロロピロールをベースとした低バンドギャップコポリマーを用いた場合に，スピンコートに用いる溶媒を変えるとデバイスの V_{OC} が0.63Vから0.78Vと大きく変化することを報告している[16]。

V_{OC} の起源をより精密に議論する研究が最近になって数多く報告されている。Vandewalらは，V_{OC} はドナー／アクセプター界面で生成するCT状態のエネルギー（E_{CT}）とより良い相関があることを示している[17~19]。有機薄膜太陽電池の外部量子収率（EQE）プロットの低エネルギー領域には，小さいながらも光励起によるCT状態の直接的な生成に由来する吸収が見られる。このピークをフィッティングすることで，界面におけるCT状態のエネルギーを求める事ができる。温度可変測定の結果，様々な材料の組み合わせにおいて，低温の極限でCT状態のエネル

ギーと V_{OC} が一致することが見出されている。また，界面におけるCT状態の形成は，ドナー／アクセプター混合薄膜の吸収スペクトルや蛍光スペクトル[20]，また電界発光スペクトルなどによっても存在が確認されている。Tvingstedtらは，混合バルクヘテロ接合デバイスの電界発光スペクトルから，CT状態からの発光を選択的に観測することを報告している[21]。ここでも，電界発光スペクトルのピークトップのエネルギーと，太陽電池デバイスの V_{OC} の間には直線関係があることが観測された。

このように，実験的には V_{OC} は界面で形成するCT状態のエネルギー E_{CT} とよい相関がある事が多数報告されている。最も単純には，E_{CT} は界面での ΔE_{DA} にキャリア同士のクーロン力を加えたものと考えられるので，以下の式のように書ける。

$$E_{CT} = \Delta E_{DA} - \frac{e^2}{4\pi \varepsilon_0 \varepsilon_r r_{DA}} \tag{2}$$

ここで，e は電荷素量（C），ε_0 は真空の誘電率（F/m），ε_r は有機薄膜中の比誘電率（-），r_{DA} はCT状態でのキャリア間距離（m）である。このようにエネルギーレベルだけを考えても，V_{OC} は分子のエネルギーレベルに加えて，ドナー／アクセプター間の距離など，界面の構造に依存している事がわかる。

一方Durrantらは，V_{OC} と電荷の再結合ダイナミクスとの関係について明らかにしている[22~24]。これは，開放状態では，光照射によって生成する電流と，再結合によって生成する逆向きの再結合電流が等しいことを用いている。光照射下，開放状態での有機薄膜中の電荷密度 n_{charge} と電荷の寿命 τ を，過渡光電圧測定，過渡光電流測定および電荷抽出測定によってそれぞれ直接測定している。これらの値から，二分子再結合過程の速度定数を算出して再結合電流を求め，下の式から V_{OC} の値を再現している。

$$V_{OC} = \frac{nkT}{e} \ln\left(\frac{J_{SC}}{J_{rec0}}\right) \tag{3}$$

ここで，n は理想因子で測定から算出される値であり，J_{rec0} は $V_{OC}=0$ となる状態に外挿した時の再結合電流である（(3)式は，後述する等価回路から導出された V_{OC} の式と同じ形になっている）。実際に観測される V_{OC} と，再結合過程から計算された V_{OC} は全ての材料の組み合わせでほぼ一致している。また，同じポリマーを用いて作製プロセスを変えた時の V_{OC} の変化も再現することができている[24]。この取扱いでは，実際のCT状態や材料のエネルギーレベルなどを考察する必要がなく（すでに電荷密度と寿命の測定に取り込まれているため），材料・プロセスにかかわらず普遍的に成り立つ事が利点としてあげられる。測定した n_{charge} と τ を界面での構造と関連付けることが出来れば，有用な分析手法となり得ると言える。

3.4 有機薄膜太陽電池のデバイスモデル

前述したように，ドナー／アクセプター界面の構造を直接分析することは困難である。そのため，有機薄膜太陽電池の特性を再現するようなモデルを構築し，得られたパラメータから内部構造を類推する研究が数多く報告されている。初期の研究例として，Blom らによる数理モデルがある[25]。これは，物質の移動度などのパラメータを元に，薄膜内部の電流密度と電場を計算して太陽電池特性を再現するようにフィッティングするものである。このようなモデルでは，J_{SC}，V_{OC}，FF など太陽電池のすべての挙動に加えて，膜中の電荷・電場の分布など実験的には測定することが困難な情報も得ることができる。また，一つのパラメータを変化させた時のデバイス性能の変化を予測することなども可能である。実際，エネルギーレベルや移動度を最適化した時に得られる最大の効率も算出されており，単セルで 11% という値が報告されている[3]。しかし一方，材料に関するパラメータが非常に多く，これら全てを測定することはできないために，実験値に対するフィッティングに多くの仮定が入ってしまうという欠点がある。

Forrest らは，無機の太陽電池で広く用いられているダイオードを含む等価回路モデルを用いて，有機薄膜太陽電池の特性を解析することを報告している[26]。図 2 のような回路と以下のような Shockley 式が用いられている。

$$J=\frac{R_{\mathrm{P}}}{R_{\mathrm{S}}+R_{\mathrm{P}}}\left[J_0\left\{\exp\left(\frac{e(V-R_{\mathrm{S}}AJ)}{nkT}\right)-1\right\}+\frac{V}{R_{\mathrm{P}}A}\right]-J_{\mathrm{ph}}(V) \tag{4}$$

ここで，J は電流密度（mA/cm^2），V は印加電圧（V），J_{ph} は光電流密度（mA/cm^2），J_0 は飽和電流密度（mA/cm^2），n は理想ダイオード因子（-），R_{S} は直列抵抗（kΩ），R_{P} は並列抵抗（kΩ），A はデバイスの面積（cm^2），e は電気素量（C），k はボルツマン定数（J/K），T は絶対温度（K）である。このモデルは 4 つの部分から構成されている。まず，$J_{\mathrm{ph}}(V)$ によって表される，光照射下で生成する電流の部分である。この値は照射光のスペクトルや強度，印加電圧に依存し，暗所下では $J_{\mathrm{ph}}=0$ である。次に，J_0 および n によって表されるダイオード部分である。J_0 は，デバイス内で熱励起されたキャリアの平衡状態での密度に関わる量であり，逆方向バイアス下では生成電流，順方向バイアス下では再結合電流に寄与する。よってこの値は，逆方向バイアス下で飽和した時の電流密度値を決める。また前指数項となっており，この値が大きいほど順方向バイ

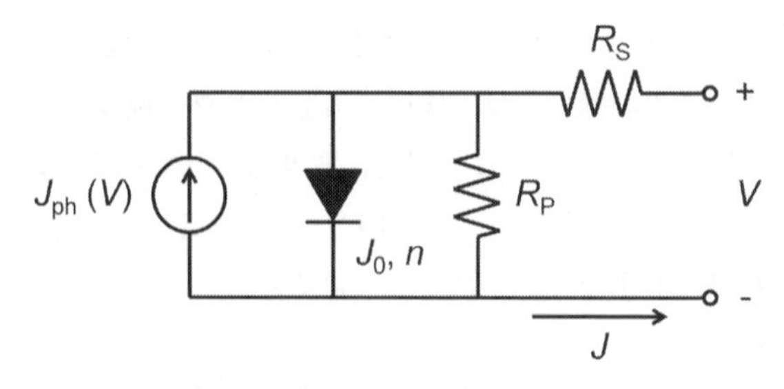

図 2　有機太陽電池の解析に用いられるダイオード等価回路

アス下での電流密度の立ち上がりの位置が低電圧側になる。n はその名の通り，ダイオードが理想的かどうかを表す因子である。無機半導体デバイスでの理想的なダイオードとは，p-n 接合におけるトラップ準位が少ないものの事をいう。暗電流には，バンド間で熱励起されたキャリア由来の拡散電流と，空乏層においてトラップ準位を介して熱励起されたキャリア由来の生成・再結合電流があるが，完全に拡散電流支配の時に $n=1$，完全に生成・再結合電流支配の時に $n=2$ となり，実際のデバイスでは，1～2の間の値を取る。第三に，R_SA によって表される直列抵抗部分である。この値は，デバイス中，および電極の抵抗成分，半導体/電極界面での接触抵抗などに影響される。この値が大きいと，FF および J_{SC} の値が小さくなるため，小さい方が望ましい。最後に，R_PA によって表される並列抵抗部分である。この値は，電極間の接触による漏れ電流が大きいほど小さくなる。この値が小さいと，開放状態での電荷の再結合が多くなるため，V_{OC} の値が小さくなる。そのためこの値は，大きい方が望ましい。

この解析方法は簡便であり，暗所下・光照射下の有機薄膜太陽電池の J-V 特性をある程度再現することができる。また温度や光量に対する依存性も再現できることも示されている[26]。さらに Forrest らは，この解析で得られたパラメータを用いて，Marcus 理論による電子移動速度論と組み合わせることによって，用いる材料の相対的エネルギーレベルと電荷移動効率についての議論を行なっている。一方で，無機のダイオードを用いた太陽電池のためのモデルを，そのまま有機薄膜太陽電池に応用できるという理論的な根拠に乏しいという欠点がある。また，ダイオードの理想因子 n や，飽和電流密度 J_0 の物理的な意味の解釈が困難であるという問題点があった。しかし Forrest らは最近，有機薄膜太陽電池での電荷分離・輸送過程（図1のエネルギー図参照）の仮定から出発した Kirchartz らのモデルを元に[27]，より一般的な電流と電圧の関係式を導出している[28, 29]。この関係式において，CT 状態から自由な電荷への解離反応の速度定数が，熱平衡状態と光照射下の条件で等しいという仮定を置くと，Shockley 式と同様の式に収束する。この結果から，有機薄膜太陽電池にダイオード等価回路モデルからの(4)式を適用することには，ある程度の理論的裏付けはあるといえる。Forrest らは更に，ドナー／アクセプター両方におけるトラップサイトの存在を仮定することで，より低温の領域まで J-V 曲線をよく再現することに成功している。ただし，フィティングパラメーターの数が多くなっており，等価回路モデルの単純さという利点は失われている。

等価回路モデルが有機薄膜太陽電池の解析に利用できることを認めれば，(4)式で $J=0$ と置くことでデバイスの V_{OC} は n と J_0 と関連付けることができる。理想的な状態（R_S が小さい，R_P が大きい，$J_0 \ll J_{ph}$（V_{OC}））を仮定して，開放状態（$J=0$，$V=V_{OC}$）の時に(4)式を V について解くと，次の(5)式が得られる。

$$V_{OC} \approx \frac{nkT}{e} \ln\left(\frac{J_{ph}(V_{OC})}{J_0}\right) \tag{5}$$

この式から，V_{OC} は J_0 と $J_{ph}(V_{OC})$ の比で決まることが分かり，J_0 が小さいほど大きくなることが分かる。J_0 は熱励起キャリアに由来する値であり，有機薄膜太陽電池おけるキャリアの熱励起は，電子ドナー/電子アクセプター界面において，電子ドナーの HOMO から電子アクセプターの LUMO へ起きる。したがって，J_0 の値は，逆方向バイアス下ではこの界面でのキャリア生成，順方向バイアス下ではこの界面でのキャリア再結合の速度を表す指標であると言える。開放状態では再結合が支配的であり，開放状態でのキャリア再結合速度が遅いほど，V_{OC} の値が大きい事を示している。さらに，J_0 が熱励起キャリアに由来しているため，これは一般的に以下のような温度依存性を示す。

$$J_0 = J_{00} \exp\left(-\frac{\phi}{kT}\right) \tag{6}$$

ここで ϕ は熱励起に関するエネルギー項（J），J_{00} は電子的相互作用や界面の表面積等に影響される，電子移動の確率を表す前指数項（mA/cm^2）である。(6)式を(5)式に代入すると，以下の式が得られる。

$$V_{OC} \approx \frac{n\phi}{e} + \frac{nkT}{e} \ln\left(\frac{J_{ph}(V_{OC})}{J_{00}}\right) \tag{7}$$

(7)式から，V_{OC} は ϕ，J_{00}，$J_{ph}(V_{OC})$ によって決定されていることが分かる。

Thompson らは，様々なドナー分子と C_{60} との組み合わせによる二層型有機太陽電池の作製を行い，上記の Shockley 式を用いてその特性を解析している[30]。彼らは，上記の ϕ が $\Delta E_{DA}/2e$ に等しいと仮定し，UPS と IPES によって求められた ΔE_{DA} の値を用いることで，上記の J_{00} の値を計算している。ここで彼らは，分子構造とこれらのパラメータとの相関について一歩踏み込んだ議論をしている。すなわち，J_{00} はドナー／アクセプター間の相互作用の違いを反映していると仮定している。例えば，ほぼ同じ程度の HOMO エネルギーレベルを持つテトラセン（−5.1 eV）とルブレン（−5.3 eV）を用いた場合，C_{60} の LUMO エネルギーレベルとの差（ΔE_{DA}）には大きな違いは無いはずであるが，太陽電池の V_{OC} は大きく異なる（テトラセン：0.55V，ルブレン：0.92V）。パラメータの解析によると，この違いは主にテトラセンで観測された J_{00} がルブレンよりも 2 桁大きいことによる。これは，ルブレン分子がよりかさ高いために，ドナーの HOMO とアクセプターの LUMO の重なりが小さく，その結果界面での電荷の再結合過程の確率を下げているためと説明している。分子の構造とデバイス性能を結びつけるという点で大変興味深い結果であるが，一方で用いた材料が異なる場合に接合の構造を同じと仮定して良いのかという点が疑問として残る。

Kippelen らは，低分子蒸着によって二層型の太陽電池を作製し，同様の Shockley 式を用いて暗所下での電流-電圧曲線の温度依存性を解析している[31]。彼らは暗電流の温度可変測定を用いて，$\ln J_0$ を 1/T に対してプロットし，J_{00} および ϕ の値を抽出している。また，J_{00} および ϕ を，ヘテロ界面での熱励起による CT 状態生成過程と関連付けて議論している。その後，総説の中で電子移動のMarcus理論と組み合わせることで，J_{00}およびϕの起源について議論している[32]。この議論の中でも，J_{00}は基底状態とCT状態との電子的相互作用の項と関連すると仮定している。しかし彼らは異なる材料に対して同じJ_{00}の値を使っており，J_{00}が界面での軌道の重なり等を反映した項であるという仮定とは矛盾した解析を行っているようにも見える。

Frisbieらは，様々な長さのアルキル鎖を持つポリ（3-アルキルチオフェン）（P3AT）と，その上から蒸着したC_{60}の組み合わせによる二層型太陽電池において，等価回路による同様の解析を行った[33]。P3ATのアルキル側鎖がC_6からC_{16}に長くなるに従って，V_{OC}は0.26Vから0.49Vまで大きくなった。一方J_0の値はアルキル側鎖の長さと共に減少した。この要因としては，ドナー／アクセプター間の距離が離れることによって再結合が抑制された効果（J_{00}の減少）と，分子のHOMOエネルギーの変化による効果（ϕの増加）の両方が考えられる。ただ，P3ATではアルキル側鎖の長さの違いによって両者が同時に変化しているために単純な議論が難しい。蒸着で作製したP3AT/C_{60}界面での構造の詳細が明らかになれば，界面構造と性能の関連について更に議論できるかも知れない。

大北らは，P3HTをドナーとして，様々なE_{LUMO}を持つフラーレン誘導体との混合バルクヘテロ接合デバイスを作製し，同じくShockley式を用いてその特性を解析し，また温度可変測定からJ_{00}，ϕを算出している[34]。その結果，1置換および2置換フラーレン誘導体を用いた場合，ϕとV_{OC}の間には直線関係があるが，一方でJ_{00}の値はほとんど差がなかった。この結果は，これらのフラーレン誘導体では，P3HTとの混合状態や界面の構造にそれほど差がなく，そのためV_{OC}が主にCT状態のエネルギーによって決定していることを示しているのかも知れない。興味深いことに，無置換のフラーレン（C_{60}とC_{70}）に関しては，J_{00}及びϕの値が，置換基を持つフラーレンの直線関係から外れることが観測されている。特にJ_{00}は置換基のあるものよりも2桁大きく，電子移動度の違いなどでは説明できないとされる。これは，フラーレンの形状によって，バルクヘテロ接合中でのドナーとの距離などが異なるために，基底状態とCT状態との電子的相互作用やCT状態のエネルギーが異なるため，電荷再結合が置換体よりも起こりやすいためであるという可能性を示唆している。

これらの実験結果に関連して，計算化学によって界面状態のエネルギーなどを求める試みも行われている。最近Neatonらは密度汎関数法（DFT）によって，様々なサブフタロシアニン（ドナー）とC_{60}（アクセプター）の界面でのE_{CT}を計算し，太陽電池で実際に観測されるV_{OC}との比較を行った[35]。この場合，ドナーとアクセプター分子の配向性や距離によって，E_{CT}の値は0.2–0.6 eV程度変化することが示されている。混合バルクヘテロ接合中では様々な状態が存在していると考えられ，観測されるV_{OC}はそれらの平均的な値を反映していることが予想される。

CT状態のエネルギーと，太陽電池で得られる電流密度の関係について議論した例も最近報告されている。Fréchetらは，ドナー／アクセプターの両者に半導体ポリマーを用いた混合バルクヘテロ接合を用いて，ポリマー構造と接合界面のCT状態のエネルギーとの相関を議論している[36]。側鎖がアルキル基，及びアルキルフェニル基のポリチオフェンをドナーとして用いて太陽電池性能を比較した所，様々なアクセプター分子との組み合わせにおいて，アルキルフェニル基を有するポリチオフェンとの組み合わせの方がより高い J_{SC} を与えることが観測された。これは，ポリマー側鎖のかさ高さが大きくなることで，混合薄膜でのドナー／アクセプター間の平均距離，すなわちCT状態でのキャリア間の距離 r_{DA} が大きくなり，その結果としてCT状態が不安定化して（(2)式参照），自由な電荷の生成確率が向上しているためであると説明している。実際に混合薄膜の吸収スペクトルからCT状態のエネルギーを算出し，側鎖による違いを比較している。ただ当然ながら，距離が遠くなれば界面での電荷移動の効率は低くなるはずであり，単純に r_{DA} を大きくすれば良いという結論にはならないのは明らかである。したがってこの結果は，最大の J_{SC} を与えるような最適な r_{DA} が存在していることを示唆しているのかも知れない。

最近Baoらは，アルキル側鎖の置換パターンの異なるポリチオフェンと C_{70} フラーレン誘導体の組み合わせを用いて，主鎖のねじれ構造と V_{OC} の関係について，計算化学の結果を含めて詳細に検討を行なっている[37]。結果として，ポリマー主鎖のねじれが大きくなるほど，外部量子収率プロットのフィッティングから求めた E_{CT} の値は大きくなった。これは，ポリマーのHOMOエネルギーレベルの変化及びDFT計算によって求めた E_{CT} の傾向と対応していた。同時に，デバイスの V_{OC} も0.62–0.89Vの範囲で変化しており，E_{CT}/e とは0.57Vの差を持って直線関係を示した。また，ドナーのHOMOとアクセプターのLUMOの電子的カップリングの項の違いも計算しており，これらの V_{OC} に対する効果はHOMOエネルギーレベルの変化による効果よりも小さいと結論づけている。興味深いことに，P3HTよりも平面性の低いポリマーにおいて，P3HTよりも高い V_{OC} と，同程度の J_{SC} および内部量子収率を観測している。これらの結果を元に，J_{SC} を高く保ちながら同時に V_{OC} を高くすることがポリマーのデザインによって可能であると主張している。

3.5　二層型有機薄膜太陽電池の界面構造制御と V_{OC}

これまで紹介してきたように，実験とモデルの両面から，太陽電池の V_{OC} と用いる材料の特性，及びそれに付随して生じる界面構造の変化との相関関係について，多くの研究がなされてきている。しかし一方で，これらの研究は全て界面構造を直接分析しているわけではなく，デバイスのアウトプットのみから構造の違いなどを類推している点で大きな問題を抱えている。また，分子構造とデバイス性能との相関に関してもある程度の知見が得られてきているが，一方で材料の組み合わせを変えると，バルク中の構造や電荷輸送，あるいは電極界面での変化も考慮しなければならず，議論が困難になる。理想的には，ドナー／アクセプター界面だけを変化させてその影響を観測するような実験手法があれば，議論がより単純化できると考えられる。

我々は，このような実験的手法の開発を目指して，自己組織化による薄膜表面への単分子膜の形成について研究を行った。また，これと温和な条件における薄膜転写法を組み合わせることで，二層型有機薄膜太陽電池の電荷分離界面へ分子双極子層を挿入することを行った。その結果，有機界面での分子双極子層の向きや大きさを自在に変化させることに成功し，この影響によって太

陽電池の V_{OC} の連続的な制御が可能であるということを実験的に示した。

3.6 フッ素化アルキル基を有する半導体による表面偏析単分子膜（Surface-Segregated Monolayer：SSM）の形成

フッ素化アルキル基など低い表面エネルギーを持つ物質が，薄膜作製中に表面に自発的に偏析することはよく知られた現象である。我々はこの現象を利用して，有機半導体薄膜の表面を単分子膜で修飾することを考えた。フッ素化アルキル基を導入した新規な有機半導体材料を合成し(図3)，ベースとなる半導体材料の溶液に少量混合した後，スピンコート法を用いて成膜すると，気-液界面にフッ素化アルキル基が自己組織化によって配列し，薄膜表面に単分子膜を形成する(図3)。表面のフッ素化アルキル基は分子双極子モーメント（図3の μ）を有するため，表面で配列することで電場を形成し，その結果ベースとなる有機半導体薄膜（PCBM）のイオン化エネルギーを＋0.3 eV 程度変化させることができた[38, 39]。この単分子層を有機薄膜太陽電池のバッファ層として用いることで，界面での電荷収集を効率化し，性能を向上させることができることを示した。さらに最近，このSSMの形成を半導体ポリマーに拡張し，表面構造を制御することを目的として，新たなポリマー（P3DDFT）の合成を行った（図3)[40]。これを用いることで，より密度の高いフッ素化アルキル側鎖のSSMが表面に形成することが分かった。その結果，ベースとなる半導体ポリマーであるポリ(3-ドデシルチオフェン)（P3DDT）のイオン化エネルギー変化は＋1.8 eV にまで達した[41]。この変化は，金属表面のフッ素化アルキル基SAMによる効果（＋1.7 eV）に匹敵するものであった。以上の結果から，SSMは非常に高い規則性を持った高密度な単分子膜であると考えられる。これらの現象は，金表面に形成したアルカンチオールの

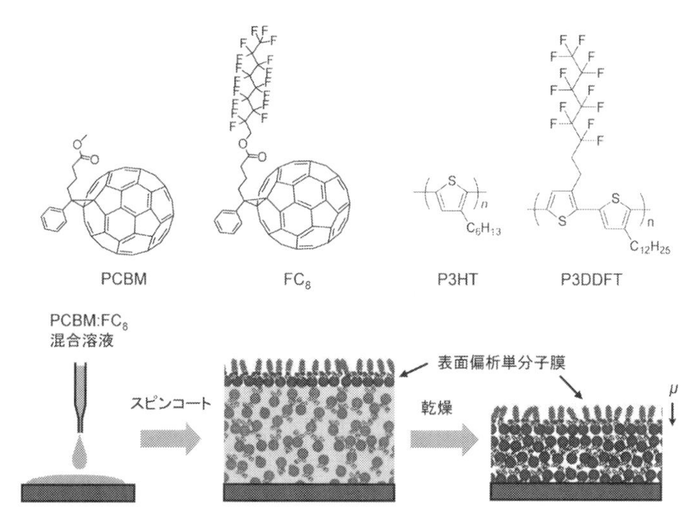

図3　ベースとなる有機半導体分子（PCBM 及び P3HT），フッ素化アルキル基を有する有機半導体分子（FC_8 及び P3DDFT）の構造と，混合薄膜作成時の表面偏析単分子膜（SSM）形成の模式図

自己組織化単分子膜（SAM）が，金の仕事関数をシフトさせる現象と対応させることができる[42]。

3.7　二層型有機薄膜太陽電池の作製と開放電圧の変化

我々は最近，圧力や熱を加えずに非常に穏和な条件下で有機薄膜を転写する方法を開発している[43~46]。この方法では犠牲層として水に可溶なポリマー層（PSS）を用い，2つの基板を重ねあわせた後，水を基板の端に垂らすことによって水を犠牲層に浸入させる。有機薄膜は剥離し，また界面の疎水的な相互作用によって薄膜が転写され，積層構造が容易に得られるというものである。このようにして得られた有機界面は，元の薄膜を作製したときに溶液と気相の界面で形成したポリマーの結晶構造や，分子配向性を保持していると考えられる。この薄膜転写法を用いることで，表面構造を維持したままでPCBMとP3HTの二層型薄膜太陽電池を作製することができる（図4）。そのため，表面に形成したSSMによるイオン化エネルギーの変化を，ドナー／アクセプター界面でも保つことができると考えられる。このような構造は一見，PCBMに対する貧溶媒を用いた2ステップのスピンコーティングや，ポリマー薄膜の圧着などによっても達成されるように思われるが，実際には界面での物質の混合の影響が大きいことがすでに明らかになっている[47]。そのため，温和な条件での薄膜転写法を用いることは，薄膜の表面構造を維持する上で非常に重要であることがわかる。

SSMの存在しないPCBM/P3HT二層膜（図4中央）と，PCBM薄膜表面にFC_8のSSMが存在する場合（図4左），P3HT薄膜表面にP3DDFTのSSMが存在する場合（図4右）を比較することで，界面に存在する分子双極子層が太陽電池性能に及ぼす影響を明らかにする事ができる。実際に真空蒸着によって金属電極を取り付けることで，二層型有機太陽電池を作製した。これらの電流密度-電圧曲線を擬似太陽光照射下で測定した結果を図5に示す。このように，有機接合界面に存在する配向したフッ素化アルキル基の分子双極子の向きと大きさに応じて，V_{OC}の値が大きく変化することが分かった。また，薄膜転写前にUPSによって測定したイオン化エネルギーの大きさと，実測されるV_{OC}の間には良い相関が見られた。この結果，P3HT/PCBMの

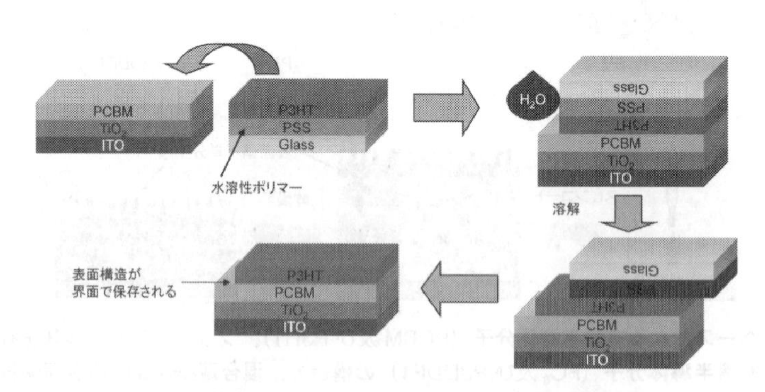

図4　薄膜転写法による積層構造の作成の模式図

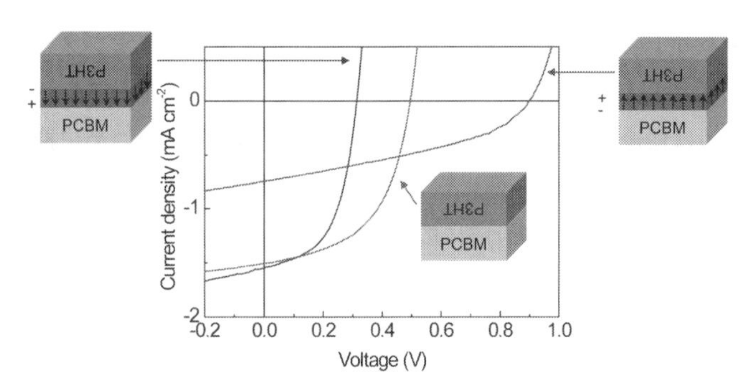

図5　ドナー／アクセプター界面に分子双極子層を持つ二層型薄膜太陽電池の電圧-電流特性

材料の組み合わせにおける V_{OC} の世界最高値となる0.95Vを達成することに成功した[48]。以上のことから，通常材料の組み合わせによって決まる有機薄膜太陽電池の V_{OC} が，有機界面に分子双極子を存在させることで，連続的に制御が可能であるということが実験的に初めて示された[49]。

このように，SSMと薄膜転写法という，2つのオリジナルの研究を組み合わせることによって，有機薄膜の界面構造を自在に制御にすることが可能となった。この手法は，有機接合界面における構造と，そこで起こる電荷分離過程とを結びつける実験的な手法として，有機薄膜太陽電池をはじめとする様々な有機電子デバイスの基礎的研究に応用できるものと期待できる。

3.8　高い V_{OC} と J_{SC} の両立に向けた界面構造の精密制御

上記の例で示したように，界面構造だけを変化させてデバイスの性能の変化を観測することが実験的に可能になってきている。また，V_{OC} だけに限って言えば，界面の電気双極子モーメントによって，バルク中の材料の組み合わせを変えずに大きくすることが可能であることがわかる。一方で，V_{OC} を上げるような電気双極子モーメントの導入によって光電流値は減少することが観測されている。これは，電気双極子モーメントが，電荷分離に必要なドナーとアクセプターのLUMOエネルギーレベル差を小さくする方向に変化させていることが原因と考えられる。このことは，単純なエネルギーレベルの最適化によるアプローチでは，V_{OC} と J_{SC} の間にトレードオフの関係が存在することを示唆している。

そこで次の段階としては，高い V_{OC} と J_{SC} の両立を達成するために必要な分子レベルでの界面構造を解明することが求められる。これまでの V_{OC} に関する研究を元にすれば，界面でのキャリア再結合を抑制するために，界面におけるドナーのHOMOとアクセプターのLUMOの相互作用を下げる必要があると考えられる。同時に，励起子の電荷分離を促進するために，ドナーのLUMOとアクセプターのLUMOの相互作用を大きくする必要がある。単純にドナー／アクセプターの距離を変えたりするだけでは，両者の相互作用が同時に強く（あるいは弱く）なるため，これらは両立できないように思われる。これを解決する一つの方法としては，ドナー分子内で励起状態が局在化する分子設計を行い，かつ局在化した部位を電子アクセプター側に配向した構造を構築することが考えられる（図6)。この設計では，電荷移動は電子アクセプターに近い側の軌道間で起こるために促進されるが，電荷の再結合は遠い側で起こるために抑制されることが期待できる。このような分子内で部分的に電荷移動した励起状態を用いた分子設計は，低バンドギャップを有する半導体ポリマーの合成に広く用いられている。

もう一つの可能性として，基本的には電荷再結合を抑制するような界面構造を設計した上で，界面の一部に別の分子を配置し，「電荷移動中心」として機能させることが考えられる。これは有機半導体特有の励起子拡散を利用したものであり，電荷移動中心では効率的な電荷移動が起こるように分子を精密にデザインするとともに，励起子の拡散距離内に平均して十分な密度で存在するように界面に配置する。過剰に存在する電荷移動中心が再結合にも働くと仮定すれば，上記のJ_{ph}/J_0を最大化するような最適な界面密度が存在する可能性がある。また，分子の構造を変えることで，順方向の電荷移動を促進するように，電荷分離中心近傍の分子のエネルギーレベルを調節することなども考えられる。例えば，光吸収層側のバンドギャップをわずかに小さくすることで励起子を効率的に収集したり，アクセプター側のLUMOエネルギーを制御することで，電荷移動後にカスケード的な電子移動を起こして速やかに自由な電荷を形成したりする設計が考えられる。

何れの方法にしても，有機ヘテロ界面構造の非常に精密な制御が必要となる。比較的単純な二層型太陽電池では，有機半導体薄膜の表面および界面構造を更に精密に制御する新たな手法によって，界面構造とデバイス性能のより詳細な関係が明らかになると期待される。一方，様々な分子配向や距離をもつ混合バルクヘテロ接合ではこれらを達成することは非常に困難であると考えられる。自己組織化によるナノ構造制御の手法を用いて，分子レベルで明確なドナー／アクセプター界面を構築する新しい科学が必要になる。これらの課題を克服することで，現在の限界を超えた太陽電池性能の向上につながると考えられる。

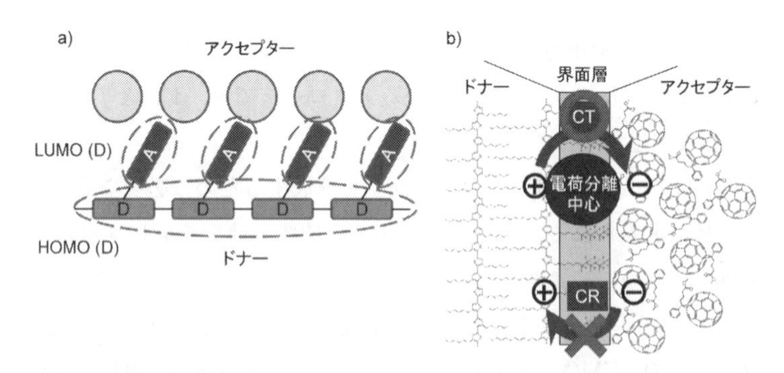

図6　精密制御されたドナー／アクセプターヘテロ界面構造の例。a)ドナーのLUMOがアクセプター側に局在化している分子設計の模式図。b)電荷分離中心を有し，電荷再結合を抑制する不均一なドナー／アクセプター界面の模式図。

文　　献

1) Green, M. A.; Emery, K.; Hishikawa, Y.; Warta, W.; Dunlop, E. D., *Progress in Photovoltaics*, **20** (1), 12-20 (2012)
2) Scharber, M. C.; Wuhlbacher, D.; Koppe, M.; Denk, P.; Waldauf, C.; Heeger, A. J.; Brabec, C. L., *Adv. Mater.*, **18** (6), 789-794 (2006)
3) Koster, L. J. A.; Mihailetchi, V. D.; Blom, P. W. M., *Appl. Phys. Lett.*, **88** (9), 093511 (2006)
4) Kotlarski, J. D.; Blom, P. W. M., *Appl. Phys. Lett.*, **98** (5), 053301 (2011)
5) Clarke, T. M.; Durrant, J. R., *Chem. Rev.*, **110** (11), 6736-6767 (2010)
6) Ohkita, H.; Cook, S.; Astuti, Y.; Duffy, W.; Tierney, S.; Zhang, W.; Heeney, M.; McCulloch, L.; Nelson, J.; Bradley, D. D. C.; Durrant, J. R., *J. Am. Chem. Soc.*, **130** (10), 3030-3042 (2008)
7) Lee, J.; Vandewal, K.; Yost, S. R.; Bahlke, M. E.; Goris, L.; Baldo, M. A.; Manca, J. V.; Van Voorhis, T., *J. Am. Chem. Soc.*, **132** (34), 11878-11880 (2010)
8) Nishizawa, T.; Tajima, K.; Hashimoto, K., *J. Mater. Chem.*, **17**, 2440-2445 (2007)
9) Nishizawa, T.; Lim, H.; Tajima, K.; Hashimoto, K., *Chem. Commun.*, (18), 2469-2471 (2009)
10) Izawa, S.; Hashimoto, K.; Tajima, K., *Chem. Commun.*, **47** (22), 6365-6367 (2011)
11) Nishizawa, T.; Tajima, K.; Hashimoto, K., *Nanotechnology*, **19** (42), 424017 (2008)
12) Mihailetchi, V. D.; Blom, P. W. M.; Hummelen, J. C.; Rispens, M. T., *J. Appl. Phys.*, **94** (10), 6849-6854 (2003)
13) Kooistra, F. B.; Knol, J.; Kastenberg, F.; Popescu, L. M.; Verhees, W. J. H.; Kroon, J. M.; Hummelen, J. C., *Org. Lett.*, **9** (4), 551-554 (2007)
14) Zhou, E.; Cong, J.; Wei, Q.; Tajima, K.; Yang, C.; Hashimoto, K., *Angew. Chem. Int. Ed.*, **50** (12), 2799-2803 (2011)
15) Ishii, H.; Sugiyama, K.; Ito, E.; Seki, K., *Adv. Mater.*, **11** (8), 605-625 (1999)
16) Boix, P. P.; Wienk, M. M.; Janssen, R. A. J.; Garcia-Belmonte, G., *J. Phys. Chem. C*, **115** (30), 15075-15080 (2011)
17) Vandewal, K.; Gadisa, A.; Oosterbaan, W. D.; Bertho, S.; Banishoeib, F.; Van Severen, I.; Lutsen, L.; Cleij, T. J.; Vanderzande, D.; Manca, J. V., *Adv. Funct. Mater.*, **18** (14), 2064-2070 (2008)
18) Vandewal, K.; Tvingstedt, K.; Gadisa, A.; Inganas, O.; Manca, J. V., *Phys. Rev. B*, **81** (12), 125204 (2010)
19) Vandewal, K.; Tvingstedt, K.; Gadisa, A.; Inganas, O.; Manca, J. V., *Nature Mater.*, **8** (11), 904-909 (2009)
20) Veldman, D.; Ipek, O.; Meskers, S. C. J.; Sweelssen, J.; Koetse, M. M.; Veenstra, S. C.; Kroon, J. M.; van Bavel, S. S.; Loos, J.; Janssen, R. A. J., *J. Am. Chem. Soc.*, **130** (24), 7721-7735 (2008)
21) Tvingstedt, K.; Vandewal, K.; Gadisa, A.; Zhang, F.; Manca, J.; Inganas, O., *J. Am.*

Chem. Soc., **131** (33), 11819-11824 (2009)
22) Shuttle, C. G.; O'Regan, B.; Ballantyne, A. M.; Nelson, J.; Bradley, D. D. C.; de Mello, J.; Durrant, J. R., *Appl. Phys. Lett.*, **92** (9) (2008)
23) Maurano, A.; Hamilton, R.; Shuttle, C. G.; Ballantyne, A. M.; Nelson, J.; O'Regan, B.; Zhang, W. M.; McCulloch, I.; Azimi, H.; Morana, M.; Brabec, C. J.; Durrant, J. R., *Adv. Mater.*, **22** (44), 4987-4992 (2010)
24) Credgington, D.; Hamilton, R.; Atienzar, P.; Nelson, J.; Durrant, J. R., *Adv. Funct. Mater.*, **21** (14), 2744-2753 (2011)
25) Koster, L. J. A.; Smits, E. C. P.; Mihailetchi, V. D.; Blom, P. W. M., *Phys. Rev. B*, **72** (8), 085205 (2005)
26) Rand, B. P.; Burk, D. P.; Forrest, S. R., *Phys. Rev. B*, **75** (11), 115327 (2007)
27) Kirchartz, T.; Rau, U., *Physica Status Solidi a-Applications and Materials Science*, **205** (12), 2737-2751 (2008)
28) Giebink, N. C.; Wiederrecht, G. P.; Wasielewski, M. R.; Forrest, S. R., *Phys. Rev. B*, **82** (15), 155305 (2010)
29) Giebink, N. C.; Lassiter, B. E.; Wiederrecht, G. P.; Wasielewski, M. R.; Forrest, S. R., *Phys. Rev. B*, **82** (15), 155306 (2010)
30) Perez, M. D.; Borek, C.; Forrest, S. R.; Thompson, M. E., *J. Am. Chem. Soc.*, **131** (26), 9281-9286 (2009)
31) Potscavage, W. J.; Yoo, S.; Kippelen, B., *Appl. Phys. Lett.*, **93** (19), 193308 (2008)
32) Potscavage, W. J., Jr.; Sharma, A.; Kippelen, B., *Acc. Chem. Res.*, **42** (11), 1758-1767 (2009)
33) Stevens, D. M.; Speros, J. C.; Hillmyer, M. A.; Frisbie, C. D., *J. Phys. Chem. C*, **115** (42), 20806-20816 (2011)
34) Yamamoto, S.; Orimo, A.; Ohkita, H.; Benten, H.; Ito, S., *Adv. Energy Mater.*, **2**, 229-237 (2012)
35) Isaacs, E. B.; Sharifzadeh, S.; Ma, B.; Neaton, J. B., *J. Phys. Chem. Lett.*, **2** (20), 2531-2537 (2011)
36) Holcombe, T. W.; Norton, J. E.; Rivnay, J.; Woo, C. H.; Goris, L.; Piliego, C.; Griffini, G.; Sellinger, A.; Bredas, J.-L.; Salleo, A.; Frechet, J. M. J., *J. Am. Chem. Soc.*, **133** (31), 12106-12114 (2011)
37) Ko, S.; Hoke, E. T.; Pandey, L.; Hong, S.; Mondal, R.; Risko, C.; Yi, Y.; Noriega, R.; McGehee, M. D.; Bredas, J.-L.; Salleo, A.; Bao, Z., *J. Am. Chem. Soc.*, **134** (11), 5222-5232 (2012)
38) Wei, Q. S.; Nishizawa, T.; Tajima, K.; Hashimoto, K., *Adv. Mater.*, **20** (11), 2211-2216 (2008)
39) Wei, Q.; Tajima, K.; Tong, Y.; Ye, S.; Hashimoto, K., *J. Am. Chem. Soc.*, **131** (48), 17597-17604 (2009)
40) Geng, Y.; Tajima, K.; Hashimoto, K., *Macromol. Rapid Commun.*, **32** (18), 1478-1483 (2011)

41） Geng, Y.; Wei, Q.; Hashimoto, K.; Tajima, K., *Chem. Mater.*, **23** (18), 4257-4263 (2011)
42） Wu, K. Y.; Yu, S. Y.; Tao, Y. T., *Langmuir*, **25** (11), 6232-6238 (2009)
43） Wei, Q.; Miyanishi, S.; Tajima, K.; Hashimoto, K., *ACS Appl. Mater. Interfaces*, **1** (11), 2660-2666 (2009)
44） Wei, Q.; Tajima, K.; Hashimoto, K., *Appl. Phys. Lett.*, **96** (24) (2010)
45） Wei, Q.; Tajima, K.; Hashimoto, K., *ACS Appl. Mater. Interfaces*, **1** (9), 1865-1868 (2009)
46） Wei, Q.; Hashimoto, K.; Tajima, K., *ACS Appl. Mater. Interfaces*, **3** (2), 139-142 (2011)
47） Gevaerts, V. S.; Koster, L. J. A.; Wienk, M. M.; Janssen, R. A. J., *ACS Applied Materials & Interfaces*, **3** (9), 3252-3255 (2011)
48） Tada, A.; Geng, Y.; Wei, Q.; Hashimoto, K.; Tajima, K., *Nature Mater.*, **10** (6), 450-455 (2011)
49） Tada, A.; Geng, Y.; Nakamura, M.; Wei, Q.; Hashimoto, K.; Tajima, K., *Phys. Chem. Chem. Phys.*, **14**, 3713-3724 (2012)

4 有機薄膜太陽電池における界面電子構造評価

櫻井岳暁*

4.1 はじめに

有機薄膜太陽電池における光電変換過程では，様々な界面が重要な役割を果たす。その中でも有機半導体/無機電極界面は，光生成キャリアの取り出し効率とも密接に関連し，太陽電池特性に多大な影響を及ぼす。この有機半導体/無機電極界面では，有機結晶内部とは異なる分子の吸着状態（有機/無機界面相互作用）が誘起され，界面に局在した準位や電気二重層の形成，電荷移動など複雑な界面電子構造が誘起される[1)]。この界面電子構造は，分子軌道の形状，エネルギー状態（イオン化ポテンシャル，電子親和力），構成元素，分子配向など様々な因子により影響を受けるが，どの因子がどの程度の影響を与えるのかについて，明らかになっているとは言い難い。このため，有機薄膜太陽電池における電極界面物性は専らデバイス特性から間接的に判断しているのが現状である。一方，近年タンデム構造の導入など，有機薄膜太陽電池における電極界面制御の要望は高まっており，界面電子構造の物理機構の解明ならびに界面設計指針の構築が求められている。

本稿では電極緩衝層に利用される bathocuproine（BCP：図 1）を例に取り，紫外光電子分光法（UPS）で観測された BCP/金属界面電子構造が電気特性や太陽電池特性に与える影響について，これまでに得られた結果を紹介する[2)]。

4.2 紫外光電子分光法による BCP/金属界面の電子構造評価[2)]

低分子系有機薄膜太陽電池は，正孔輸送層（フタロシアニン（例えば ZnPc（図 2））），電荷分離層（ZnPc：C_{60} 混合膜），電子輸送層（C_{60}）からなる有機積層構造の両端に，陽極（ITO）と陰極（例えば Ag）を配置したデバイス構造をとる。ただし，実際の太陽電池ではエネルギー変換効率を高めるため，陰極と電子輸送層の間に緩衝層 BCP を挿入する（図 2）。この緩衝層 BCP には，電子輸送層と陰極の接触界面で起こる励起子失活過程の抑制や電極金属の拡散を抑制する

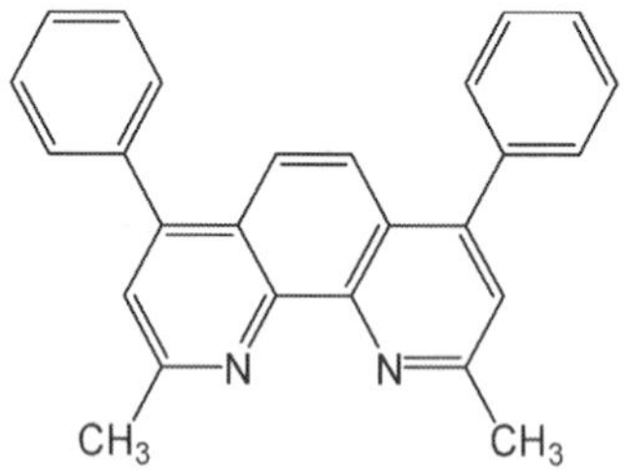

図 1　Bathocuproine（BCP）の化学構造

* Takeaki Sakurai　筑波大学　数理物質系物理工学域　講師；JST さきがけ「太陽光と光電変換機能」研究者

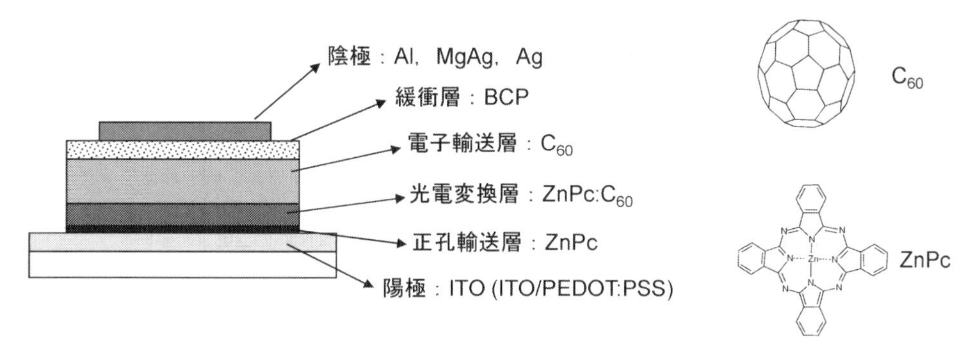

図2　代表的な低分子系有機薄膜太陽電池の構造

働きがあると報告されているが[3, 4]，詳細な機構は明らかでない。そこで筆者らは，BCP/金属界面におけるフェルミ準位近傍の電子構造評価を行うことにより界面物性の発現機構を理解し，これに基づき緩衝層BCPの役割を明確化することを目指した。以下では，UPSを用いたBCP/金属界面の電子状態評価について得られた結果を紹介する。

測定に用いたBCP/金属構造は，シリコン（100）基板上に金属膜を蒸着形成し，続いてBCPを蒸着することにより作製した。金属材料には，Au, Cu, Ag, Al, Mg, Caを使用した。UPSの測定は，微小な状態密度を検出するため，高強度な放射光源（$h\nu=21.2$ eV，高エネルギー加速器研究機構にて測定）を利用した。

図3にAu基板上に形成したBCP層のUPSスペクトルを示す。これより，BCP層の膜厚が厚くなるとAu基板の5d軌道に由来する特徴的な電子構造（束縛エネルギー2～6 eV）が消失し，新たにBCP層の電子構造が出現する様子を確認することができた。一方，UPSスペクトルの高束縛エネルギー側の裾の位置が，BCP層の形成後に1.6 eVシフトする様子が観測された。なお，この裾の位置は光電子の運動エネルギーがゼロ，すなわち真空準位のエネルギー位置に対応する。よって，Au基板とBCP層の間では真空準位が1.6 eV変化する様子が明らかになった。図4(a)に十分厚いBCP層（BCP(5 nm)/Au構造）のUPSスペクトルと，密度汎関数法を用いて導出したBCPの状態密度曲線を示す。なお，状態密度曲線は，計算で得た個々のエネルギー準位をガウス分布（半値幅250meV）で表し，これを全ての準位に対し積算することにより得た。UPSスペクトルと状態密度曲線の形状（強度，エネルギー位置）は良く一致しており，また束縛エネルギー4 eV付近のHOMO準位に由来するピークが複数の準位により構成されていることが明らかになった。そこで筆者らはHOMO準位のエネルギー位置をこのピークの裾の位置に設定した（図4(a)参照）。以上の解析により決定したBCP/Au構造の電子構造を図4(b)に示す。

続いて，様々な金属（Au, Cu, Ag, Mg, Ca）を基板に用いてBCP/金属構造を作製し，このUPSスペクトルを解析することにより得た電子構造を比較する。図5に各種金属の仕事関数（Φ_m）に対する（a）BCPのHOMO準位のエネルギー位置（$E_{Fermi\text{-}HOMO}$），（b）BCP/金属界面での真空準位のシフト（Δ_{VL}）をプロットしたグラフを示す。なお，図に記載されたスロープパラ

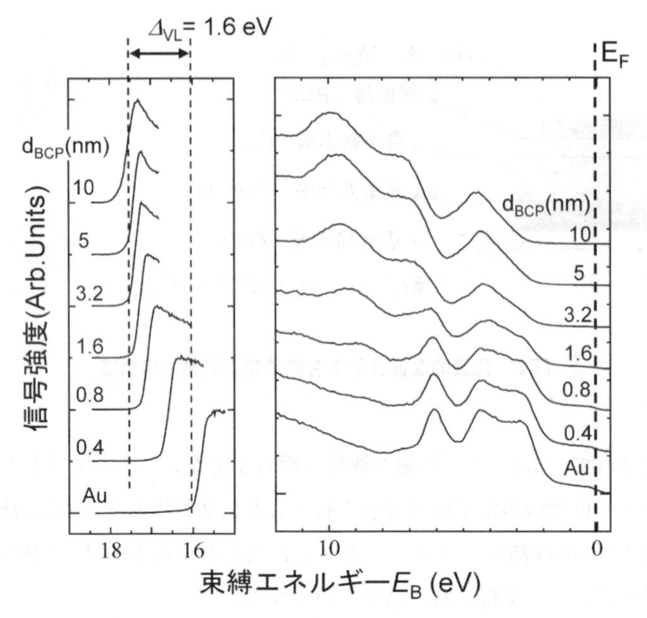

図3　BCP(膜厚 d_{BCP})/Au 構造の UPS スペクトル

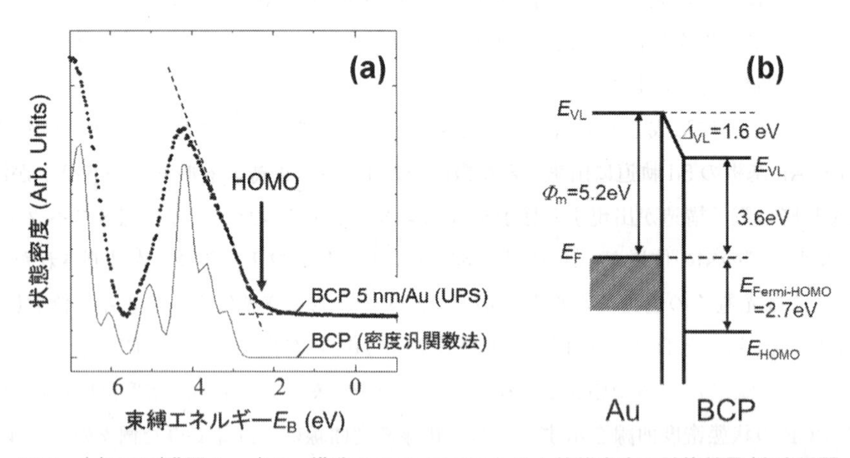

図4　(a)BCP(膜厚 5 nm)/Au 構造の UPS スペクトルと状態密度の計算結果(密度汎関数法を使用)の比較，(b)UPS スペクトルより決定した BCP/Au 界面の電子構造図

メーターS, kは，それぞれ基板の仕事関数の変化に対するHOMO準位のエネルギー位置の変化量（$S=-dE_{\mathrm{Fermi\text{-}HOMO}}/d\Phi_{\mathrm{m}}$），真空準位のシフト量（$k=d\Delta_{\mathrm{VL}}/d\Phi_{\mathrm{m}}$）を表す[1]。続いて，図5の値を用いて作成したBCP/金属界面のエネルギー状態図を図6に示す。これらの図を見ると，基板の仕事関数の値が4.4 eVを境に電子状態の変化の傾向が大きく変わる様子を確認できる。まず，基板の仕事関数が4.4 eVより大きな領域（Au, Cu）では，スロープパラメーターが$S=1$, $k=0$となることがわかる。これは，基板の仕事関数の変化と基板のフェルミ準位から測定した

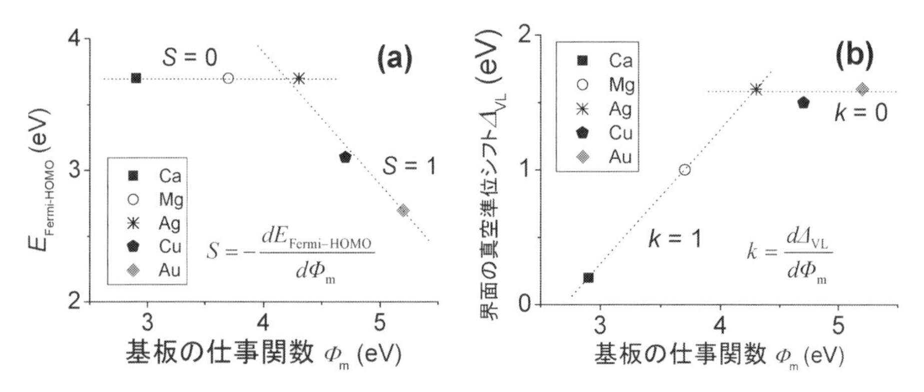

図5　基板の仕事関数に対する (a) HOMO準位のエネルギー位置 ($E_{\mathrm{Fermi-HOMO}}$), (b) 真空準位シフト (Δ_{VL}) のプロット

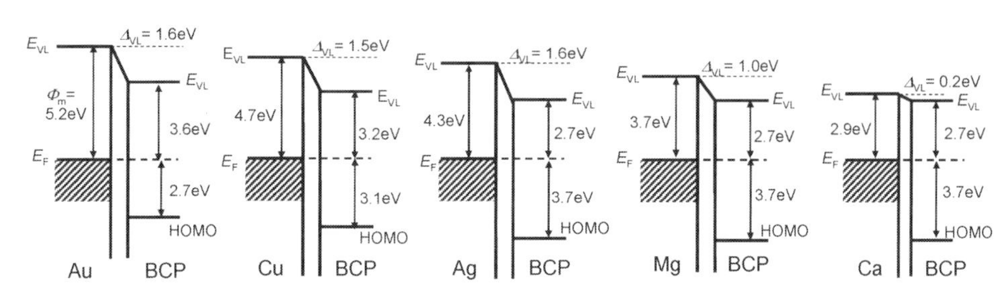

図6　UPSスペクトルより決定したBCP/金属界面の電子構造図

HOMO準位のエネルギー変化がダイレクトに対応しており，Δ_{VL}が一定に保たれる様子を示唆している (Schottky極限[5])。一方，基板の仕事関数が4.4 eVより小さい領域 (Ag, Mg, Ca) では，スロープパラメーターが$S=0$, $k=1$となる。これは，HOMO準位がフェルミ準位を基準とし3.7 eV低いエネルギー位置に固定され，基板の仕事関数の変化がそのままΔ_{VL}の変化に対応する様子を示している (Bardeen極限[6])。なお，BCPのHOMO-LUMO準位間のエネルギー差は分子の状態で約3.5 eVである[3]。従って，Ag, Mg, Ca基板上ではBCPのLUMO準位が基板のフェルミ準位とほぼ同じエネルギー位置と予想され，エネルギー障壁がほぼ存在しない状態であることが明らかになった。

続いて，金属の仕事関数に依存してBCP/金属構造の電子状態が変化するメカニズムを明らかにするため，BCP/金属界面の電子状態に着目した。図7にBCP(1.6nm)/金属構造のフェルミ準位近傍のUPSスペクトルを示す。これより，仕事関数が4.4 eV以下の金属を用いた試料では，フェルミ準位の近くに新たな準位を観測した。この準位はBCP層の膜厚が厚くなると確認できなくなるため，界面に局在するギャップ内準位 (gap state) と捉えることができる。一方，仕事関数が4.4 eVより大きな試料ではgap stateを確認することができなかった。このようにgap stateの出現と基板の仕事関数との間には強い相関が見られる。なお，前述したように，金属基

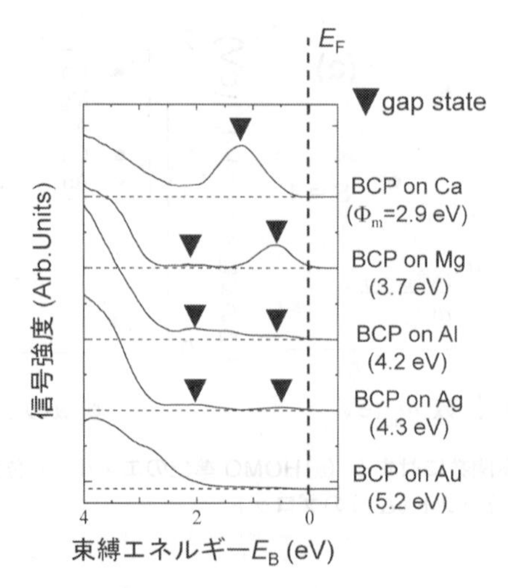

図7　BCP（膜厚 1.6nm）/金属構造の UPS スペクトル
（Φ_m は各基板の仕事関数を示す）

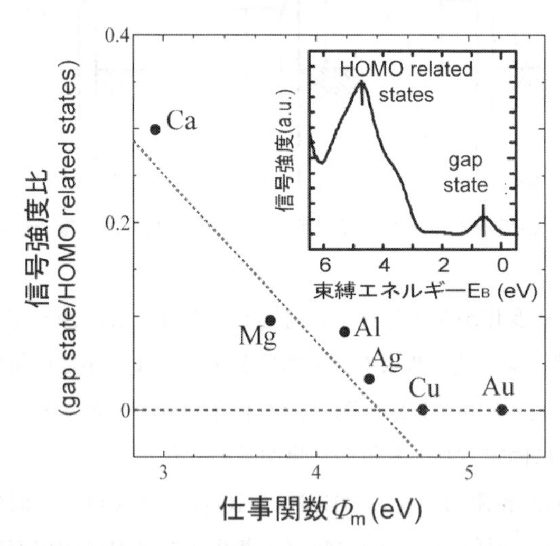

図8　基板の仕事関数に対する gap state/HOMO related states の信号強度比のプロット，
挿入図：BCP（膜厚 1.6nm）/Ca 構造の UPS スペクトル（HOMO related states は
E_B=4 eV 近傍に存在する HOMO 準位由来のピーク全体を表す）

板の仕事関数が4.4 eV 以下の場合，基板のフェルミ準位とほぼ同じエネルギー位置に BCP の LUMO 準位が存在すると考えられる。これより筆者らは，gap state が金属基板のフェルミ準位付近の軌道と BCP の LUMO 準位との相互作用により生成するというモデルを立てている[7]。図8に金属基板の仕事関数に対する gap state の相対強度をプロットしたグラフを示す。金属の仕事関数が小さくなるのに伴い，gap state の相対強度が大きくなる様子を確認した。これは金属基板の仕事関数の減少に伴い，基板から gap state への電子の移動量が増えたものと理解している。一方，gap state の相対強度は真空準位のシフトの傾向と良く対応することがわかる（図5(b)）。これは基板金属と BCP の相互作用の強さを表していると考えられ，仕事関数が小さい金属ほど相互作用が強いことを示唆している[7]。

以上のように，金属基板の仕事関数が 4.4 eV 以下の場合，BCP/金属界面では基板のフェルミ準位と BCP の LUMO 準位間のエネルギー差が実質的にゼロとなる。さらに，gap state を介することにより，フェルミ準位と LUMO 準位間に連続的な電子構造が形成され，BCP/金属間で電荷がスムーズに移動できるようになる。よって，BCP は接触抵抗の低減に寄与することが予想される。

4.3　金属をドープした BCP 薄膜の電気特性評価[2]

無機半導体試料では，電極界面の接触抵抗を測定する方法として TLM（Transfer Length Measurement）法がよく利用される[8]。これに対し，有機半導体薄膜はキャリア移動度が極めて低いことから，TLM 法では界面の接触抵抗とバルク抵抗を分離して評価する事が難しい。そこで，筆者らは Au，Ag，Ca を BCP 薄膜中にドープした試料について UPS と電気伝導度を測定し，薄膜の電子構造が薄膜の電気特性にどのように影響するのか評価を試みた。これにより間接的に，BCP/金属界面で誘起される電子構造と電子物性の相関の理解を目指した。

図9に蒸着法により作製した膜厚 10nm の金属ドープ BCP 薄膜（金属種：(a)Au，(b)Ag，(c)Ca；Ag 基板上に試料を作製）の UPS スペクトルを示す。これらの結果は，図7に示す BCP/金属界面の UPS スペクトルの形状（エネルギーアライメント，gap state（GS-1，GS-2）の有無）とよく合致しており，BCP/金属界面電子構造が金属ドープ BCP 薄膜の電子構造に反映されることが明らかになった。なお，Ag ドープ膜ではドープ濃度に依らず gap state がフェルミ準位近傍で一定のエネルギー位置を保つのに対し，Ca ドープ膜では Ca/BCP モル比が 0.6 を超えると gap state のエネルギー位置がフェルミ準位近傍から高束縛エネルギー側にシフトする様子が明らかになった（図10）。この gap state のエネルギーがシフトする現象は BCP/Ca ヘテロ界面で

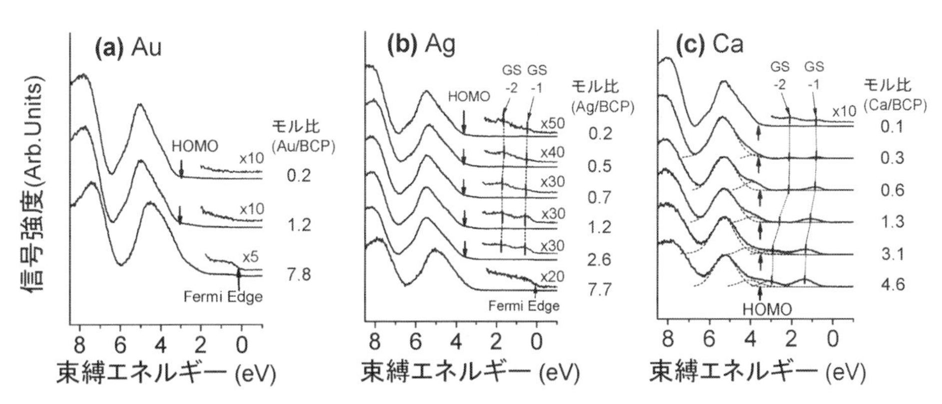

図9　金属ドープ BCP 薄膜（膜厚 10nm）の UPS スペクトル（金属種：(a)Au，(b)Ag，(c)Ca）

も確認されており，Ca 濃度に依存して界面相互作用が変化する（配位構造の変化等の理由が考えられる）事を示唆している。ガラス基板上に作製した膜厚 100nm の金属ドープ BCP 薄膜の電気伝導度を図 11 に示す。これより，Ag，Ca ドープ膜では金属/BCP モル比が 0.1 程度と非常に小さくでも電気伝導度が飛躍的に向上する事が明らかになった。これに対し，Au ドープ膜では Ag，Ca ドープ膜より電気伝導度が数桁低い（Au/BCP モル比が 0.05 程度だと 4×10^{-7}S/m とノンドープ薄膜の 1×10^{-7}S/m と比較してほとんど電気伝導度が変化しない事が最近報告された[9]）。これは，金属ドープ BCP 薄膜で gap state が形成されると，gap state を介し金属から BCP の LUMO 軌道に電子移動がスムーズに行われ，薄膜の電気伝導度が向上する事を示唆している。なお，Ag ドープ薄膜ではドープ濃度の上昇に伴い単調に電気伝導度が増加するが，Ca

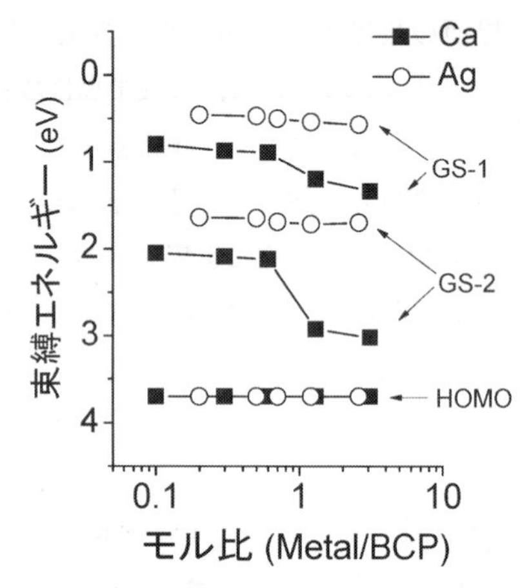

図 10　Ag, Ca ドープ BCP 薄膜におけるドープ濃度と gap state（GS-1，GS-2）及び HOMO 準位の束縛エネルギーの相関

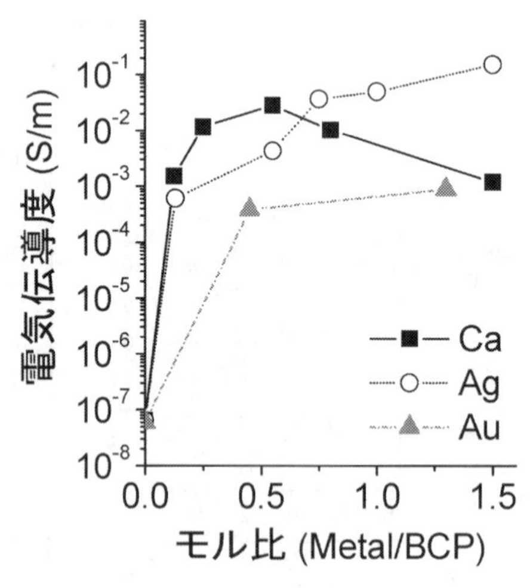

図 11　金属ドープ BCP 薄膜（膜厚 100nm）の電気伝導度

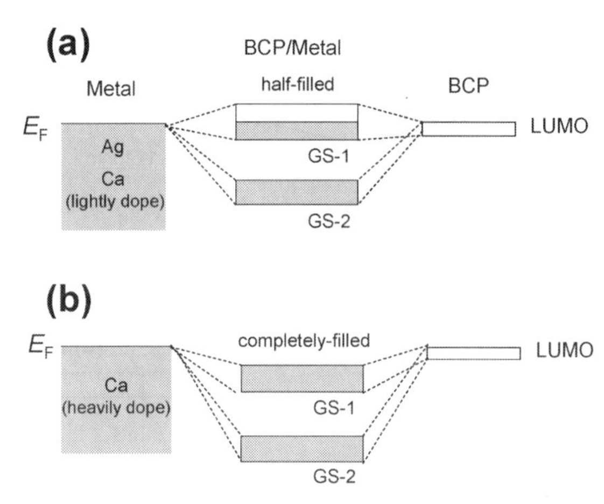

図12　金属ドープBCP薄膜におけるBCP/金属界面電子構造に関するモデル
((a)Ca少量ドープ薄膜とAgドープ薄膜，(b)Ca多量ドープ薄膜)

ドープ薄膜ではCa/BCPモル比0.6を境に電気伝導度が減少する。これをUPSで測定した電子構造（図9，10）と対応させると，Ca/BCPモル比が0.6を超えた場合gap stateが高束縛エネルギー側にシフトしはじめる現象と対応する。筆者らは，gap stateが電子で埋まり閉殻状態になると高束縛エネルギー側へのシフトが起こり，その結果gap stateからBCPのLUMO準位へ電子が移動するためのエネルギー障壁が高くなる（電子が移動しにくくなる）というモデルを立てた（図12)。なお，類似した電子構造と電気特性の相関は，アルカリ金属をドープしたC_{60}で確認されている[10)]。

本節では，BCP/金属界面ではフェルミ準位近傍の電子構造（gap state）により電子物性が大きく変化することを示した。この結果は，4.2節で示したBCP/金属界面の電子構造が界面電子物性に与える影響の予想とよく合致しており，有機/金属界面の電子構造の制御がデバイス特性を制御するうえで欠かせない要素であることを示唆している。

4.4　太陽電池特性の相関

前節までに得た電子構造に関する知見をもとにBCP/陰極界面の物性が太陽電池特性に与える影響について調査を行った。図13(a)に測定に用いた太陽電池構造を示す。なお，この陰極材料には仕事関数3.7～4.3 eVの4つの金属（MgAg, In, Al, Ag）を選択した。このBCP層の膜厚を0 nm，6 nmと変化させたときの電流-電圧特性を図13(b)，(c)にそれぞれ示し，各太陽電池のパラメーターを表1にまとめた。これより，BCP層を陰極とC_{60}層の間に挿入することにより，陰極材料の種類に依らず開放起電圧やFill Factorなどのパラメーターが改善することが確認できた。これはBCP層の挿入に伴い，励起子失活の抑制効果だけでなく，陰極/有機界面での接触抵抗が低減するなどの効果が現れたことによるものと考えられる[11)]。一方，BCP層を挿入した太陽電池では，陰極材料の仕事関数差が最大0.6 eV存在するにもかかわらず，開放起電圧の差

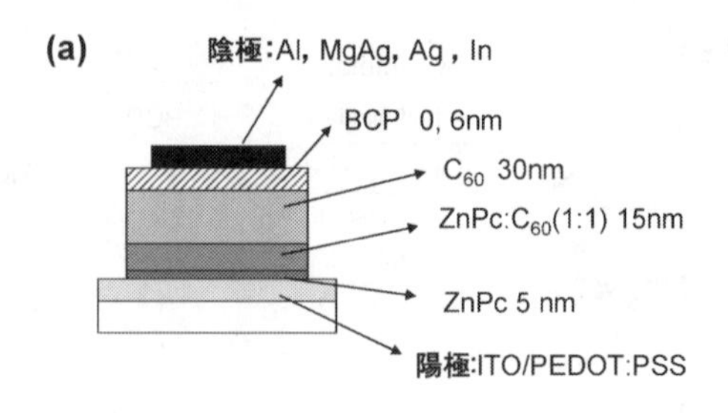

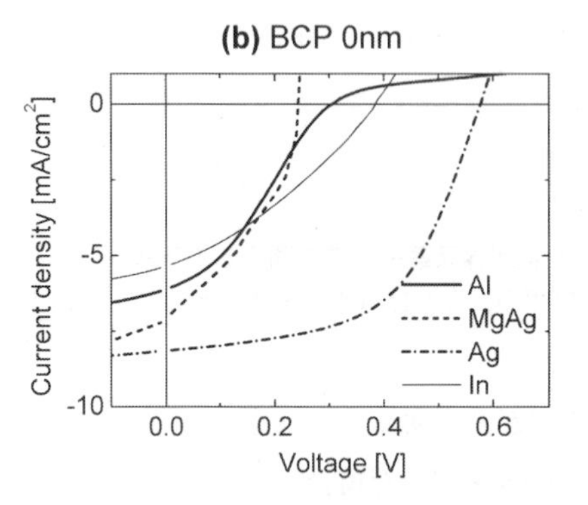

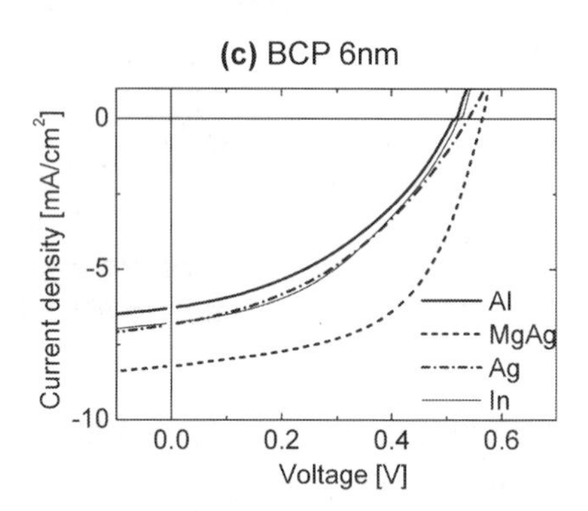

図13 (a)有機薄膜太陽電池の構造，AM1.5(80mW/cm²)照射時の太陽電池特性
((b)BCP層なし (c)BCP層6 nm)

表1 ITO/PEDOT:PSS(30nm)/ZnPc(5 nm)/ZnPc:C_{60}(15nm)/C_{60}(30nm)/BCP(x nm)/陰極(MgAg, In, Al, Ag)の太陽電池特性のパラメーター

陰極材料(Φ_m:仕事関数)	MgAg(Φ_m=3.7 eV)		In(Φ_m=4.1 eV)		Al(Φ_m=4.2 eV)		Ag(Φ_m=4.3 eV)	
BCP膜厚 [nm]	0	6	0	6	0	6	0	6
短絡電流 [mA/cm²]	7.1	8.2	5.4	6.8	6.1	6.1	8.2	6.8
開放起電圧 [V]	0.24	0.56	0.37	0.52	0.31	0.51	0.58	0.54
Fill Factor	0.37	0.56	0.33	0.42	0.31	0.46	0.55	0.53
変換効率 [%]	0.8	3.2	0.8	1.9	0.7	1.8	3.3	2.4

がほとんど確認できない。これを4.2節で記述した電子構造と照らし合わせると，陰極の仕事関数が4.4 eVより小さい場合，陰極のフェルミ準位とBCPのLUMO準位のエネルギー差がほぼゼロになる。すなわち，陰極材料が変わってもフェルミ準位を基準としたエネルギーダイアグラムがデバイス内で変化しないため，開放起電圧が一定値をとると考えることができる。なお，有機薄膜太陽電池における開放起電圧（V_{OC}）は経験的に

$$qV_{OC} \sim E_{HOMO(Donor)} - E_{LUMO(Acceptor)} \tag{1}$$

で示され，有機光電変換層におけるドナー材料のHOMO準位（$E_{HOMO(Donor)}$）とアクセプター材料のLUMO準位（$E_{LUMO(Acceptor)}$）のエネルギー差に依存すると言われている[12]。これは，陰極/

電子輸送層界面でのエネルギー障壁が無視できる場合，有機光電変換層のエネルギーダイアグラムだけを考慮すればよいと考えるとつじつまが合う。

4.5　おわりに

本稿ではBCP/金属界面を例に取りながら，有機/金属界面の界面電子構造と電気特性の相関について紹介した。本稿で示したとおり，有機/金属界面の電気特性は，特にフェルミ準位近傍の電子構造（gap stateの出現やそのエネルギー位置）により支配される。よって，紫外光電子分光法を用いたフェルミ準位近傍の電子構造の評価と，有機薄膜太陽電池のデバイス特性評価を組み合わせることにより，有機薄膜太陽電池の動作機構の理解が格段に進むものと期待される。なお，最近の有機薄膜太陽電池の界面電子構造に関する研究では，界面電気二重層の発現機構や有機/有機界面物性についても進展があり，今後有機薄膜太陽電池の高効率化・劣化抑制の研究に貢献することが期待される。

文　献

1）H. Ishii, K. Sugiyama, E. Ito, K. Seki, "Energy Level Alignment and Interfacial Electronic Structures at Organic/Metal and Organic/Organic Interfaces", *Adv. Mater.* **11**, pp.605-625（1999）

2）T. Sakurai, S. Toyoshima, H. Kitazume, S. Masuda, H. Kato, K. Akimoto, "Influence of gap states on electrical properties at interface between bathocuproine and various types of metals", *Journal of Applied Physics*, **107**, Art. 043707（2010）

3）P. Peumans and S. R. Forrest, "Very-high-efficiency double-heterostructure copper phthalocyanine/C_{60} photovoltaic cells", *Appl. Phys. Lett.* **79**, pp.126-128（2001）

4）Q. L. Song, F. Y. Li, H. Yang, H. R. Wu, X. Z. Wang, W. Zhou, J. M. Zhao, X. M. Ding, C. H. Huang, X. Y. Hou "Small-molecule organic solar cells with improved stability", *Chem. Phys. Lett.* **416**, pp.42-46（2005）

5）W. Schottky, "Abweichung vom Ohmschen gesetz in halbleitern", *Phys. Z.*, **41**, 1940, pp.570-574.

6）J. Bardeen, "Surface States and Rectification at a Metal Semi-Conductor Contact" *Phys. Rev.* **71**, pp.717-727（1947）

7）M. D. Bhatt, S. Suzuki, T. Sakurai, K. Akimoto, "Interaction of bathocuproine with metals（Ca, Mg, Al, Ag, and Au）studied by density functional theory", *Applied Surface Science*, **256**, pp.2661-2667（2010）

8）D. K. Schroder, Semiconductor Materials and Device Characterization（Wiley, New Jersey, 2003）

9）A. Mityashin, D. Cheyns, B. P. Rand, P. Heremans, "Understanding metal doping for

organic electron transport layers", *Appl. Phys. Lett.* **100**, Art. 053305 (2012)
10) T. Takahashi, T. Morikawa, S. Sato, H. Katayama-Yoshida, A. Yuyama, K. Seki, H. Fujimoto, S. Hino, S. Hasegawa, K. Kamiya, H. Inokuchi, K. Kikuchi, S. Suzuki, K. Ikemoto, Y. Achiba, "Photoemission study of C_{60} and its alkali-metal compounds", *Physica C* **185-189**, Part 1, pp.417-418 (1991)
11) C. Chang, C. Lin, J. Chiou, T. Ho, Y. Tai, J. Lee, Y. Chen, J. Wang, L. Chen, K. Chen, "Effects of cathode buffer layers on the efficiency of bulk-heterojunction solar cells", *Appl. Phys. Lett.* **96**, Art. 263506 (2010)
12) T. Taima, J. Sakai, T. Yamanari, K. Saito, "Realization of Large Open-Circuit Photovoltage in Organic Thin-Film Solar Cells by Controlling Measurement Environment", *Jpn. J. Appl. Phys.* **45**, pp.L995-L997 (2006)

第4章　モルフォロジ制御に関する研究

1　熱処理によるP3HT/PCBM積層素子の傾斜構造制御

酒井里沙[*1]，松村道雄[*2]

1.1　高分子系薄膜太陽電池の光活性層の内部構造

高分子系薄膜太陽電池では，ほとんどの場合に，光吸収および正孔輸送を行う高分子と，電子輸送を行うフラーレン誘導体が混合した複合層を光活性層としている。この複合層の製膜は，構成する成分材料の混合液を用意し，1回の工程で基板上に塗布するだけでつくることが出来る。その簡便さは，他の太陽電池とくらべて際立っている。また，そのように簡単な製造方法でも，10%近い効率を得ることが実証され，薄膜太陽電池の有力候補と期待されている。

有機薄膜太陽電池の基本として，高分子系薄膜太陽電池においても，光電流発生のためには，光吸収による励起子生成，電子ドナー材料／電子アクセプター材料界面での励起子から電荷分離，さらに生成した正孔と電子のそれぞれが電子ドナー材料と電子アクセプター材料を伝って電極に到達する必要がある。高分子系薄膜太陽電池のほとんどでは，高分子材料が電子ドナーとして用いられ，電子アクセプターにはフラーレン誘導体が用いられている。したがって，高分子材料とフラーレン類の複合層は，これらの過程が連続して進行して起こる場であり，光吸収から始まる全ての過程が効率よく進行することによって大きな光電流が発生することになる。このことから，当然のこととして，高い太陽電池効率を得るためには，混合膜中の，高分子とフラーレン類の混合状態の制御が重要な鍵となっていると予想される。つまり，上記の全ての過程がすべて高効率で起こるためには，高分子がつくる相とフラーレン類がつくる相の空間的配置が重要となる。

このような配置を考える上で，電荷の移動および電圧の発生を考えると，有利な構造は，高分子材料は正極（透明電極）側，フラーレン類は負極側に接触している非対称構造である。その理想の形は，図1(a)に示すように，高分子材料・フラーレン類が積層し，高分子層とフラーレン層が積層した単純ヘテロ接合である。一方，光電流の発生の観点からは，有機材料中の励起子拡散長が問題となる。一般にその距離は10-20nm程度とされている。つまり，励起子は高分子材料とフラーレン類が作る界面からこの距離の範囲内に生成する必要がある。高分子材料が太陽光の主要部分である可視光を十分に吸収するためには，100nm程度の膜厚に相当する光路長が必要である。これらの要請を満足させるためには，高分子材料とフラーレン類が入り込んだ，いわ

*1　Risa Sakai　大阪大学　太陽エネルギー化学研究センター
*2　Michio Matsumura　大阪大学　太陽エネルギー化学研究センター　教授

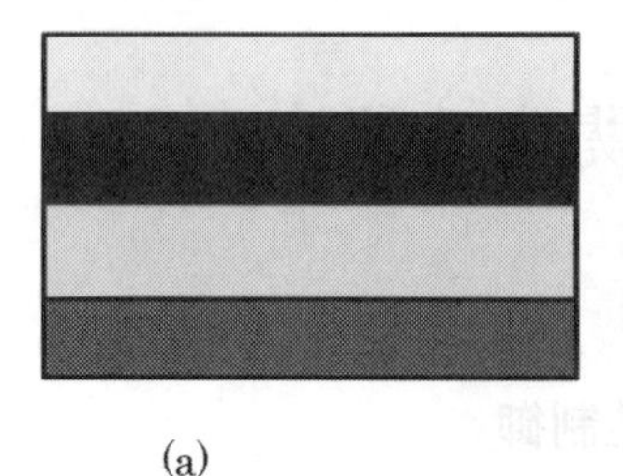
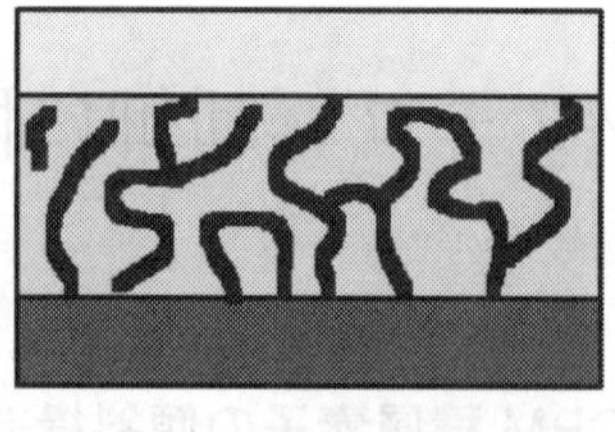
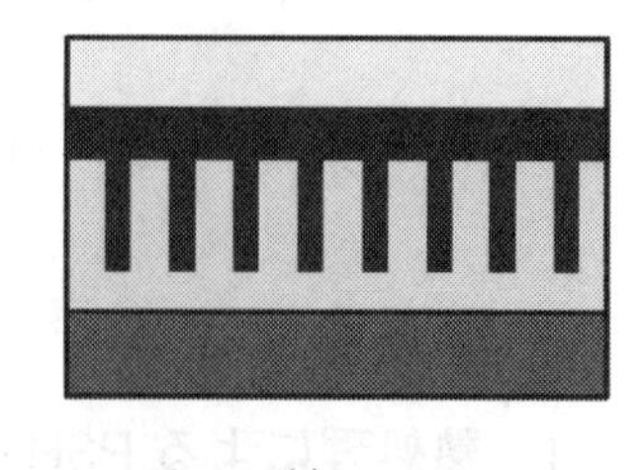

(a) (b) (c)

図1　高分子系薄膜太陽電池の接合構造。(a)単純積層構造，(b)バルクヘテロ構造，(c)相互侵入構造。

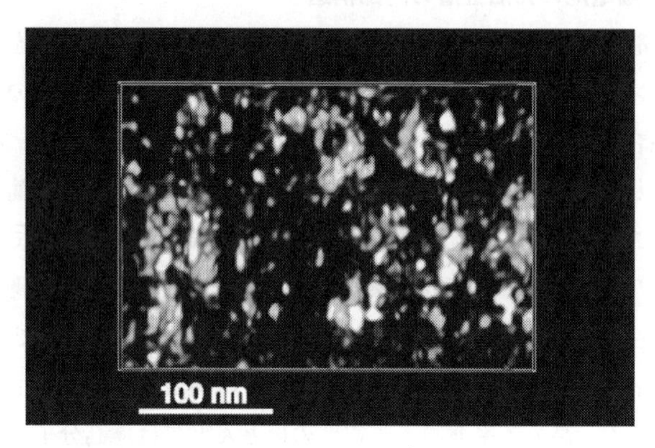

図2　光活性層の透過型電子顕微鏡のトモグラフィー像[3]。フルオレン系高分子とPCBMの混合層を観察したもので，明るい部分がPCBMのドメインとされている。*Nano Lett.*, 9, 853 (2009) よりアメリカ化学会からの承諾を得て転載（著作権：2009年アメリカ化学会）。

ゆるバルクヘテロ構造をとらなければならない（図1(b)）。3％を越える効率の太陽電池はすべてこのバルクヘテロ構造を採用しているが，その場合，電圧発生を行うために必要な層内の非対称構造の形成および電荷輸送・電荷輸送のためのチャンネル形成がどのようにして行われているかが大きな問題である。理想的な内部構造として，数十nmレベルの微細な相互侵入構造（図1(c)）が提案されているが[1]，その作製には，微細マスクパターンを利用して，エッチング，薄膜堆積を繰り返すことが必要であり，最先端の微細加工技術をもってしても容易には行えそうにはない。

上述のように，現状の高効率高分子系薄膜太陽電池は溶液からの塗布法により作製されている。その優れた特性は，塗布，乾燥，加熱処理によって作製された薄膜内に，光電流発生と電圧発生のために必要な内部構造が実現されていることを示唆している。その駆動力として，基板との親和性，表面からの溶媒分子の蒸発に伴う物質移動過程，加熱処理による物質拡散などが役割を果たしていると予想される。各種の分析法の進歩により，そのような光活性層内部の3次元構造に関する情報は，かなり得られるようになってきている[2, 3]。図2にはフルオレン系高分子と(6,6)-phenyl C61 butyric acid methyl ester(PCBM)混合膜の透過型電子顕微鏡のトモグラフィー像を示した[3]。ドナーとアクセプターが相分離し，各相が約100nm程度のサイズのドメインを作り，また各ドメインはさらに小さな部分が集合して出来ていると解釈されている。しかし，層内の非対称構造や電荷輸送のための明瞭なチャンネルの存在の確認はできておらず，また，そのような内部構造の形成についての原理的理解もほとんど得られていない。現状における，高分子系薄膜太陽電池の効率の向上は，新規材料開発とともに，試行錯誤的な方法による膜の内部構造の最適化によってなされていると言っていいであろう。最適化のためのパラメータは，溶媒，添加剤，乾燥条件，熱処理条件等である[4~9]。

1.2　塗布法による積層膜形成と熱処理による傾斜構造形成

上述した背景から，応用的にも，また基礎研究を進めるためにも，より単純な方法で内部構造を制御した複合膜を形成する技術の開発が望まれている。高分子系薄膜太陽電池の単純な製膜法の特徴を生かしつつ，膜内構造を制御する方法として，図1(a)のような単純積層膜を形成した後に，熱処理を行うものがある。高分子相と電子アクセプター相を，熱処理によって相互に適当な距離だけ侵入させることにより，上下の非対称性を持った両相の傾斜構造（簡易な相互侵入構造）を作ることが期待される。このような目的での高分子材料を含む積層膜を形成する方法に，転写技術や蒸着法[10, 11]などが知られている。しかし，これらの方法では，基板上の薄膜を転写するプロセスが複雑であったり，塗布プロセスと真空プロセスを併用する必要があるなどの不便さから，より簡便な方法の開発が求められていた。そのような方法の一つに下地の高分子層を溶解させない溶媒を用いて上層を堆積させることで積層構造を作ることが提案されている[12]。堆積する膜厚，溶媒，熱処理条件などを最適化する事で，3％を超える変換効率の素子が報告されている[13~16]。この方法では，複合層内に形成された高分子やフラーレン類の孤立したドメインが少なく，電子と正孔の再結合を減らす事が出来るといった利点があることも知られている。なお，真空蒸着法で堆積した低分子材料の積層膜についても，同様の手法を用いることが可能で，特に，結晶性材料と非結晶性材料の積層膜では，太陽電池に適した相互侵入構造を容易に作製することが出来る[17]。

我々はpoly(3-hexylthiophene)（P3HT）とPCBMを用い，それらの層を順次溶液から堆積して積層した後に熱処理することによって得られる傾斜構造の制御に取り組んでいる[18]。以下，傾斜構造の形成とそれから得られる太陽電池特性について解説する。

塗布法により有機層を積層するためには，上層を堆積する際に，下層を溶解させないことが必要である。そのためには，溶媒を選定することが重要になる。太陽電池に適した非対称構造を作るためには，P3HT層の上にPCBM層を積層する必要があるため，PCBMを溶解させるが，P3HTを溶解させない溶媒としてジクロロメタンを選び，PCBMの塗布に用いた。なお，市販のP3HTにはジクロロメタンに溶解しやすい低分子量の成分がかなり含まれているため，この低分子成分を除くために，予めP3HT粉末をジクロロメタン中で攪拌して洗浄して用いた。それでも，製膜したP3HT層の上にジクロロメタンを滴下し，基板をスピンコートの条件で回転させると，若干膜厚が減少することが確認され，P3HTの溶解が多少起こることがわかった。しかし，個別に堆積した，P3HT膜とPCBM膜の膜厚の合計（96.0nm）とP3HT／PCBM積層膜の膜厚（92.8nm）はほぼ等しく，単純積層構造に近い積層膜が堆積できたと考えられる。

塗布法で作製した，P3HT膜，PCBM膜，およびP3HT／PCBM積層膜の原子間力顕微鏡（AFM）で観察した表面像を図3に示した。P3HT膜は比較的平坦な表面構造をとる（図3(a)）のに対して，PCBMは凝集構造をとっている（図3(b)）。P3HT膜上にPCBMを堆積させた場合には，凝集体のサイズはやや小さくなるが，表面にはPCBMに特有の凝集構造が見られ（図3(c)），積層構造が形成されていることが確認できる。しかし，より厳密には，PCBM層を堆積する際に，下層のP3HT層の膜厚が若干溶解し，2層の界面付近には相互に混じり合った領域が出来ていることが推測される。その場合，特に，P3HTの低分子成分の混合が予想される。積層構造にした場合に，PCBMの凝集構造に変化が見られるのもその影響が考えられる。なお，P3HTとPCBMの混合クロロホルム溶液をスピンコートして作製した膜の形状は，図3(a)のP3HT単独膜と同様に平坦な平面を形成しており，P3HTとPCBMがよく混じり合った層を形成していることが示唆された。

作製したP3HT/PCBM積層膜を，基板ごと加熱処理を施すと，図3(d)-(f)に示すように処理温度の上昇とともに表面形状に大きな変化が生じ，PCBM特有の凝集構造が減少していくことが見られた。なお，PCBM単層膜では，熱処理温度ともに，凝集が進みより大きな凝集構造を形成するようになる。したがって，図3(c)から図3(f)にかけて見られる表面構造の変化は，加熱によりP3HT相とPCBM相の混合が進行することを示唆している。P3HTとPCBMの混合膜の熱処理によるバルクヘテロ構造の形成の際には，P3HTとPCBMの相分離が進行することから，この場合にも分子的な混合は考えにくく，それぞれの相がドメインを形成しながら両相の混合が進行していると予想される。しかし，バルクヘテロ構造の形成が130℃程度で行われることと比べると，図3に示した積層膜の構造変化の温度ははるかに低く，観測された構造変化の本質

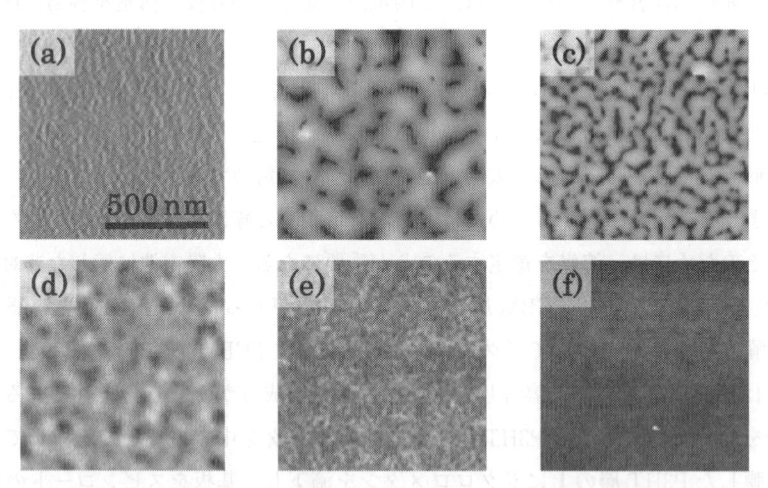

図3　高分子系薄膜太陽電池用各種薄膜のAFM像：(a)P3HT膜，(b)PCBM膜，(c)P3HT/PCBM積層膜，(d)-(f)加熱処理を施したP3HT/PCBM積層膜。加熱条件：(d)60℃，(e)80℃，(f)110℃，で各10分間。基板PEDOT/PSS層を堆積したITOコートガラス。

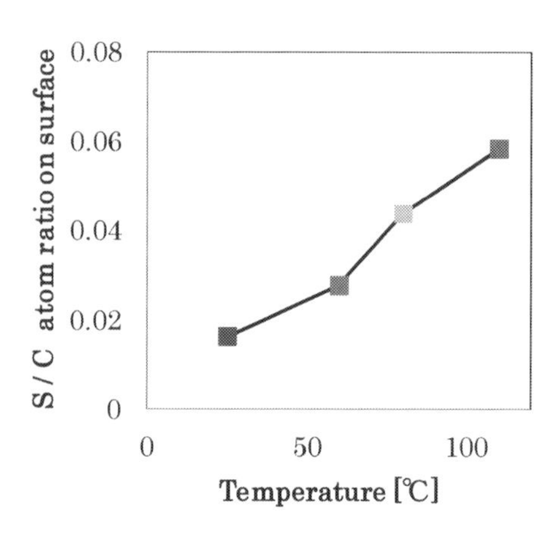

図4　P3HT/PCBM 積層膜に対する熱処理温度と XPS で求めた表面 S/C 原子比の関係。熱処理時間：10 分間。

はまだよくわかっていない。

図3(c)から図3(f)の変化にともなう膜表面の硫黄と炭素の組成変化を，X線光電子分光法（XPS）の測定により調べた。その結果，図4に示すように，熱処理温度の上昇とともに表面のS/C 比が増大することが確認された。S は P3HT に由来するものであるから，この結果は，両相がその界面からドメインを形成しながら徐々に混合していくとする描像と矛盾しない。なお，加熱処理をしていないものでも微量の S が検出されるが，これは，PCBM 凝集体の隙間を通して下地層（PEDOT:PSS）の S を検出したことによると思われる。

1.3　傾斜接合構造素子の太陽電池特性

前述したように，溶液から積層した P3HT／PCBM の積層構造は熱処理で相互に拡散することから，少なくとも混合層初期において両相の傾斜構造が形成されると考えられる。その効果を太陽電池特性として確認するために，Al 電極を真空蒸着してから熱処理を施し，太陽電池特性を測定した。その結果，図5に示すように，60℃適度の熱処理により，J_{SC} と *F.F.* が大幅に向上し，その結果効率も熱処理を施さなかった場合の 0.38％から最高 1.7％に上昇した。この結果は，熱処理を行うことで，傾斜接合構造が形成されたことによると考えられる。熱処理温度をさらに 80℃，110℃と上げていくと，J_{SC} は低下した。これは，両相の混合が進み過ぎた結果，電荷を濃度傾斜あるいは膜上下の非対性が低下したためと考えられる。なお，V_{OC} は，熱処理温度とともに多少増大する傾向が見られた。さらに，60℃での熱処理の処理時間による素子特性への影響を調べると，図6に示すように，熱処理時間が増加するほど特性は向上し，60 分間熱処理した素子の効率は 2.19％に達した。以上の結果から，熱処理温度，時間で傾斜構造を制御することが可能であることが分かった。

一般的に有機薄膜太陽電池の効率は，電極との電子的接触の仕方にも依存することが知られている。負極との界面に用いられる代表的バッファ層材料である LiF 層（2 nm）を挿入すること

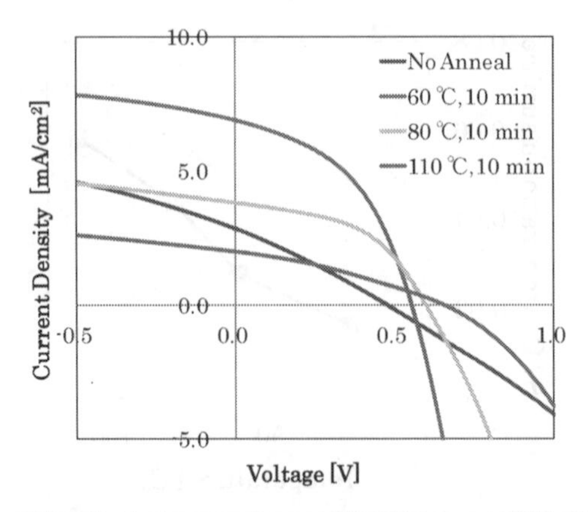

図5　熱処理による P3HT/PCBM 積層素子の *J*-*V* 特性の変化。
照射光：AM1.5, 100mW/cm²。

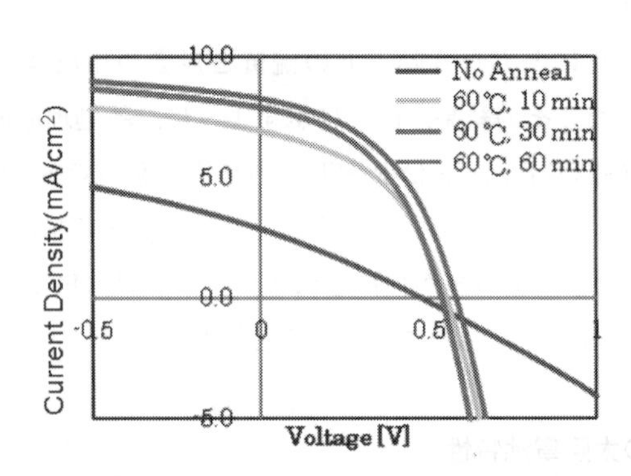

図6　熱処理時間による P3HT/PCBM 積層素子の *J*-*V* 特性の変化。
照射光：AM1.5, 100mW/cm²。

で特性向上を検討した。負極を製膜した後に熱処理すると特性の向上はほとんど見られなかったが，あらかじめ積層膜に熱処理を施してから Al 負極を堆積した場合には，図7に示すように，J_{SC} は 10.7mA/cm²，V_{OC} は 0.57V，FF が 0.55 まで向上し，効率は 3.3％にまで達成した。この特性向上は，LiF の挿入により，電子の Al 極への取り込みのエネルギーバリアが低下し，効率が向上したためと考えられる。なお，Al/LiF 層を堆積した後に熱処理を施した場合には，LiF が有機層内に拡散したために，その挿入効果が消失したものと予想される。

バルクヘテロ構造では，P3HT と PCBM の混合液（溶媒：オルトジクロロベンゼン）からのスピンコート膜を加熱処理して作製した素子において，最高効率として 4.4％が報告されている[19]。今のところ，本方法で得られる傾斜構造素子の太陽電池特性，バルクヘテロ素子の特性はこの値には及ばないが，処理温度に見られるように，まだ処理条件の最適化は十分に行っていないことから，今後，特性はさらに向上すると期待される。同じ条件で作製した場合の素子の特性

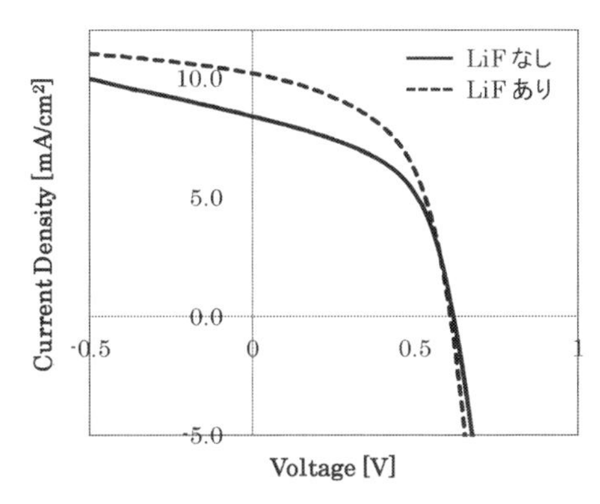

図7　P3HT/PCBM 傾斜構造素子における LiF バッファ層挿入効果。
照射光：AM1.5, 100mW/cm^2, 熱処理：60℃, 60分間。

の再現性がよく，比較的簡便に良好な特性を得ることができる点が本法の長所であると言うことができよう。

1.4　まとめ

高分子系薄膜太陽電池として一般的な P3HT/PCBM 系を題材として，スピンコート法で積層膜をつくり，その後で熱処理を行う事で，二つの相が相互に浸透することにより，光活性層内に傾斜構造を作成することが可能であることを紹介した。熱処理温度，処理時間により，浸透の程度が制御できるため，光活性層内の上部と下部の非対称性は確保しながら，傾斜的に両相を分布させられる点が大きな利点である。熱処理条件の精密な最適化は行っていないが，負極であるAl 電極との間にバッファ層である LiF 層を挿入し，変換効率 3.3% を得ることができた。このことは，この手法の有効性をよく示していると言うことができよう。従来の方法では光活性層内のモルフォロジ制御が難しいとされている高分子系薄膜太陽電池において，簡便で再現性が高い制御方法として，本法が広く使われることが期待される。

文　　献

1)　B. Ray and A. Alam, *Sol. Energy. Mater. Sol. Cells*, **99**, 204 (2012)
2)　三宅邦仁，上谷保則，清家崇広，加藤岳仁，大家健一郎，吉村 研，大西敏博，住友化学技術誌，2010-I, 18 (2010)
3)　B. V. Andersson, A. Herland, S. Masich, and O. Inganäs, *Nano Lett.*, **9**, 853 (2009)
4)　W. Ma, C. Yang, K. Lee and A. Heeger, *Adv. Func. Mater.*, **15**, 1617 (2005)

5) X. Yang, M. Rispens, M. Michels and J. Loos, *Adv. Mater*, **16**, 802 (2004)
6) T. Savenijie, J. Kroeze, X. Yang and J. Loos, *Adv. Funct. Mater.*, **15**, 1260 (2005)
7) S. Van Bavel, E. Sourty and J. Loos, *Nano Lett.*, **9**, 507 (2009)
8) D. Coffey, O. Reid, G. Bartholomew and D. Ginger, *Nano Lett.*, **7**, 738 (2007)
9) C. Chu, H. Yang, G. Li and Y. Yang, *Appl. Phys. Lett.*, **92**, 103306 (2008)
10) A. Kumar, G. Li, Z. Hong and Y. Yang, *Nanotechnology*, **20**, 165202 (2009)
11) K. Yim, Z. Zheng, W. Huck and J. Kim, *Adv. Funct. Mater.*, **18**, 1012 (2008)
12) D. Wang, H. Lee, J. Park and O. Park, *Appl. Phys. Lett.*, **95**, 043505 (2009)
13) A. Ayzner, C. J. Tassone and B. J. Schwartz, *J. Phys. Chem.*, **113**, 20050 (2009)
14) D. Wang, O. Park and J. Park, *J. Mater. Chem.*, **20**, 4910 (2010)
15) D. Wang, J. Kim and J. Park, *Energy Environ. Sci.*, **4**, 1434 (2011)
16) K. Lee, P. Schwenn, P. Meredith and P. Burn, *Adv. Mater.*, **23**, 766 (2011)
17) T. Osasa, S. Yamamoto, and M. Matsumura, *Adv. Funct. Mater.*, **17**, 2937 (2007)
18) 酒井里沙, 原田隆史, 池田 茂, 松村道雄, 秋季第72回応用物理学会学術講演, 31a-L-2 2011会 (2011)
19) G. Li, K. Emery and Y. Yang, *Nat. Mater.*, **4**, 864 (2005)

2　液体分子同時蒸発による低分子蒸着系混合膜の結晶化

嘉治寿彦*1，平本昌宏*2

2.1　はじめに

有機薄膜太陽電池は太陽光のエネルギーを電力へ変換するための低価格な技術として期待され，近年特に自然エネルギーを重視する社会的要請も受け，世界中で活発に研究開発されている。有機薄膜太陽電池においてドナー（*p* 型）材料とアクセプター（*n* 型）材料との混合膜であるバルクヘテロ構造層（*pin* 構造の *i* 中間層）は励起子を電荷へ効率よく分離するために通常，必須とされている。しかし低分子有機半導体材料では多くの場合，この複数材料の混合が残念なことに仇となって，材料の結晶性が大幅に低下し電荷移動度が低下するため，膜厚を厚くすると電荷収集が，薄くすると光吸収が制限されるというジレンマが生じる。

上記のジレンマを低分子型の作製法で最も一般的な真空蒸着法において，解消するために最近我々が考案した，混合膜を結晶化する新手法について以下，解説する。その新手法とは，有機薄膜の真空蒸着中に，基板に付着しない液体分子を同時に蒸発させ，この分子を有機半導体分子に衝突させて拡散することで成膜時の結晶化を誘起する共蒸発分子誘起結晶化法である[1]（基板上への堆積を目的とした「共蒸着（co-deposition）」と区別するために「共蒸発（co-evaporation）」とした）。

以下，この手法の詳細と，それを用いて作製した混合膜の結晶性や構造の変化，太陽電池性能の向上について述べる。また，この新手法の本質は，有機薄膜の真空蒸着法のこれまでにない根本的な改良法であるため，混合膜の結晶化のみに限定した手法ではない。太陽電池以外の有機薄膜デバイスへも応用できる側面についても後半で少し触れる。

2.2　研究の背景

近年，有機薄膜太陽電池研究の世界的な主流は新規有機半導体の合成と，それを用いた混合膜の最適化とに向けられている。このドナー：アクセプター（*p*-*n*）混合の起源は有機薄膜太陽電池の初期の研究に遡ることができる。最初に1986年に *p*-*n* 2層構造[2]，後に1991年に *p*-*i*-*n* 3層構造[3]が報告され，ここで *i*-中間層（interlayer）は，フタロシアニンとペリレン誘導体の真空蒸着された混合膜であった。

この様に初期の研究では低分子有機半導体の真空蒸着膜が用いられたにもかかわらず，その後の歴代の最高効率を示した有機薄膜太陽電池の多くではポリチオフェンとフラーレン誘導体との

---

*1　Toshihiko Kaji　分子科学研究所　分子スケールナノサイエンスセンター　ナノ分子科学研究部門　助教

*2　Masahiro Hiramoto　分子科学研究所　分子スケールナノサイエンスセンター　ナノ分子科学研究部門　教授

組み合わせの様に共役高分子をドナー，低分子をアクセプターとした混合膜が利用され，低分子の真空蒸着法は遅れをとってきた[4)]。

現在，携帯電話のディスプレーなどに用いられている有機ELの生産法では，低分子型有機半導体を用いた多層膜の真空蒸着法が先行していることからもわかるように，真空蒸着法は多層膜の形成や膜厚の精密制御など様々な点で優れた技術である。それにもかかわらず太陽電池では遅れをとった要因の考察が本研究の発端の一つである。

2.3　共蒸発分子誘起結晶化法の考案

有機薄膜太陽電池の低分子型と高分子型との違いで，我々が着目したのは作製法の違いである。一般的な低分子型の作製法である真空蒸着法は，制御パラメータが蒸着中の基板温度・蒸着速度・蒸着後の加熱温度に限られる一方，一般的な高分子型の溶液塗布法には元来存在する溶媒由来の効果がある。この差こそが，低分子蒸着型の性能を制限してきた主要要素であると，我々は考えた。すなわち真空蒸着法では溶媒の分子拡散の効果がない結果，高分子混合膜と比べて混合膜を存分に相分離や結晶化できない。結晶性の悪い混合膜は電気伝導度が低いために，通常，非常に薄い（5-100nm程度）薄膜のみが有機薄膜太陽電池として用いられ，十分に光吸収できず短絡電流が低くなる。もし混合膜の膜厚を厚くすると今度は，電気伝導度が低いために短絡電流やフィルファクターが全て悪くなる。つまり有機薄膜太陽電池における真空蒸着法の問題点は混合膜の結晶化が非常に困難なことであり，その原因は分子拡散の要因が欠けていることである。しかしこの問題自体，有機薄膜の専門家の間でもこれまであまり認識されてこなかった。

この現状を打破するために我々は，真空蒸着中に液体分子により分子拡散を導入する方法を考案した。まずここで従来の真空蒸着法での混合膜の蒸着を単純化して説明する。図1の高真空容器内において，異なる有機半導体分子を2つの蒸着源（1番目と2番目）から同時に真上の基板

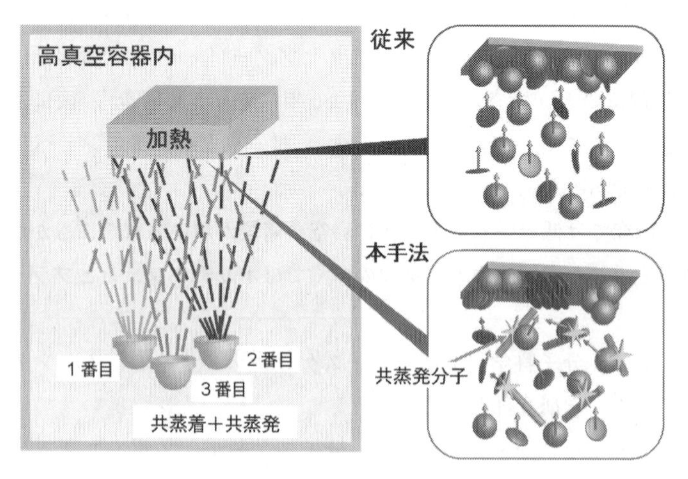

図1　共蒸発分子誘起結晶化の原理と方法

へと真空蒸着すると，基板表面近傍では分子1（球で示す）と分子2（円盤で示す）とが基板表面へほぼ垂直な運動量（矢印）を持って衝突する。衝突後に分子が凝縮することで混合膜が形成される。薄膜成長の分野ではよく知られている様に[5]，薄膜の結晶性は凝縮直前の基板上での分子拡散に大きく依存するため，基板温度と蒸着速度にある程度左右されるが，従来の真空蒸着法では，分子は基板表面に対し特に垂直方向に大きな運動量を持ち衝突するため，分子の運動エネルギーは基板水平方向の分子拡散には影響をあまり及ぼさず，本質的に分子拡散が起きにくい。これが原因で，異なる分子同士が混合したまま凝縮し，従来の真空蒸着法では混合膜の結晶化や相分離が妨げられると考えた。

次に，共蒸発分子誘起結晶化法の考案に伴い想定した原理を説明する。通常の真空蒸着法で基板表面へほぼ垂直の運動量を持って衝突する分子に対し，この手法では，基板に付着しない液体分子を衝突させ，運動量を垂直方向から水平方向へと変化させることで真空蒸着法へ分子拡散を導入するのが本手法の特徴である。液体分子を図1の高真空容器内の3番目の蒸着源から蒸発させて導入すると（以降，共蒸発分子と呼ぶ），共蒸発分子は基板には衝突するが，適度な基板の加熱により基板に付着せずに跳ね返る。この際，衝突前後に基板表面や基板近傍で，共蒸発分子（棒で示す）は有機半導体分子（球・円盤）と様々な角度で衝突し，有機半導体分子の運動量の水平成分が増えることで，凝縮前の分子拡散が促進される。

以上のように，分子衝突を通じて，有機半導体分子が基板表面に水平方向の運動量を得られ，充分に分子拡散した後に凝縮することで混合膜の結晶化や相分離が促進されると考えた。

2.4　共蒸発分子による有機薄膜太陽電池の短絡光電流密度の向上

本研究でまず混合膜に用いた材料は，メタルフリーフタロシアニン（H_2Pc，ドナー性）とフラーレン（C_{60}，アクセプター性）の2つの代表的な低分子有機半導体である。一方，これらの分子の真空蒸着中に共蒸発分子として同時に蒸発させる液体には，室温では真空中で液体として安定に扱える，アルキルジフェニルエーテルやシリコーンオイルのような高沸点の液体の中でも特に，真空中で加熱して蒸発させることができ，かつ，同時に基板を適度に加熱することによって基板に付着しないようにできる液体を選んだ（図2中央参照）。

有機薄膜太陽電池は酸素プラズマ処理した酸化インジウム錫（ITO）ガラス基板上に作製した。20nm厚のH_2Pcのp-層をITO基板上に堆積し，続けて400nm厚のH_2Pc:C_{60}（体積比1:1）混合膜，20-80nm厚のC_{60} n-層，15nm厚のバソキュプロイン（$C_{26}H_{20}N_2$, BCP）バッファー層，100nm厚のアルミニウム電極を順番に蒸着した。基板は混合膜の蒸着中のみ70℃に加熱して共蒸発分子を導入し，他の層は共蒸発分子を導入せずに室温で成長させた。H_2PcとC_{60}の蒸着速度は1.0Å/sで，共蒸発分子の蒸着速度は0.2Å/sに保った。それぞれの蒸着速度の測定には水冷した水晶振動子を用いた。

図2左に，上記のように作製した有機薄膜太陽電池の特性を従来の真空蒸着法による場合と，共蒸発分子としてアルキルジエチルエーテル（$C_6H_5OC_6H_4C_nH_{2n+1}$, $n = 18$, ADE18）を導入した場

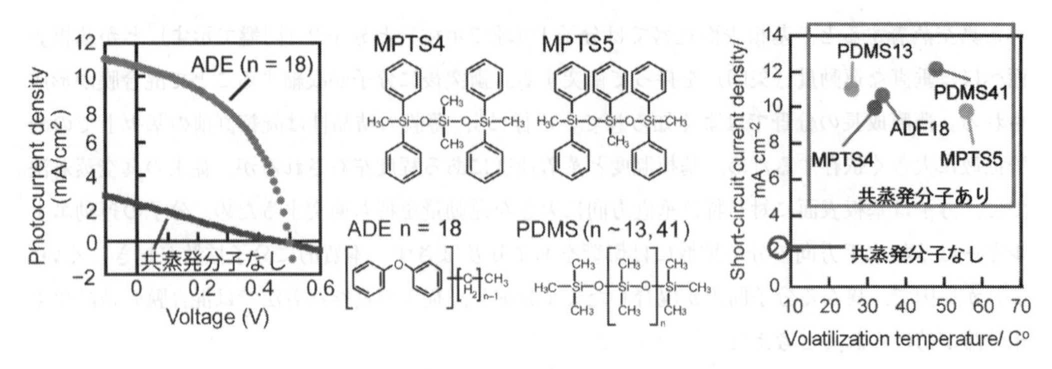

図2　様々な共蒸発分子による $H_2Pc:C_{60}$ 太陽電池の特性変化

合について示す。この400nmの $H_2Pc:C_{60}$ 混合膜は膜厚が厚すぎるため，従来の真空蒸着法では2.2mA/cm^2 の短絡電流密度しか示さなかった。しかし，全く同じ条件で400nmの混合膜を作製する際に，同時に液体を蒸発させる本手法を適用するだけで，何の最適化もなしに，4.8倍の10.6mA/cm^2 の大きな短絡電流密度を示した。

また，図2右に示す様に，共蒸発分子の主鎖の分子や鎖長，分子形状を変えた場合にも，上記と同様の構成の素子で，ここに挙げた全ての共蒸発分子において短絡電流密度が10mA/cm^2 程度へ向上した。用いた共蒸発分子は，アルキルナフタレン（AN），ポリフェニルエーテル（PPE），メチルフェニルトリシロキサン（MPTS），ポリジメチルシロキサン（PDMS）である。ここで横軸は実験的に求めた，各々の共蒸発分子が揮発して全く基板に付着しなくなる温度である（液体分子の到達速度0.2Å/s，真空度 1×10^{-3} Pa時において，温度制御した水晶振動子で測定した。水晶振動子の温度が揮発温度に達すると水晶振動子に付着する液体分子の重量の増加が止まり，さらに温度を上昇すると今度は重量の減少に転じる）。したがって，この図に示したどの共蒸発分子も，今回の基板温度である70℃では基板に付着しないはずにもかかわらず，短絡電流が向上している。このことは前項で想定した通りに共蒸発分子による分子拡散が働いていることを示唆している。

なお，これらの短絡電流とフィルファクターは，素子構成や蒸着条件を今後この手法への最適化をすることで，さらなる向上の余地がある。（参考に，上記とほぼ同じ条件で作製した混合膜厚400nmの素子で得た，本稿執筆時点での最も良い特性を記す。共蒸発分子にPDMS41を用いて作製し，短絡電流密度13.9mA/cm^2，開放端電圧0.46V，フィルファクター0.55，効率3.5%である。）

2.5　共蒸発分子による混合膜の結晶性と構造の変化

薄膜の結晶性と構造を評価するため，$H_2Pc:C_{60}$ を混合膜の紫外可視分光法（UV-Vis），X線回折（XRD）と，電界放出型走査電子顕微鏡（FESEM）の測定を，共蒸発分子あり・なしの場合の混合膜についておこなった。これらの測定のために，PDMS41を共蒸発分子として用いた。

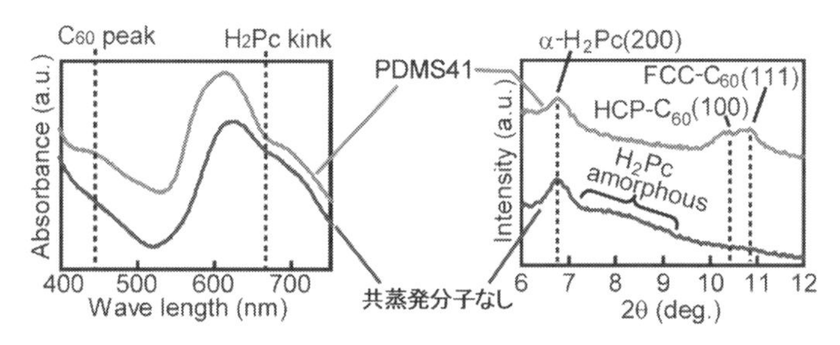

図3　H_2Pc:C_{60} 混合膜の紫外可視吸収スペクトル（左）とX線回折（右）の共蒸発分子導入による変化

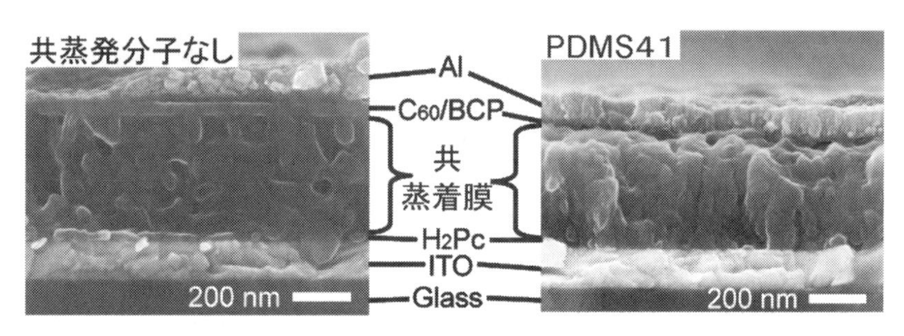

図4　H_2Pc:C_{60} 混合膜の断面走査顕微鏡像の共蒸発分子導入による変化

まず，UV-Vis スペクトルを比較する。H_2Pc と C_{60} の真空蒸着膜は混合しなければ通常，多結晶性であり，その特徴として C_{60} は 445nm のピーク[6] が，H_2Pc は 670nm あたりに吸収帯の分裂による段差[7] がある。 これらの特徴を図3左の H_2Pc:C_{60} 混合薄膜の吸収スペクトルで比較すると「共蒸発分子なし」の H_2Pc:C_{60} 混合膜のスペクトルではピークや段差がはっきりとせず，混合により個々の成分の結晶性が抑制されたことを示している。この結果は基板温度（室温 −120℃）や蒸着速度（0.2-2.0Å/s）などの蒸着条件を広範囲に調整しても，同様であった。

一方で，これらの通常の真空蒸着法でどうしても得られなかった結晶性の特徴が「共蒸発分子あり（PDMS41）」の UV-Vis でははっきりとみられ，共蒸発分子によって，H_2Pc:C_{60} 混合膜の C_{60} と H_2Pc のどちらの成分も結晶化できたことを明確に示している。そしてこれらの UV-Vis の変化に応じて，図3右のX線回折パターンでも「共蒸発分子あり」の場合に H_2Pc のアモルファスハローが消失し，C_{60} の結晶性のピークがはっきりと現れており，結晶性の H_2Pc:C_{60} 混合膜が共蒸発分子を用いた場合にのみ存在することを2つの測定法から相補的に確認できた。

次に，図4の走査電子顕微鏡像では，H_2Pc:C_{60} 混合膜において，従来法で作製した場合の不規則な方向を向いた粒状構造の膜形態から，新手法での上下に伸びた柱状構造への変化が観察された。これらの柱状構造の方位は電極への電荷の移送と収集に有利であり，共蒸発分子を用いたときに大幅に短絡電流密度が改善されたことと関連付けられる。

以上のように，共蒸発分子誘起結晶化法を用いると従来の真空蒸着法では不可能であった混合

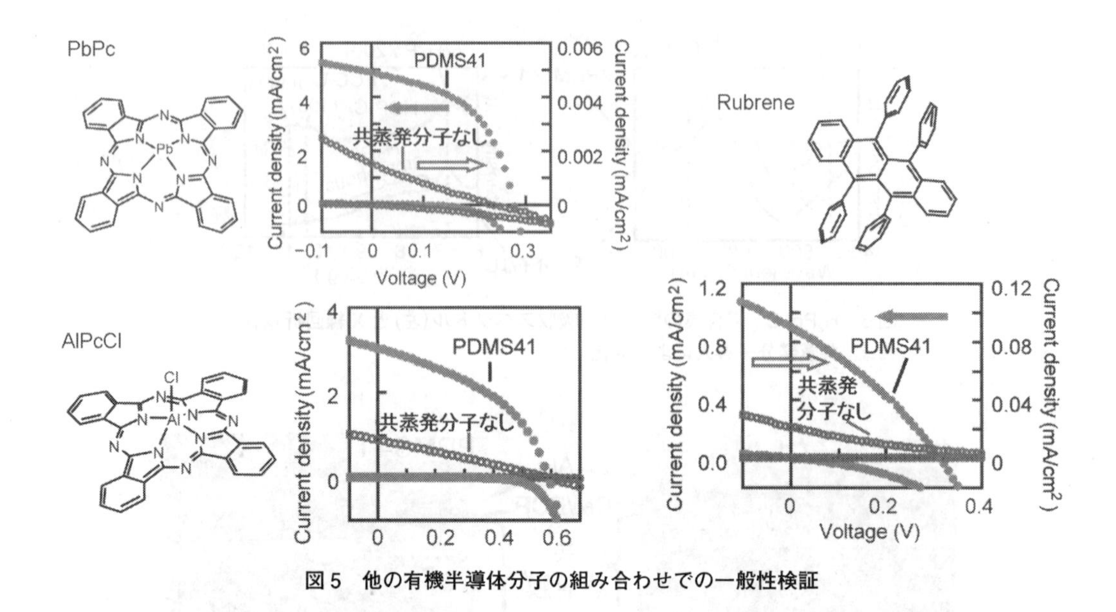

図5　他の有機半導体分子の組み合わせでの一般性検証

膜の結晶化をいとも簡単におこなえることを H_2Pc:C_{60} の混合膜で明確に示した。

2.6　他の有機半導体分子の組み合わせでの一般性検証

共蒸発分子誘起結晶化法の一般性を検証するため，H_2Pc:C_{60} 混合膜以外の混合膜を用いた有機薄膜太陽電池を作製した。ここで用いた分子は平板の H_2Pc の代わりに羽根突き型の鉛フタロシアニン（PbPc）と塩化アルミフタロシアニン（AlPcCl），四輪型のルブレンである（図5）。この場合もまた，有機薄膜太陽電池としては通常は不利な 400nm の厚い混合膜を用いて，共蒸発分子として PDMS41 を導入し，基板温度 70℃で作製した。その結果，共蒸発分子を用いて作製した有機太陽電池は全て，予想通りに劇的な改善を見せた。特に，短絡電流密度において，鉛フタロシアニンでは 1.5 μA cm^{-2} → 4.9mA cm^{-2}（3300 倍），ルブレンでは 22 μA cm^{-2} → 0.90mA cm^{-2}（41 倍），塩化アルミフタロシアニンでは 0.88mA cm^{-2} → 3.0mA cm^{-2}（3.4 倍）と劇的な向上に例外なく成功し，フィルファクターもこれに応じて向上した。

以上のように，共蒸発分子誘起結晶化法では従来の真空蒸着法よりも結晶性の良い混合膜を様々な材料で簡単に作製することができるため，この手法を用いれば，多くの光を吸収できる厚い混合膜を用いて，従来法よりも大きな高い光電流を生成する低分子型有機薄膜太陽電池を様々な材料で実現することが可能になる。

2.7　単一成分膜における結晶粒制御

ここまで有機薄膜太陽電池への応用を念頭に置いて，我々が最近考案した共蒸発分子有機結晶化法について論じてきたが，実のところ，この手法の本質は混合膜に特化したものではなく，有

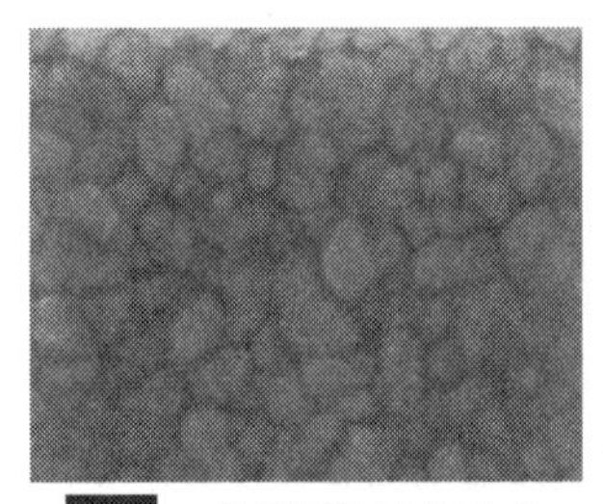

図6　C_{60} 混合単一成分膜の表面像の変化

機薄膜の真空蒸着法全般に渡る改良法である。単一成分膜中の結晶粒への共蒸発分子の効果も調べており，ここでは，その結果の一例として図6に C_{60} 単一成分膜の表面SEM像を簡単に紹介する。

C_{60} 薄膜は蒸着速度1Å/s，基板温度70℃でITO上に200nm作製した。この際，同時に共蒸発分子としてPDMS41を到達速度0.2Å/sで導入すると，従来の真空蒸着法で作製した薄膜と比べて C_{60} 薄膜表面の結晶粒子の大きさが大幅に増大した（図6の左右の像はスケールが異なっていることに注意されたい）。

この様に，本手法を用いれば有機薄膜の結晶粒の制御も簡単におこなうことができるため，有機薄膜太陽電池のみでなく，他の有機半導体素子の作製へも応用できると期待される。

2.8　おわりに

さて，以上のように，本稿で解説した共蒸発分子誘起結晶化法は有機薄膜の真空蒸着法を根本的に拡張する新手法である。しかし，最後に注記せざるを得ないことが1点ある。それは，本研究で共蒸発分子として用いた液体は最も基本的なシリコーンオイルであるPDMS以外はすべて，真空ポンプの一種である油拡散ポンプ用の真空オイルとして一般に販売されている点である。ここで勘の良い方は気付かれたかと思う。この手法で起きる現象は，真空装置内にコンタミネーションとして真空油が拡散して，意図せず偶然に作用した場合にも，同様に起き得る。

上記の実験は全て，他のオイルの意図しない混入を防ぐため，真空排気システムにターボ分子ポンプを用いて真空蒸着をおこなった。しかし，我々が別途，上記の共蒸発分子を導入しない実験をターボ分子ポンプ，クライオポンプ，油拡散ポンプの3つの高真空系で検証したところ，油拡散ポンプの系においてのみ，共蒸発分子を導入した場合に似た挙動が確認された。すなわち，過去に世界中の多くの有機デバイス研究において，意図せずに真空油が混入したために他ではあり得ない優れた結果や悪い結果を得た例があったことも容易に想像できる。この意味では本手法は，昔からいたコンタミネーションのオバケを捕まえて飼いならした手法とも言えなくも無い。いずれにせよ，これまで意図的にこの効果を制御した例は筆者の知る限りなく，本手法によって初めて，真空蒸着法の魅力である膜厚や多層膜を精密制御できる能力を保ったままに，この分子拡散の効果も自由に制御できるようになったといえるだろう。

今後はこの共蒸発分子誘起結晶化法の高効率有機薄膜太陽電池への活用を目指す。また一方でこの手法は，前項でも触れたように，混合膜の結晶化に限定した手法ではなく，有機半導体の真空蒸着法を根本から改良した方法である。本手法を発展させると有機薄膜太陽電池以外の有機半導体素子にも応用可能であり，また，結晶性材料だけでなく非結晶性材料の配向制御にも適用できると考えられる。したがって，今後は本手法を様々な分野に波及できる有機薄膜作製の基盤技術の一つとしても確立していく。

謝辞

以上で紹介した研究は主に，分子科学研究所・総合研究大学院大学（平本昌宏教授）と米国，ロチェスター大学（C. W. Tang 教授）の 2 グループの関係各位との協力で実施した。

文　　献

1) T. Kaji, M. Zhang, S. Nakao, K. Iketaki, K. Yokoyama, C. W. Tang and M. Hiramoto, *Adv. Mater.*, **23**, 3320 (2011)
2) C. W. Tang, *Appl. Phys. Lett.*, **48**, 183 (1986)
3) M. Hiramoto, H. Fujiwara & M. Yokoyama, *Appl. Phys. Lett.*, **58**, 1062 (1991)
4) T. D. Nielsen *et al. Sol. Energy Mater. Sol. Cells.*, **94**, 1553 (2010)
5) 例えば，T. Shimada *et al. Surf. Sci.*, **470**, L52 (2000)や，F.-J. Meyer zu Heringdorf *et al. Nature*, **412**, 517 (2001)
6) 例えば，Y. Wang *et al. Phys. Rev. B* **51**, 4547 (1995)
7) 例えば，S. M. Bayliss *et al. Phys. Chem. Chem. Phys.*, **1**, 3673 (1999)

3 棒状液晶材料を用いたバルクヘテロジャンクション有機太陽電池

中野恭兵*1, 半那純一*2

3.1 液晶材料の特徴

液晶と言えば，まず，多くの方の頭に浮かぶのはディスプレイであろう。また，流動性を持つ材料だと思われる方も多いかもしれない。液晶ディスプレイで使用されるネマチック相は数ある液晶相の中のひとつに過ぎない。習慣的に“液晶”という言葉がディスプレイを指すように使われているために，液晶物質もまたある種の誤解を受けているように見受けられる。最たる誤解は“液晶は液体である”。したがって，“液晶中の伝導はイオン伝導である”というものである。前者は液晶が液体と結晶の中間相であることを念頭に置けば，容易に間違いだと気づく。実際，液晶物質の中には，凝集相の持つ秩序性により，ほとんど流動性のないほぼ結晶に近い液晶状態も存在する。一方，液晶物質の伝導に関してはHaarerらがディスコチック（円盤状）液晶において[1]，我々がスメクチック（棒状）液晶において[2, 3]，本来の伝導は電子伝導であることを明らかにした。すなわち，純度の高い液晶物質においては本因的な伝導が見られ，その機構は物質によらず，各分子をホッピングサイトとしたホッピング伝導，すなわち電子性伝導である。この発見は，液晶物質が他の有機物質と同様に電子デバイス用の半導体“材料”として利用できることを意味している。図1に，有機物の凝集構造とその移動度を示した。液晶物質は，配向秩序ばかりでなく，移動度においても，アモルファス材料と結晶材料の中間の特性を示す。

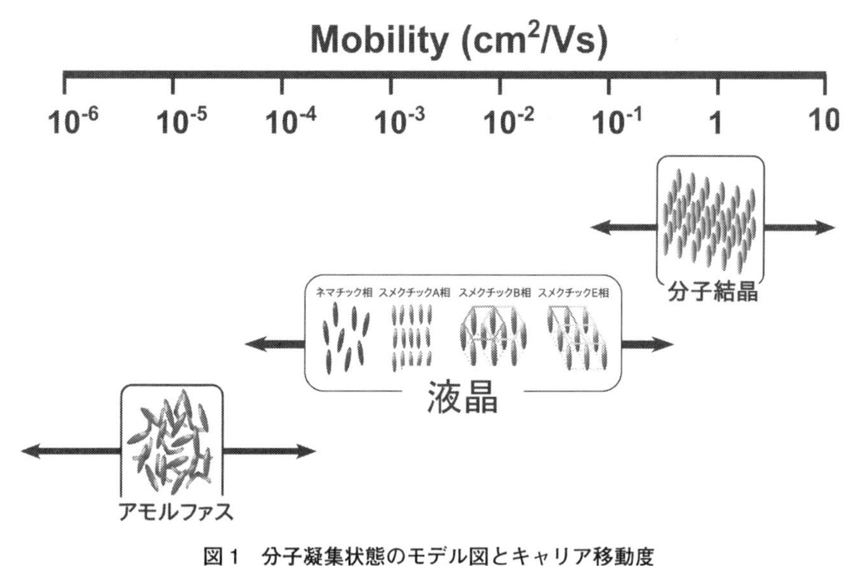

図1　分子凝集状態のモデル図とキャリア移動度

*1　Kyohei Nakano　東京工業大学　像情報工学研究所
*2　Jun-ichi Hanna　東京工業大学　像情報工学研究所　教授

事実，液晶物質は有機半導体として光センサ・有機EL・有機トランジスタ等の電子デバイスに応用できることが明らかにされている[4~7]。本節では，円盤状液晶については他節に譲り，特に，棒状液晶物質を用いた太陽電池について述べる。

棒状の液晶物質の電子デバイス用の半導体材料としての特徴の一つに，良好な電荷輸送特性があげられる。スメクチック液晶相は2次元的な層構造を自発的に形成し，電荷はこの層の中をホッピングにより伝導する。特に，秩序性の高い高次の液晶相においては多結晶に匹敵する高い移動度を示し，これまで知られた最も高い移動度は0.5cm^2/Vsに達する。また，電荷輸送の移動度が電場・温度に非依存であるというユニークな特徴がある[8]。この電場・温度に依存しないという液晶相における電荷輸送特性は，層内における分子内局在準位間のホッピング伝導をDisorderモデルを用いて解析することで理論的に説明されている[9]。端的には電場・温度非依存性は，液晶相においてエネルギーレベルの状態密度の分布幅（エネルギーレベルのゆらぎの幅）が40〜60meVと小さいことに由来する。第二の注目すべき特徴は，良好な電子伝導が多結晶状態においても維持されることである。非液晶物質の多結晶では，材料中にランダムに形成されるグレインバウンダリ（結晶粒界）によって電荷の輸送が阻害される。このため，通常の多結晶材料の電荷輸送をTime-of-Flight法を用いて測定すると，電流値の減衰が観察されるのみで，電荷輸送を明確に観察することができない。一方，液晶物質の多結晶相，特に，液晶相を経由して作製された多結晶では，液晶相において分子配向秩序を持った凝集状態が予め形成されるため，ランダムな分子配向を持つアモルファス物質と異なり，結晶化した際に，電荷輸送を妨げる粒界での欠陥の形成が抑制される[10]。そのためTime-of-Flight法を用いて多結晶中の電荷輸送を調べ，移動度を直接，見積もることが可能である[10, 11]。多結晶における良好な電荷輸送は薄膜トランジスタや太陽電池のように移動度が特性に大きな影響を持つデバイスにとっては大きな利点である。以上のように液晶材料は電子デバイス用半導体材料として，非液晶物質では実現が難しい，多くの特質を持っている。では液晶物質を太陽電池に応用した場合，どのような利点が期待できるであろうか。

3.2　有機薄膜太陽電池材料として見た液晶材料の利点

まず初めに，有機太陽電池について少し説明を加えよう。詳細は他節に詳しく述べられているので，ここではその歴史的な背景と現状での課題を簡単に示すに留める。有機太陽電池研究の本格的な開始は，1986年にTangが有機材料の極薄膜でヘテロジャンクションを実現し，エネルギー変換効率1％を達成した時点といえるであろう[12]。このヘテロジャンクションという概念は，その後，ドナー材料とアクセプタ材料を混合して有機層全体に接合を形成するいわゆる，“バルク”ヘテロジャンクション（BHJ）へと発展する[13~15]。BHJ型の素子では，ナノスケールで凝集したドナー材料とアクセプタ材料により接合構造が発電層全域に形成されるため，光生成した励起子の解離が効率的に起こり，数％を超える高い効率が実現される。一方で電荷輸送という点でBHJ構造は大きな課題を残している。すなわち，BHJを形成する場合，ドナー材料とアク

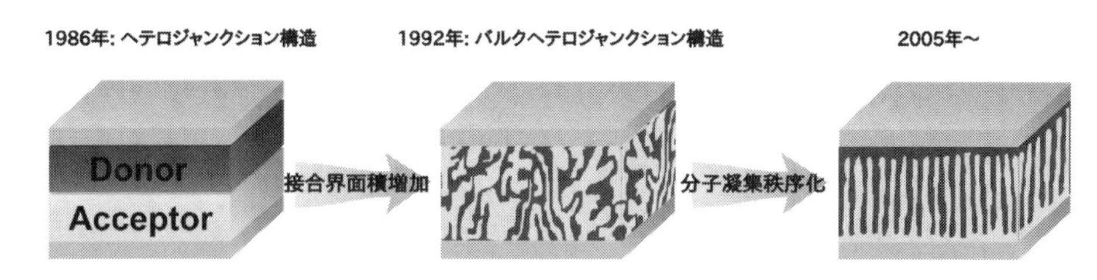

図2　有機薄膜太陽電池の変遷

セプタ材料はランダムに混合されるため，その薄膜では接合界面から電極までの伝導パスの形成が制御されておらず，また電荷輸送はランダムに配置された分子サイトを電荷がホッピング伝導するため，電荷輸送特性がその制約を受けることである。この問題に対し，2005年ごろよりバルクヘテロジャンクションに秩序性を付与することに関心が持たれている[16~18]。材料面から考えると，このようなナノスケールでの構造を効率よく実現するために，自発的に秩序性を持って分子が凝集する液晶材料が有利であると考えられる。また，デバイス作製プロセスの観点からみると，1986年の時点では真空蒸着法が用いられたが，現在のBHJセルにおいてはスピンコートやディップコート，各種印刷法のようなウェットプロセスも用いられるようになっている。こうした素子作製プロセスの面からみても，液晶材料は太陽電池用有機半導体材料として高いポテンシャルを持っていると考えられる。なぜなら，液晶分子は汎用溶媒への高い溶解性を示しウェットプロセスへの適用が容易で，かつ低分子材料で問題となる薄膜形成能も自己組織化を活用することにより，十分実用レベルに達するからである。事実，液晶性を活用することで，高分子材料に匹敵する均一な薄膜が得られることが実証されている[7]。以上のように液晶材料は，

①秩序だった凝集構造を自己組織的に形成し，それに基づく良好な電荷輸送を示す

②湿式プロセスを含む，高いプロセス適合性を持つ

という利点を持つ材料系であり，大変，魅力的である。

3.3　棒状液晶材料を用いた有機薄膜太陽電池

実際に棒状液晶材料を用いてバルクヘテロジャンクション型薄膜太陽電池を作製した例を示そう。材料はドナー材料として液晶性の1,4-diketo-*N,N′*-dimethyl-3,6-bis(4-dodecyloxyphenyl)pyrrolo[3,4-c]pyrrole(DmPP-O12[19])，アクセプタ材料として［6,6]-phenyl C61 butyric acid methyl ester（$PC_{61}BM$）を用いた。発電層はドナーとアクセプタ材料を混合したクロロホルム溶液を用いてスピンコート法により作製した。デバイス構造はITO/PEDOT:PSS(20nm)/DmPP-O12:$PC_{61}BM$＝2:1(250nm)/Al(150nm）である。

図4に擬似太陽光（AM1.5）照射下における電流-電圧特性を示す。電極面積は4 mm×4 mmである。作製直後の素子は若干の光電特性が見られるものの，効率は0.028%にとどまる。一方，素子に60℃で30分の熱処理を施すと，効率は1.1%と約40倍に改善する。素子特性の全てが改善しているが，特に，J_{SC}の改善が著しい。この結果はキャリア生成効率（＝光励起子解離効率）

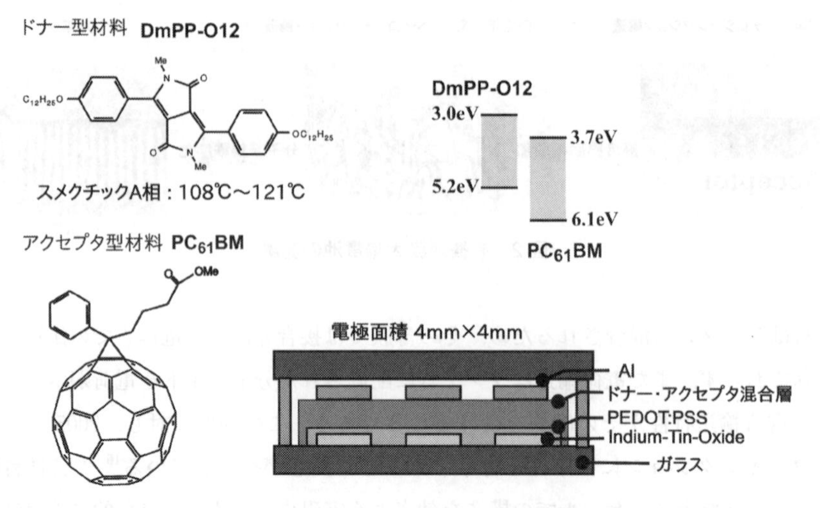

図3　用いた材料とそのエネルギーレベルおよび作製したデバイス構造

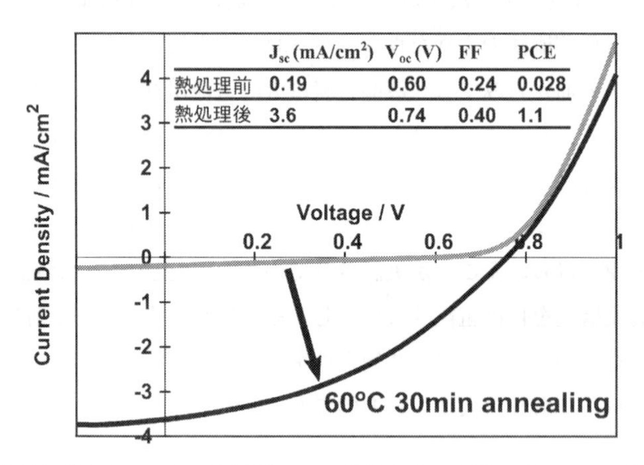

図4　棒状液晶材料を用いた太陽電池の *J-V* 特性と素子特性：熱アニール前後の変化

とキャリアの輸送効率の両方の改善が寄与していると考えられる。効率の値自体は1.1%とそれほど高くないが，これはここで用いたDmPP-O12の光吸収が限られていること，また，現状では形成されたドナーとアクセプタのグレインサイズが数百nm程度と大きいためと考えられる。

図5は熱処理前後におけるドナー・アクセプタ混合膜の様子を，偏光顕微鏡・XRD・AFMを用いて観察した結果である。偏光顕微鏡観察で得られるテクスチャは，熱処理前には暗視野に近い。熱処理を加えていくと一部からテクスチャに変化が見え始め，30分の処理後には図5にあるように明確な明視野へと変化する。このテクスチャの変化からおそらく分子の配向が変化していると予想される。それを確かめるために1次元のX線回折パターンを測定した。図5の中央がその結果である。熱処理前には低角側に鋭いピークが現れ，d-spacingは27.1Åと計算される。

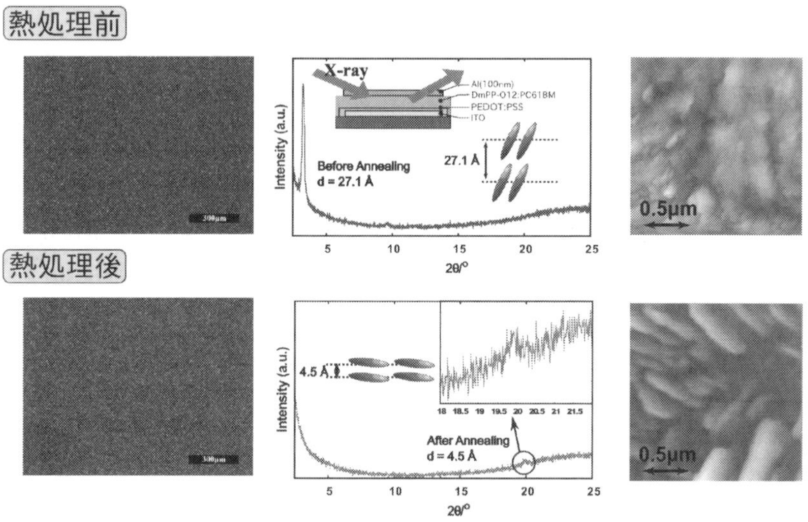

熱処理前

熱処理後

図5　熱処理前後のドナー・アクセプタ混合薄膜の様子：左から偏向顕微鏡像，XRD，AFM

この値はDmPP-O12の分子長43Åに比べると短い。このピークの帰属のため，側鎖アルキル鎖が合計炭素4つ分短いDmPP-O10で同様の測定を行ったところ，ピークの広角側へのシフトが見られた。このシフトはd-spacingが小さくなったことを意味し，これはDmPP-O12とO10の分子長の違いに由来する。つまり，低角側のピークはスメクチック液晶が形成する分子層の層間距離に対応し，この系では分子が基板に対し，傾いているということである。一方，熱処理を施すとこの低角の鋭いピークは完全に消失する。代わりに20°付近にd-spacingが4.5Åに対応した弱いピークが現れる。このピークはDmPP-O12，O10いずれの場合にも同様に観測される。つまりこのピークは側鎖アルキル鎖の長さに関係なく，π共役系コア部のパッキングで決まる分子間距離に対応している。以上のようにXRD観察から，ドナー・アクセプタ混合薄膜中において，熱処理により棒状液晶であるDmPP-O12の分子配向が基板に対して垂直から水平へと変化することが見出された。この結果は偏光顕微鏡観察の結果（暗視野→明視野）ともよく一致する。通常，液晶材料を片側が空気に接した条件，例えば溶液からのスピンコートなどで薄膜化すると，分子は基板に対して垂直に配向する[20]。ここで，熱処理を行うと，同様の現象が起こり，成膜直後は基板に対して垂直配向していた液晶分子が，熱のエネルギーを得ることでより安定な水平配向へと変化する。この分子配向の変化は液晶材料に特有で，非液晶物質には見られないユニークな特質と考えられる。

図5（右）は，熱処理前後の膜のモフォロジーをAFM観察により観察した結果である。

熱処理前は薄膜の表面は非常にフラットであるが，熱処理を加えると数百nm程度の構造が観察されるようになる。これは分子の配向の変化にともなって，分子凝集も同様に大きく変化したことを意味する。熱処理を施した薄膜をドナー材料とアクセプタ材料に対して大きく溶解性の異なるジヨードメタン（DmPP-O12 溶解度：極小，PCBM 溶解度：極大）に30秒浸漬し，PCBMを除去してAFMを観察すると，大きなグレインの構造は維持される。つまりこの大きなグレインはDmPP-O12が凝集した部分であり，PCBMは液晶材料から掃き出される形で膜中に存在しているものと考えられる。このようなアニールによる分子凝集構造の変化は他のポリマーや低分子の系でも報告されており[21~24]，相分離の促進として理解されている。本系では，液晶材料の特徴として相分離の促進が分子配向の変化にともなっていることが特徴としてあげられる。より微細なグレインの形成を実現することが，特性の改善に有効と考えられる。

3.4 おわりに

本稿では棒状の液晶材料を用いたバルクヘテロジャンクション型有機薄膜太陽電池の基礎的な検討結果を解説した。液晶物質の特質である分子配向の制御性を活用することで，配向制御されたBHJの形成が可能で，それによる太陽電池特性の向上を実証することができた。現状では，棒状液晶材料の有機薄膜太陽電池用の半導体材料としての高いポテンシャルを実証した初歩的な状況にあり，今後その有用性をさらに実証していく必要がある。本稿で指摘した液晶材料の特徴や有用性がより多くの方の注目するところとなり，この分野のさらなる発展につながれば幸いである。

文　献

1) D. Adam, F. Closs, T. Frey, D. Funhoff, D Haarer, P Schuhmacher, and K Siemensmeyer, *Phys. Rev. Lett.*, **70**, 457-460 (1993)
2) M. Funahashi and J. Hanna, *Phys. Rev. Lett.*, **78**, 2184-2187 (1997)
3) M. Funahashi and J. Hanna, *Appl. Phys. Lett.*, **71**, 602 (1997)
4) M. Funahashi and J. Hanna, *Appl. Phys. Lett.*, **74**, 2584-2586 (1999)
5) K. Kogo, T. Goda, M. Funahashi, and J. Hanna, *Appl. Phys. Lett.*, **73**, 1595 (1998)
6) H. Iino and J. Hanna, *J. Appl. Phys.*, **109**, 074505 (2011)
7) H. Iino and J. Hanna, *Adv. Mater.*, **23**, 1748-1751 (2011)
8) M. Funahashi, and J. Hanna, *Appl. Phys. Lett.*, **71** 602 (1997)
9) A. Ohno and J. Hanna, *Appl. Phys. Lett.*, **82**, 751 (2003)
10) H. Iino and J. Hanna, *Jpn. J. Appl. Phys.*, **45**, L867-L870 (2006)
11) K. Nakano, H. Iino, T. Usui, and J. Hanna, *Appl. Phys. Lett.*, **98**, 103302 (2011)
12) C. W. Tang, *Appl. Phys. Lett.*, **48**, 183-185 (1986)
13) M. Hiramoto, H. Fujiwara, and M. Yokoyama, *J. Appl. Phys.*, **72**, 3781-3787 (1992)
14) J. J. M. Halls, C. A. Walsh, N. C. Greenham, E. A. Marseglia, R. H. Friend, S. C. Moratti, and A. B. Holmes, *Nature*, **376**, 498-500 (1995)

15）G. Yu, J. Gao, J. C. Hummelen, F. Wudl, and A. J. Heeger, *Science*, **270**, 1789-1791 (1995)
16）F. Yang, M. Shtein, and S. R. Forrest, *Nat. Mater.*, **4**, 37-41 (2004)
17）K. M. Coakley and M. D. McGehee, *Chem. Mater.*, **16**, 4533-4542 (2004)
18）Y. Matsuo, Y. Sato, T. Niinomi, I. Soga, H. Tanaka, and E. Nakamura, *J. Am. Chem. Soc.*, **131**, 16048-50 (2009)
19）K. Praefcke, M. Jachmann, D. Blunk, and M. Horn, *Liq. Cryst.*, **24**, 153-156 (1998)
20）H. Iino and J. Hanna, *Mol. Cryst. Liq. Cryst.*, **510**, 259-267 (2009)
21）X. Yang, J. Loos, S. C. Veenstra, W. J. H. Verhees, M. M. Wienk, J. M. Kroon, M. A. J. Michels, and R. A. J. Janssen, *Nano Lett.*, **5**, 579-583 (2005)
22）G. Li, V. Shrotriya, J. Huang, Y. Yao, T. Moriarty, K. Emery, and Y. Yang, *Nat. Mater.*, **4**, 864-868 (2005)
23）M. Reyes-Reyes, K. Kim, and D. L. Carroll, *Appl. Phys. Lett.*, **87**, 083506 (2005)
24）P. Peumans, S. Uchida, and S. R. Forrest, *Nature*, **425**, 158-62 (2003)

第5章　有機薄膜太陽電池における評価手法

1　レーザ分光法による光電変換素過程の解明

大北英生*

1.1　はじめに

有機薄膜太陽電池における光電変換素過程は，図1に示すように，1）光吸収による励起子生成，2）ヘテロ接合界面への励起子拡散，3）ヘテロ接合界面での電荷分離，4）自由電荷への解離，5）電極への電荷回収の各過程から構成される。つまり，有機薄膜太陽電池の外部量子収率EQEは，これらの各過程の効率の積として与えられる（EQE = $\eta_{A}\ \eta_{ED}\ \eta_{CT}\ \eta_{CD}\ \eta_{CC}$）。したがって，EQEが低い原因を究明するには，各素過程の効率を知ることが重要である。これら一連の素過程は，10^{-15} sの光吸収による励起子生成から10^{-6} sの電荷回収に至るまで，実に9桁もの広い時間帯域にわたる高速現象である[1]。レーザ分光法は，これらの素過程を実時間で直接観測することが可能な有力な手法であり，これにより各効率を定量的に評価することができる。さらに，ダイナミクスを解析することによって各素過程の機構を詳細に議論することも可能である[1~12]。本節では，ポリチオフェン（P3HT）とフラーレン誘導体（PCBM）からなる高分子太陽電池の光電変換素過程を，レーザ分光法を用いて明らかにした研究[8~10]を紹介する。このP3HT/PCBM太陽電池は，光捕集帯域が可視域に限られるためエネルギー変換効率は4-5％にとどまるものの，80％以上のEQEや0.7に迫る曲線因子（FF）など優れた素子特性を示す[13~16]ため，

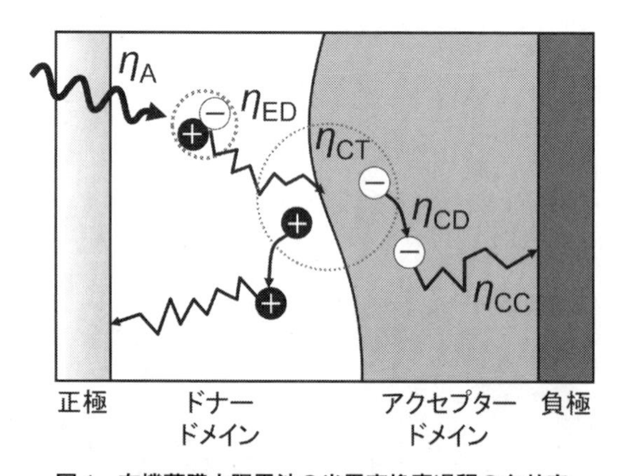

図1　有機薄膜太陽電池の光電変換素過程の各効率

η_{A} 光捕集効率，η_{ED} 励起子拡散効率，η_{CT} 電荷分離効率，η_{CD} 電荷解離効率，η_{CC} 電荷回収効率。

＊　Hideo Ohkita　京都大学　大学院工学研究科　高分子化学専攻　准教授；JSTさきがけ研究員

今なお基準素子として多くの研究者の興味を集めている[17)]。

1.2 レーザ分光法

光励起により過渡的に生成した励起子や非発光性の電荷キャリアを同定するには，レーザ分光法の一種である過渡吸収分光法が最も有力な手段である。過渡吸収測定では，光励起前の試料の透過光強度 I_0 と光励起後の試料の透過光強度 I を測定し，その比から吸光度変化 $\Delta\mathrm{OD}=\log(I_0/I)$ を算出する。したがって，光励起による生成物の吸収は正の吸光度変化として，光励起による基底状態吸収の減少（ブリーチング）や発光は負の吸光度変化として観測される。有機薄膜太陽電池の厚さは 100 nm（$=10^{-5}$ cm）程度と光路長が短いために，過渡吸収により観測される電荷キャリア等の吸収信号は極めて微弱であり，ノイズと区別して精度良く検出する技術が求められる。

励起直後の励起子拡散や電荷生成など 1 ns 以下の超高速現象を捉えるには，ポンプ＆プローブ法が最も広く用いられている。ポンプ＆プローブ法では，試料を励起するポンプ光，透過光強度の測定に用いるプローブ光ともに極短パルス光源を用い，二つの光パルスが試料に到達する時間を変えることにより，種々の時間での過渡吸収を測定する。図2は，代表的なポンプ＆プローブ分光計の概略図である。二つの光パルスのタイミングは，光学的遅延回路を用いて制御する。例えば，光学遅延回路を 3 mm に設定すれば，励起後 10 ps の過渡吸収信号を得ることができる。遅延距離を 3 mm，6 mm，9 mm と変えることにより，10 ps，20 ps，30 ps の過渡吸収信号の時間変化を追跡することができる。また，光学的遅延回路に加えて，独立したプローブ光源を電気的遅延回路によって駆動させることにより，光学的遅延回路では困難な 10 ns 以降の過渡吸収信号を検出することも可能である。われわれのシステムでは，積算回数にもよるが，10^{-4} 程度の吸光度変化を検出することができる。後述するマイクロ秒のシステムに比べると検出感度は劣るが，吸光度が大幅に減衰する前の初期過程であれば薄膜素子に対しても十分に検出可能なレベルである。

電荷キャリアの二分子再結合など比較的遅い現象を検出するには，信号強度が時間経過により

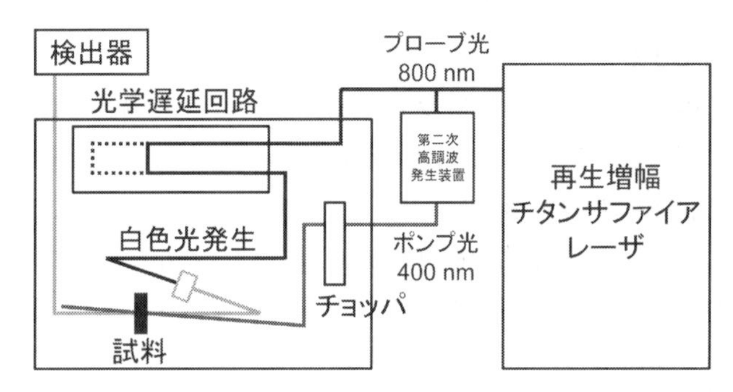

図2　ポンプ＆プローブ過渡吸収測定システムの概略図

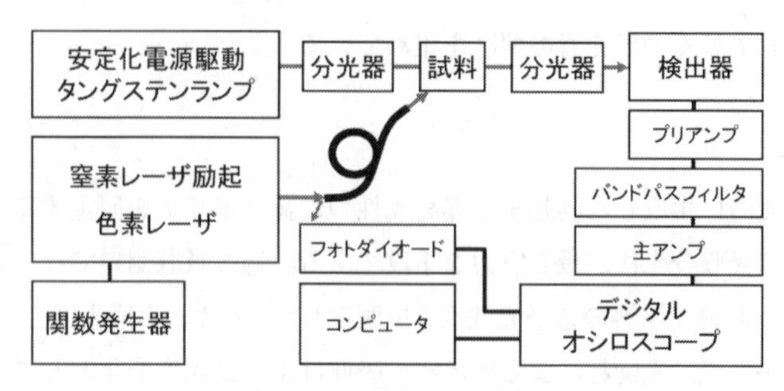

図3　マイクロ秒高感度過渡吸収測定システムの概略図

大幅に減衰しているので，より高感度な測定システムが必要である。図3は，われわれのグループで用いているマイクロ秒の高感度過渡吸収測定システムの概略図である。このシステムでは，プローブ光源としてタングステンランプを使用し，安定化電源を用いることでプローブ光強度のゆらぎを極力低減している。さらに，二台の分光器を試料の前後にそれぞれ配置することにより，不必要な試料励起や迷光をできるだけ排除している。励起光源には，窒素レーザ励起の色素レーザを使用し，試料に応じて最適な励起波長を選択している。レーザ光によるトリガー信号に同期して，試料を透過したプローブ光をプレアンプ内蔵のシリコンフォトダイオードにより検出し，電気的なバンドパスフィルタにより観測時間帯域を制限してから主アンプによる増幅を行うことによってS/N比を向上させている。検出器にInGaAs PINフォトダイオードを用いれば，近赤外領域の測定も可能である。このシステムでは，観測時間域にもよるが，10^{-5}から10^{-6}程度の微弱な吸光度変化を検出することが可能である。

1.3　電荷生成・再結合ダイナミクス

光励起直後から数ナノ秒の時間域を観測することで，有機薄膜太陽電池における電荷生成・再結合ダイナミクスを観測することができる。ここでは，側鎖の位置規則性が異なる二種類のP3HT（側鎖の位置規則性がランダムなRRa-P3HTと位置規則性が高度に制御されたRR-P3HT）をドナー材料として用い，アクセプター材料であるPCBMとのブレンド膜における電荷生成・再結合ダイナミクスについて述べる[9]。

1.3.1　RRa-P3HT/PCBM

まず，重量比1:1のRRa-P3HT/PCBMブレンド膜のフェムト秒過渡吸収スペクトルを，図4に示す。励起直後に観測される1000 nm付近の吸収帯はRRa-P3HTの一重項励起子に帰属される。この吸収帯は1 ps後にはほぼ消失し，代わって800 nm付近と1600 nm付近にブロードな吸収帯が，1020 nm付近に鋭い吸収帯が明瞭に観測されるようになった。これらは，RRa-P3HTの（正孔）ポーラロン帯およびPCBMアニオンの吸収帯に帰属される。一重項励起子の吸収帯は，PCBMを含まないRRa-P3HT膜と比較すると，0 psの励起直後においてもすでに50%以下に消光されており，ほぼすべての励起子が1 ps以内に効率よく電荷分離することが分かった。

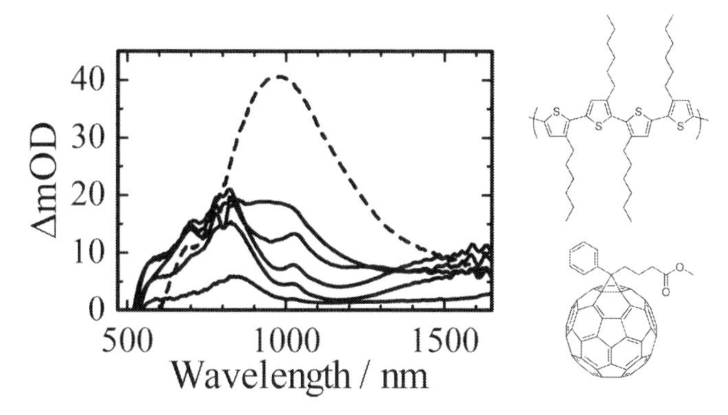

図4　RRa-P3HT/PCBM 膜の過渡吸収スペクトル[9)]
上から順に励起後 0, 0.2, 1, 100, 3000 ps のスペクトル，
破線は RRa-P3HT ニート膜の 0 ps の過渡吸収スペクトル，
右図は RRa-P3HT（上）と PCBM（下）の構造式。

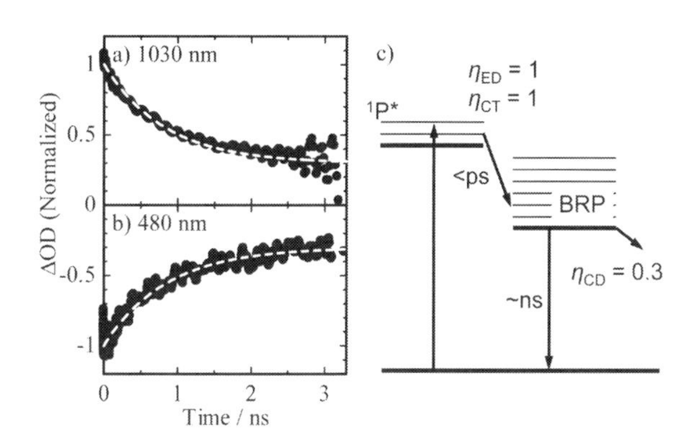

図5　RRa-P3HT/PCBM 膜における電荷生成・電荷再結合のダイナミクス[9)]
a)RRa-P3HT ポーラロンの減衰，b)基底状態ブリーチングの回復，c)電荷生成・再結合のまとめ。

1000 nm に観測される一重項励起子の吸収と 1600 nm でのポーラロンの吸収の時間発展を解析すると，一重項励起子は 0.2 ps 時定数で減衰し，ポーラロンは 70%が励起パルス（破線）内においてすでに電荷分離し，残り 30%が一重項励起子と同じ 0.2 ps の時定数で生成することが分かった。一重項励起子の寿命は数百 ps であるので，一重項励起子からポーラロンはほぼ 100%の収率で生成していると速度論的にいえる。つまり，$\eta_{ED}=\eta_{CT}=1$ と見積もることができる。このような効率の良い電荷分離は，非晶性の RRa-P3HT 膜中に PCBM が比較的分子分散するために，励起子は拡散することなく近傍の PCBM と電荷分離を起こすためであると考えられる。

ポーラロン吸収帯の減衰ダイナミクスを詳しく解析すると，図5に示すように，その後約 1 ns の時定数で 30%にまで減衰することが分かった。470 nm 付近に観測される RRa-P3HT の基底状態のブリーチングもほぼ同じく約 1 ns の時定数で回復しており，電荷分離により生成したポーラロンの70%が，フラーレンアニオンとの再結合により基底状態へ速やかに失活していることを示している。電子と正孔の再結合ダイナミクスには，対再結合と二分子再結合が存在し，吸収スペクトルだけでは両者を区別することはできないが，前者は1次反応，後者は2次反応であるので，減衰ダイナミクスを解析することにより両者を区別することが可能である。1次反応の減衰時定数は初期濃度によらず一定であるが，2次反応の半減期は初期濃度に反比例する。したがって，減衰ダイナミクスの励起光強度依存性を解析することにより，両者を見分けることができる。この系の場合，減衰は対再結合によるものであることが分かった。すなわち，RRa-P3HT/PCBMブレンド膜では，励起子の電荷分離によりRRa-P3HTポーラロンおよびPCBMアニオンが効率よく生成するものの，クーロン引力に束縛された対イオン（Bound Radical-ion Pair：BRP）として存在するため，その多くは自由電荷に解離することなく，対再結合により基底状態へと失活していることが分かった。マイクロ秒の時間領域においてRRa-P3HTポーラロンおよびPCBMアニオンが観測されるが，対再結合を逃れて解離することができたごく一部の自由電荷であるといえる。

1.3.2 RR-P3HT/PCBM

一方，重量比1:1のRR-P3HT/PCBMブレンド膜（熱処理後）のフェムト秒過渡吸収スペクトルの時間変化は，図6に示すように，RRa-P3HT/PCBMとはやや異なる。励起直後に観測される吸収帯はRRa-P3HT一重項励起子よりも長波長の1200 nm付近に極大を示し，RR-P3HTの一重項励起子はRRa-P3HT一重項励起子よりも非局在化していることが分かる。この一重項励起子の吸収帯は，RR-P3HTニート膜と比較すると0 psの励起直後においてもすでに大きく消光されているが，RRa-P3HT/PCBMブレンド膜と比較すると吸収強度は大きく，減衰も遅いことが分かった。また，0 psの励起直後において，すでに650-1000 nm付近にポーラロン対あるいはポーラロン等の電荷種に帰属される吸収が観測されていることから，ヘテロ接合界面の近傍

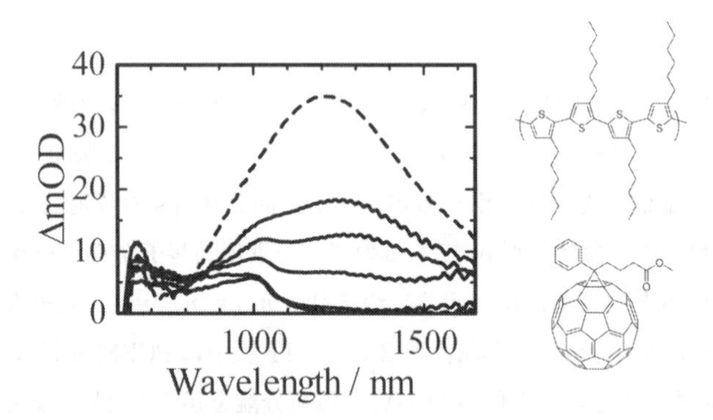

図6 RR-P3HT/PCBM膜の過渡吸収スペクトル[9]
上から順に励起後0, 1, 10, 100, 3000 psのスペクトル，
破線はRR-P3HTニート膜の0 psの過渡吸収スペクトル，
右図はRR-P3HT（上）とPCBM（下）の構造式。

に生成した励起子は素早く電荷分離しているものと考えられる。その後，一重項励起子はゆっくりと減衰し，650-1000 nm 付近のポーラロン種の吸収帯が明瞭に観測された。1200 nm に観測される一重項励起子吸収の時間発展を解析すると，一重項励起子の時間減衰は二成分の指数関数により解析することができ，一成分は RRa-P3HT ニート膜と同じ時定数であることから電荷分離することなく発光により失活する励起子が存在することが分かった。この結果は蛍光消光の結果とも一致する。一方，720 nm に観測されるポーラロン吸収の時間発展を解析すると，RRa-P3HT/PCBM ブレンド膜と同様に，励起直後に生成するポーラロンと一重項励起子の減衰と同じ時定数で生成するポーラロンが存在することが明らかとなった。RRa-P3HT/PCBM ブレンド膜でのポーラロン生成時定数は 0.2 ps であったのに対し，RR-P3HT/PCBM ブレンド膜では 8 ps と 1 桁以上遅い値を示した。この時定数は，RR-P3HT の組成比を下げると減少することから，RR-P3HT ドメイン内に生成した励起子がヘテロ接合界面へ拡散する過程に律速されたポーラロン生成に帰属できる。このような遅いポーラロン生成は，結晶性の RR-P3HT を用いた RR-P3HT/PCBM ブレンド膜では，RR-P3HT は大きな結晶ドメインを形成することに起因すると考えられる。以上の結果をまとめると，RR-P3HT/PCBM ブレンド膜では，ヘテロ接合界面での電荷分離効率は 100％であるものの，一重項励起子の一部はヘテロ接合界面に到達できていないことが分かる。解析の結果，$\eta_{ED}=0.89$，$\eta_{CT}=1$ と見積もることができた。

図7に示すように，650-1000 nm 付近に観測されるポーラロン種の吸収帯は，波長により異なる減衰ダイナミクスを示すことから，複数のポーラロン種が存在することが分かった。1000 nm の吸収帯は数ナノ秒の時間域ではまったく減衰しないのに対して，850 nm では 25％程度が 250 ps の時定数で減衰することが分かった。興味深いことに，基底状態のブリーチングも波長により異なる減衰ダイナミクスを示した。480 nm で観測した基底状態ブリーチングは 250 ps の時定数で回復するのに対して，650 nm で観測した基底状態ブリーチングは 250 ps の時定数で逆に

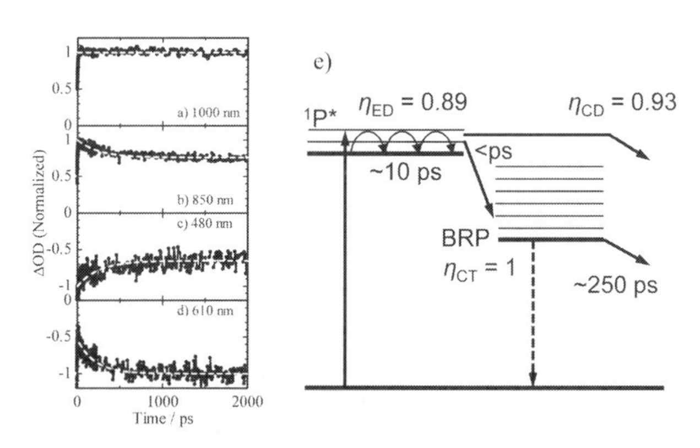

図7　RR-P3HT/PCBM 膜における電荷生成・電荷再結合のダイナミクス[9]
a)非晶相のポーラロン吸収(1000 nm)，b)非晶相の BRP 吸収(850 nm)，c)非晶域の基底状態ブリーチング(480 nm)，d)結晶相の基底状態ブリーチング(610 nm)，e)電荷生成・再結合のまとめ。

増加することが分かった。RR-P3HT の基底状態吸収は，短波長域が非晶相の吸収に，650 nm 付近は結晶相に由来する吸収に帰属されることから，上述の結果は，非晶相に生成した BRP が 250 ps の時定数で自由電荷へと解離し，結晶相へ電荷シフトしている様子を捉えているものと考えられる。詳細は割愛するが，700 nm の吸収帯は結晶相に生成した RR-P3HT ポーラロンに，850 nm の吸収帯は非晶相に生成した RR-P3HT ポーラロンと PCBM アニオンの BRP に，1000 nm の吸収帯は非晶相に生成した RR-P3HT ポーラロンに帰属される。これらの生成・減衰ダイナミクスを解析した結果，自由電荷の生成には，励起直後から生成する成分と，非晶相に生成した BRP から生成する成分が存在し，全体の電荷解離収率は $\eta_{CD}=0.93$ と見積もられた。

1.4 二分子再結合ダイナミクス

ヘテロ接合界面での対再結合を逃れて解離した自由電荷は，電極に回収されるまで二分子再結合と競合することになる。この二分子再結合ダイナミクスを観測するためマイクロ秒以降の時間領域での過渡吸収測定を行った[10)]。図 8 は，RR-P3HT/PCBM ブレンド膜のマイクロ秒時間域での過渡吸収スペクトルである。励起後サブマイクロ秒から 100 μs もの長時間領域にわたって 700 および 1000 nm 付近に吸収帯が観測された。いずれも酸素による消光は受けないことから，三重項励起子ではなく P3HT のポーラロンに帰属される。興味深いことに，700 nm の吸収帯は 1000 nm の吸収帯に比べて速く減衰しており，RR-P3HT/PCBM ブレンド膜には異なる二種類のポーラロンが存在していることを示唆している。励起光強度を変えて減衰ダイナミクスを測定したところ，いずれも強度依存性を示し，べき乗の経験式(1)にしたがうことが分かった。

$$n(t)=\frac{n_0}{(1+at)^{\alpha}} \tag{1}$$

700 nm の吸収帯は $\alpha=1$ を，1000 nm の吸収帯は $\alpha=0.5$ を示し，前者はトラップフリーの二分子再結合を，後者はトラップ律速の二分子再結合であることを示唆している[18)]。

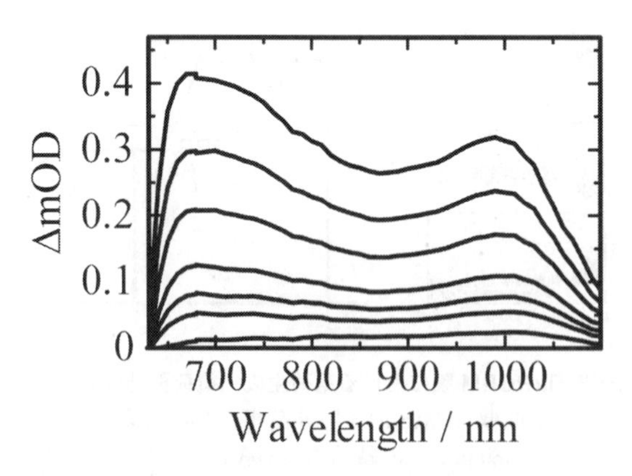

図 8　RR-P3HT/PCBM 膜のマイクロ秒過渡吸収スペクトル[10)]

拡散律速の二分子再結合は，キャリア濃度 $n(t)$ および二分子反応速度定数 $\gamma(t)$ を用いて式(2)で与えられる。

$$\frac{\mathrm{d}n(t)}{\mathrm{d}t} = -\gamma(t)n^2(t) \tag{2}$$

式(2)に式(1)を代入し，$\gamma(t)$ について整理すると式(3)が得られる。

$$\gamma(t) = \frac{a\alpha}{n_0}(1+at)^{\alpha-1} \tag{3}$$

式(3)に式(1)を代入し，$\gamma(t)$ を n について整理すると式(4)が得られる。

$$\gamma(n) = \frac{a\alpha}{n}\left(\frac{n}{n_0}\right)^{\frac{1}{\alpha}} \tag{4}$$

式(3)に実験で得られた α を代入すると，図9に示すように，700 nm の吸収帯に対して二分子反応速度定数 $\gamma(t)$ は一定値を示すのに対して，1000 nm の吸収帯に対して $\gamma(t)$ は時間依存性を示し，時間とともに減少することが分かった。式(4)を用いてキャリア濃度に対して二分子反応速度定数 $\gamma(n)$ をプロットすると，キャリア濃度の上昇とともに $\gamma(n)$ は増加することが分かった。$\gamma(t)$ の温度依存性から実効的な活性化エネルギー E_A を評価したところ，700 nm のポーラロンに対する活性化エネルギーは，0.078 eV の一定値を示した。これに対して，1000 nm のポーラロンに対する活性化エネルギーは，キャリア濃度の増加とともに低下することが分かった。E_A の

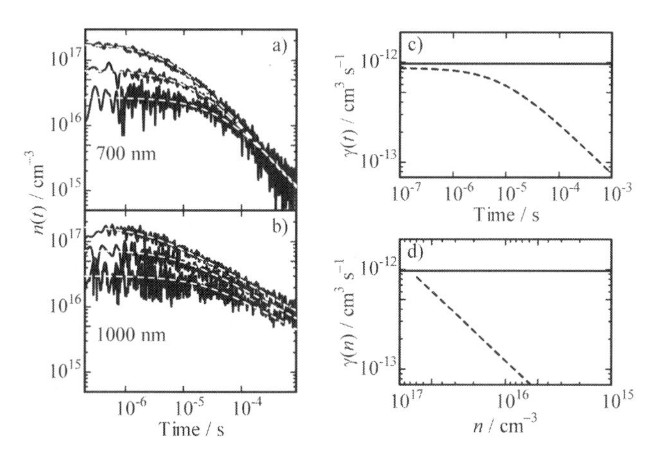

図9　RR-P3HT/PCBM 膜における二分子再結合ダイナミクス[10)]

a)結晶相のポーラロン吸収の時間減衰，b)非晶相のポーラロン吸収の時間減衰，
c)二分子再結合速度の時間依存性，d)二分子再結合速度のキャリア濃度依存性，
実線は結晶相ポーラロン，破線は非晶相ポーラロンの二分子再結合速度を表す。

キャリア濃度依存性は，キャリア濃度の増加とともにトラップフィリング効果により実効的な活性化エネルギーが低下していることを示唆している。したがって，700 nm の吸収帯はトラップフリーなポーラロンに，1000 nm の吸収帯はトラップに捕捉されたポーラロンに帰属することができる。

以上の結果を基に二分子再結合ダイナミクスと電荷回収効率 η_{CC} との関係を検討する。1 sun 照射下の開放状態におけるキャリア濃度はおよそ $10^{16}-10^{17}$ cm^{-3} であり[19]，この条件下でのキャリア寿命（$\tau_c=(\gamma n_0)^{-1}$）は，図9より 10 μs 以上と見積もられる。一方，電荷回収時間 t_{CC} は，短絡条件ではドリフト電流の走行時間として評価できるので，活性層の膜厚 d，移動度 μ，内蔵電位 V_b（$\approx V_{OC}$）を用いて $t_{CC}=d^2/2\mu V_b\approx 0.1-1\,\mu$s と見積もられる[20]。したがって，キャリア寿命は電荷回収時間に比べ十分に長い（$t_{CC}\ll\tau_c$）ので，電荷キャリアは効率よく電極に回収されることが分かる。開放電圧近傍での電荷回収時間は 10 μs 以下[19] と見積もられており，内蔵電位の低い条件でも効率よく電荷が回収されることが分かる。実際，素子特性から評価される EQE と過渡吸収測定により評価した η_{ED}，η_{CT}，η_{CD} を用いて η_{CC} を評価すると 0.9 以上と見積もられる。RR-P3HT/PCBM 太陽電池における高い η_{CC} ならびに高い FF は，自由電荷の長い寿命に由来すると考えられる。

1.5 おわりに

以上の結果を整理すると，RR-P3HT/PCBM 太陽電池の光電変換素過程は図10のようにまとめられる。いずれの素過程も 90％以上の効率で進行しているため，高い光電変換効率を示すことが分かった。RRa-P3HT/PCBM ブレンド膜と比較すると，RR-P3HT/PCBM ブレンド膜では，自由電荷が高効率で生成することとその寿命が長いことが特長であり，高い素子特性の起源であると考えられる。自由電荷への高い解離効率の原因としては，高い局所移動度[9, 21]，励起子の非局在化[9, 22] や生成した電荷の非局在化[23]，エントロピー効果[24, 25] など様々な要因が提案されている。一方，遅い二分子再結合に由来する自由電荷の長い寿命は，二分子再結合が拡散律速過程

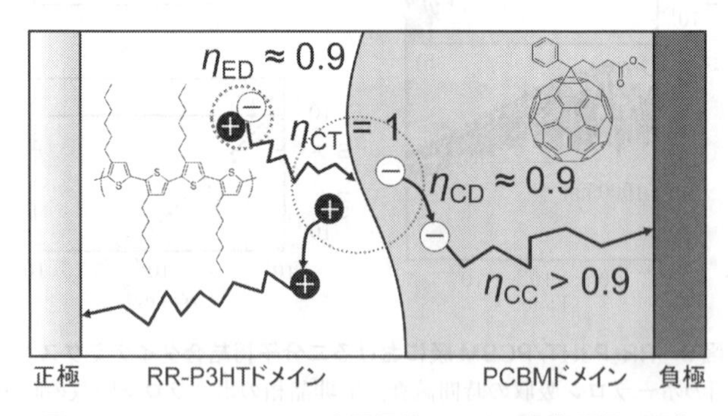

図10 RR-P3HT/PCBM 太陽電池における各素過程の効率

η_{ED} 励起子拡散効率，η_{CT} 電荷分離効率，η_{CD} 電荷解離効率，η_{CC} 電荷回収効率。

ではないことを示唆している[26~28]。これらの機構を明らかにすることが，有機薄膜太陽電池の高効率化を合理的に進める上で重要であると考えられる。有機薄膜太陽電池のエネルギー変換効率は，新材料の開発によって年々着実に向上しており，2011年には10%を超えるまでに至っている[29~31]。一方で，素子内部での光電変換素過程については不明な点が多く現状では十分に理解されているとはいえない。有機薄膜太陽電池は，バルク材料である無機太陽電池とは異なり，分子集合体素子である。それゆえに，有機薄膜太陽電池の本質に迫るには，分子の時空スケールからのアプローチがきわめて重要である。さらなる高効率化のためには，素過程の探究によりその本質を明らかにするとともに新しい発電原理を探求することが求められる。

文　　献

1) H. Ohkita, S. Ito, *Polymer*, **52**, 4397 (2011)
2) S. Cook, H. Ohkita, J. R. Durrant, Y. Kim, J. J. Benson-Smith, J. Nelson, D. D. C. Bradley, *Appl. Phys. Lett.*, **89**, 101128 (2006)
3) H. Ohkita, S. Cook, Y. Astuti, W. Duffy, M. Heeney, S. Tierney, I. McCulloch, D. D. C. Bradley, J. R. Durrant, *Chem. Commun.*, 3939 (2006)
4) S. Cook, H. Ohkita, Y. Kim, J. J. Benson-Smith, D. D. C. Bradley, J. R. Durrant, *Chem. Phys. Lett.*, **445**, 276 (2007)
5) H. Ohkita, S. Cook, Y. Astuti, W. Duffy, S. Tierney, W. Zhang, M. Heeney, I. McCulloch, J. Nelson, D. D. C. Bradley, J. R. Durrant, *J. Am. Chem. Soc.*, **130**, 3030 (2008)
6) S. Yamamoto, J. Guo, H. Ohkita, S. Ito, *Adv. Funct. Mater.*, **18**, 2555 (2008)
7) J. J. Benson-Smith, H. Ohkita, S. Cook, J. R. Durrant, D. D. C. Bradley, J. Nelson, *Dalton Trans.*, 10000 (2009)
8) J. Guo, H. Ohkita, H. Benten, S. Ito, *J. Am. Chem. Soc.*, **131**, 16869 (2009)
9) J. Guo, H. Ohkita, H. Benten, S. Ito, *J. Am. Chem. Soc.*, **132**, 6154 (2010)
10) J. Guo, H. Ohkita, S. Yokoya, H. Benten, S. Ito, *J. Am. Chem. Soc.*, **132**, 9631 (2010)
11) H. Ohkita, J. Kosaka, J. Guo, H. Benten, S. Ito, *J. Photon. Energy*, **1**, 011118 (2011)
12) S. Honda, S. Yokoya, H. Ohkita, H. Benten, S. Ito, *J. Phys. Chem. C*, **115**, 11306 (2011)
13) G. Li, V. Shrotriya, J. Huang, Y. Yao, T. Moriarty, K. Emery, Y. Yang, *Nat. Mater.*, **4**, 864 (2005)
14) Y. Kim, S. Cook, S. M. Tuladhar, S. A. Choulis, J. Nelson, J. R. Durrant, D. D. C. Bradley, M. Giles, I. McCulloch, C.-S. Ha, M. Ree, *Nat. Mater.*, **5**, 197 (2006)
15) J. Y. Kim, S. H. Kim, H.-H. Lee, K. Lee, W. Ma, X. Gong, A. J. Heeger, *Adv. Mater.*, **18**, 572 (2006)
16) M. D. Irwin, D. B. Buchholz, A. W. Hains, R. P. H. Chang, T. J. Marks, *Proc. Natl. Acad. Sci.*, **105**, 2783 (2008)

17) M. T. Dang, L. Hirsch, G. Wantz, *Adv. Mater.*, **23**, 3597 (2011)
18) J. Nelson, *Phys. Rev. B*, **67**, 155209 (2003)
19) C. G. Shuttle, A. Maurano, R. Hamilton, B. O'Regan, J. C. de Mello, J. R. Durrant, *Appl. Phys. Lett.*, **93**, 183501 (2008)
20) S. R. Cowan, R. A. Street, S. Cho, A. J. Heeger, *Phys. Rev. B*, **83**, 035205 (2011)
21) D. Veldman, Ö. İpek, S. C. J. Meskers, J. Sweelssen, M. M. Koetse, S. C. Veenstra, J. M. Kroon, S. S. van Bavel, J. Loos, R. A. J. Janssen, *J. Am. Chem. Soc.*, **130**, 7721 (2008)
22) C. Schwarz, H. Bässler, I. Bauer, J.-M. Koenen, E. Preis, U. Scherf, A. Köhler, *Adv. Mater.*, **24**, 922 (2012)
23) C. Deibel, T. Strobel, V. Dyakonov, *Phys. Rev. Lett.*, **103**, 036402 (2009)
24) T. M. Clarke, J. R. Durrant, *Chem. Rev.*, **110**, 6736 (2010)
25) B. A. Gregg, *J. Phys. Chem. Lett.*, **2**, 3013 (2011)
26) M. Hilczer, M. Tachiya, *J, Phys. Chem. C*, **114**, 6808 (2010)
27) A. J. Ferguson, N. Kopidakis, S. E. Shaheen, G. Rumbles, *J. Phys. Chem. C*, **115**, 23134 (2011)
28) S. Yamamoto, A. Orimo, H. Ohkita, H. Benten, S. Ito, *Adv. Energy Mater.*, **2**, 229 (2012)
29) M. A. Green, K. Emery, Y. Hishikawa, W. Warta, E. D. Dunlop, *Prog. Photovolt.* : *Res. Appl.*, **20**, 12 (2012)
30) http://newsroom.ucla.edu/portal/ucla/ucla-engineers-create-tandem-polymer-228468.aspx?link_page_rss=228468
31) http://www.sumitomo-chem.co.jp/newsreleases/docs/20120214.pdf

2　有機薄膜太陽電池における特性劣化評価

山成敏広[*1]，吉田郵司[*2]

2.1　はじめに

地球温暖化や環境破壊を引き起こす化石燃料エネルギーの代替となるクリーンエネルギーの候補として太陽光発電に期待が寄せられている。シリコン系太陽電池が現在主流であるが，より一層の普及のためには，低コスト化が不可欠であるといわれている。この観点から，CIGS などの無機半導体材料を用いた太陽電池に加えて，有機材料を用いた太陽電池が次世代太陽電池の候補として挙げられるようになってきている。

有機薄膜太陽電池は，有機材料の半導体的性質に基づく固体型の太陽電池である。有機薄膜太陽電池の特長としては，材料と製造コストが安いことやプラスチック基板を用いればフレキシブル太陽電池を作ることができることなどが挙げられる。また，有機半導体デバイスの研究分野に目を向けると，有機電界発光（EL）デバイスが携帯電話や情報端末（PDA）のフルカラーディスプレイとして実用に供されるようになっており，有機 EL デバイスの研究開発から有機電界効果トランジスタ（FET）や有機薄膜太陽電池といった新規デバイスの研究開発へ関心が移行しつつある。このような追い風下で研究は活発化しており，最近，エネルギー変換効率（PCE）が10％を超える有機薄膜太陽電池が報告され[1]，実用化への期待が膨らんでいる。とはいえ，無機系太陽電池や色素増感太陽電池と比べると変換効率は低いため，更なる性能向上が望まれる。長期信頼性（耐久性）も重要であるが，劣化の機構について未知な部分が多く，研究者がやるべきことは多く残っている。

有機薄膜太陽電池の典型的な素子の構造と広く用いられている材料を図 1 に示す。現在主流となっている有機薄膜太陽電池の発電層はバルクヘテロ接合構造をとっているが，これは p 型半導体分子と n 型半導体分子を混合することで三次元的な p-n 接合を形成した構造[2,3]である。このバルクヘテロ接合構造では，p-n 接合界面が二次元的な単純積層 p-n 接合型構造と比べて光電変換に寄与する界面面積が飛躍的に増大するため，より多くの光電流を取り出すことができるようになり，変換効率が向上する。発電用有機半導体材料については，2007 年頃までは有機 EL や有機トランジスタ用に開発された材料が多く，他分野で有用な材料をとりあえず太陽電池に転用している状況であった。2007 年以降，米国ベンチャー企業や国内化学メーカーにより有機太陽電池用の材料開発が活発に行われ，多く p 型半導体材料の材料が報告されてきており[4~6]，さらに高性能化が進むと期待される。

有機薄膜太陽電池はその作製方法から，低分子蒸着型と高分子塗布型の二つに大別できる。低

＊1　Toshihiro Yamanari　㈱産業技術総合研究所　太陽光発電工学研究センター　先端産業プロセス・低コスト化チーム　研究員

＊2　Yuji Yoshida　㈱産業技術総合研究所　太陽光発電工学研究センター　先端産業プロセス・低コスト化チーム　研究チーム長

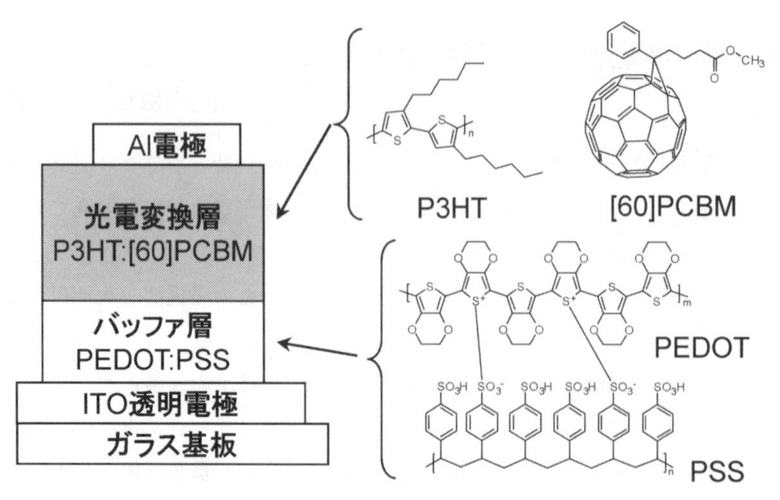

図1　典型的な高分子塗布系有機薄膜太陽電池（P3HT：[60]PCBM）の構造

分子蒸着型太陽電池は低分子材料を真空蒸着により製膜するものである。一方，高分子塗布型太陽電池は共役系高分子などの可溶性分子を溶媒に溶かして塗布により製膜するものである。p型材料とn型材料を予め混合した溶液を塗布するだけで，バルクヘテロ接合構造を持った光電変換層を作ることができ，プロセスが非常に簡便である。光電変換層だけでなく，すべての作製プロセスを塗布法により行えるようになれば，製造コストを大幅に削減できると期待されるため，低コスト・低環境負荷な太陽電池として塗布型有機薄膜太陽電池の研究開発が欧米を中心に，全世界で活発化してきている。筆者らのグループによる試作では，P3HTと[60]PCBMの混合比が重量比で1：0.7の溶液をスピンコート製膜し，バルクヘテロ接合層の厚みが90nmのときにエネルギー変換効率3.6％が得られている[7]。本稿では，この高分子塗布型有機薄膜太陽電池の高耐久化に向けた劣化機構に関する研究について紹介する。

2.2　特性劣化の評価

有機薄膜太陽電池の実用化において，高耐久化は不可欠の技術要素であるが，劣化の機構そのものがまだ十分に解明されておらず，現状では高耐久化への明確な指針を示すことが困難である。そこで，現在最も多くの研究者に研究されているP3HTと[60]PCBMを用いた典型的塗布型太陽電池（図1）の劣化挙動について詳細に調べた。

2.2.1　光照射下での劣化

大気中の酸素や水分など雰囲気の影響を排除するために，窒素ガス中にて連続光照射試験を行った（図2）。50時間の光照射で，変換効率は初期効率の約40％まで大きく低下した。太陽電池特性のうち，開放端電圧（V_{OC}）の低下が顕著で，短絡電流密度（J_{SC}）の低下は軽微であった。光照射後に，太陽電池を熱アニール処理すると変換効率がほぼ光照射前の値まで回復した。また，分光感度特性（IPCE）のスペクトル形状は動作試験前後・熱アニール処理後で全く変化しない

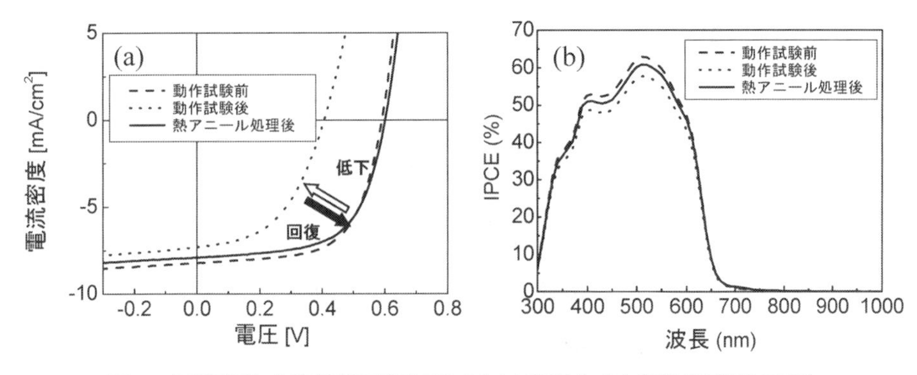

図2　窒素雰囲気中連続光照射下での (a) *J*–*V* 特性と (b) 分光感度特性の変化

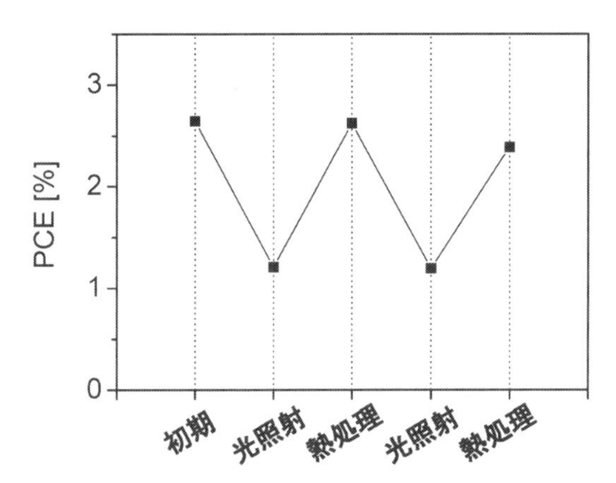

図3　光照射による発電特性の低下と熱処理による回復

ことから，50時間程度の短時間の連続光照射では太陽電池を構成している有機分子が分解されているわけではないと考えられる。図3に示すように，この光照射による劣化は熱アニール処理によって繰り返し回復可能であり，劣化というよりは発電機能の一時的な低下と言える[8)]。要因として，太陽電池の中に残存する酸素や水分，あるいは電極までのキャリア輸送ネットワークを上手く形成できなかった孤立したP3HTやPCBMがトラップとして働き，光照射によって発生したキャリアの一部がそれらのトラップ上に蓄積してしまっていることが考えられる。キャリアトラップについて，電子スピン共鳴法（ESR）[9)]や熱刺激電流法（TSC）[10)]を用いた解析結果が最近報告されている。

有機材料は一般に高いエネルギーを持つ紫外線によって分解が起こることが考えられる。有機薄膜太陽電池の光照射による特性低下には，特定の波長の光のみが関与していることが考えられる。そこでカラーフィルタを用いて，疑似太陽光の一部をカットすることで，波長依存性を調べた。図4に示すとおり，波長400nm以下の光のみを透過するフィルタを用いた場合，疑似太陽光をそのまま照射した場合と同程度の低下であった。また，紫外光から近赤外光までカットする

(a)

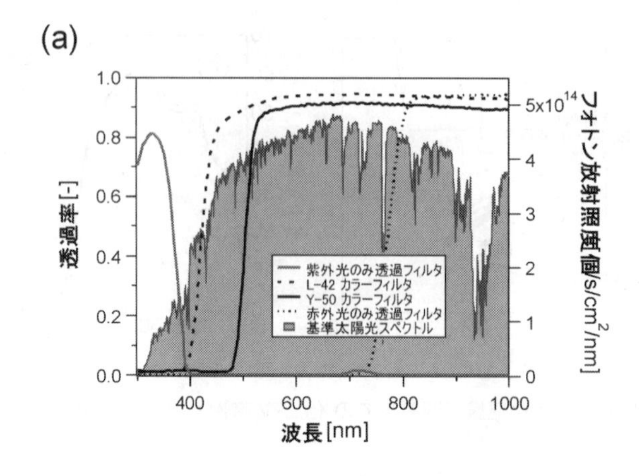

(b)

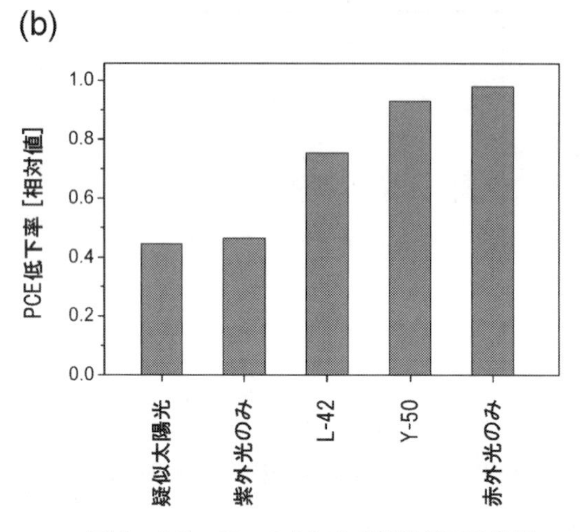

図4　カラーフィルタによる特性低下の抑制

波長帯を長波長側にずらすほど低下が抑えられた（図4(b)）。したがって，短波長領域の光を照射することで，キャリアトラップのサイトが生じるような化学的変化が起こっていると思われる。光による特性低下は入射側に波長カットするための層をもうけることで大部分を抑えられる。その場合には入射する光の量が減ってしまいJ_{SC}が低下するのだが，仮に800nmまでの光を100％電流に変換できる太陽電池で400nm以下の光を完全にカットした場合，カットしない場合と比較して入射フォトンの総量の損失は1割に満たない計算になり，それほど大きく低下しない。光安定性が大幅に改善されるならば，短波長カット層の導入は実用性を高める観点で有効な手段であると言える。

2.2.2　大気中暗所保存での劣化

光照射による性能低下とは別に，大気中の酸素・水分による劣化が生じていると考えられたため，封止を行っていない太陽電池を用いて，大気中で暗所に保存したときの経時変化について調べた。図5は大気中暗所保存したときの発電特性の変化である。光照射した場合と異なり，V_{OC}

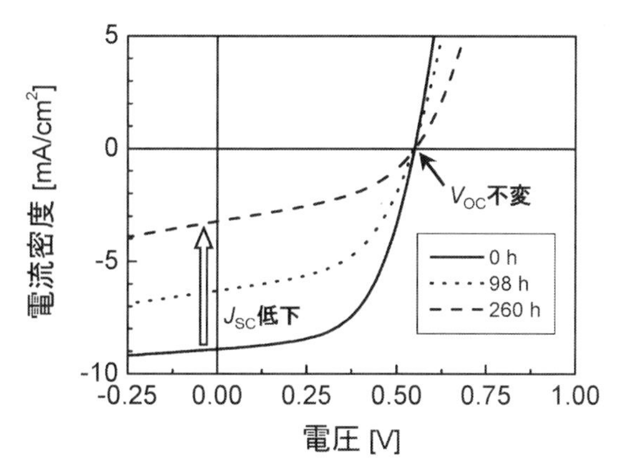

図5　大気中暗所に保存したセルの *J-V* 特性の経時変化

は変化せず，J_{SC} が低下した。一般に，高い変換効率が得られている有機薄膜太陽電池ではバッファ層としてPEDOT:PSSが用いられているが，PEDOT:PSS中のPSSは強酸性材料であるため，Al電極を酸化させている可能性がある。そこで，PEDOT:PSSの代わりに酸化モリブデンをバッファ層として用いたものと，バッファ層を持たないものを作製して，3種類の太陽電池の耐久性を比較した[11)]。図6に示すように，どの太陽電池でも V_{OC} は変化せずに J_{SC} が低下する傾向が見られ，J_{SC} の低下に伴って変換効率が低下した。バッファ層にPEDOT:PSSを用いたものは，初期性能は高いけれども他と比べて劣化が顕著に早かった。また，Al電極の酸化を調べるために，Arイオンエッチングによる深さ方向のX線光電子分光（XPS）分析を行ったところ，劣化の進行に伴って，Al電極と光電変換層との界面でAlの酸化が進んでおり，特にPEDOT:PSSの場合には顕著であることを確認した（図7）。また，PEDOT:PSSは高い吸湿性をもつことから，大気中では水分を吸収してバッファ層の抵抗が高くなることで太陽電池特性を低下させるとの報告がある[12)]。そこで，バッファ層の異なる太陽電池で湿度の影響を調べた。図8にバッファ層がPEDOT:PSS，酸化モリブデンの太陽電池についての異なる湿度条件での経時変化を示す。同一湿度条件ではPEDOT:PSSの場合の方が劣化が早いこと，湿度を85%Rhに高めるとバッファ層に寄らず劣化が早くなることがわかった。この経時変化から指数減少関数によるフィッティングを行って時定数を求め，さらに湿度を50%Rhから85%Rhに高めたときの時定数の比（t80%/t50%）から加速因子を計算した結果を表1に示す。加速因子を比較するとPEDOT:PSSの方が8倍以上と大きく，湿度の影響を受けやすいことがわかった。太陽電池は屋外で使用するため湿度の高い環境にも十分に耐えられる必要がある。長期安定性を得るためにはバッファ層材料や封止材といった周辺材料の検討もさらに進めていく必要がある。

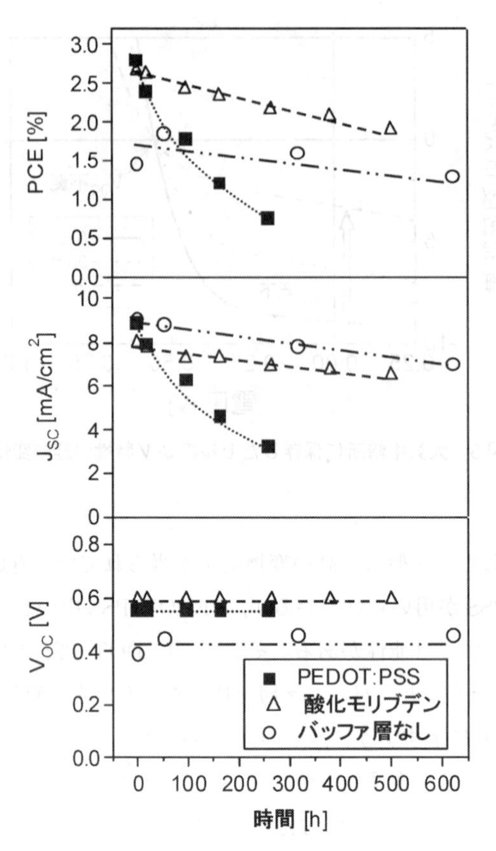

図6　大気中暗所下での劣化に対するバッファ層の影響

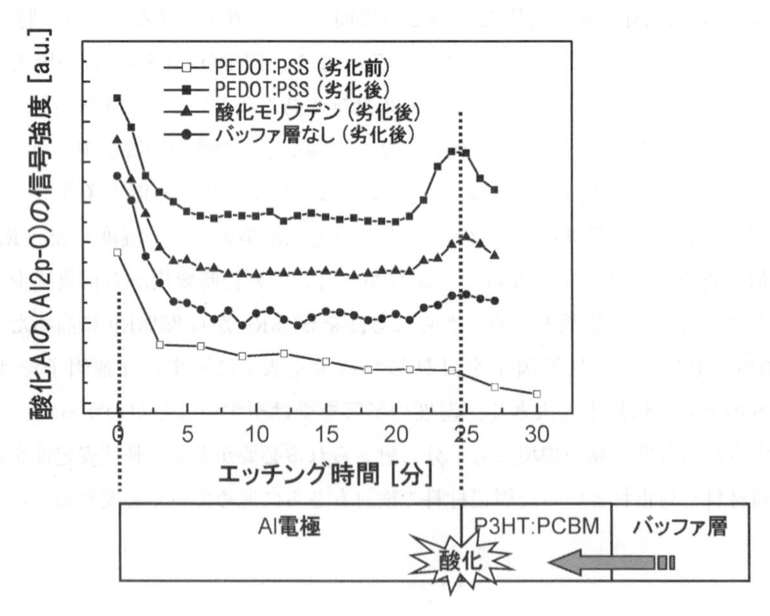

図7　XPS 分析による Al 電極の酸化状態の解析

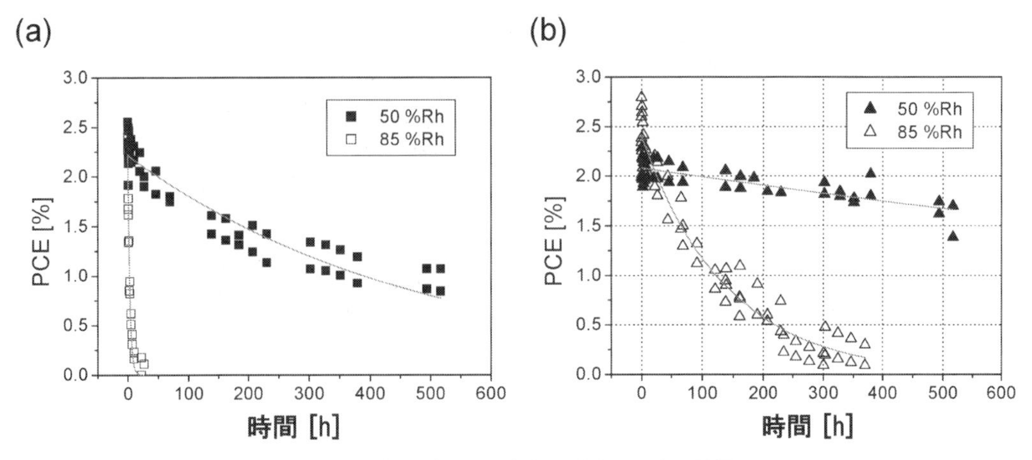

図8　大気中暗所での劣化に対する湿度の影響
(a)バッファ層 PEDOT:PSS，(b)酸化モリブデン

表1　湿度による劣化時定数の変化と加速因子

バッファ層	時定数 50%Rh	時定数 85%Rh	加速因子 K (50→85%)
PEDOT:PSS	492h	3.1h	159
酸化モリブデン	2641h	140h	18.9

※温度 25℃

2.2.3　劣化部位の可視化

太陽電池は光を受けて電気を生み出す受動的な素子であるため，外観の観察だけでは不具合が生じている部位を特定できない場合が多い。ここでは，レーザー光照射による電流マッピングとEL 発光法による不具合点の可視化について紹介する。

レーザー光照射による誘起電流のマッピング法はレーザービーム起電流（LBIC）法と呼ばれる。LBIC 測定では，レーザー光をレンズで収束させたスポット光を X-Y 移動ステージ上の太陽電池に照射し，各測定点での光起電流を計測する。この LBIC 法を用いることで，前述の大気中暗所での劣化についてバッファ層による違いを可視化することができる。作製直後の劣化していない太陽電池は均一に発電している（図 9(a)）が，時間経過とともに発電しない領域（図 9(b)，(c)，(d)で黒い点として見える）がスポット状にあらわれることが明らかとなった。残った発電領域の面積と J_{SC} の保持率には相関があり，実効的な発電面積が減少することで J_{SC} が低下していると言える。図から明らかなように，バッファ層が PEDOT:PSS であるものは酸化モリブデンをバッファ層に用いたものやバッファ層の無いものに比べて，発電しないスポット領域が大きくなり，かつ，発電領域が端から縮小している様子が観測され，PEDOT:PSS が大気中の水分を金属電極で覆われていない側面からも吸収することで Al 電極を酸化させて，劣化を促進してい

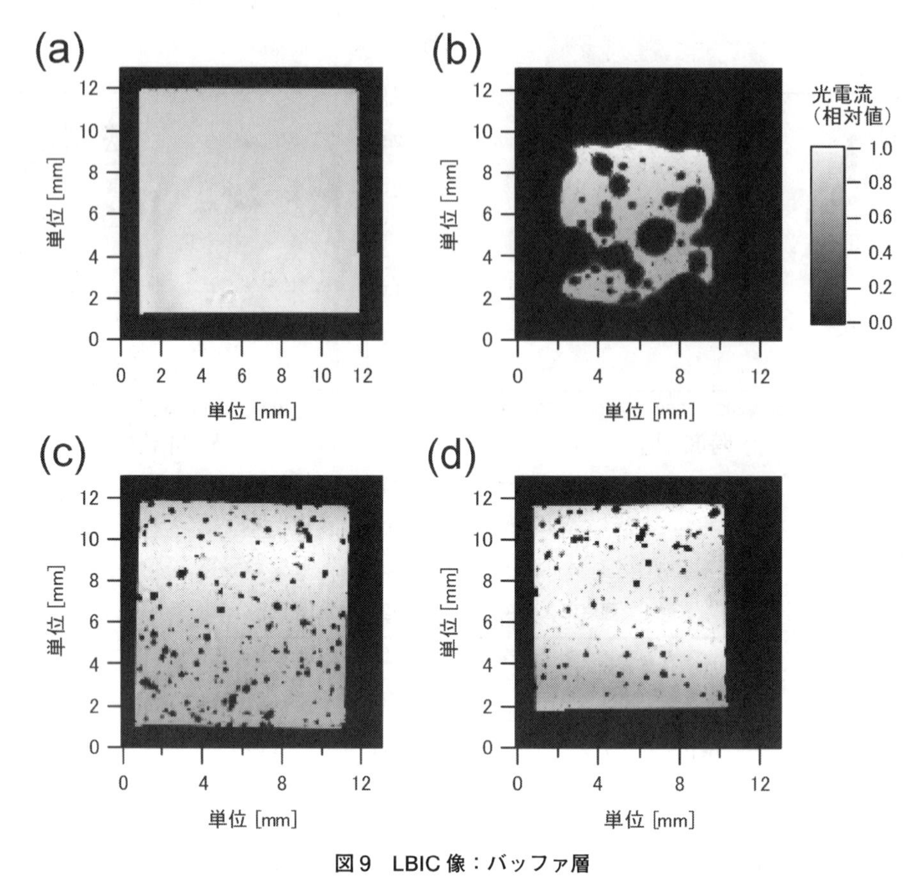

図9　LBIC像：バッファ層

(a)PEDOT:PSS劣化前および (b)劣化後，(c)酸化モリブデン劣化後，(d)バッファ層なし劣化後

ると考えられる。

もう一つの可視化の方法として，EL発光法を紹介する。EL法は，太陽電池に対して電圧印加することで電界発光させ故障箇所の評価を行うもので，結晶シリコン太陽電池等で用いられている[13)]。有機薄膜太陽電池では，EL発光波長は発電材料に寄るが800nm以上の近赤外領域である[14)]ため，目視では確認できない。装置としては，Si，Ge，InGaAsなどの高感度CCDカメラを用いて撮影することで，2次元発光像を一回の測定で得る。図10に，劣化初期の有機薄膜太陽電池のEL像を示す。非発光部位（ダークスポット）が観測され，それが劣化と共に広がっていった。更に，ダークスポット部位の断面を透過型電子顕微鏡（TEM）で観察した結果を図11に示す。劣化の中心部位では突起状の異常部が形成されており，電極が突き破られている状態であることが確認された。更に詳細に見ると，バッファ層であるPEDOT:PSSの部位が隆起しており，これが電極まで達していることが分かった。この異常部を起点として，劣化が進行していると考えられる。この突起状のPEDOT:PSSの塊が形成される原因については現在解析中であるが，作製途中の加熱処理やコンタミネーションの影響が予想される。更に，有機薄膜太陽電池

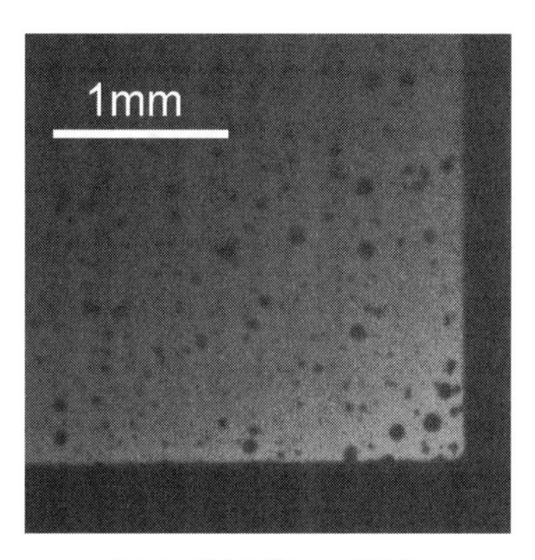

図10　劣化初期のEL発光像

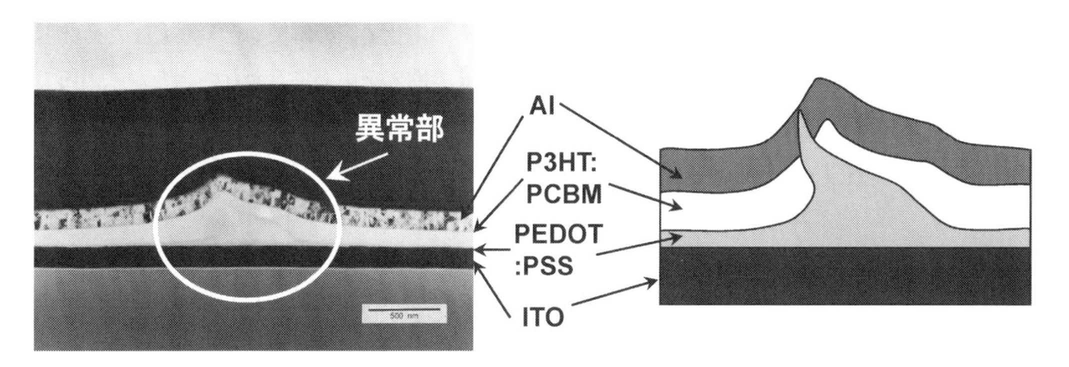

図11　ダークスポット部位の断面TEM像および模式図

に対してバイアス電圧を逆方向に印加して，EL法での評価を行った。その結果，順方向のバイアス電圧印加の発光像とは異なり，セル中に輝点で発光する様子が観測された（図12(a)）。発光部位の断面TEM観察を行ったところ，図12(b)に示すように，積層構造に乱れは無いものの，透明電極ITOの表面で凹凸構造が観察された。おそらく凹凸に電界が集中することでリーク電流が流れ輝点状の発光として観察されたものと考えられる。こういった欠陥構造は，太陽電池特性においてリークパスと成り得る可能性もあり，特性向上において改善すべき点であると考えられる。

LBIC法やEL法で不具合を可視化し，その異常部位の構造・形態変化を調べることで，無作為に太陽電池を破壊して構造解析するよりも格段に効率的良く劣化要因が特定できる。今後このような可視化手法を駆使しながら，太陽電池の品質を改善させていくことで数万時間以上の長期耐久性を確保できると考えている。

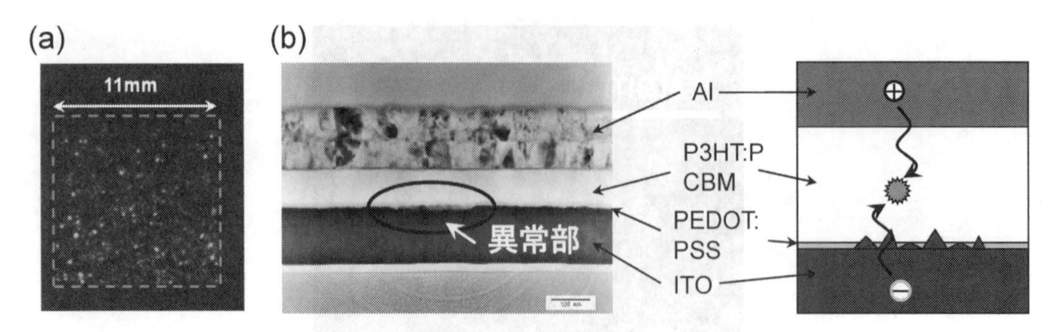

図 12　逆電圧バイアス印加による EL 発光

(a)リーク発光像(破線枠内が素子) および (b)リークスポットの断面 TEM 像と模式図

2.3　おわりに

本稿では，高耐久化に向けた劣化機構研究について紹介した。有機薄膜太陽電池では，高効率化のための新規材料の探索からタンデム化などの素子構造の最適化・高度化，そして実用化を視野に入れた低コスト作製技術の開発・高耐久性化のための劣化要因の解明など，まだまだ研究開発の課題が多く残されている。この分野の研究はこれまで欧米を中心に行われてきたが，国内でもここ 5 年で大学，企業において非常に活発化してきており，さらに多くのリソースが投入されることで研究が大きく進展し，近い将来，有機薄膜太陽電池が製品として世に出ることを期待している。

謝辞

本研究は，経済産業省のもと，独立行政法人新エネルギー・産業技術総合開発機構（NEDO）から委託され実施したもので，関係各位に感謝する。

文　　献

1)　M. A. Green *et al.*, *Prog. Photovolt : Res. Appl.*, **20**, 12-20 (2012)
2)　M. Hiramoto *et al.*, *Appl. Phys. Lett.*, **58**, 1062-1064 (1991)
3)　N. S. Sariciftci *et al.*, *Appl. Phys. Lett.*, **62**, 585-587 (1993)
4)　Y. Liang *et al.*, *Adv. Funct. Mater.*, **22**, E135-E138 (2010)
5)　S. H. Park *et al.*, *nature photonics*, **3**, 297-303 (2009)
6)　D. Kitazawa *et al.*, *Appl. Phys. Lett.*, **95**, 053701 (2009)
7)　T. Yamanari *et al.*, *Jpn. J. Appl. Phys.*, **47**, 1230-1233 (2008)
8)　T. Yamanari *et al.*, *Conference Recoad of the 2010 IEEE 35th PVSC*, 001628-001631 (2010)

9) T. Nagamori *et al.*, Extended Abstracts (The 72th Anutumn Meeting, 2011), 12-440 (2011)
10) K. Kawano and C. Adachi, *Adv. Funct. Mater.*, **19**, 3934-3940 (2009)
11) K. Kawano *et al.*, *Sol. Energy Mater. Sol. Cells*, **90**, 3520-3530 (2006)
12) T. Yamanari *et al.*, *Jpn. J. Appl. Phys.*, **49**, 01AC02 (2010)
13) N. Usami *et al.*, *Appl. Phys. Express*, **1**, 075001 (2008)
14) K. Tvingstedt *et al.*, *J. Am. Cham. Soc.*, **131**, 11819-11824 (2009)

3 逆型有機薄膜太陽電池の交流インピーダンス解析法による評価

高橋光信[*1]，桑原貴之[*2]

3.1 はじめに

有機薄膜太陽電池は，数十～数百ナノメートル程度の厚さの電極や発電層などを積層した構造である。それぞれの層の果たす役割を十分に理解した上で最適な部材を探索あるいは創製すること，そして選定した部材の機能を最大限に引き出すために，それぞれ個別に評価や工夫を凝らす必要があるのは言うに及ばない。しかし，有機薄膜太陽電池はそれぞれの部材が積層して一つのシステムの中で機能している事実を考えると，電荷キャリアである電子や正孔が有機薄膜太陽電池の各層でどのような振る舞いをしているかを理解することは，高性能化を狙う上で必須である。

本稿では，交流インピーダンス（IS）法を用いて筆者らがこれまでに行った逆型有機薄膜太陽電池の評価[1~3]を通して，IS 法の有用性を述べたい。IS 法は，周波数の関数として交流電圧を素子に印加した時の電流応答をモニターして解析する手法である。積層素子の場合，それぞれの層での電気的応答速度が短い時間スケールで異なる場合がある。このような場合，本手法を使うことによって直流法では観測できない素子のバルクや界面の電気的性質が分かる。その簡単な定性的な概略を図 1 に示す。

これまで開発の主流であった図 2 左のような素子構造の有機薄膜太陽電池に対して，筆者らは n 型半導体特性を有する無機化合物薄膜を用いた図 2 右のような有機薄膜太陽電池を開発してきた。このタイプの素子は，これまで開発の主流であった素子（順型素子と呼称）とは逆方向に電荷が動くために，逆型素子と呼ばれている。この逆型素子では構成部材が大気中で安定なために

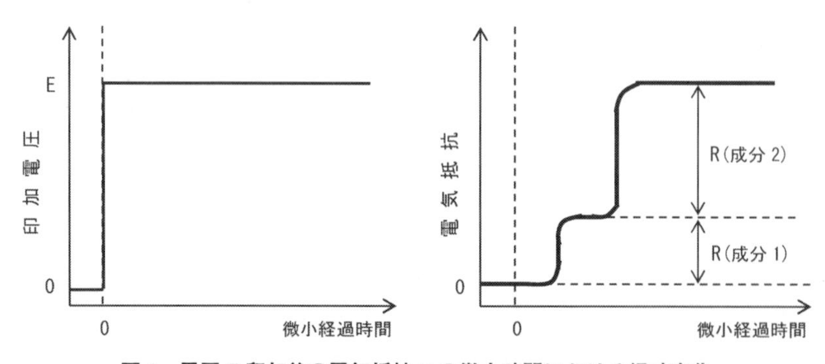

図 1　電圧 E 印加後の電気抵抗 R の微小時間における経時変化

＊1　Kohshin Takahashi　金沢大学　理工研究域　物質化学系　教授，　理工研究域　サステナブルエネルギー研究センター　教授（兼任）

＊2　Takayuki Kuwabara　金沢大学　理工研究域　物質化学系　助教，　理工研究域　サステナブルエネルギー研究センター　助教（兼任）

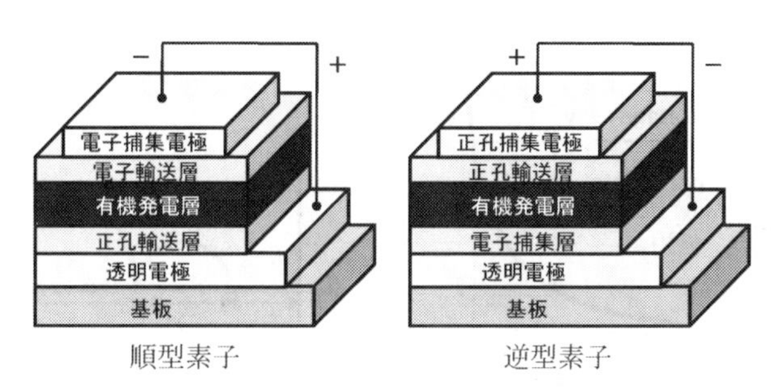

図2　順型有機薄膜太陽電池と逆型有機薄膜太陽電池の素子構造の概略図

電池性能も大気中で比較的安定であり，電池性能の経時変化を排除してIS法が適用でき，各層バルクや界面の電気的性質を比較的容易に解析できる。

我々はこれまでに，逆型素子の電子捕集層として，酸化亜鉛（ZnO），硫化亜鉛（ZnS），そしてアモルファス酸化チタン（TiO_x）のようなn型無機半導体薄膜を用いてきた。本稿では，この3種類の素子についてIS法を適用した例[1~3]を紹介し，本解析法によって何が分かるかを紹介する。

3.2　FTO/ZnO，FTO/ZnS および ITO/TiO_x（透明電極/電子捕集層）の準備

ZnO 薄膜形成のための前駆体溶液は，亜鉛源として酢酸亜鉛，錯化剤としてモノエタノールアミン，溶媒として2–メトキシエタノールを用いて，文献の方法[4, 5]を参考に調製した。この前駆体溶液をフッ素ドープした酸化スズ透明電極（FTO 基板；12Ω/□）上に大気中2000rpm でスピンコートし，250℃で1時間加熱処理して，膜厚約60ナノメートルの ZnO 薄膜を得た。

ZnS 薄膜形成は文献の方法[6]を参考に，化学浴析出法により行った。亜鉛源として酢酸亜鉛，イオウ源としてチオアセトアミド（CH_3CSNH_2）を溶解した水溶液に FTO 基板を浸漬させ，溶液を80℃で120分間加温することによって，FTO 上に膜厚約110ナノメートルの ZnS 薄膜を堆積させた。その後水中で超音波洗浄し，大気中200℃で乾燥した。

TiO_x 薄膜形成のための前駆体溶液は，チタン源としてチタニウム（IV）イソプロポキシド，錯化剤としてアセチルアセトン，溶媒として2–メトキシエタノールを用いて，文献の方法[7]を参考に調製した。湿気による製膜時の斑を防ぐために，水分1 ppm 以下の窒素ガスグローブボックス中でこの前駆体溶液をインジウム・スズ酸化物透明電極（ITO 基板；10Ω/□）上に2000rpm でスピンコートし，150℃で1時間加熱処理して，膜厚約60ナノメートルの TiO_x 薄膜を得た。

3.3　透明電極/電子捕集層/PCBM:P3HT/PEDOT:PSS/Au 逆型素子の組立て

P3HT と PCBM を混合したクロロベンゼン溶液を前項で作製した透明電極/電子捕集層電極上に700rpm でスピンコートし，さらに PEDOT:PSS 水分散液を6000rpm でスピンコートした。

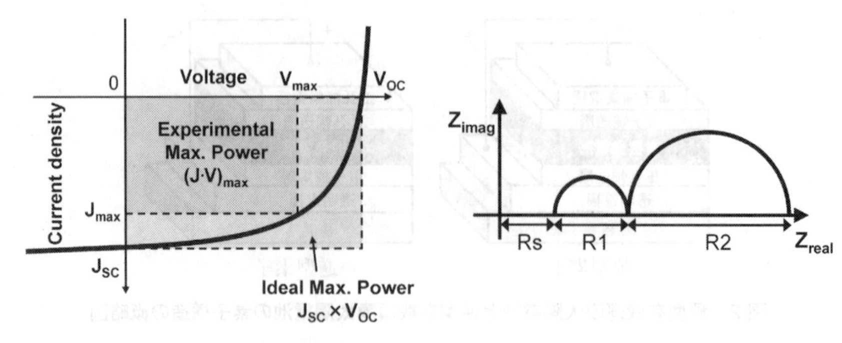

図3　逆型素子において観測された光I-V曲線と光Nyquistプロットの概略図

P3HT:PCBMブレンド膜およびPEDOT:PSS膜の膜厚は，それぞれ250nmおよび80nmであった。最後にAuを真空蒸着して逆型素子の完成である。ここでPEDOT:PSSは電気を通す高分子材料であり，Au電極蒸着時の発電層PCBM:P3HTのダメージを抑制する重要な働きも果たしている。後処理として，PCBM:P3HTブレンド膜中における効率的な光電荷分離を促進するためのミクロ相分離を達成させる目的で，完成した素子を150℃のホットプレート上に載せて5分間の加熱処理を施した。この素子組み立てにおいて，ZnO素子とZnS素子は大気中で行い，TiO_x素子は水分および酸素濃度1ppm以下の窒素ガスグローブボックス中で行なった。

3.4　電流電圧測定と交流インピーダンス測定の概略

電流電圧（I-V）測定は，暗闇あるいは擬似太陽光AM1.5G-100mW cm^{-2}照射下で行った。IS測定は，LCRメーターを用いて周波数範囲20Hz～1MHz（振幅5mV）で行った。得られたNyquistプロットに，適当な等価回路を仮定して“Scribner Associate Z-View software v2.6”によってフィッティングを試み，最適な等価回路における種々パラメータを求めた。なお，これらのI-V測定およびIS測定は，大気中未封止状態で行った。図3に，本素子で観測された典型的な光I-V曲線と光Nyquistプロットを示す。

3.5　ZnO素子のIS挙動[1)]

図4(a)は，光照射前（●）と直後（○）におけるZnO素子の暗闇中のI-V曲線である。光照射直後では，順方向バイアスで観測される暗電流が光照射前よりもかなり大きい。これは，光照射後でさえも光生成した電荷キャリアがZnO素子に残留していることを示している。しかし，暗闇に数日間放置しておくと光照射前（●）のI-V曲線と一致した。このようなZnO素子の内部抵抗変化を明確にすることを目的に，IS測定を行った。図4(b)は，暗闇における短絡状態でのZnO素子のNyquistプロットである。30kHz以上の高周波数測定域と30kHz以下の低周波数測定域で，それぞれ半円が観測された。以後，前者の交流応答の速い半円を“半円1”，後者の交流応答の遅い半円を“半円2”と呼ぶ。このNyquistプロットは，図4(b)挿入図に示した等

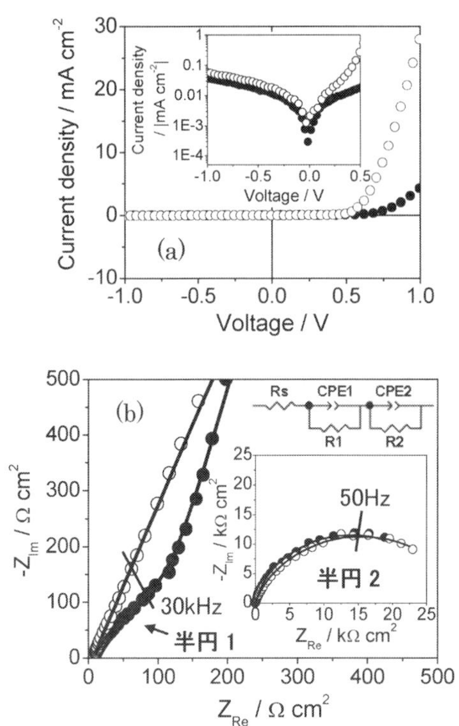

図4　(a)太陽擬似光照射前(●)と直後(○)における暗闇でのZnO素子のI-V曲線，(b)短絡状態における，光照射前(●)と直後(○)の暗闇でのZnO素子のNyquistプロット。実線；等価回路から計算されたフィッティングカーブ。

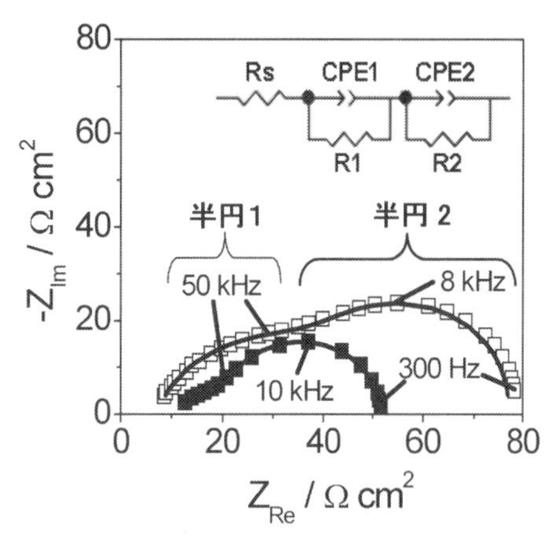

図5　短絡状態における光照射時(■)及びUVカットフィルター装着時(□)におけるZnO素子のNyquistプロット。実線；等価回路から計算されたフィッティングカーブ。

価回路を使うと，そのシミュレーションカーブと良く一致した。ここで，Rsはオーミック成分からなるシリーズ抵抗である。またR1とR2は，半円の沈み込みが無視できる場合には，微分電気容量CPE1とCPE2それぞれと並列回路を構成する抵抗成分である。“半円2”から見積もられるR2は，光照射前（●）と直後（○）でほぼ等しく，約30kΩcm^{2}と非常に大きな値であった。一方，“半円1”から見積もられるR1は，光照射前の104Ωcm^{2}から光照射直後の29Ωcm^{2}へと減少した。加えて，擬似太陽光に含まれる440nm以下の紫外線を除く目的でUVカットフィルターを装着した場合，光照射直後のR1は光照射前の値（104Ωcm^2）とほぼ同じであった。従って，“半円1”はUV光照射によって光伝導特性を示すZnO層に由来するものである。

ZnO素子への擬似太陽光照射時のエネルギー変換効率（PCE）は2.5%であったが，UVカットフィルター装着時には1.2%と大幅に減少した。これは，紫外線遮断によってZnOの光伝導性が失われたためである。図5に，UVカットフィルターの装着時（□）と装着していない時（■）のZnO素子の短絡状態での光Nyquistプロットを示す。これらのプロットは，暗闇での測定と同様に，50kHz以上の高周波数測定域と50kHz以下の低周波数測定域でそれぞれ半円が観測され，図5挿入図の等価回路によるシミュレーションカーブと良く一致した。UVカットフィルターを装着していない時（■）では，$R1=17\Omega cm^2$ および $R2=34\Omega cm^2$ が得られた。このR2の値は暗闇での値（$30k\Omega cm^2$）よりも3桁も小さくなった。これは，PCBM:P3HT膜が光吸収したとき多くの電荷キャリアが発生し，電気抵抗が減少したことを示している。すなわち，低周波数成分“半円2”は有機発電層PCBM:P3HTに起因している。次にUVカットフィルターを装着する（□）と，$R1=32\Omega cm^2$ および $R2=38\Omega cm^2$ が得られた。R2の値は紫外線を遮断していないとき（$34\Omega cm^2$）とほぼ同じであるが，R1の値は紫外線を遮断していないとき（$17\Omega cm^2$）に比べて2倍となった。これは，紫外線遮断によりZnO層の伝導性が小さくなったことによるものであり，前述の図4の結果から導かれた結論と同様に“半円1”がZnO層に由来していることを示している。

3.6　逆型素子の各構成成分と想定される等価回路との対応

暗闇および光照射下におけるZnO素子のIS測定の知見から，ZnO素子が“想定した等価回路”とどのように対応しているかを図6にまとめた。ZnS素子および TiO_x 素子のIS測定においてもほぼ同様の結果が得られ，高周波数側半円成分1が電子捕集層であるZnSおよび TiO_x に由来し，低周波数側半円成分2が発電層PCBM:P3HTに由来した。

電気素量，キャリア密度および移動度をそれぞれq，nおよびμと記すと，暗闇中（上添字D）と光照射時（上添字L）における電子捕集層（下添字1）と有機発電層（下添字2）の電気抵抗Rは，それぞれ以下の式で表すことができる。ここで下添字eとhは，キャリアが電子あるいは正孔であることを示している。

$$R_1^D = A/q(n_e^D \mu_e^D + n_h^D \mu_h^D)_1 \quad (1)$$

$$R_1^L = A/q(n_e^L \mu_e^L + n_h^L \mu_h^L)_1 \quad (2)$$

$$R_2^D = B/q(n_e^D \mu_e^D + n_h^D \mu_h^D)_2 \quad (3)$$

$$R_2^L = B/q(n_e^L \mu_e^L + n_h^L \mu_h^L)_2 \quad (4)$$

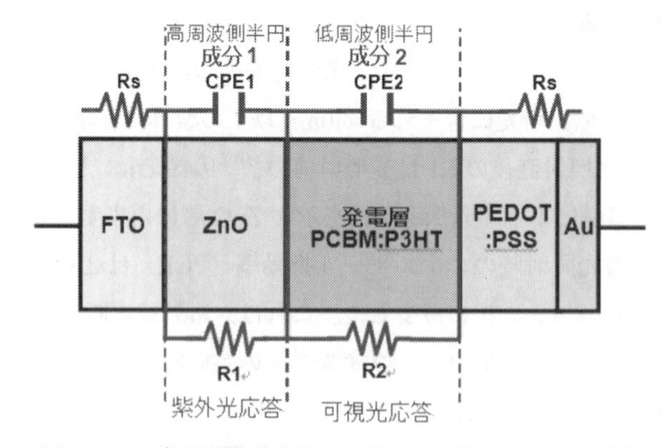

図6　ZnO素子の構成成分と，想定した等価回路との対応

ここで，AおよびBは定数（$A=d_1/S$，$B=d_2/S$，d；膜厚，S；素子面積）である。μが電子捕集層および有機発電層の結晶性やモルフォロジーに大きく支配されることは良く知られている。一方，いずれの層においても“暗闇と光照射時におけるμに大差はない”と仮定した。この場合，“電子捕集層への紫外光照射によるR_1の減少”並びに“有機発電層への光照射による大幅なR_2の減少”の原因は，それぞれの層への光吸収により電子と正孔が生成したこと，すなわち，nが増加したことに起因することになる。

3.7　ZnS素子におけるZnS/PCBM:P3HT界面修飾の効果[2)]

ZnS/PCBM:P3HT界面における電荷移動をスムーズにしたいという思いから，FTO/ZnS電極を0.1mol/L硫化ナトリウム（Na_2S）水溶液（pH9）や0.1mol/L酢酸亜鉛（$Zn(OAc)_2$）水溶液に浸漬して，ZnS表面の修飾を試みた。ZnS表面処理を施さなかった場合にはエネルギー変換効率（PCE）が素子毎に大きく変動し，最高値でも1.23%程度であった。それに対してNa_2S処理した場合では比較的一定したPCE値が得られ，最高値で1.52%となった。一方，$Zn(OAc)_2$処理した場合ではPCEが0.39%と大幅に小さくなった。図7に，このようなZnS/PCBM:P3HT界面処理を施したZnS素子の短絡状態における光IS測定によるNyquistプロットを示す。どのような処理も施さなかった場合には有機発電層成分の電気抵抗R2が63Ωcm^{2}であるのに対して，Na_2S処理ではR2が40Ωcm^{2}と減少し，一方，$Zn(OAc)_2$処理ではR2が325Ωcm^{2}と大幅に増加した。この時，素子のシリーズ抵抗（Rs）およびZnSの抵抗成分（R1）は界面処理によってほとんど変化していなかった。式(4)によれば，有機発電層中（下添字2）の光キャリア密度（n_e^Lとn_h^L）がNa_2S処理をすることによって大きくなり，一方，$Zn(OAc)_2$処理をすることによって極端に減少したことになる。

ZnS界面修飾について化学的に考察してみると，FTO/ZnS電極のNa_2S水溶液（pH9）への

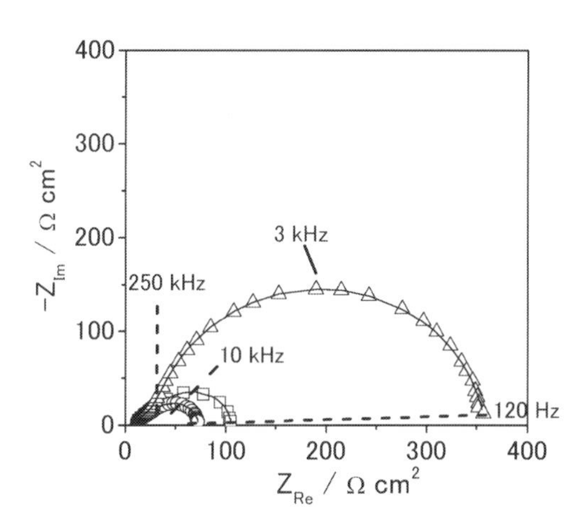

図7　種々の表面処理を施したZnSを挿入した逆型素子の典型的なNyquistプロット。光照射下：未処理(□)，0.1M Na_2S at pH9.0(○)，0.1M $Zn(OAc)_2$(△) 実線はシミュレーションカーブである。また，IS測定における測定周波数を破線で示した。

浸漬はHS^-イオンの化学吸着によるZnS表面被覆をもたらし，$Zn(OAc)_2$水溶液への浸漬は$Zn(H_2O)_x^{2+}$イオンの化学吸着によるZnS表面被覆をもたらす。後者の場合にはFTO/ZnS電極の乾燥によって表面にZnOの形成を導くが，前者の場合には未処理の場合に比べてもZnSによる被覆率が大きいと推定される。ZnOの伝導帯下端はZnSの禁止帯に位置しているため，ZnS表面にZnOが僅かでも析出すると，それが光キャリアの再結合中心として作用する可能性がある。実際に$Zn(OAc)_2$処理した場合にはR2が大きくなっていることから，PCBM:P3HTで光生成したキャリアがZnS/PCBM:P3HT界面で失われていることが示唆される。一方，FTO/ZnS電極をNa_2S水溶液（pH9）に浸漬すると，結果的に光キャリアの再結合中心となるZnOがZnS表面に生成しないために性能が向上した。

3.8　TiO_x素子において，光照射開始から素子性能が最大になるまでに時間を要する理由について

十分乾燥した状態の電子捕集層表面にPCBM:P3HTを積層した場合，光照射開始から素子性能が最大になるまでにかなりの時間を要する現象がしばしば見受けられる。特に，ここで紹介する“湿気のない窒素ガスグローブボックス中で製作されたTiO_x素子”ではこの現象が顕著に見られ，図8のI-V曲線に示したように最大性能に達するまでに10分以上の時間が必要であった。この原因について，IS法により検討した例[3]を紹介する。

図9は，暗闇と擬似太陽光連続照射において，このTiO_x素子の短絡状態でのIS測定によって得られたNyquistプロットがどのように変化しているかを示したものである。暗闇と光照射10分程度経過までは抵抗成分が著しく減少する様子が見られ，図10(a)で示したような3つの並列回路を仮定したシミュレーションカーブと実験値がよく一致した。しかし，さらに連続照射を続けると第3の成分は完全に消失し，ZnO素子やZnS素子で適用されたと同様な2つの並列回路を仮定したシミュレーションカーブとよく一致した。予備的な実験とZnO素子やZnS素子からの類推から，高周波数側成分はTiO_xに由来し，低周波数側成分はPCBM:P3HTに由来するものと帰属した。暗闇や光照射時の初期に低周波数側に見られた第3成分は，全ての素子作製を湿

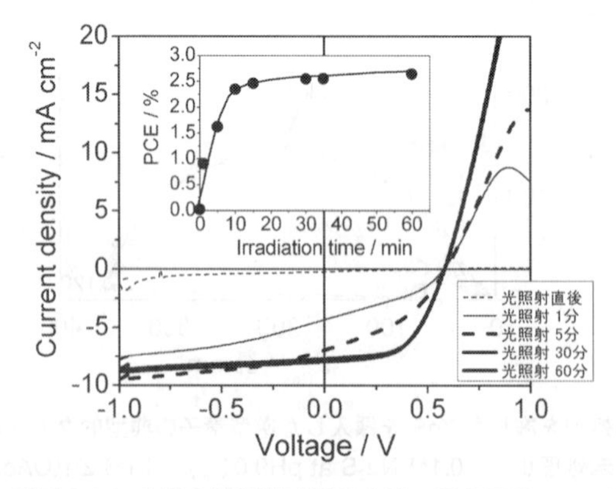

図8　TiO_x素子のI-V曲線の光照射時間依存性。挿入図はPCEの時間変化。

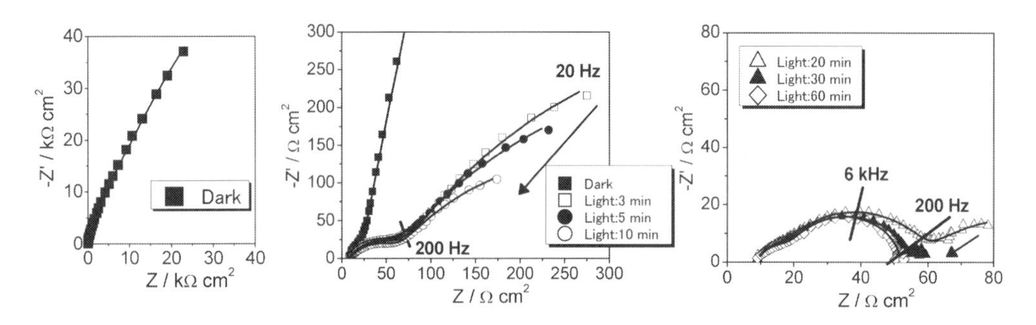

図9　TiO_x 素子のNyquistプロットの光照射時間依存性
(左)暗所下，(中央)光照射3分～10分後，(右)光照射20分～60分後。

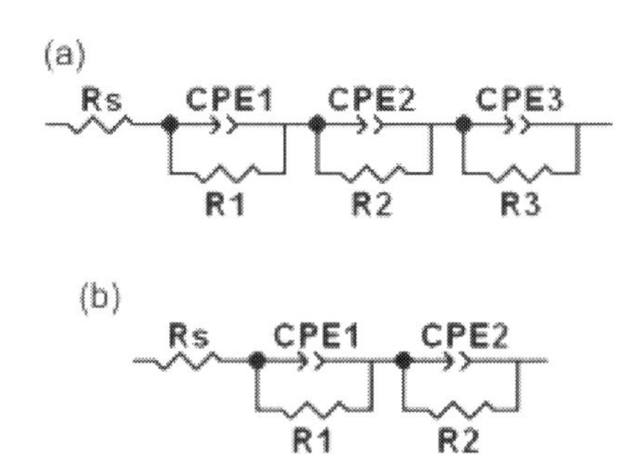

図10　Nyquistプロットに対応する典型的な等価回路（略号の意味は本文中に記載）
(a)3つの並列回路を仮定したとき，(b)2つの並列回路を仮定したとき。

気のない環境で行った時にのみ見られた特有のものである。図11(a)に光照射時間とR1およびR2の関係を，図11(b)に光照射時間とR3およびエネルギー変換効率（PCE）の関係を示した。これらの図を見るとR1≪R2≪R3であり，R1は光照射によってほとんど変化しないが，R2とR3は光照射開始後20分程度まで大きく減少していることか見て取れる。そして，最も大きな抵抗成分であるR3の減少がPCEの増加に最も良く対応している（図11(b)挿入図参照）。また，UVカットフィルターを装着した場合，R3の減少も光起電力効果も観測されなかった。さらに，TiO_x 表面に僅かな水分子を吸着させたITO/TiO_x 電極を準備して TiO_x 素子を作製した場合には第3成分は観測されず，擬似太陽光照射直後に大きな光起電力効果が観測された。この第3成分が何に由来するか断定することは現時点ではなかなか難しいが，これらの実験事実は，TiO_x/PCBM:P3HT界面における“TiO_x 伝導帯を形成している電子軌道”と“光生成電子が存在するPCBMのLUMO電子軌道”の重なりが，TiO_x へのUV光照射の有無でON/OFFされていることを示唆している。すなわち，光生成したPCBM中の電子を TiO_x の伝導帯に注入するためには，PCBMから TiO_x への電子の通路が形成される必要があり，そのための駆動力がUV光照射による TiO_x/PCBM:P3HT界面の TiO_x 上の正孔蓄積であり，また，TiO_x 上への僅かな水分子吸着であることを示唆しているように思える。この水分吸着は素子の応答速度を高める点では有効であるが，耐久性能を著しく低下させてしまった。

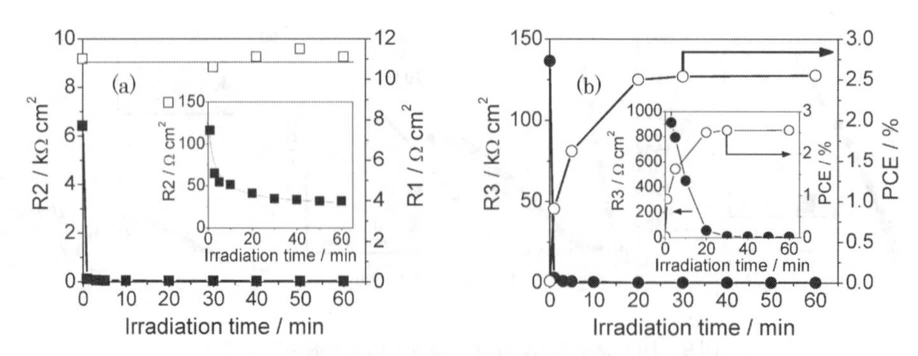

図11　TiO_x 素子への光照射時の電気抵抗および PCE の経時変化
(a 左軸，■)R2 成分，(a 右軸，□)R1 成分，(b 左軸，●)R3 成分，(b 右軸，○)PCE，
(a)挿入図は R2 成分の拡大図，(b)挿入図は R3 成分および PCE の拡大図。

3.9　おわりに

有機薄膜太陽電池に IS 法を適用している例は，現在のところ僅かである。IS 法によって得られるデータのみで実際の現象を説明することは，甚だ危険であると言わざるを得ない。しかしながら，色々な素子作製条件や I-V 測定条件から出てきた結果と照らし合わせると，素子内部のさまざまな現象について，考えを巡らせることができる。このような深い考察を素子作りにフィードバックさせることによって，システムとして高性能な素子構造を練り上げて行けるものと確信している。

文　　献

1) Kuwabara, T.; Kawahara, Y.; Yamaguchi, T.; Takahashi, K. *ACS Applied Materials & Interfaces*, **1**, 2107 (2009)
2) Kuwabara, T.; Nakamoto, M.; Kawahara, Y.; Yamaguchi, T.; Takahashi, K. *J. Appl. Phys.*, **105**, 124513 (2009)
3) Kuwabara, T.; Iwata, C.; Yamaguchi, T.; Takahashi, K. *ACS Applied Materials & Interfaces*, **2**, 2254 (2010)
4) Aslan, M. H.; Oral, A. Y.; Mensur, E.; Gul, A.; Basaran, E. *Sol. Energy Mater. Sol. Cells*, **82**, 543 (2004)
5) Lira-Cantu, M.; Krebs, F. C. *Sol. Energy Mater. Sol. Cells*, **90**, 2076 (2006)
6) Yamaguchi, K.; Yoshida, T.; Lincot, D.; Minoura, H. *J. Phys. Chem.* B, **107**, 387 (2003)
7) Kuwabara, T.; Nakayama, T.; Uozumi, K.; Yamaguchi, T.; Takahashi, K. *Sol. Energy Mater. Sol. Cells*, **92**, 1476 (2008)

4 マイクロ波法によるデバイスレス有機薄膜太陽電池評価

佐伯昭紀[*1], 関　修平[*2]

4.1 はじめに

有機薄膜太陽電池（Organic Photovoltaic Cell:OPVc）は，高効率化の可能性，さまざまな形状に加工・変形できるフレキシビリティー，低コスト化，大面積化，軽量化の観点から近年，注目を集めている。p型共役高分子（Donor:D）とフラーレン誘導体といったn型有機半導体（Acceptor:A）の2元系において，ナノスケールの相分離構造を有効に利用したバルクヘテロジャンクション（Bulk Heterojunction:BHJ）型有機薄膜太陽電池は，光照射で生成するエキシトンからの高い電荷分離効率，効率的な電荷キャリア輸送特性，プロセスの簡略化などの理由から，非常に有効なアーキテクチャーである[1, 2]。代表的なBHJタイプのOPVcである立体規則性ポリチオフェン[poly(3-hyexlthiophene):P3HT]とmethanofullerene(PCBM）の組み合わせでは，3～5％の変換効率（Power Conversion Efficiency:PCE）に留まるが[3, 4]，近年は低バンドギャップp型コポリマーの開発により，変換効率が6～7％の値も頻繁に報告されるようになり[5~7]，benzodithiopheneを骨格に持つ共重合体では7.4～8.4％[8~10]に達している。さらに，2012年には三菱化学から11.0％という[11]，電解質を用いるタイプの色素増感太陽電池シングルセルや，モジュールベースの無機化合物太陽電池・アモルファスシリコン太陽電池に迫る高い値が報告されるようになってきた[12]。

将来の実用化に向けては，効率・耐久性・コスト・信頼性の要求を同時に満たす必要があり，そのためには新規な材料・プロセス・デバイス構造の開発が急務である。しかし，有機半導体は有機であるがゆえの多様な化学構造・物理形態，さらに合成・精製方法や構造的な理由から，電荷キャリア・エキシトンのトラップサイトとなる不純物や構造欠陥が多く含まれる。また，有機・無機（電極）界面準位の存在や，有機層の中でも非晶質部と結晶部の存在，p型n型半導体の2相分離構造と界面構造など，まだまだ有効な制御手法に欠ける点が数多くある。新たな低バンドギャップポリマーを設計する場合，HOMO・LUMO準位ならびにバンドギャップはある程度予想はできるとしても，どのような主鎖骨格と側鎖の組み合わせがフラーレン誘導体と良好なBHJ構造を形成し，なおかつ高いホール移動度とBuffer層との良好なコンタクトを実現できるかを正確に予測するのはほとんど困難である。最終的には図1(a)に示すような“太陽電池デバイス”を作成し，*J-V*曲線から新規材料の性能を評価するのだが，この時点でも材料の高純度化，D/A混合比率・膜厚・プロセス（溶媒・アニール）の最適化を徹底的に行わなければ，期待する値を得ることは難しい。高効率デバイス作製には嫌気下グローブボックス内で慎重に成膜し，蒸着プロセスも真空チャンバーを使わなければならないため，多くの時間と労力を必要とする。

＊1　Akinori Saeki　大阪大学大学院　工学研究科　助教

＊2　Shu Seki　大阪大学大学院　工学研究科　教授

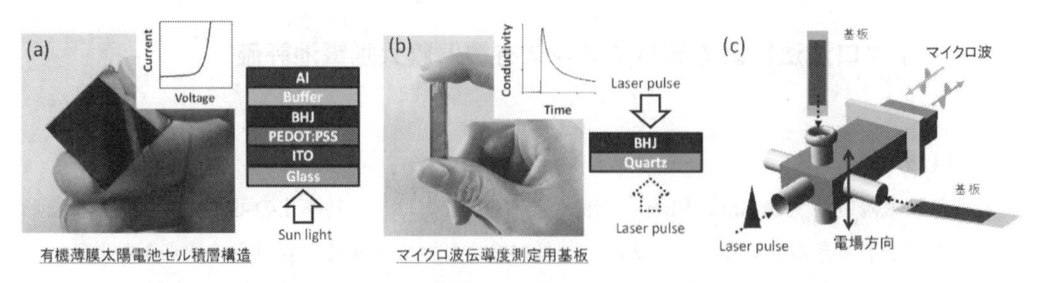

図1　(a)有機薄膜太陽電池セル構造，(b)FP-TRMC 用石英基板キャストフィルム，(c)マイクロ波伝導度測定の空洞共振器

これらの問題の一部は，電極でコンタクトした積層薄膜構造評価である点に起因しており，“電極レス”すなわち“デバイスレス”評価は，電極界面の影響を完全に排除できるなどメリットが大きい。

光励起・時間分解マイクロ波伝導度測定（Flash-Photolysis Time-Resolved Microwave Conductivity:FP-TRMC）は，マイクロ波をプローブとして用いるため，電極を使わずに電気特性を測定することができ，材料自身が有するナノスケールの界面・形態（モーフォロジー，分子間相互作用）・構造（超分子構造，高分子の主鎖構造）等を強く反映した情報を簡便に得ることができるという大きな特徴を持つ[13~17]。さらに，光パルスで過渡的に電荷を注入して時間分解測定を行うため，電荷キャリアトラップの影響を最小化でき，TRMC の高い測定感度により，わずかな濃度の電荷キャリアの局所的な移動度とダイナミクスを評価することができる。例えば，両親媒側鎖を持つヘキサベンゾコロネンが π スタックして形成したナノチューブでは，チューブ間の高いホッピング障壁に起因して 10^{-4} cm^2/Vs 程度の FET 移動度であるのに対し，チューブ内1次元キャリア移動度は 2~3 cm^2/Vs にも及ぶことが FP-TRMC 法により明らかになっている[18~20]。

図1(b)に，FP-TRMC 用の石英基板にスピンコートして成膜したフィルム写真を示す。電極レスによりサンプルの作成は非常に簡便・迅速であり，ドロップキャストでもよいため，5 mg 程度のポリマーで後述の D/A 混合比率の最適化実験用のサンプルをすべて用意することができる。光パルスは通常フィルム側から照射するケースが多いが，石英基板側から照射することで2層 pn 接合型でのマスク効果を検討することも可能である。さらに，図1(c)の黒実線矢印で示すように，空洞共振器内の定在マイクロ波の電場方向は一方向に規定されているので，基板の設置方向に応じて，基板に対して平行（縦・横）と垂直方向の伝導度を評価することができる。

以上のような利点とサンプル形状を選ばない点（フィルム・ゲル・粉末も可）から，我々はこれまで FP-TRMC を用いて，共役高分子・液晶・有機単結晶・自己組織化材料・生体関連材料等の電荷輸送特性の研究を行ってきた[21~23]。しかし，この手法で得られる伝導度や移動度が，BHJ 型有機薄膜太陽電池デバイスの性能と相関するのかどうか，また相関がある場合，変換効率（PCE）・短絡電流（J_{SC}）・開放電圧（V_{OC}）・曲線因子（FF）とどのように関連するかという疑問が生じる。むしろ，結晶性（凝集性）が高くなり局所的電荷キャリア移動度が増えるにつれてTRMC信号は増加するが，反対にBHJ構造の劣化と接触抵抗の増加でデバイス性能が低下するという，負の相関があることも予想される。そこで本稿では，代表的なBHJであるP3HT:PCBMでD/A混合比・プロセス条件を変えた検証実験の最近の成果について紹介する[24]。

4.2　D/A混合比率

図2(a)に本実験で用いたP3HTとPCBMの化学構造を示す。D/A混合比を変えた厚膜フィルム（1 μm程度）は，o-ジクロロベンゼン（oDCB）溶液から石英基板にドロップキャストして作製した。図2(b)に，Nd:YAG/OPO（Optical Parametric Oscillator）ナノ秒レーザーシステムからの515nmパルス光照射で得られたFP-TRMC過渡伝導度信号（$\Delta\sigma$）を示す。P3HT:PCBM＝1:0.01ではP3HTだけのものに比べ約2倍信号が増加し，PCBMからP3HTへの電子移動反応によって光電荷キャリア生成効率が増加していることがFP-TRMCから確認できる。$\Delta\sigma$は電荷再結合やトラップの影響で時間とともに減少し，1 ms以内にはベースラインまで減少する。1 μs以内に見られるリンギングは電気ノイズによるものであり，現在は装置の改良によって，ほぼ取り除くことができている。

図2(c)の○点は，過渡電導度信号のパルスエンドでの最大値（$\Delta\sigma_{max}$）をPCBM混合比に対してプロットしたものである。興味深いことに，$\Delta\sigma_{max}$は50wt％（P3HT:PCBM＝1:1）付近で最大となり，その後減少するが，再び97wt％（P3HT:PCBM＝1:40）で2つ目のピークを示している。FP-TRMCでは，エキシトンからの電荷分離を利用して電荷キャリアを注入しているため，電界効果型トランジスタ（FET）のように，ホールあるいは電子の一方だけを測定しているのではなく，両者の移動度の和として得られる。つまり，過渡的に生成する電荷濃度をΔN，電荷素量をeとすると，$\Delta\sigma = e\Delta N\Sigma\mu = e\Delta N(\mu_h + \mu_e)$と表され，よって，図1(c)観測された$\Delta\sigma$のPCBM混合比依存性は，PCBMの増加に伴って，μ_hが一定→減少，ΔNが増

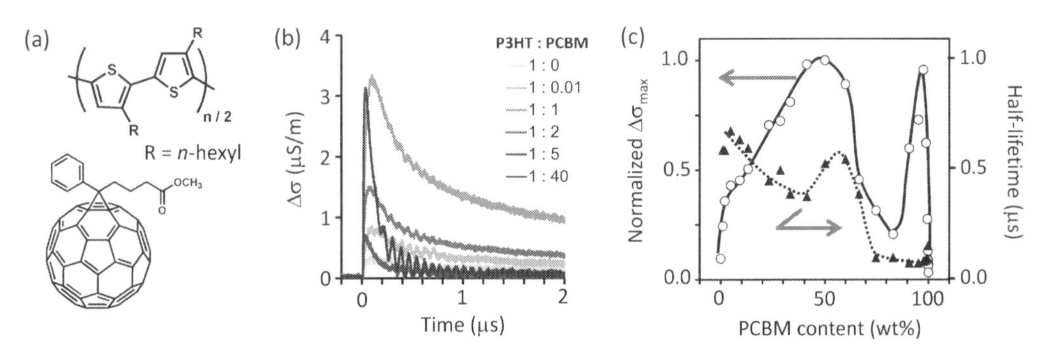

図2　(a)P3HT，PCBM化学構造，(b)515nm励起P3HT:PCBM BHJフィルムのTRMC過渡伝導度（$\Delta\sigma$）曲線，(c)過渡伝導度最大値：$\Delta\sigma_{max}$と寿命：$\tau_{1/2}$のPCBM混合比依存性。50wt％はP3HT:PCBM＝1:1に対応。

加→減少，μ_eが増加→一定という，三種の曲線の複合の結果だと考えられる。言い換えれば，50wt％ではμ_hが支配的，97wt％ではμ_eが支配的ということである。さらに興味深いのは，それぞれのピーク付近において，過渡伝導度信号の減衰速度が大きく異なるという点である。図2(c)にあるように，各PCBM混合比における減衰の半減期：$\tau_{1/2}$をプロットすると，0～40wt％まではPCBM増加に伴い，電荷バルク再結合によって$\tau_{1/2}$が単調に減少し，50wt％付近ではやや増加し，その後は100wt％にかけて急激に小さくなっている様子が観測される。50wt％での微小な増加は，ホールと電子が空間的に分離しやすいBHJが形成することで電荷再結合が抑えられたためであろう。また，その後の減少は，電子のトラップと逆電子移動反応の増加が原因と考えられる。

デバイスで取り出せる電流としては，$\Delta\sigma_{max}$と$\tau_{1/2}$が大きいほど有利である。そこで，$\Delta\sigma_{max}\times\tau_{1/2}$をプロットすると，P3HT:PCBM＝1:1付近で1つのピークが表れる。この混合比は多くの研究者によってデバイスの最適混合比率であると報告されている。したがって，$\Delta\sigma_{max}\times\tau_{1/2}$を指標とすることで，FP-TRMCを用いたD/A混合比率の最適化を，簡便かつ迅速に行うことができる。今回，励起光波長はP3HTの吸収ピークかつ太陽光パワー密度スペクトルのピーク付近である515nmを用いたが，355nmで励起すると，$\Delta\sigma_{max}$で見られた50wt％付近のピークは低PCBM混合比側にシフトする。これは，UV光ではPCBMの吸収の寄与が大きいため，電荷分離効率（ϕ）の減少が低PCBM濃度でも現れてくるためである。

4.3 P3HT:PCBM＝1:1でのデバイスとの相関

次に，P3HTとPCBMの混合比を1:1に固定し，溶媒の種類（クロロホルム:CF，クロロベンゼン:CB，o-ジクロロベンゼン:oDCB），溶媒アニール，熱アニール（なし，80～180℃）のプロセス条件を変えて，OPVcデバイスとTRMCサンプルを同時に作成し，両者の電気特性の相関を検討した。膜厚はすべてデバイス最適値である200nm程度になるように調整した。図3(a)に示すように，*PCE*はプロセス条件に応じて0.5％～3.3％まで大きく変化したが，驚くべきこと

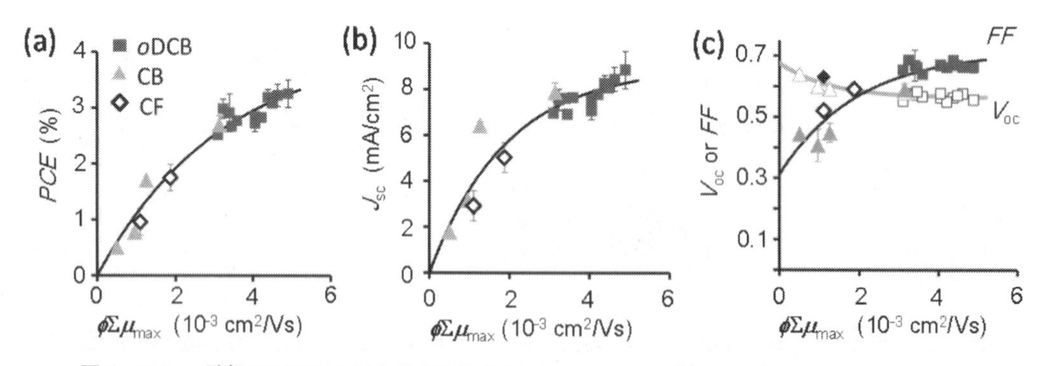

図3　515nm励起FP-TRMCによるP3HT:PCBM＝1:1 BHJスピンコートフィルムの$\phi\Sigma\mu_{max}$（横軸）と(a)*PCE*，(b)J_{SC}，(c)V_{OC}と*FF*との相関。oDCB，CB，CFは溶媒の種類。

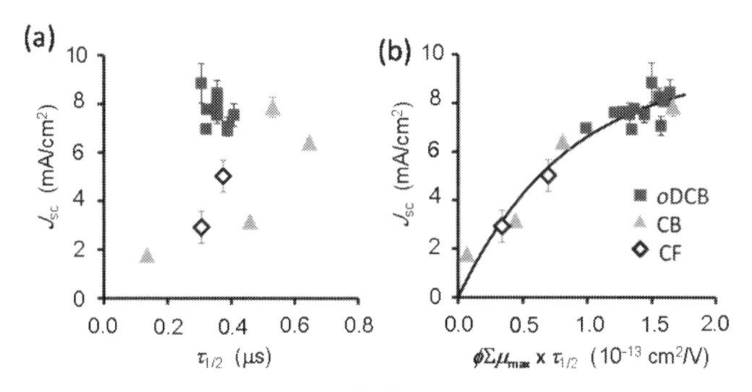

図4　P3HT：PCBM＝1：1 BHJのJ_{SC}（縦軸）と515nm励起FP-TRMCで得られた (a) $\tau_{1/2}$，(b) $\phi\Sigma\mu_{max}\times\tau_{1/2}$との相関。oDCB，CB，CFは溶媒の種類。

に，すべての領域においてFP-TRMC信号のピーク強度：$\phi\Sigma\mu_{max}=(eI_0F_{Light})^{-1}\Delta\sigma_{max}$と良好な相関を示した。$I_0$，$F_{Light}$はそれぞれ励起レーザーフォトン密度と補正係数であり，後者はサンプルの厚さ・光学吸収・レーザー径・マイクロ波電場強度分布などを考慮して一意に計算できる因子である[25)]。前項で述べたように，プロセスの最適化はD/A混合比以上に多くのパラメータが考えられ，多大な時間と労力を要するため，安定・迅速な評価が可能なFP-TRMCは非常に有効である。D/A比率を固定した状態では，515nmだけでなく，355nm励起でも，図3(a)に示すような相関が得られた。これは，プロセスによる光電気特性の変化が，光学吸収特性の変化ではなく，主にBHJ構造と電荷キャリア移動度に影響を与えていることを示している。

デバイス特性のうち，J_{SC}・V_{OC}・FFのどの因子がFP-TRMC信号と相関しているかを検討するため，図3(b)(c)にそれぞれを横軸$\phi\Sigma\mu_{max}$に対してプロットした。V_{OC}は0.55～0.65Vの範囲でほとんど変化はないため，PCEとの相関の原因はJ_{SC}とFFにある。特にJ_{SC}は約4倍のファクターで変化しており，PCEと$\phi\Sigma\mu_{max}$の相関関数に比べてさらに湾曲率が大きいサブリニアな関係にある。D/A混合比の部分でも議論したように，取り出せる電流値は初期伝導度値（ピーク値）だけでなく，キャリアの寿命も影響すると考えられる。そこで，図4(a)にあるように$\tau_{1/2}$とJ_{SC}をプロットしてみると，全体的に正の相関があるようにも見えるが，明確な関係は見て取れない。しかし，$\phi\Sigma\mu_{max}\times\tau_{1/2}$でプロットすると，$\phi\Sigma\mu_{max}$だけのものに比べてより線形に近づいた相関曲線が得られた。その理由は前項に述べたことと同様であり，電流値はキャリア生成効率・移動度・寿命の積によって影響されることを示している。

4.4　局所的電荷キャリア移動度

FP-TRMCで得られる信号は伝導度であり，伝導度は電荷キャリア移動度と濃度の積である。したがって，マイクロ波でプローブされる局所的電荷キャリア移動度：$\Sigma\mu$を求めるには，ϕ_{max}を独立に求める必要がある。その方法としては，過渡吸収分光（Transient Absorption Spectroscopy）・デバイスによる光電流測定があるが，P3HT:PCBMのように強度の高い信号を

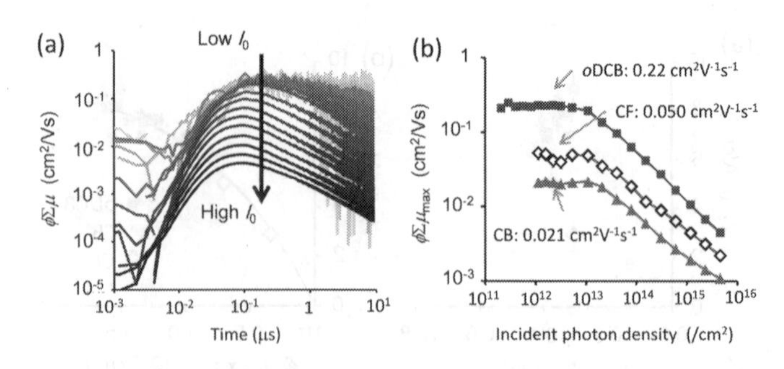

図5　(a)レーザー励起強度(I_0)を変えた時のFP-TRMC過渡伝導度曲線。
(b) $\phi\Sigma\mu_{max}$のI_0依存性。矢印の値は，低I_0での飽和値。

出すものについては，励起強度（I_0）依存性を測ることで，他の測定を関与させずに最少移動度：$\Sigma\mu_{min}$を求めることができる。図5(a)に励起強度（I_0）を10^{11}～10^{15}photons/cm^{2}に変化させたときの過渡伝導度信号の両対数プロットを示す。これまでと同様にそのピーク値：$\phi\Sigma\mu_{max}$をI_0に対してプロットすると，図5(b)のように，I_0の減少につれて$\phi\Sigma\mu_{max}$は増加し，低I_0領域では飽和する傾向が観測された。この$\phi\Sigma\mu_{max}$の変化は，$\Sigma\mu$ではなくϕ_{max}が変化するためである。I_0の減少に伴い，生成するエキシトン密度と電荷キャリア密度が減少するため，キャリア失活パスの減少によってϕ_{max}は増加していく。実際に得られる$\tau_{1/2}$もI_0低下とともに増加しているため，過渡伝導度信号の減衰が主にバルク電荷再結合によるものであることを示唆している。飽和領域においてもキャリア寿命は増加しつづけており，FP-TRMC測定の時間分解能は数十ナノ秒であることからも，この飽和領域ではまだ，ピコ秒スケールで起こるジェミネートイオン再結合の効果は見えていない[26]。したがって，低I_0領域においてϕ_{max}は一定値になっているとはいえ，1(=100%)ではないと考えられる。

以上のことより，低I_0領域での飽和$\phi\Sigma\mu_{max}$は，最少の電荷移動度：$\Sigma\mu_{min}$とすることができる。デバイスで最も高い*PCE*=3.3%が得られたoDCB・溶媒アニール・熱アニール（160℃ 10分）のサンプルでは，0.22cm^2/Vs，*PCE*=1.8%のCFでは0.050cm^2/Vs，*PCE*=0.77%のCBでは0.021cm^2/Vsとなった。これらの局所移動度は，空間電荷制限電流法（SCLC）やPhotoCELIVなどのBHJ薄膜デバイスで得られる移動度と比べて，3～5桁高い値である。これは，2相混合系であるBHJにおいても，局所的にはP3HTの結晶部に起因する高い電荷移動度を有していることを示しており，かつ，この微小スケールの移動度が高いほど，マクロなデバイス性能も向上できるといえる。

4.5　不純物・劣化効果

最後に本項では，P3HT:PCBM薄膜におけるFP-TRMC信号の不純物・劣化効果について紹介する。序章にて，TRMC法は不純物による効果が小さいとすでに述べたので今更ではあるが，積極的に金属触媒不純物：$Pd(PPh_3)_4$を加えた場合のデバイス性能とTRMC挙動について

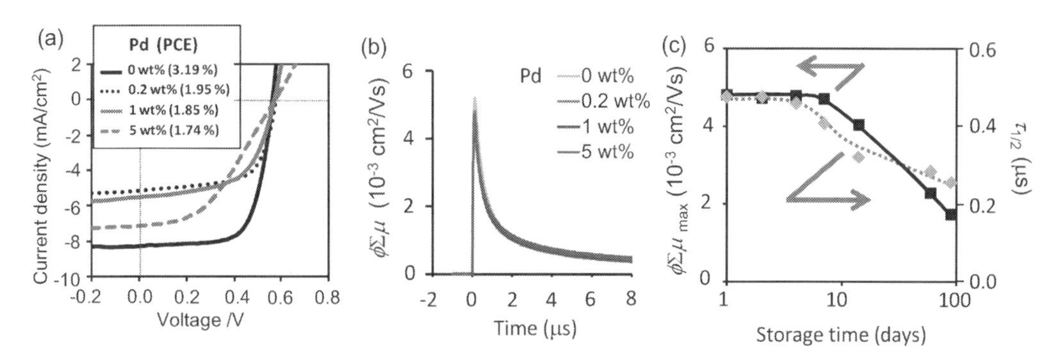

図6　(a) Pd 触媒を不純物として混在させたときの P3HT:PCBM＝1:1 デバイスの *J-V* 曲線。カッコ内は変換効率：*PCE*，(b) (a) と同様のフィルムの FP-TRMC 光過渡伝導度曲線，(c) 常温・大気下・日常光下で保存した P3HT:PCBM＝1:1 膜の $\phi\Sigma\mu_{max}$ (左縦軸) と $\tau_{1/2}$ (右縦軸) の経時変化。

紙面を割く。図6(a)は Pd 触媒を 0, 0.2, 0.5, 2 wt%（100wt% P3HT:100wt% PCBM）加えた時の *J-V* 曲線を示しており，0.2wt%加えるだけで *PCE* は 3.19%から 1.95%まで減少し，さらに 5 wt%（ほぼ重合時の触媒濃度）では 1.74%となり，いかに不純物を取り除くかがデバイス性能向上にとって重要であるかを見て取れる。残存金属は，電荷キャリアのトラップサイト，さらには電荷再結合中心になるため，J_{SC} と *FF* が大きく影響を受けている。一方，図6(b)にある TRMC 信号は，わずかな強度と寿命の減少は見られるが，ほとんど Pd 触媒の影響を受けていないことから，不純物に対して耐性のある評価法であることが分かる。

また，常温・大気下・日常光下で保存した P3HT:PCBM 薄膜の劣化効果を図6(c)に示す。最初の1週間程度では，光過渡伝導度強度・キャリア寿命ともに大きな変化はないが，その後，両者は徐々に減少し始め，3か月後には約半分となった。しかし，封止しない場合のデバイス（Glass/ITO/PEDOT:PSS/BHJ/Ca/Al）は，12時間程度で変換効率は半減し，24時間後には約 1/6 にまで減少する。この場合，デバイス劣化の主な原因は Ca バッファー層が大気中の水分と反応するためだが，FP-TRMC では純粋に BHJ 層だけの劣化（光分解・酸化・BHJ 構造の崩れ）について検討することができる。言い換えれば，P3HT のような比較的 HOMO が浅い（酸化されやすい）高分子を使って，数日前に大気下でキャストしたフィルムでさえ，グローブボックス内で厳密に制御して成膜した作り立てのフィルムと同等の信号を得ることができると言える。これは，人・ロット・測定日・その他の条件に左右されない安定な評価という意味で，重要であろう。

4.6　おわりに

本稿では，代表的な BHJ である P3HT:PCBM について，光励起時間分解マイクロ波法（FP-TRMC）を用いたデバイスレス有機薄膜太陽電池評価について紹介した[24]。D/A 混合比最適化には，過渡伝導度信号の強度と寿命の積が良い指標となり，実際のデバイスとの比較実験から，溶媒・アニール条件で大きく変わるデバイス特性と良い相関関係があることが分かった。また，電極レス・時間分解であることから，不純物や劣化に影響されにくい迅速・安定な評価が可能である。さらに，得られる局所的電荷キャリア移動度は，2相混合膜であるにも関わらず，0.22cm^2/Vsという高い値を示し，マクロなデバイス性能とも相関があることが示された。この手法は，単なる条件の迅速な最適化だけではなく，新規低バンドギャップ高分子の材料スクリーニング，p型n型（高）分子の光電気機能評価，色素増感太陽電池の無機/有機界面電子移動反応などでの基礎研究にも応用でき[27, 28]，今後さらなる装置自身の高精度化・高機能化も期待される。

文　献

1） J. Peet *et al.*, *Acc. Chem. Res.* **42**, 1700（2009）
2） Y. Liang *et al.*, *Acc. Chem. Res.* **43**, 1227（2010）
3） G. Li *et al.*, *Nature Mater.* **4**, 864（2005）
4） M. D. Irwin *et al.*, *Proc. Nat. Acad. Sci.* **105**, 2783（2008）
5） S. H. Park *et al.*, *Nature Photo.*, **3**, 297（2009）
6） K.-H. Ong *et al.*, *Adv. Mater.* **23**, 1409（2011）
7） S. C. Price *et al.*, *J. Am. Chem. Soc.* **133**, 4625（2011）
8） Y. Liang *et al.*, *Adv. Mater.*, **22**, E135（2010）
9） H.-Y. Chen *et al.*, *Nature Photo.* **3**, 649（2009）
10） Z. He *et al.*, *Adv. Mater.* **23**, 4636（2011）
11） 三菱化学プレスリリース，http://www.m-kagaku.co.jp
12） M. A. Green *et al.*, *Prog. Photovoltaics* **19**, 84（2011）
13） A. Saeki *et al.*, *Adv. Mater.* **20**, 920（2008）
14） A. Saeki *et al.*, *Macromolecules* **44**, 3416（2011）
15） 佐伯昭紀ほか，放射線化学，**81**, 29（2006）
16） 関修平ほか，化学工業，**60**, 213（2009）
17） 佐伯昭紀ほか，化学工業，**62**, 6（2011）
18） Yamamoto *et al.*, *Science* **314**, 1761（2006）
19） Y. Yamamoto *et al.*, *Proc. Natl. Acad. Sci.* **106**, 21051（2009）
20） A. Saeki *et al.*, *J. Phys. Chem. Lett.* **2**, 2549（2011）
21） W. Zhang *et al.*, *Science* **334**, 340（2011）
22） S. Prasanthkumar *et al.*, *J. Am. Chem. Soc.* **132**, 8866（2010）
23） S. Seki *et al.*, *Polym. J.* **39**, 277（2007）
24） A. Saeki *et al.*, *Adv. Energy Mater.* **1**, 661（2011）
25） A. Saeki *et al.*, *Philos, Mag.* **86**, 1261（2006）
26） H. Ohkita *et al.*, *J. Am. Chem. Soc.* **130** , 3030（2008）
27） B. Bijitha *et al.*, *Macromolecules* in press,（2012）
28） C. Vijayakumar *et al.*, *Chem. Asian J.* under revision

第6章　有機薄膜太陽電池の新しい作製法

1　単結晶有機太陽電池の作製

宮寺哲彦[*1]，吉田郵司[*2]

1.1　はじめに

有機薄膜太陽電池の近年の目覚ましい発展はバルクヘテロジャンクション（BHJ）型のデバイス構造を基本とし，材料開拓，作製手法の開拓が進められてきた結果といえる。BHJ構造は本書の他のセクションに多く解説されている通り，p型有機材料とn型有機材料をランダムに混在させた構造であり，作製方法が簡便であるという点と，有機半導体における励起子拡散長（L_D）の短さという欠点に対する対処法として有効であるため，BHJ構造に基づいた多くの研究・開発がなされてきた。一方で，BHJにおいてはランダムな構造を基本としているため，素子構造を制御することが困難であるという問題を内在している。有機薄膜太陽電池のさらなる発展のためには，BHJ構造によらない新しい素子構造の開拓が求められる。その一例として，制御された有機薄膜を構築し，励起子拡散長自体を増大させることにより入射した光子を効率よく電荷に変換することを目指した素子設計が考えられる。

このような背景から筆者らは有機単結晶に着目し，単結晶太陽電池の研究・開発を行ってきた。単結晶を用いて制御された素子構造を作製することにより，高効率の励起子・電荷輸送が期待される。さらに，制御された系におけるデバイス特性や基礎物性を詳細に解析することにより，有機太陽電池の動作メカニズムの解明に発展させることができると期待される。有機太陽電池の

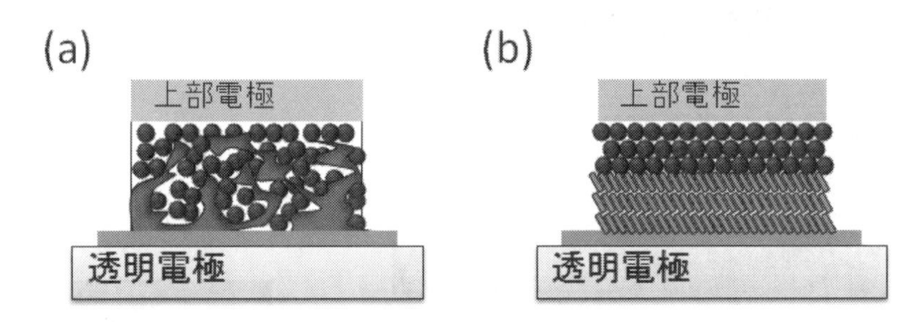

図1　有機薄膜太陽電池構造の模式図
(a)バルクヘテロジャンクション(BHJ)型，(b)有機単結晶太陽電池。

---

*1　Tetsuhiko Miyadera　㈱科学技術振興機構　戦略的創造研究推進事業　さきがけ　さきがけ研究者

*2　Yuji Yoshida　㈱産業技術総合研究所　太陽光発電工学研究センター　先端産業プロセス・低コスト化チーム　研究チーム長

発電メカニズムは，①光吸収による励起子生成，②励起子拡散，③界面での電荷分離，④電荷輸送，⑤電極での電荷取り出し，という過程により説明される。特に有機半導体においては励起子の束縛エネルギーが高いため，②の励起子拡散過程を克服することが重要であると考えられている。その他の過程においても，原理の解明が未だ途上であり，動作メカニズムや設計指針の確立につながるモデルの構築が望まれる。筆者らは制御された電極／有機半導体界面や有機半導体p／n界面を構築して，素子特性や物性を評価することで，有機太陽電池の高効率化を実現することおよび，基礎メカニズムを解明することを目的とし，単結晶有機太陽電池の研究を行っている。

1.2　有機単結晶の作製

有機単結晶の作製法には様々な方法が挙げられる。大きな分類として，気相から成長させる手法（物理的輸送法，分子線エピタキシー法，ホットウォール法），溶液から成長させる手法（再結晶），融液から成長させる手法に分けられる。また，これらを組み合わせた手法として，真空チャンバー中にイオン液体を導入し，イオン液体を介して有機単結晶を成長させる手法なども開拓されてきている[1]。本章では低分子系の有機薄膜太陽電池を対象としているため，気相からの成長法に関して解説する。

1.2.1　物理的輸送法

簡便な有機単結晶作製手法として物理的輸送法（physical vapor transport）が挙げられる。本手法では真空もしくは窒素等の不活性ガスで置換したガラス管内に原料を設置し，温度勾配をかけることにより，高温部で原料を昇華させ，キャリアガスにのせて低温部へ輸送された原料を結晶化させる（図2)。テトラセンやルブレンなどのアセン系材料ではこの手法により薄片状の

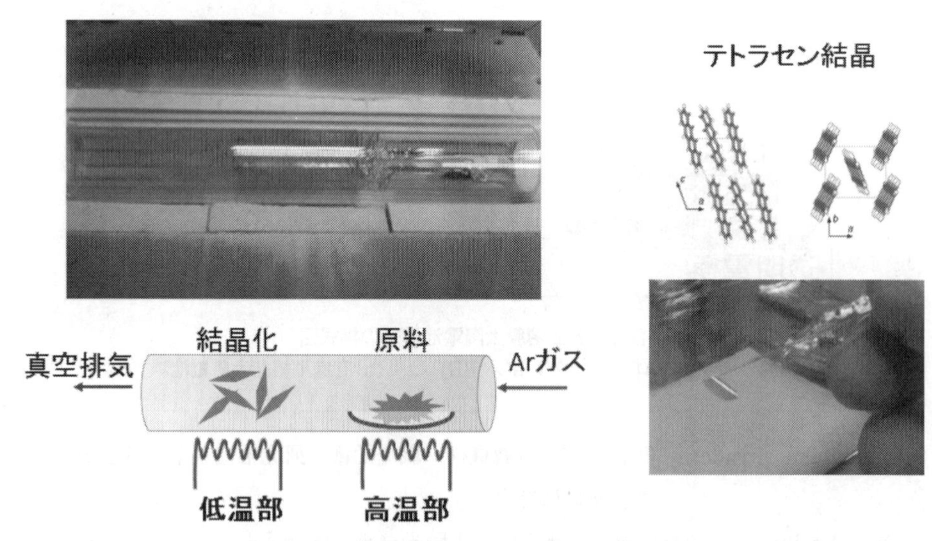

図2　物理的気相成長法による有機単結晶の作製
本手法により作製されたテトラセン単結晶。

単結晶を作製することが可能となる。大きさや形状の制御は困難であるが，本手法により面内で数mm，厚み方向で数μm程度の大きさの結晶が作製できる。

このようにして作製された単結晶薄片を基板に移送し，電極を形成することで有機デバイスを作製することが行われてきている。特に有機トランジスタの分野ではルブレン単結晶を用いて$15cm^2V^{-1}s^{-1}$もの高い移動度が観測されている[2)]。太陽電池分野においても本手法を用いた有機単結晶をITO基板上に静置し，n型半導体層，上部電極を蒸着し，有機太陽電池を作製する手法がYang Yangらのグループ[3)]及び筆者ら[4)]によって研究されている。

1.2.2　分子線エピタキシー法

分子線エピタキシー法は異なる物質を，方位をそろえて結晶成長させる手法であり，制御された界面を形成させることができるため，素子作製の手段として重要な手法である。しかし，結晶成長の分野では古くから研究されてきているが，有機デバイスの作製手法としては積極的に取り入れられず，基礎研究にとどまっている。本手法を有機デバイスへ応用するためには絶縁性基板上へのエピタキシャル成長（トランジスタ応用）[5)]や有機p/n界面の形成（太陽電池応用）が必要となる。これまで，絶縁性基板上へ濡れ層としてペンタセンを成長させ，C_{60}をエピタキシャル成長させたトランジスタ[6)]や，単結晶性のバッファー層上へフタロシアニンをエピタキシャル成長させて太陽電池を作製[7)]する手法などが報告されている。

筆者らは単結晶有機太陽電池の実現のため，エピタキシャル成長により有機p/n界面を作製することを試みた[8)]。装置構成としては図3(a)に示す通り，基板加熱機構を備えた真空チャンバー内で有機材料を蒸着するものであり，結晶性の*in-situ*観察のための反射高速電子線回折（RHEED）システムを備えている。RHEEDの回折像の観察においては電子線による有機薄膜へのダメージを極力抑えるため，Micro channel plate（MCP）を備えた蛍光板を用いている[9)]。p型材料であるルブレンやテトラセンを物理的輸送法により単結晶化したものを基板として用い，n型材料であるC_{60}を真空中で蒸着させた。RHEED（図3(b)）およびX線回折の結果から，C_{60}蒸着膜は有機単結晶上で方位をそろえたエピタキシャル成長をすることが分かった。例えば，ルブレン（001）面上でC_{60}は（111）面の方向で成長する。面内X線回折パターンからは12回対称のピークが観察されており，C_{60}（111）面は6回対称の構造であることから，2種類の配向方向が存在していることが分かった（図3(c)）。また，原子間力顕微鏡（AFM）によりモルフォロジーを観察すると，ルブレン上のC_{60}エピタキシャル薄膜では数百nmもの粒径があり（図3(d)），通常有機デバイスとして使用されている薄膜の10倍程度の粒径を持つ。方位をそろえた規則構造を持っているという点と，大きな粒径が得られているということから，欠陥の少ない薄膜が形成されていることが期待される。エピタキシャル薄膜の詳細な物性に関しては今後解析していく予定である。

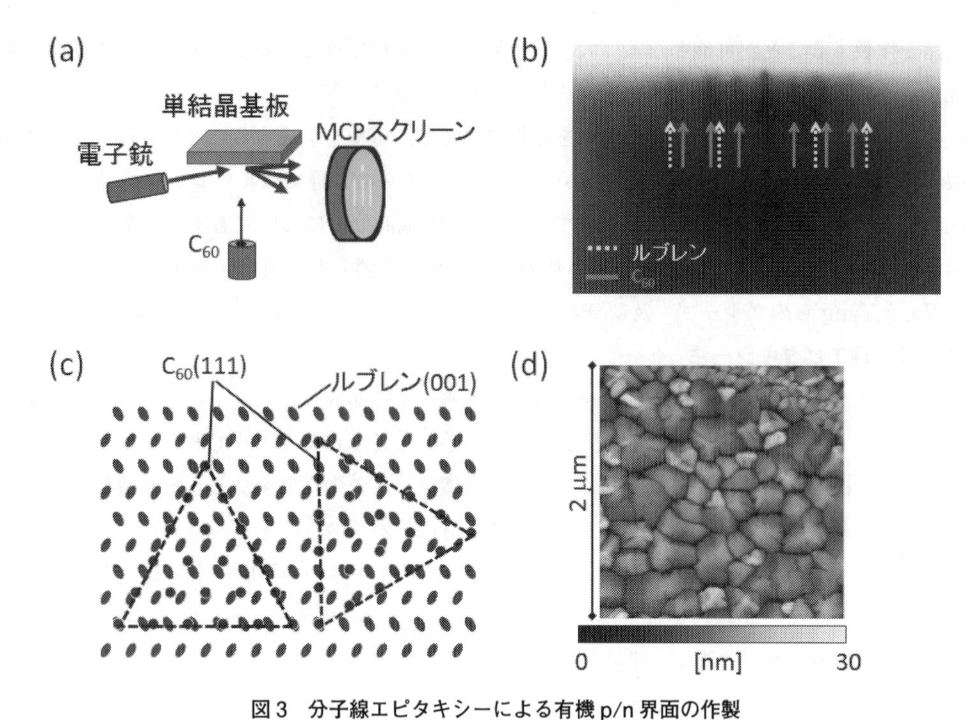

図3　分子線エピタキシーによる有機 p/n 界面の作製

(a)装置セットアップ，(b)反射高速電子線回折(RHEED)像，(c)ルブレン(100)面上の C_{60} 成長モデル，(d)ルブレン単結晶上にエピタキシャル成長させた C_{60} 薄膜の AFM 像。

1.3　有機単結晶太陽電池の特性

物理的輸送法による有機単結晶を用いた太陽電池素子について解説する[4]。1.2.1 で解説した手法により作製した有機単結晶薄片を PEDOT:PSS つき ITO/ガラス基板に整置する。この時，基板と有機単結晶は静電気力により吸着し，電気的な接触がとられる。基板を真空チャンバー中へ移送し，n 型半導体層（C_{60}），バッファー層（LiF），上部電極（Al）を蒸着することで図 4(a)(b)に示す素子が完成する。

通常の有機薄膜太陽電池の膜厚（数十 nm）と比較して，本手法によるルブレン単結晶は数 μm と極端に厚い膜厚であるが，良好な発電特性を示している（図 4(c)）。同程度の膜厚の蒸着系太陽電池の特性と比較すると，単結晶デバイスにおいて高い電流値と十分大きな形状因子が観測されている。電流値に関しては励起子拡散長の増大，形状因子に関しては電荷移動度の増大に起因していると考えられる。外部量子収率（EQE）スペクトルの比較を図 5(a)に示す。励起子拡散長が短く，膜厚が厚い太陽電池においては吸収ピーク波長で EQE が減少する「スクリーニング効果」が見られることがある。これは入射側界面近傍でのみ光吸収が起き，生成した励起子が電荷分離界面まで到達しないため生じる現象であり，励起子拡散長の短い有機太陽電池において特に問題となる。図 5(a)をみると蒸着により作製した素子において EQE が減少している部分があり，減少している波長領域はルブレンの吸収波長と一致する。単結晶ルブレン太陽電池において

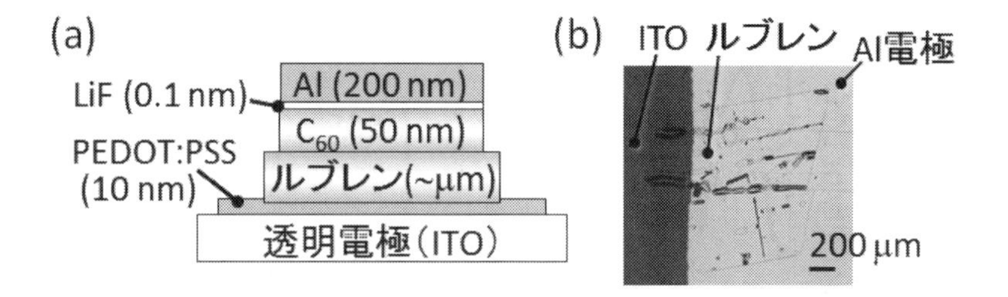

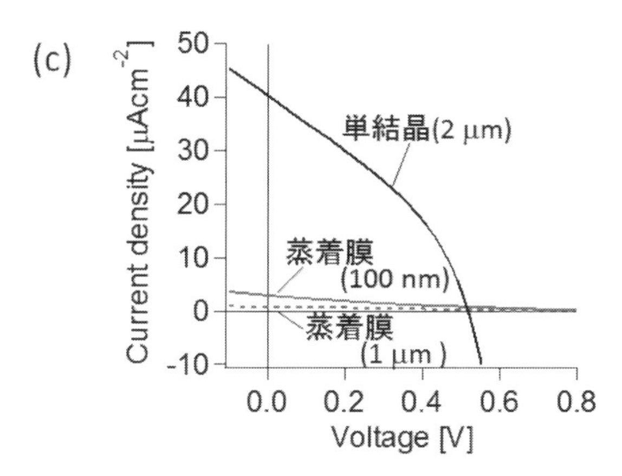

図4　ルブレン単結晶太陽電池素子
(a)素子構造，(b)素子の光学顕微鏡像(透明電極側から撮影)，
(c)単結晶素子と蒸着により作製された素子の特性比較。

はスクリーニング効果が見られず，吸収波長領域全てにおいて発電していることが分かる。

単結晶中での励起子拡散挙動を解析するため，シミュレーションによってEQEスペクトルを計算した[10]。シミュレーション方法として，まず，各材料（各材料を添え字jで識別する）の複素屈折率（$\tilde{n}_j = \eta + i\kappa$）をもとに素子内での光の伝搬，反射を計算する。

$$\begin{pmatrix} E_{j+1}^{+} \\ E_{j+1}^{-} \end{pmatrix} = \frac{\tilde{n}_j + \tilde{n}_{j+1}}{2\tilde{n}_j} \begin{pmatrix} 1 & r_{j,j+1} \\ r_{j,j+1} & 1 \end{pmatrix} \begin{pmatrix} E_j^{+} \\ E_j^{-} \end{pmatrix}, \qquad r_{j,j+1} = (\tilde{n}_j - \tilde{n}_{j+1})/(\tilde{n}_j + \tilde{n}_{j+1})$$

次に，光吸収に応じて発生した励起子の輸送および電荷分離を拡散方程式によって計算し，素子内の励起子分布（$n(x)$）を求める。

$$\frac{\partial^2 n}{\partial x^2} = \frac{n}{L_D^{\,2}} - \frac{\alpha_j}{h\nu} |E(x)|^2$$

最後に，界面（$j/j+1$）においてかい離した励起子が確率$\theta_{j/j+1}$で電荷として取り出されると仮定して電荷生成量を見積もり，光電流を求めた（Dは拡散定数）。

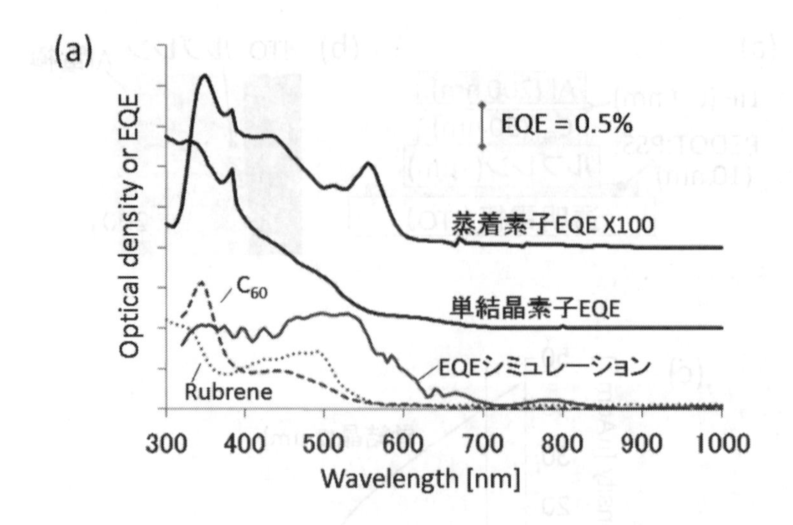

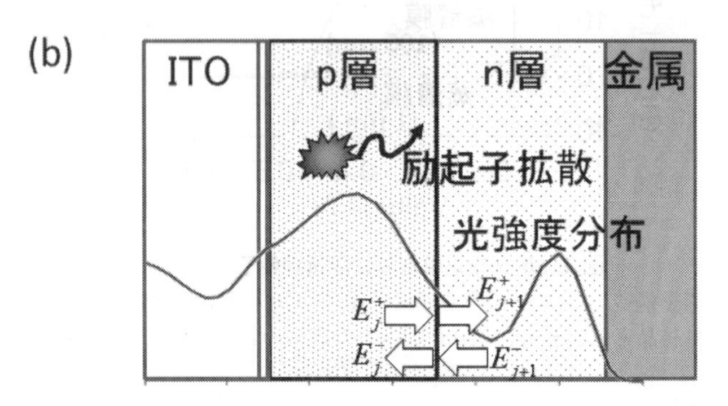

図5　(a) ルブレン太陽電池のEQEスペクトル，(b) EQEシミュレーションの模式図
(a)黒実線：単結晶素子と蒸着により作製した素子(×100)のEQE。灰色実線：シミュレーションに基づいたEQEスペクトル。灰点線：シミュレーションに用いた吸収スペクトル(C_{60}およびルブレン)。

$$J_{\text{photo}} = \theta_{j/j+1} D \left.\frac{dn}{dx}\right|_{\text{At interface}}$$

単結晶素子における励起子長距離拡散を再現するため，ルブレンの励起子拡散長を1 μmとし，EQEを計算した結果を図5(a)に示す。シミュレーション結果では全吸収波長領域で良好な発電特性が得られており，スクリーニング効果のないEQEを再現することができた。

以上のように単結晶有機太陽電池では1 μmを超える厚膜においても形状因子の低減やスクリーニング効果が見られず，良好な発電特性を示していることが分かる。単結晶を用いることで効果的な励起子輸送・電荷輸送が実現していることが示され，単結晶有機太陽電池の発展が期待される。

1.4　有機単結晶中の励起子拡散

有機薄膜内の励起子拡散機構を解析することは有機太陽電池において重要である。励起子拡散の解析には蛍光分光（photoluminescence, PL）が主に用いられる。

蛍光分光を用いた静的な励起子解析手法として励起子 Quenching[11] を利用したものが挙げられる。図6に示すように，試料として励起子 Quenching 界面と Blocking 界面の2種類を用意し，両者の界面における境界条件の違いを利用して励起子拡散長を求める手法である。すなわち，Quenching 界面としては励起子失活を促すため，極性の異なる半導体材料を極薄く蒸着し，Blocking 界面としては何も付けないかもしくは，絶縁層を蒸着する。それぞれの界面からの PL 信号を $PL_Q(\lambda)$，$PL_B(\lambda)$とすると，信号強度比は以下の式で与えられる。

$$\eta(\lambda) = PL_B(\lambda)/PL_Q(\lambda) = L_Q\,\alpha(\lambda)/\cos(\theta) + 1$$

ただし，L_D は励起子拡散長，$\alpha(\lambda)$ は各波長における吸光係数，θ は励起光入射角度である。このように，PL 強度比と吸光係数のプロットから励起子拡散長を求めることができる。本手法を用いて様々な材料励起子拡散長[11] の解析や，結晶性と励起子拡散長の相関についての研究が報告されている[12]。

時間分解蛍光分光などの動的な分光法によって励起子の寿命を解析する手法も報告されている。ポンプ光によって励起された分子から発せられる蛍光強度の時間変化を高速で計測することにより有機膜内の励起子の生成・消滅過程に関する情報を得ることができる。得られた結果と速度論的なモデルによる考察から励起子生成・消滅の素過程を考察することが可能となる。有機材料としてルブレン単結晶を用いて励起子の動的な挙動を解析した研究が報告されている。ルブレン単結晶では生成した励起子が fission 過程により三重項励起子へ高速で緩和するため 100 μs 程度の非常に長い励起子寿命を持つことが報告されている[13]。当研究室においても過渡吸収分光を用いて fission 過程の直接観察に成功している[14]。このようにルブレン単結晶では励起子寿命が長く，励起子拡散長に関しても μm オーダーの非常に大きな値が観測されている[15]。1.3 項で述

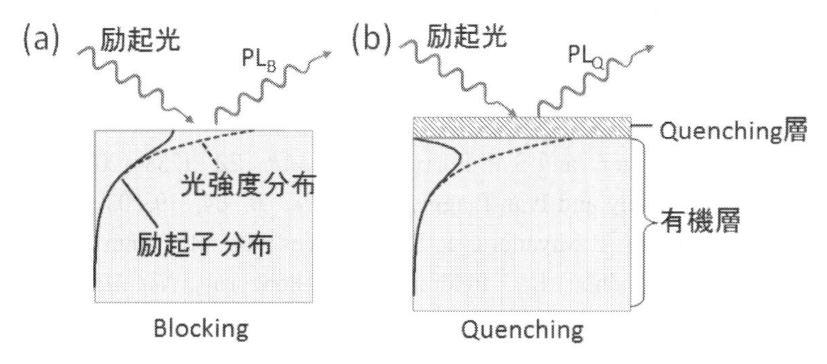

図6　蛍光分光分析による励起子拡散長解析の模式図
(a)Blocking 界面，(b)Quenching 界面。

べたμmを超える膜厚でのルブレン単結晶太陽電池の動作の原因はこの非常に長い励起子拡散長に起因するといえる。

1.5 おわりに

有機単結晶太陽電池をテーマとし，有機単結晶の形成手法，有機単結晶太陽電池作製プロセスおよび特性評価，励起子拡散長解析に関して概観した。現状としては手法の開拓と素過程の解明を行っている段階であり，実際に有機単結晶を用いて有機薄膜太陽電池の高効率化を実現するためには解決すべき多くの課題が残されている。特に重要と考えられる課題は，有機単結晶と電極の界面において，構造および電気伝導性を制御することである。単結晶化によって励起子拡散長が増大することが実証されたので，今後は，効率よくキャリアを取り出すための界面形成プロセスを開拓することが重要となる。

文　献

1) Y. Takeyama, S. Maruyama, and Y. Matsumoto, *Sci. Tech. Adv. Mat.*, **12**, 054210 (2011)
2) V. C. Sundar, J. Zaumseil, V. Podzorov, E. Menard, R. L. Willett, T. Someya, M. E. Gershenson. J. A. Rogers, *Science*, **303**, 1644 (2004)
3) R. J. Tseng, R. Chan, V. C. Tung, and Y. Yang, *Adv. Mat.*, **20**, 435 (2008)
4) T. Miyadera, N. Ohashi, T. Taima, T. Yamanari, and Y. Yoshida, 2011 MRS Fall Meeting Proceedings, mrsf11-1390-H08-10 (2012)
5) A. Matsumoto, R. Onoki, K. Ueno, S. Ikeda, and K. Saiki, *Chem. Lett.*, **35**, 354 (2006)
6) K. Itaka, M. Yamashiro, J. Yamaguchi, M. Haemori, S. Yaginuma, Y. Matsumoto, M. Kondo, and H. Koinuma, *Adv. Mat.*, **18**, 1713 (2006)
7) B. Yu, L. Huang, H. Wang, and D. Yan, *Adv. Mat.*, **22**, 1017 (2010)
8) H. Mitsuta, T. Miyadera, N. Ohashi, Y. Yoshida, and M. Tamura, to be submitted.
9) K. Saiki, T. Kono, K. Ueno, and A. Koma, *Rev. Sci. Inst.*, **71**, 3478 (2000)
10) L. A. A. Pettersson, L. S. Roman, and O. Inganas, *J. Appl. Phys.*, **86**, 487 (1999)
11) R. R. Lunt, N. C. Giebink, A. A. Belak, J. B. Benziger, and S. R. Forrest, *J. Appl. Phys.*, **105**, 053711 (2009)
12) R. R. Lunt, J. B. Benziger, and S. R. Forrest, *Adv. Mat.*, **22**, 1233 (2010)
13) Aleksandr Ryasnyanskiy and Ivan Biaggio, *Phys. Rev. B*, **84**, 193203 (2011)
14) H. Mitsuta, A. Furube, T. Miyadera, R. Kato, Y. Yoshida, M. Tamura, to be submitted.
15) H. Najafov, B. Lee, Q. Zhou, L. C. Feldman and V. Podzorov, *Nat. Mat.*, **9**, 938 (2010)

2 酸化グラフェンを用いた有機薄膜太陽電池

上野啓司*

2.1 はじめに

グラファイトは図1に示すような層状の結晶構造を持ち，炭素原子の sp^2 混成軌道がハニカム格子状に共有結合した構成単位層1枚が「グラフェン」と呼ばれる。2004年にUniv. ManchesterのK. S. Novoselov，A. K. Geimらによって大面積なグラフェンの絶縁性基板上への形成が初めて実現し，さまざまな特異物性が明らかにされた[1, 2]。それ以降理論／実験の両分野で膨大な基礎研究が行われ，彼らの業績と物性物理学への大きな貢献を称えて2010年度のノーベル物理学賞が授与された[3, 4]。

グラフェンが示す優れた物性の中でも，キャリア移動度，導電性の高さや機械的，熱的安定性は，グラフェンを素子・部品材料として応用する上で特に重要である。これらの特性を利用した応用研究が海外では非常に活発に進められており，例えば各種薄型ディスプレイ・太陽電池・タッチパッド用の透明電極，超高速トランジスタ，帯電防止膜，伝熱・耐熱部品，2次電池，スーパーキャパシタ，水素吸蔵，といった様々な分野での応用が期待されている。

しかしこれらの応用を現実的に進めるためには，粘着テープによる機械的剥離手法では非効率であり，大きなグラフェン薄片を簡便かつ再現性よく大量に形成する手法や，様々な種類の基板上にグラフェンを積層し，導電性の高いグラフェン薄膜を形成する手法，あるいはグラフェンを他の機能性材料と複合化しやすくするような手法の開発が必要不可欠である。特にグラフェンを透明導電膜として有機薄膜太陽電池に応用するためには，大面積なガラスやプラスチックフィルム等の透明基板上に，高導電性と高光透過性を併せ持ったグラフェン薄膜を形成しなければならない。

本稿では最初に，大面積なグラフェン薄膜を得るために研究が進められている各種手法を概説し，続いてグラフェン薄膜の透明導電膜としての応用可能性について述べる。次に天然グラファイト単結晶粉末を化学的に酸化・単層剥離し，得られた酸化グラフェン溶液の塗布によってグラ

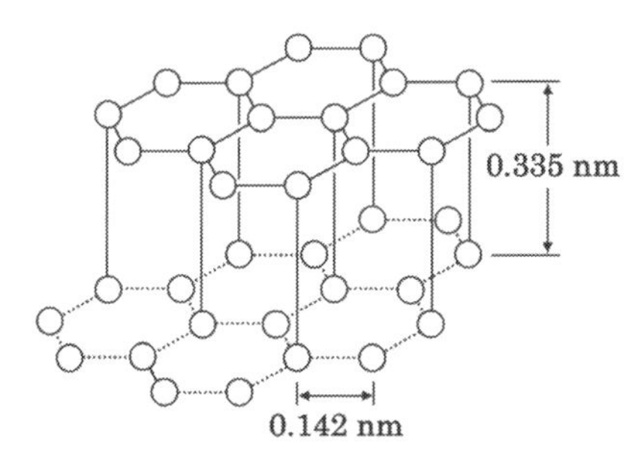

図1　グラファイトの結晶構造

* Keiji Ueno　埼玉大学　大学院理工学研究科　物質科学部門　准教授

フェン透明導電膜を形成する手法[5~8]について解説し，最後にグラフェン透明導電膜や酸化グラフェン薄膜を有機薄膜太陽電池に応用した結果を紹介する。

2.2 グラフェン透明導電膜の形成手法

太陽電池透明電極に応用できるような大面積なグラフェン薄膜を形成する手法としては，化学的気相成長法（Chemical Vapor Deposition：CVD 法）と，塗布形成法が広く研究されている[8]。

まず CVD 法では，金属の基板の上に炭化水素ガスを流して，金属を加熱して熱分解することで基板の上にグラフェンの薄膜を成長させる熱分解 CVD 法と，高周波などの印加によって原料ガスをプラズマ化して分解し，グラフェン膜を堆積させるプラズマ CVD 法が主に研究されている。熱分解 CVD 法の場合，触媒金属基板として単結晶基板を使う場合と，金属箔，蒸着膜のような多結晶表面を持つ基板を使う場合とに分けられる。これらの金属基板上に形成したグラフェン薄膜は，基板を除去して別の透明な基板上に転写し，透明電極として利用することになる。プラズマ CVD 法では，やはり金属基板表面の触媒作用を併用する場合もあるが，ガラス，フィルム基板上に触媒無しで直接堆積することも可能である。

次にグラフェンを可溶化・塗布する手法では，出発原料としては天然に得られる単結晶グラファイト粉末あるいは薄片が用いられる。この単結晶を何らかの方法で単層にまで剥離して溶媒に可溶化したうえで，透明基板に塗って薄膜を形成する。この単層剥離と可溶化の方法は二つに大別できるが，まず一つはグラファイトを酸化して親水性の酸化グラファイトを調製し，それを水中で単層剥離して酸化グラフェン溶液を得，これを塗布成膜し，最後に還元してグラフェン薄膜を得る，という手法である。もう一つは，酸化還元を一切せず，グラファイトの粉末を溶媒中で直接単層剥離・可溶化して塗布し，薄膜をつくる，という手法である。これらの成膜手法の概要とそれぞれの長所，短所を表 1 に示す。

グラフェン薄膜の別の有力な形成法として，シリコンカーバイド SiC の（0001）表面を真空下で 1500℃程度に加熱して熱分解する，という研究も進められている[9]。この加熱温度では表面からシリコンだけが昇華し，残ったカーボンが（0001）表面上にエピタキシャルなグラフェン薄膜を形成する。キャリア移動度の高い良質な単結晶グラフェンが得られると報告されているが，SiC 単結晶基板は面積が限られ，剥離／転写も必要となるため，透明導電膜への応用よりは高移動度トランジスタへの応用が主目的になっている。

2.3 グラフェン透明導電膜の可能性

発光素子や太陽電池などで必要となる透明電極には，スパッタ成膜した酸化インジウムスズ（indium tin oxide：ITO）薄膜が専ら用いられている。ITO 透明電極は成膜，加工技術が高度に発展しており，また現時点ではかなり安価である。しかしよく言われるように，インジウムには限られた埋蔵量・産出地域といった問題があり，需要も今後飛躍的に増加することが予想されることから，将来の原料調達がどのようになるかは不透明である。また ITO は共有結合性をもつ

表1　大面積グラフェン薄膜作製手法の比較

薄膜作製手法		特徴	長所	短所
CVD 法による薄膜作製	単結晶金属基板／単結晶金属薄膜上での炭化水素ガス熱分解 CVD 法	平坦研磨した金属単結晶基板，あるいはエピタキシャル成長した金属単結晶薄膜（基板は MgO，サファイア等）の表面上でグラフェンを成膜	・格子整合する Ni（111）表面上であれば，最も結晶性が良いエピタキシャルグラフェンが得られ，層数制御も可能	・1000℃程度の高温加熱が必要 ・金属単結晶基板は高価 ・グラフェン膜の利用には基板の溶解が必要 ・平坦な単結晶金属薄膜の成長は格子定数，熱膨張係数等の制約があり困難
	多結晶金属箔／薄膜上での炭化水素ガス熱分解 CVD 法	一般の金属箔，あるいは多結晶金属蒸着膜の表面上でのグラフェン成膜	・基板が単結晶よりも安価 ・銅上では1〜2層に限られたグラフェンが得られる ・大面積で比較的低抵抗なグラフェン成膜が可能	・1000℃程度の高温加熱が必要 ・グラフェン膜の利用にはやはり金属の溶解が必要 ・鉄，ニッケル上では層数制御が困難
	プラズマ CVD 法（マイクロ波，光電子など）	プラズマのエネルギーを利用して炭化水素ガスを熱分解し，成膜	・基板温度が熱分解 CVD より低くても成膜が可能（400℃） ・高速成膜が可能	・膜質が熱分解 CVD 法よりも劣り，導電性が低い
可溶化グラフェン塗布法による薄膜作製	グラファイトの酸化による単層剥離／可溶化，グラフェン溶液塗布成膜／還元	単層剥離された水溶性酸化グラフェン塗布による薄膜形成と，それに続く化学的，熱的還元によるグラフェン成膜	・簡便な化学反応と単層剥離操作により，水溶性の酸化グラフェンを大量に形成可能 ・大面積直接成膜が可能 ・親水性を利用し，高配向膜の形成が可能	・酸化還元過程で π 電子共役系に欠陥が生じ，高温加熱しても回復は不完全 ・化学還元だけでは導電性が不十分
	グラファイトの極性溶媒中直接単層剥離，塗布成膜	極性溶媒（*N,N*-ジメチルホルムアミド，*N*-メチルピロリドン，2-プロパノール等）の中での超音波照射によるグラファイト粉末の直接単層剥離と，その分散溶液の塗布による成膜	・酸化する手法よりも簡便 ・酸化／還元過程を経ずに成膜するため，グラフェン薄片内部の欠陥生成を回避可能 ・加熱を要さず，任意の基板に成膜可能	・非酸化グラフェンは疎水性で凝集しやすく，配向膜の形成が困難，膜の導電性も低い ・界面活性剤を加えても溶解性が不十分，緻密な膜の塗布は困難

物質であるため可塑性が低く，フレキシブルなフィルム上に十分な強度を持つ ITO 透明電極を形成することは難しい。また耐酸性，耐熱性が低い，といった弱点もある。そのため，様々な ITO 代替透明材料がこれまでに提案されており，200,000cm^2/Vs を超えるといわれる非常に高いキャリア移動度を持つグラフェンもその一つである。

ただし，グラフェンは価電子帯と伝導体がフェルミ準位で接している「半金属」であり，キャリア密度が単体金属や ITO より小さい。グラフェンが積層したグラファイト単結晶の場合には，層間相互作用により価電子帯と伝導帯がわずかに重なり，室温で 2.5×10^{18}/cm^3 程度の同数の自由電子／正孔が存在する。電気伝導度はキャリア密度・キャリア移動度・電荷素量の積で表されるので，理想的なグラフェン単結晶薄膜の電気伝導度は，ITOよりは大きいものの，通常の金属元素よりは小さい。一方でキャリア密度が低いグラフェンは，プラズマ周波数が小さくなる。プラズマ振動の観点では，グラフェンは可視光だけでなく，ITOが反射するような長波長赤外光も反射しない。しかしバンドギャップのない半金属であるため，電子遷移による光吸収はITOより大きく，結果として1層のグラフェンは可視光領域では2.3%の光を吸収することが知られている。

グラフェンをITOに代わる太陽電池透明電極として利用するためには，これらの性質を踏まえた上で，薄くて光透過率が高く，その一方で電気伝導度が高く，実用上十分に低いシート抵抗を持つグラフェン薄膜を形成しなければならない。ここで，グラフェン1層で作る透明電極のシート抵抗を，上に述べたような物性値を用いて推定してみる。

・キャリア密度（n）: 2.5×10^{18}/cm^3（グラファイトのキャリア密度。グラファイトの層間距離0.335nmより，グラフェン1層のキャリア面密度は約1.7×10^{11}/cm^2）

・キャリア移動度（μ）: 200,000cm^2/Vs（理想的なグラフェンの値）

これらの値からグラフェン1層の電気伝導度（σ）を計算すると，$\sigma=e\times n\times\mu$（$e$：電荷素量，$1.6\times10^{-19}$C）であるから，$\sigma$=80,000S/cmとなる。この値からグラフェン1層のシート抵抗を計算すると，$1/\sigma$[Ωcm]÷0.335[nm]≅370[Ω/sq]程度，となる。これを5層積層すると可視光透過率は$(0.977)^5\times100\cong89\%$，シート抵抗はおよそ74[Ω/sq]となる。

実際にグラフェン透明電極を作製する場合は，ガラスやプラスチックフィルムの透明基板上に成膜され，また大気に曝されるためにキャリア注入が起こり，キャリア密度が増加する。さらに多量のキャリア注入のためのドーピング処理を行えば，キャリア面密度を100倍以上，10^{13}/cm^{2}台まで上げることができる。その一方で，ガラス基板上グラフェン薄膜の室温でのキャリア移動度は，単結晶をテープ剥離したもので10,000～20,000cm^2/Vs，CVD成膜・転写したものでは良質な膜であっても10^3cm^2/Vsの桁に留まっている。塗布成膜試料ではさらにキャリア移動度は低い。結局のところシート抵抗値は，最も良い報告例でも，可視光透過率90%の透明グラフェン電極では数十Ω/sq程度，である[10]。ITO電極の場合，可視光透過率90%でシート抵抗が10Ω/sq以下のものも市販されているが，これに匹敵する低抵抗透明電極をグラフェンだけで作製することは難しい。

またこれまでの報告では，多量のキャリアをグラフェン層に注入するためのドーピング処理には，濃硝酸や塩化金$AuCl_3$のような強力な酸化剤が用いられている[10]。これらの試薬は確かにグラフェン層から電子を引き抜き，高密度に正孔を注入することができる。しかし，強い酸化剤であるということは，これらの試薬の反応性が非常に高いことを意味している。そのため，グラフェン層の移動度低下を伴う劣化や，透明電極を用いる素子中の他の構成物質の侵蝕／破壊，といった問題が起こる可能性が高い。

以上の観点から，グラフェン透明電極のシート抵抗をITO並に下げ，多くの電流を流す必要がある太陽電池透明電極に応用することは難しいと考えられる。もし太陽電池透明電極に応用するのであれば，例えば金属メッシュ電極のワイヤー間の「穴埋め」に用いてハイブリッド電極を構築する，というのが現実的である。金属メッシュ電極は安定で電極全体としてのシート抵抗は十分に低いが，メッシュの配線間は空であるために，キャリア収集が可能な実効面積が電極の全面積よりも狭い。そこでメッシュ間の空隙を穴埋めする透明導電膜としてグラフェンを用いれば，低抵抗を保ったまま，面積あたりのキャリア収集効率の向上が期待できる[11]。塗布可能な高導電性高分子であるポリ(3,4-エチレンジオキシチオフェン)－ポリ(スチレンスルホナート)(poly(3,4-ethylenedioxythiophene)-poly(styrenesulfonate):PEDOT:PSS) を同様な目的に利用する研究も進められているが，グラフェンはPEDOT:PSSと異なりほぼ無色である。また後述するように，PEDOT:PSSには酸性の強いPSSに起因する腐蝕性といった問題があるが，グラフェンはそれ自体の安定性が非常に高く，補間材料として優れている。

2.4　グラファイト単結晶の単層剥離，可溶化

化学的手法によるグラフェン塗布膜形成では，最初に市販のグラファイト単結晶粉末を化学的に酸化することで，酸化グラファイトを得る。酸化グラファイトは，ハニカム格子の２重結合に酸素が付加して主にエポキシ基となると共に，エッジ部には水酸基やカルボキシ基が付加したような構造を持つ。その結果，層間距離が拡大するとともに親水性を持つため，水中で超音波を照射したり，あるいは遠心分離と再分散を多数回繰り返したりすると水分子が層間に浸透し，層構造がバラバラになり，酸化グラフェンとなる（図２）。こうして得られた酸化グラフェン水溶液を塗布して酸化グラフェン薄膜を形成し，最後に還元することでグラフェン薄膜が得られる。

最初のグラファイト単結晶粉末の酸化では，modified Hummers 法と呼ばれている手法[12, 13]を用いている。次の単層剥離の際には超音波を照射せず，遠心分離による沈殿分取と水中への再分散を繰り返してゆっくりと剥離させる手法[13]を用いている。これは，超音波を照射すると速やかに単層剥離が進行するが，層内の結合が破壊され，サイズの小さな薄片が多く混入することが判明しているからである。超音波を照射せずに遠心分離／再分散の繰り返しだけで剥離する下記の手法は，十分な単層剥離を進めるには時間がかかるものの，よりサイズの大きな酸化グラフェン薄片を得ることができる。この単層剥離／可溶化手順の概略を図３に示す。得られた酸化グラフェンは，アルコール類やアセトンといった親水性有機溶媒にもよく分散する。

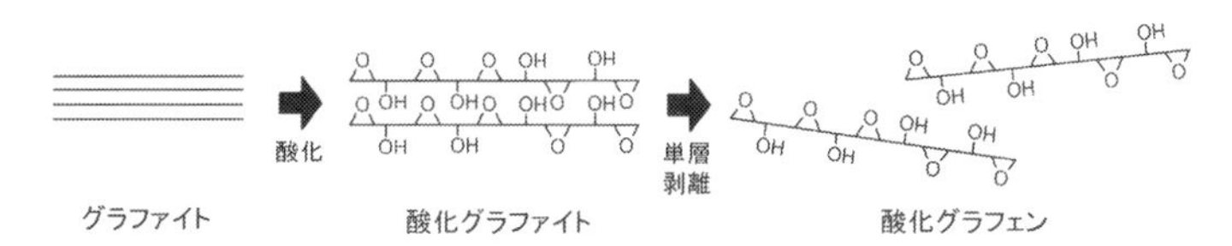

図２　グラファイトの酸化による単層剥離と酸化グラフェン形成

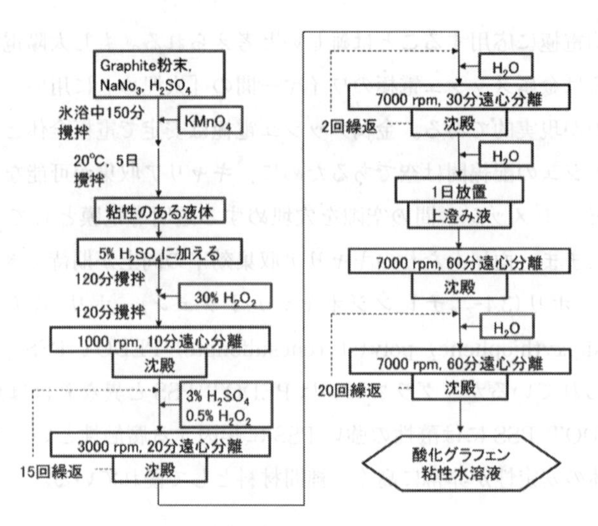

図3　グラファイトの酸化／単層剥離による酸化グラフェン水溶液形成手順

2.5　酸化グラフェン塗布膜形成と還元

酸化グラフェン分散溶液を，キャスト法／ディップコート法／スピンコート法／エアブラシによるスプレー塗布法，といった様々な手法を用いて基板上に塗布／乾燥することで，酸化グラフェン薄膜を形成できる。グラフェン薄膜を形成する場合，図4(a)のような配向が乱れた薄膜構造では高い電気伝導度は望めない。しかしグラフェン薄膜の配向性が高くても，1枚の薄片だけで電極間をつなげることは，ごく微細な素子でない限り困難である。そのため電流を担うキャリアは，多くのグラフェン薄片間を飛び移りながら移動することになるが，薄片同士の重なりあう面積が広いほど，薄片間の電気的接触抵抗は小さくなると考えられる。よってグラフェンを積層して高い導電性の薄膜を形成する場合には，図4(b)に示すように，なるべく大きな単層薄片を基板に対して平行に，隙間無く配向させ，十分に重なり合うように積層する必要がある。図3に示した超音波を照射しない単層剥離手法は，サイズの大きな薄片が得られる点で非常に有効である。

酸化グラフェンの表面は，酸素含有基の付加により親水性が高い。そこで基板にガラスや熱酸化 SiO_2 被覆 Si ウエハーなどを用いる場合には，表面を UV オゾン洗浄などで清浄化・親水化すると，親水性の酸化グラフェン薄片が親水性基板表面に対して平坦に付着しやすくなり，配向性

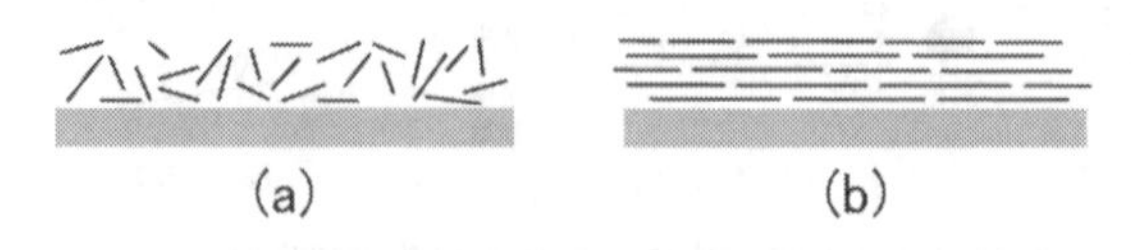

図4　グラフェン積層膜の模式図

(a) グラフェン薄片の配向が乱れた薄膜，(b) 薄片が平坦に配向積層した薄膜。

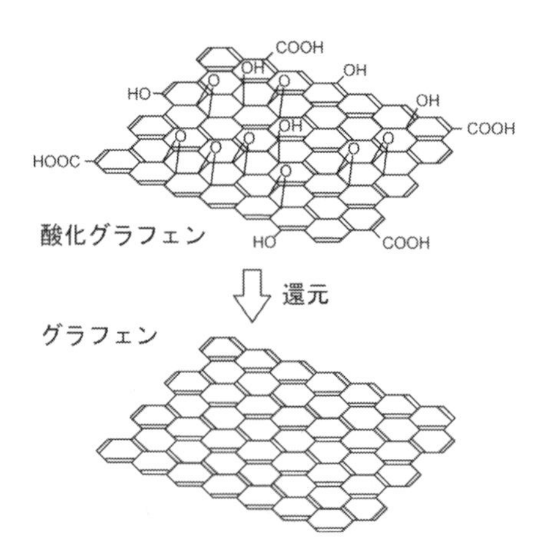

図5　酸化グラフェンの還元によるπ電子共役系の復元（酸素含有基は層裏面にも存在）

の高い緻密な薄膜を得ることができる。これまでの研究では，超音波を照射せずに剥離したサイズの大きな酸化グラフェン薄片を含む溶液をスピンコート法により成膜した場合に，最も緻密で配向性の良い薄膜が得られている。

グラファイトの酸化の際には，ハニカム格子の二重結合が切断され，エポキシ基，水酸基あるいはカルボキシル基などの酸素含有基が導入されるため，π電子共役系が広範囲に破壊される。そのため分散溶液の塗布で得られる酸化グラフェン薄膜は，ほとんど電気を流さない。これを導電性薄膜とするためには，図5に示すように，付加された酸素含有基を取り除いて，元のπ電子共役系を復活させなければならない。還元手法としては，真空中，不活性ガスあるいは水素ガス雰囲気中での加熱による酸素含有基の脱離還元，および還元試薬を用いた化学的還元，が試みられている[5~8]。還元が不十分だったり，ハニカム格子に多量の欠陥が残ったりしてしまうと，単結晶グラフェンのような高いキャリア移動度や導電性は得られない。いかにして還元を進行させ，欠陥を修復し，π電子共役系を十分に復活させるかが，酸化グラフェンを導電性薄膜に応用する上での鍵となる。

加熱還元手法では，酸化グラフェンを高温に加熱すればするほど酸素含有基の脱離が進み，導電性が高くなる。基板として平坦な石英ガラスを用いる場合は，真空度が良ければ1000℃程度まで加熱できる。一方，化学的還元手法では，多くの研究ではヒドラジンによる還元が試みられており，主にその一水和物が用いられている。例えば酸化グラフェンを塗布した基板と，ヒドラジン一水和物を染み込ませた濾紙をシャーレに入れて蓋をし，90℃程度に加熱しながら試料をヒドラジン蒸気に曝すと還元反応が進行し，酸化グラフェンを還元することができる[14]。ただ，このような化学的還元は試料表面付近で起きるため，酸化グラフェンを多層積層した薄膜では内部まで還元が及びにくい。

図6は，(a)酸化グラフェン薄膜，および(b)ヒドラジン還元薄膜について，真空中で室温から徐々に昇温した際の電気抵抗変化（層内方向）を測定したものである。酸化グラフェン薄膜は

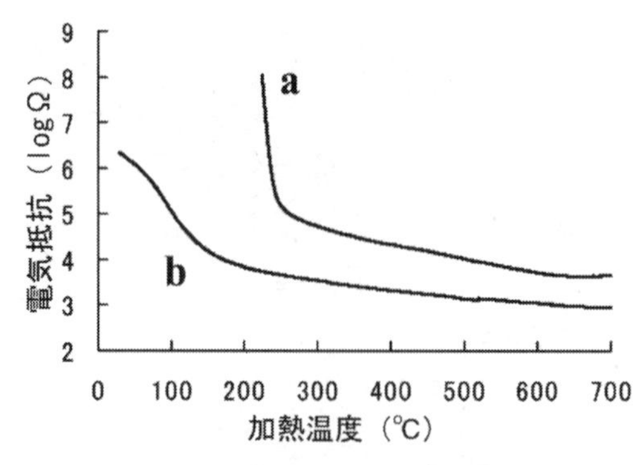

図6　(a)酸化グラフェン薄膜と (b)ヒドラジン還元グラフェン薄膜の真空中加熱による電気抵抗変化

室温では層内方向にほとんど電気を流さず，真空加熱還元だけでは200℃以上に加熱しないと導電性が回復しない。一方，ヒドラジン還元を行った酸化グラフェン薄膜は室温でも導電性を示し，真空加熱を施すと100℃以下の加熱でも導電性が向上し始め，真空加熱還元だけの場合よりも低抵抗の薄膜が得られる[5)]。

2.6　塗布形成グラフェン透明電極を用いた有機薄膜太陽電池

図7は，石英ガラス基板上に酸化グラフェン水溶液を塗布，還元して形成したグラフェン透明電極表面の原子間力顕微鏡像である。数μm大の還元されたグラフェン薄片が，緻密に平坦配向して積層していることが分かる。図8は，このグラフェン透明電極の可視～近赤外領域での光透過スペクトルである。可視光領域に特別な吸収は見られず，ほぼ無色透明である。

このようなグラフェン透明電極上に実際に有機薄膜太陽電池を塗布形成し，素子特性の評価を行った。まず透明電極上に正孔輸送層として前述のPEDOT:PSS層をスピンコートし，次に光電変換層としてポリ（3-ヘキシルチオフェン-2,5-ジイル）(poly(3-hexylthiophene-2,5-diyl):P3HT）とフェニルC_{61}酪酸メチルエステル（[6,6]-phenyl C_{61} butyric acid methyl ester:

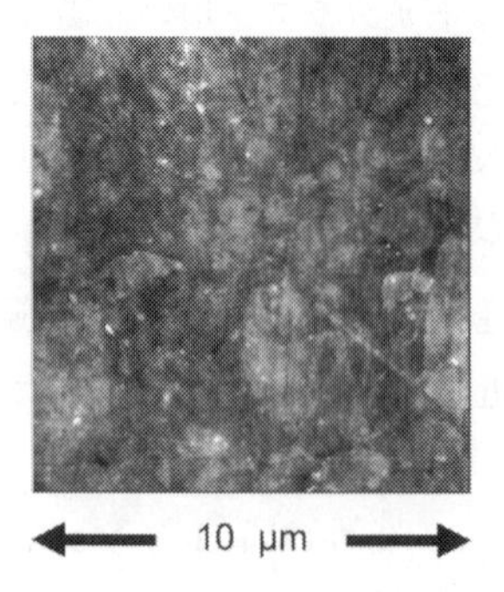

図7　石英ガラス基板上に形成したグラフェン透明電極表面の原子間力顕微鏡像

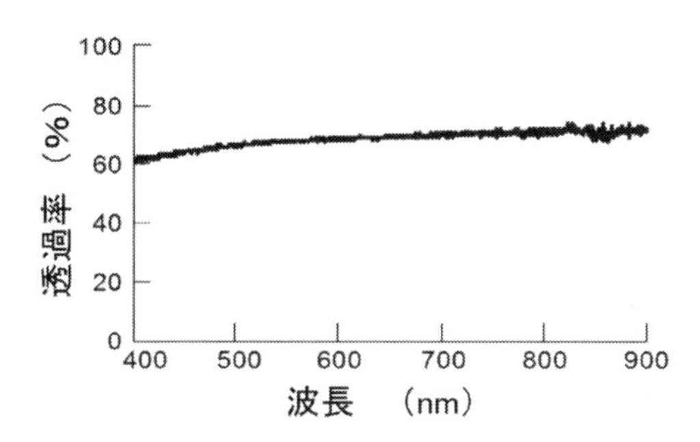

図8　石英ガラス基板上グラフェン透明電極の可視～近赤外光透過スペクトル

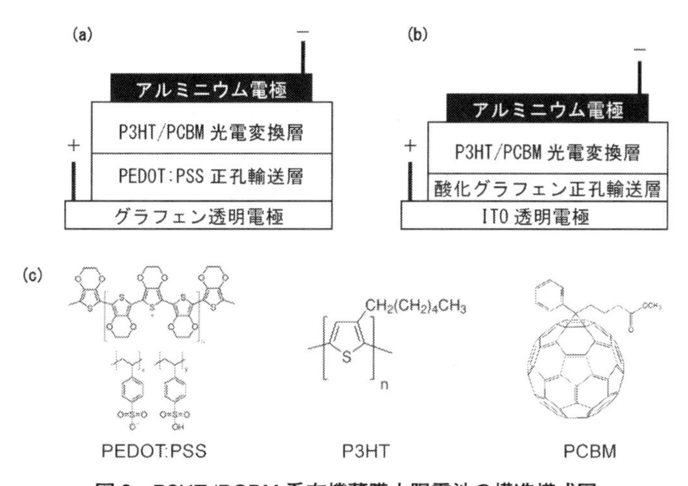

図9　P3HT/PCBM 系有機薄膜太陽電池の構造模式図

(a) グラフェン透明電極／PEDOT:PSS 正孔輸送層，(b) ITO 透明電極／酸化グラフェン正孔輸送層，(c) 太陽電池作製に用いた有機化合物。

PCBM）の混合溶液をスピンコートし，アルミニウム電極を蒸着した後に試料を熱アニールすることによって，バルクヘテロ接合型の有機薄膜太陽電池素子を作製した。図9(a)に素子の構造模式図，図9(c)に用いた各物質の構造図を示す。

図10はこの素子の暗所及びAM1.5G・100mW/cm^{2}の疑似太陽光照射下での電流密度-バイアス電圧（*J-V*）特性である。これまでにシート抵抗2kΩ/sq，可視光透過率約70%のグラフェン透明電極上で，最高1.2%の光電変換効率が得られている。また，グラフェン透明電極を無色透明なポリイミドフィルム上に形成することで，折り曲げ可能な有機薄膜太陽電池を作製することにも成功している[5]。

このグラフェン透明電極へのキャリアドーピングによるシート抵抗の低減や，電子輸送層の挿入によって，さらなる効率向上も期待できる。ただ，ITO透明電極（シート抵抗10Ω/sq）上に図9(a)と同様の構造を持つ素子を作製した場合には，3.5%の光電変換効率が得られている。同等の性能をグラフェン透明電極上で得るためには，上でも述べたようにハイブリッド電極の形成

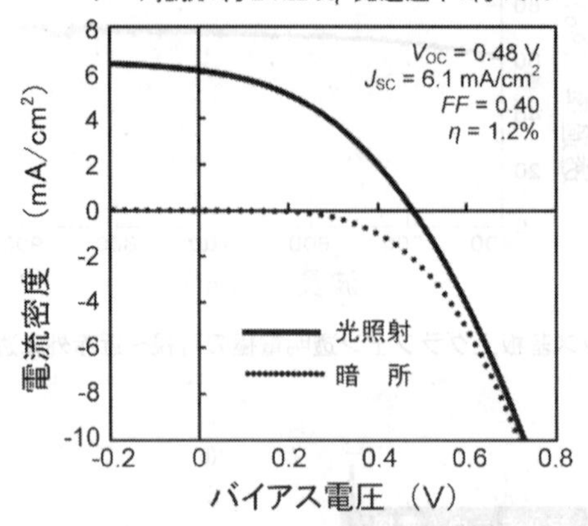

図10　石英ガラス基板上に形成したグラフェン透明電極を用いたP3HT/PCBM系有機薄膜太陽電池の*J-V*特性
（V_{OC}：開放電圧，J_{SC}：短絡電流密度，*FF*：曲線因子，η：光電変換効率）

といった工夫によって，シート抵抗を十分に下げることが必要である。特にプラスチックフィルム基板を用いる場合は，高温での酸化グラフェン還元処理が行えないため，様々な工夫が必要である。

2.7　酸化グラフェンの正孔輸送層への応用

有機薄膜太陽電池で必要とされる正孔輸送層には，多くの場合，上の例にもあるようにPEDOT:PSSが用いられている。しかし，その水溶液が強酸性・腐食性を示すため，素子の安定動作，寿命に対する悪影響が懸念されている。ここで酸化グラフェンは，層の水平方向にはほとんど電気を流さないものの，層の垂直方向では正孔輸送性を示す。塗布成膜に用いている酸化グラフェン水溶液はわずかに酸性を示す程度であり，素子への悪影響は小さいと考えられる。そこで，PEDOT:PSSに代わって酸化グラフェンを正孔輸送層とするP3HT/PCBM系有機薄膜太陽電池をITO透明電極上に作製し，その特性評価を行った。図9(b)に，この太陽電池の構造模式図を示す。

PEDOT:PSS，及び酸化グラフェンを正孔輸送層に用いたP3HT/PCBM系有機薄膜太陽電池の*J-V*特性を図11に示す。酸化グラフェンを用いた素子は，開放電圧と*FF*が若干低下しているものの，より高い短絡電流密度が得られており，光電変換効率もほぼ同等の値が得られている。ITO透明電極上に成膜する酸化グラフェン正孔輸送層は，厚すぎると素子の直列抵抗が高くなり，短絡電流密度，開放電圧，*FF*が低下する。また被覆が不完全だと整流性が悪くなり，開放電圧が低下する。酸化グラフェン正孔輸送層を用いた有機薄膜太陽電池でより高い光電変換効率を得るためには，なるべく薄い酸化グラフェン薄膜で，透明電極表面を均一に覆うことが必要である。

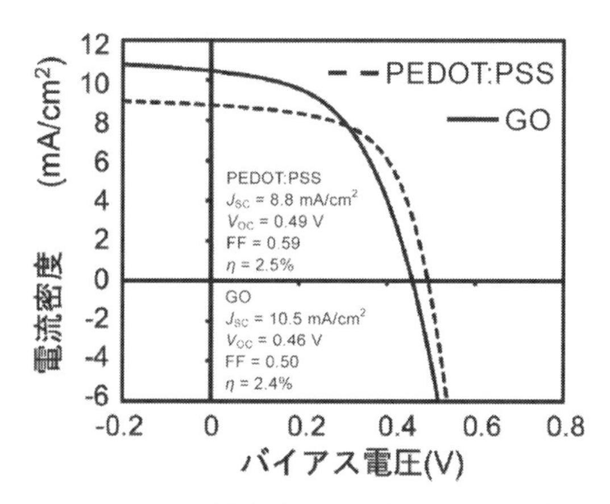

図11　PEDOT:PSS及び酸化グラフェン(GO)を正孔輸送層に用いた P3HT/PCBM系有機薄膜太陽電池の *J-V* 特性
（V_{OC}：開放電圧，J_{SC}：短絡電流密度，FF：曲線因子，η：光電変換効率）

2.8　おわりに

化学的単層剥離により調製した酸化グラフェンは，有機薄膜太陽電池への応用の他にも，Siと組み合わせたハイブリッド太陽電池形成[15]，有機薄膜電界効果トランジスタ電極への応用[16]，可溶性を活かした他物質への添加による複合材料の開発，機能性官能基付加のための基盤物質としての利用，あるいはリチウムイオン電池やスーパーキャパシタの電極材料としての利用など，さまざまな活用が期待できる。これらの応用については外国勢，特に中国・韓国・シンガポール勢が活発な研究を行っている[6~8]。国内においても，「化学的手法により形成したグラフェンの材料応用」研究が今後幅広く行われることを期待している。

文　　献

1) K. S. Novoselov *et al.*, *Science*, **306**, 666 (2004)
2) A. K. Geim *et al.*, *Nature Mater.*, **6**, 183 (2007)
3) K. S. Novoselov, *Rev. Mod. Phys.*, **83**, 837 (2011)
4) A. K. Geim, *Rev. Mod. Phys.*, **83**, 851 (2011)
5) 上野啓司, *J. Vac. Soc. Jpn.*, **53**, 73 (2010)
6) S. Park *et al.*, *Nature Nanotech.*, **4**, 217 (2009)
7) G. Eda *et al.*, *Adv. Mater.*, **22**, 2392 (2010)
8) Y. Zhu *et al.*, *Adv Mater.*, **22**, 3906 (2010)
9) C. Riedl *et al.*, *J. Phys. D*, **43**, 374009 (2010)
10) S. Bae *et al.*, *Nature Nanotech.*, **5**, 574 (2010)

11） Y. Zhu *et al.*, *ACS Nano*, **5**, 6472（2011）
12） W. S. Hummers, Jr. *et al.*, *J. Am. Chem. Soc.*, **80**, 1339（1958）
13） M. Hirata *et al.*, *Carbon*, **42**, 2929（2004）
14） S. Stankovich *et al.*, *Carbon*, **45**, 1558（2007）
15） M. Ono *et al.*, *Appl. Phys. Express*, **5**, 032301（2012）
16） K. Suganuma *et al.*, *Appl. Phys. Express*, **4**, 021603（2011）

3　摩擦転写法を用いた分子配向制御技術と有機薄膜太陽電池への応用

溝黒登志子*1，谷垣宣孝*2

3.1　はじめに

π共役系高分子は，π電子雲が主鎖方向に広がっており，導電性，光電導性，発光，非線形光学特性などを有する光-電子機能材料として注目を浴びている。π共役系高分子は，その光-電子機能が主に主鎖方向に広がる電子に起因しているため，分子鎖の配列方向に偏光等の機能の異方性を示す。また，π共役系分子（低分子・オリゴマー・高分子）の分子間の電荷移動に関しては，π共役面（ベンゼン環やチオフェン環等）の分子間のπ電子雲の重なりによって電荷移動が可能になる。特にπ-πスタッキングによってこれらのπ共役面が基板垂直に配向（エッジオン配置）すると，分子間のπ電子雲の重なり方向が基板平行となり，この結果，基板平行方向への電荷移動度が向上して有機電界効果トランジスタ（FET）特性が向上することが知られている[1)]。一方，これらのπ-πスタッキングを形成する場合，これらのπ共役面が基板平行に配向（フェイスオン配置）すると，基板垂直方向への電荷移動度が向上して有機薄膜太陽電池特性が向上すると期待される。

このように，分子配列や配向を制御することによって，π共役系分子の機能の制御が可能となる。分子配向制御技術は，その物性の基礎的な研究や構造科学的研究の発展のみならず，応用面においても有機薄膜太陽電池を始めとする光-電子デバイスの特性向上等を実現する重要な技術である。

まず，分子鎖の方向を一方向にそろえる（一軸配向）ことにより，共役系高分子からなる光-電子デバイスの特性を向上させたり，異方的機能を付与したりすることが可能となる。今まで，一軸配向試料の作製方法として，様々な方法が検討されており，大きく分けて，延伸・流動配向・ラビングなど機械的な力を用いる方法，磁場・電場などの外場を利用する方法などがある。

また，分子間のπ電子雲の重なり方向を基板垂直とすることで，基板垂直方向の電荷移動度が向上できる。例えば，ラビング法で極薄オリゴマー主鎖を基板に平行に配列させ，これをテンプレートとしてさらにオリゴマーを上から蒸着して，オリゴマー分子長軸も基板平行に配向させることができる。するとオリゴマー分子間のπ電子雲の重なり方向が基板垂直となり，有機薄膜太陽電池の特性が向上することが報告されている[2, 3)]。

私達は，高分子の一軸配向膜を形成できる「摩擦転写法」[4~9)]を開発してきた。本法を用いると，高分子の一軸高配向膜を形成できるとともに，フェイスオン配置あるいはエッジオン配置させることが出来る。

＊1　Toshiko Mizokuro　㈱産業技術総合研究所　ユビキタスエネルギー研究部門　主任研究員
＊2　Nobutaka Tanigaki　㈱産業技術総合研究所　ユビキタスエネルギー研究部門　デバイス機能化技術グループ　研究グループ長

本節では，摩擦転写法によるπ共役系高分子の配向制御技術について述べるとともに，摩擦転写法を用いたπ共役系高分子の配向化，また配向した高分子を鋳型にしてオリゴマーを配向させることで有機薄膜太陽電池特性を向上させた。さらに配向を利用した偏光応答特性について述べる。

3.2　摩擦転写法によるπ共役系高分子の配向制御

図1に摩擦転写可能なπ共役系高分子の例を挙げる。有機光-電子デバイス材料として利用されるポリチオフェン（PT），レジオレギュラーポリ(3-アルキルチオフェン)（RR-P3AT），ポリフルオレン，ポリパラフェニレンビニレン（PPV）などのπ共役系高分子にも広く適用できる技術である。私達は特にπ共役系高分子を摩擦転写する技術を開発してきた。

摩擦転写法は機械的な方法を用いる方法の一つであり，高分子の成型体をガラスやシリコンなどの清浄で平滑な表面に擦りつけることで，一軸配向した非常に薄い高分子膜を基板表面に形成する方法である。摩擦転写の概念図を図2に示す。基板温度，成型体を基板に押し付ける圧力，成型体の掃引速度，雰囲気を制御することで，高配向膜が形成できる。摩擦転写の過程において，高分子が溶液や融液といった液体を経ずに製膜することができるため，PPVなどの不溶不融性の共役高分子にも応用し，一軸配向膜を得ることに成功している[4~6)]。

一例として，図3に摩擦転写法で形成したPTとRR-P3ATの偏光紫外可視（UV-vis）吸収スペクトルを示す。PT，レジオレギュラーポリ(3-ブチルチオフェン)（RR-P3BT），レジオレ

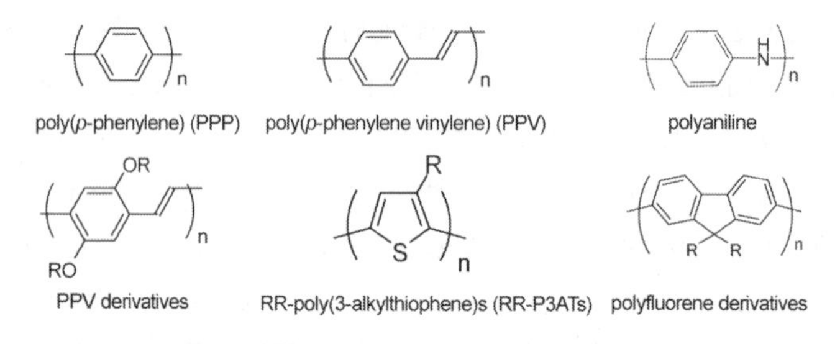

図1　摩擦転写可能なπ共役系高分子の例

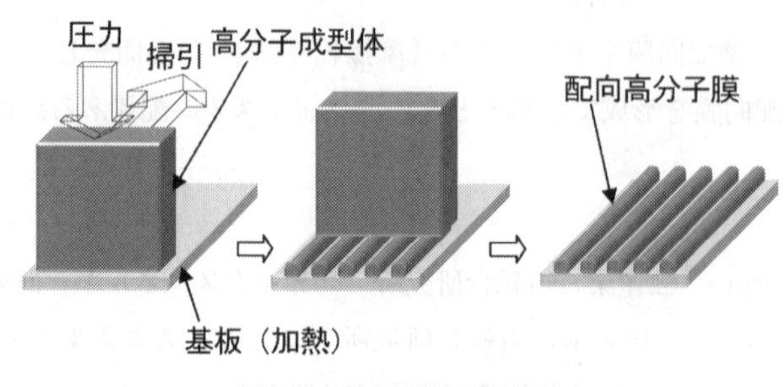

図2　摩擦転写法の概念図

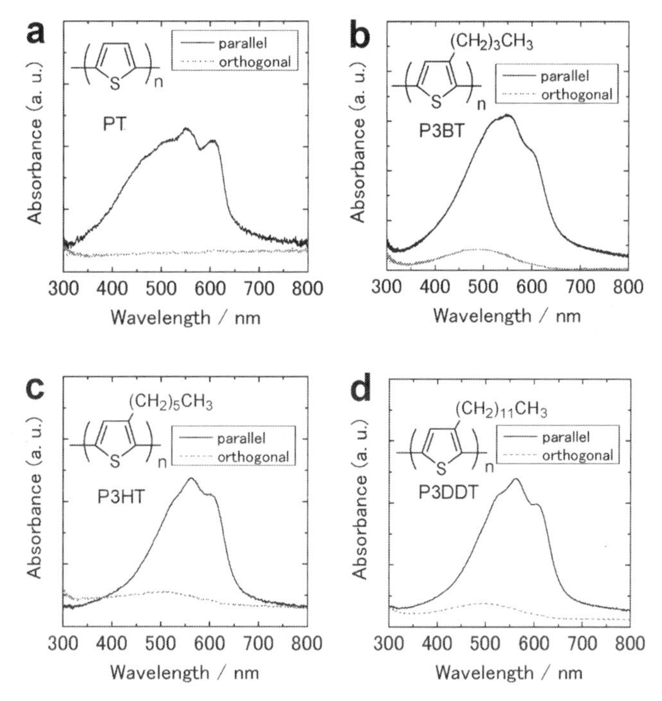

図3　石英基板上に摩擦転写法で形成したポリチオフェンとレジオレギュラーポリアルキルチオフェン(RR-P3AT)に，掃引方向に平行な偏光を入射したとき（実線）と，掃引方向に垂直な偏光を入射したとき（破線）の偏光紫外可視吸収スペクトル。(a) PT, (b) P3BT, (c) P3HT, (d) P3DDT。

ギュラーポリ(3-ヘキシルチオフェン)（RR-P3HT），レジオレギュラーポリ(3-ドデシルチオフェン)（RR-P3DDT）は，いずれも掃引方向に平行な偏光を入射したときの方が，垂直な偏光を入射したときよりも吸光度が大きく，掃引方向に沿って一軸配向を示すことが分かった。

用いる高分子によっては，フェイスオンあるいはエッジオン配置となる。例えば，摩擦転写法で形成したPTとRR-P3ATでは，フーリエ変換赤外分光（FT-IR）法および微小角入射X線回折（GIXD）法測定により，図4に示すように，RR-P3BTのチオフェン環はエッジオン配置するのに対し，RR-P3HTとRR-P3DDTのチオフェン環はフェイスオン配置することが分かった[7, 8]。PTの場合は，図4に示すような配置を取ることが知られている[9]。RR-P3ATは側鎖があるためにπ-πスタッキングを形成しやすく，隣接する高分子のチオフェン環同士が平行に配向することが知られている。さらに，側鎖が比較的短いRR-P3BTはエッジオン配置が優位となるが，側鎖が長いRR-P3HTとRR-P3DDTはフェイスオン配置が優位になると思われる。一般的な溶液法では，RR-P3ATはエッジオン配置を取ることが知られており[1]，フェイスオン配置させることは困難である。次項では，摩擦転写法によってRR-P3DDTをフェイスオン配置させることで有機薄膜太陽電池特性を向上できた例について述べる。

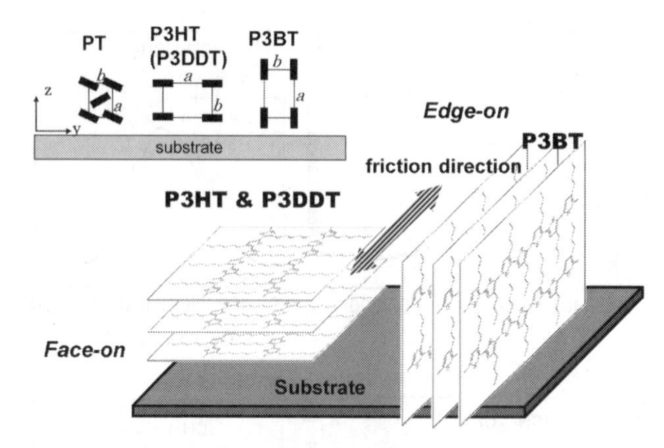

図4　GIXD 測定から得られた，摩擦転写法で形成した P3AT の配向を示す模式図

3.3　共役系高分子の配向制御および有機薄膜太陽電池の形成

3.3.1　摩擦転写法およびスピンコート法による RR-P3DDT 薄膜の形成と配向評価

RR-P3AT は，有機電界効果トランジスタや有機薄膜太陽電池などの光-電子デバイスへの応用が期待されるｐ型半導体材料である。3.2 項で述べたように，摩擦転写 RR-P3HT と RR-P3DDT は，一軸配向するとともに，フェイスオン配置するため，3.1 項で述べたように有機薄膜太陽電池のｐ型層として用いた場合に，特性の向上が期待できる。

中でも RR-P3DDT は摩擦転写法により 20～25nm の厚さの膜を形成でき，RR-P3DDT 膜単独で有機薄膜太陽電池のｐ型層として用いることができる。そこで，摩擦転写法およびスピンコート法を用いて RR-P3DDT 薄膜を形成し，比較した。

摩擦転写法では，基板温度を 90℃とし，RR-P3DDT 成型体を 2 MPa の圧力で基板に押し付けて，0.66m/mim の速度で成型体を掃引することで RR-P3DDT 膜を形成した。比較として，クロロホルムに 0.20wt％の RR-P3DDT を溶解してスピンコート膜を形成した。これらの膜を偏光 UV-vis スペクトル，FT-IR 法およびエネルギー分散型微小角 X 線回折法（ED-GIXD）[10] により配向を評価した。

図 5(a)に，摩擦転写法で形成した膜の偏光 UV-vis スペクトルを示す。掃引方向に平行な光（実線）を入射したときの方が，垂直な光（点線）を入射したときよりも吸光度が大きくなった。ここで，二色比，すなわち 300-800nm における，掃引方向に垂直および平行な光を入射したときの積分強度比を求めたところ，10.3 であった。分子の遷移モーメント（RR-P3DDT の主鎖方向）が入射光の電場ベクトルと平行になるときに吸光度が大きくなることから，これは RR-P3DDT の主鎖が掃引方向に平行に配列していることを示している。なお，90-150℃まで製膜温度を変化させたところ，二色比は 90℃のときが最も大きかった。また，高秩序な RR-P3DDT 由来である，525，560，610nm 近傍のピークが観測された[11]。

一方，スピンコート法で形成した RR-P3DDT 膜の二色比はほぼ 1 となり，RR-P3DDT の主

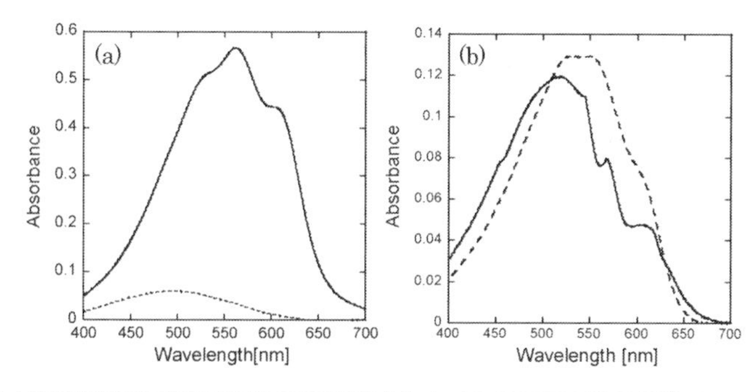

図5　(a)摩擦転写法で基板温度90℃で形成したRR-P3DDT膜の偏光UV-visスペクトル。掃引方向に平行な光（実線）と垂直な光（点線）を入射。(b)摩擦転写法（点線）およびスピンコート法（破線）で形成したRR-P3DDT膜のUV-vis（偏光子無）スペクトル。

鎖は基板平面に対してランダムになっていることが分かった。

図5(b)に，偏光子を通さずに測定したUV-visスペクトルを示す。スピンコート法で形成した膜の最大吸光度と摩擦転写法で形成した膜の最大吸光度が同程度，すなわち膜厚がほぼ同じとなるようにスピンコート膜を製膜している。スピンコート法で形成したRR-P3DDT膜は，高秩序な成分由来のピークが観測されなかった。

図6は，100nmのAuをコーティングしたSi基板上に形成したRR-P3DDT薄膜のフーリエ変換赤外分光-高感度反射測定（FTIR-RA）スペクトルを示したものである。この方法は，測定面に対して浅い角度（法線から70-85°）で入射面に平行な振動電気ベクトル成分を持つ偏光を試料金属面に入射して，その反射光を測定するというもので，数nm-数μmの薄膜測定に適している。測定面に対して垂直な電気双極子の変化があるような振動のみ検出されるので，基板表面の分子配向を調べるのに有効な手段のひとつである[12)]。(a)が摩擦転写法で形成した膜の，(b)がスピンコート法で形成した膜のものである。いずれのピークも，側鎖のCH_2逆対称伸縮振動(2924cm^{-1}）の吸光度に対する，チオフェン環の4位に位置するC-H結合の面内変角ひねり(820cm^{-1})[13)]の吸光度の比を取り規格化している。この面内変角ひねりはチオフェン環に対して垂直の振動であるため，高感度反射法においてこのピークが強く現れた場合，チオフェン環が基板平行配置していることを示している。摩擦転写法で形成した膜の方がスピンコート法で形成した膜に比べてピークは強く観測された。従って，摩擦転写法で形成したRR-P3DDT膜の方がよりフェイスオン配置していることが分かった。

一方透過法で測定した場合は，スピンコート法で形成した膜の方がこの面内変角ひねりのピークは強く観測され，RAS法とは逆の結果が得られた。透過法の場合，エッジオン配置している方がピークは強く観測されるため，やはり摩擦転写法で形成したRR-P3DDT膜の方がフェイスオン配置していることが分かった。

さらに，ED-GIXDで膜中のRR-P3DDT結晶の配向分布を詳細に評価したところ，π-π ス

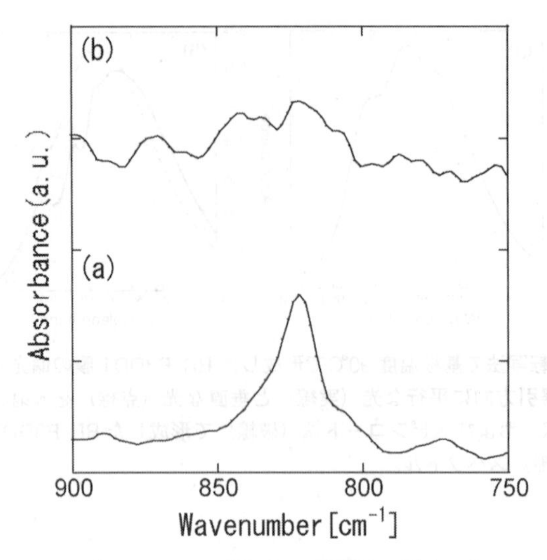

図6　100nm の Au をコーティングした Si 基板上に形成した RR-P3DDT 薄膜の FTIR-RA スペクトル。(a) 摩擦転写法で形成，(b) スピンコート法で形成。

タッキングと垂直方向の，分子間に対応する 100 反射が摩擦転写法で形成した膜から観測された。一方，スピンコート法で形成した膜では，この 100 反射は観察されなかった。これらの結果より，スピンコート法で形成した膜のチオフェン環は主にエッジオン配置しており，過去に報告されている結果[1]と一致しているのに対し，摩擦転写法で形成した膜のチオフェン環はフェイスオン配置していることが明らかになった。

このように，摩擦転写法で RR-P3DDT 膜を形成することで，膜中の高分子の主鎖を掃引方向に平行に配列できるとともに，フェイスオン配置にできることが分かった。

3.3.2　配向が異なる RR-P3DDT からなる有機薄膜太陽電池[14]

3.3.1 項で述べたように，摩擦転写法では，RR-P3DDT 膜中のポリマーの主鎖と分子面の配向を同時に制御できる点が特長であり，有機薄膜太陽電池を形成すると，3.1 項で述べたように特性が向上できるとともに，偏光応答性を示すと期待される。

ガラス基板上にインジウム錫酸化物（ITO）膜を形成し，基板洗浄後に正孔注入材であるポリ(3,4-エチレンジオキシチオフェン)-ポリ(スチレンスルホネート)（PEDOT:PSS）をスピンコート法で形成後，真空中にて 100℃で 1 時間加熱して，膜厚約 40nm の膜を形成した。

この基板を 90℃に加熱し，3.3.1 項で述べた条件で ITO 上に平行に RR-P3DDT 成型体を掃引することで，摩擦転写 RR-P3DDT 膜を形成し，有機薄膜太陽電池の p 型層とした。比較対象として，スピンコート法でもほぼ同じ膜厚の RR-P3DDT 膜を PEDOT:PSS 上に形成した。

これらの RR-P3DDT 膜上に，真空蒸着法で n 型半導体である C_{60} を約 20nm 形成後，真空蒸着法で Al を約 55nm 堆積し，陰極とした。こうして形成した有機薄膜太陽電池をエポキシ樹脂とガラス基板で封止した。

エネルギー変換効率の測定は，疑似太陽光 A.M.1.5（100mW/cm^2）照射下での電流-電圧特性から求めた。また，分光感度は定エネルギー光照射装置を使用し，分光された一定エネルギー照射下での短絡電流を測定した。

摩擦転写法およびスピンコート法で形成したRR-P3DDT膜からなる素子の電流密度-電圧特性からエネルギー変換効率を求めたところ，摩擦転写膜を用いた素子の方が約2倍大きくなった。短絡電流，開放電圧ともに大きな差はなく，曲線因子（*F.F.*）の違いが効率変化の原因である。摩擦転写膜では，チオフェン環のフェイスオン配置により基板に垂直な方向の電荷移動度が向上したため，膜の抵抗が減少し，効率が向上したことを示している。

分光感度測定で，偏光板を挿入した状態で光電流-電圧特性を測定したところ，摩擦転写法で形成した膜からなる素子は，分子鎖に対して平行な偏光を入射したときの方が，垂直な偏光を入射したときよりも光電流が大きくなり，偏光応答性を示すことが分かった。一方，スピンコート法で形成した膜からなる素子は偏光応答性を示さなかった。

3.4　オリゴマーの分子配向制御および有機薄膜太陽電池の形成

3.4.1　摩擦転写法で形成したポリチオフェン上に蒸着した α-セキシチオフェンの配向評価[15]

オリゴマーの一種であるオリゴチオフェンは鎖状π共役分子であり，共役系高分子と同様，分子配列や配向を制御することによって，有機薄膜トランジスタ[16]や有機薄膜太陽電池[17, 18]特性を向上できることが報告されている。特にα-セキシチオフェン（6T）は，結晶構造や分子配向や導電性等の研究が国内外で盛んであり，有機薄膜トランジスタ[19]や有機薄膜太陽電池[20]や有機EL[21, 22]などへの応用が研究されている。中でも汎用性が高く，真空蒸着が可能な無置換6T分子を利用することが望ましいが，石英基板やSiO_2/Si基板などの酸化膜基板上に6Tを蒸着すると，6T分子はほぼ垂直方向に配向することが知られており，基板に平行に6Tを高配向させることは困難である。しかしながら，3.1項で述べたように，有機薄膜太陽電池の効率を向上させるには，基板に平行に6T分子鎖を配向させることが望ましい。KBr(001)のステップ面[23]や秩序性のある表面を有するTiO_2(110)[24]面に対して，6Tはこれらの面内に寝て配列することが知られているが，これらの基板は有機薄膜太陽電池の基板としては，このままの形で利用できない。摩擦転写法で形成したテフロン上に6Tを蒸着すると，6Tはテフロン鎖の配列に沿って，基板に平行に配列することが報告されている[25]が，テフロンは導電性高分子ではないため，このままの形では有機薄膜太陽電池には応用できない。

そこで，摩擦転写法で形成した，一軸配向PT膜上に6Tを蒸着することで，6T分子の長軸をPT鎖と平行に配列させることを試みた。形成した膜は，偏光UV-visスペクトル法と微小角入射X線回折（GIXD）法で評価した。

摩擦転写法では，基板温度を250℃とし，PT成型体を2MPaの圧力で基板に押し付けて1.0m/mimの速度で成型体を掃引することでPT膜を形成した。PT膜上に，6Tを5-50nmの膜厚となるよう真空蒸着した。比較対象として，PT が存在せず，基板上に直接 6T を蒸着した膜も作製した。

図 7 に，摩擦転写法で形成した PT 上に 6T を蒸着した膜（図 7(a)5 nm, 図 7(b)25nm），摩擦転写法で形成した PT 膜（図 7(c)），石英基板上に直接 6T を蒸着した膜（図 7(d)）の偏光 UV-vis スペクトルを示す。図 7(a)と(b)では，380nm 近傍に最も強い吸収が観測され，これは 6T 由来の吸収である。PT 鎖の配列（掃引）方向に平行な偏光を入射したときの方が，垂直な偏光を入射したときよりも大きくなった。これは，6T 膜中の 6T 分子が PT 鎖の配列方向に平行に配列していることを示している。また，6T の膜厚が 5 nm と 25nm のときの二色比はそれぞれ 5.49 と 4.22 となり，膜厚が大きくなるほど二色比は悪くなった。これは，6T の膜厚が増加するにつれて，膜表面の 6T の面内の配向が乱れることによると考えられる。

一方，石英基板上に直接蒸着した 6T 膜の二色比はほぼ 1 となり（図 7(d)），6T 分子は基板面内に配列していないことが分かった。さらに，吸光度が PT 膜上に蒸着した 6T のものに比べて非常に小さくなった。鎖状オリゴマーの場合，分子の遷移モーメントは分子長軸に平行であることが分かっている[26]。入射光は基板に対して垂直であるため，電場ベクトルは基板に対して平行となる。従って，石英基板上に直接 6T を蒸着した場合は，分子が基板にほぼ垂直に配向しているために，遷移モーメントと電場ベクトルの方向が一致せず，吸光度が小さくなっていると考えられる。

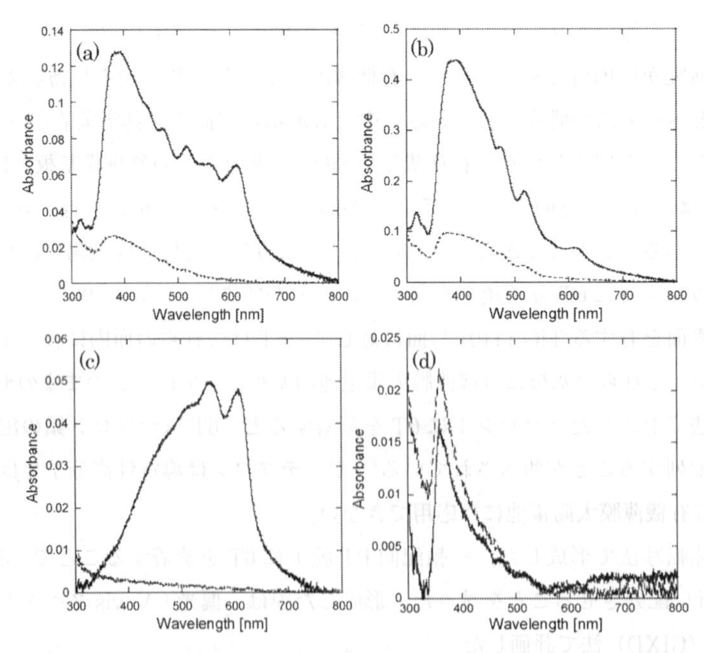

図 7　摩擦転写 PT 膜上に 6T を蒸着した膜の偏光 UV-vis スペクトル。(a) 6T 膜厚 5nm, (b) 6T 膜厚 25nm。(c) 摩擦転写 PT 膜の偏光 UV-vis スペクトル。(d) 石英基板上に 6T を直接 8nm 蒸着した膜の偏光 UV-vis スペクトル。

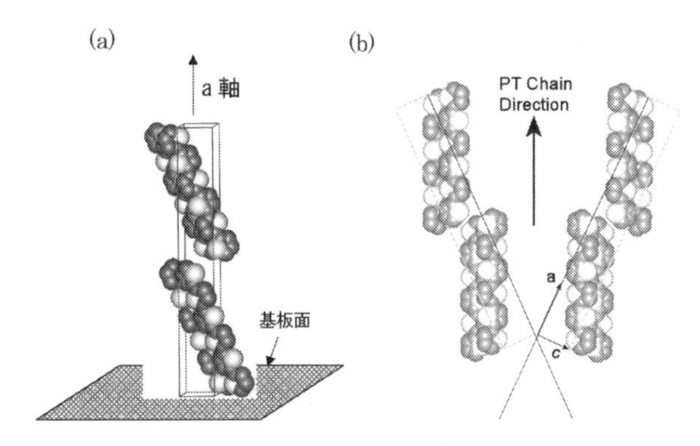

図8　GIXD 測定から得られた，6T 分子の配向の模式図。(a) PEDOT：PSS/SiO_2/Si 基板上に直接 6T を蒸着したときの 6T の配向。6T の結晶軸（a 軸）は基板に対してほぼ垂直に配向。(b) PEDOT：PSS/SiO_2/Si 基板上に形成した摩擦転写 PT 上に 6T を蒸着したときの 6T の配向。6T は PT の主鎖の配列方向に平行に配列。

さらに GIXD 測定にて，PEDOT:PSS/SiO_2/Si 上に摩擦転写 PT 膜を形成後，6T を蒸着した膜と，PEDOT:PSS/SiO_2/Si 上に 6T を直接蒸着した膜の分子の配向をより詳細に観察した。詳細なデータは文献 15 を参照されたい。その結果，6T を直接蒸着した膜は，図 8(a)に示した通り，6T の結晶の a 軸[27]が基板に垂直に配列しており，6T 分子の長軸は基板に対して立っていることが分かった。一方，PT 上に 6T を蒸着した場合は，図 8(b)に示した通り，6T 分子の長軸は PT の鎖の配列方向に平行であることが分かった。

このように，摩擦転写法で形成した PT 上に 6T を蒸着すると，6T は PT の分子鎖方向に平行に配列することが分かった。これは，6T 分子が PT 上にエピタキシャル的に成長するためだと考えられる。このようなエピタキシャル的成長が起こる要因として，(1)PT と 6T 分子間の化学的相互作用[28]，(2)PT 表面のモルフォルジーによって 6T が並ぶ[23, 24]，等が考えられる。6T と PT はいずれもチオフェン環を構成単位としており，結晶構造も似ているため，(1)の化学的相互作用によるものが大きいと我々は考えている。

3.4.2　配向制御した α-セキシチオフェンからなる有機薄膜太陽電池[29]

3.4.1 項で述べたように，摩擦転写法で形成した PT 上に蒸着した 6T は，PT の主鎖配列方向に沿って基板に平行に配向するため，有機薄膜太陽電池を形成すると，3.1 項で述べたように特性が向上できるとともに，偏光応答性を示すと期待される。

酸化インジウムスズ（ITO）基板上に PEDOT:PSS をスピンコートし，真空中にて 100℃で 1 時間加熱して，膜厚約 40nm の膜を形成した。PEDOT:PSS 上に PT 薄膜（約 4 nm）を摩擦転写法で形成後，6T 薄膜を真空蒸着法で PT 薄膜上に 21nm 堆積し，PT 鎖に対して平行に配向した 6T 膜を形成した。n 型半導体である［6,6］-phenyl-C61 butyric acid methyl ester（PCBM）(40nm）をスピンコート法で製膜後，bathocuproine（BCP）(6 nm)，LiF（0.5nm)，Al（50nm）の順に真空蒸着した。比較対象として，PEDOT:PSS 上に直接 6T を 21nm または 25nm 真空蒸着して，基板に対してほぼ垂直に配向した膜からなる素子も形成した。こうして形成した有機薄膜太陽電池をエポキシ樹脂とガラス基板で封止した。

エネルギー変換効率の測定は，3.3.2 項と同様，疑似太陽光 A.M.1.5（100mW/cm^2）照射下での電流-電圧特性から求めた。また，分光感度は定エネルギー光照射装置を使用し，分光された一定エネルギー照射下での短絡電流を測定した。

摩擦転写した配向 PT をテンプレートとし，基板に対して平行に配向させた 6T（21nm）を p 型層として用いて太陽電池を形成すると，基板に対してほぼ垂直に配向した 6T（21nm）を用いて太陽電池を形成した場合に比べて *F.F.* と短絡電流が向上し，結果変換効率が倍以上向上した。基板に対してほぼ垂直に配向した 6T（25nm）からなる素子の変換効率も，基板に対して平行に配向させた 6T（21nm）からなる素子の変換効率よりも悪くなった。これは，6T 分子が基板に平行に配列することにより基板に対して垂直方向（π電子雲の重なり方向）のホール移動度が増加して *F.F.* が大きくなったことに加え，6T 分子が寝ることで吸光度が増して短絡電流が増大した結果，有機薄膜太陽電池の特性が向上したと思われる。

さらに，偏光板を挿入した状態で光電流-電圧特性を測定したところ，基板に対して並行に配向させた 6T を用いて形成した光電変換素子のみ偏光応答性を示し，PT 配列方向に対して平行な偏光を入射したときの方が光電流は大きくなった。

3.5 おわりに

摩擦転写法を用いたπ共役系高分子およびπ共役系有機分子（オリゴマー）の分子配向制御によって，有機光電変換素子の変換効率を向上させることができた。また，偏光応答性も示した。分子配向を意識した設計（プロセス）が有機薄膜太陽電池の効率向上に重要な役割を果たすことが分かった。

有機光電変換以外の他の素子に対しても，摩擦転写法を用いた分子配向制御技術による機能の向上が期待できる。

文　　献

1) H. Sirringhaus *et al.*, *Nature* **401**, 685 (1999)
2) C. Videlit *et al.*, *Synth. Met.* **102**, 885 (1999)
3) C. Videlit *et al.*, *Sol. Energy Mater. Sol. Cells* **63**, 69 (2000)
4) N. Tanigaki *et al.*, *polymer* **36**, 2477 (1995)
5) N. Tanigaki *et al.*, *Mol. Cryst. Liq. Cryst.*, **267**, 335 (1995)
6) N. Tanigaki *et al.*, *Thin Solid Films* **273**, 263 (1996)
7) S. Nagamatsu *et al.*, *Macromolecules* **36**, 5252 (2003)

8) N. Tanigaki *et al.*, *Thin Solid Films* **518**, 853 (2009)
9) C. Takechi *et al.*, to be submitted.
10) N. Tanigaki *et al.*, *J. Polym. Sci. Pt. B-Polym. Phys.* **39**, 432 (2001)
11) J. Ge *et al.*, *Macromolecules* **43**, 6422 (2010)
12) 平石次郎編，フーリエ変換赤外分光法，p.172，学会出版センター (2000)
13) K. Yazawa *et al.*, *Phys. Rev. B* **74**, 094204 (2006)
14) T. Mizokuro *et al.*, to be submitted.
15) T. Mizokuro *et al.*, *J. Phys. Chem. B* **116**, 189 (2012)
16) D. M. DeLongchamp *et al.*, *J. Phys. Chem. B* **110**, 10645 (2006)
17) C. Videlot *et al.*, *Synth. Met.* **102**, 885 (1999)
18) C. Videlot *et al.*, *Sol. Energy Mater. Sol. Cells* **63**, 69 (2000)
19) H. Sandberg *et al.*, *Proc. SPIE* **4466**, 35 (2001)
20) J. Sakai *et al.*, *Org. Electron.* **9**, 582 (2008)
21) C. Heck *et al.*, *Jpn. J. Appl. Phys.* **50**, 04DK20 (2011)
22) C. Heck *et al.*, *Appl. Phys. Express* **5**, 022103 (2012)
23) S. Ikeda *et al.*, *J. Cryst. Growth* **265**, 296 (2004)
24) J. Ivanco *et al.*, *Surf. Sci.* **601**, 178 (2007)
25) P. Lang *et al.*, *J. Phys. Chem. B* **101**, 8204 (1997)
26) S. Hotta *et al.*, *J. Phys. Chem. B* **104**, 10316 (2000)
27) G. Horowitz *et al.*, *Chem. Mater.* **7**, 1337 (1995)
28) Y. Ueda *et al.*, *Thin Solid Films* **331**, 216 (1998)
29) T. Mizokuro *et al.*, to be submitted.

有機薄膜太陽電池の研究最前線《普及版》 (B1280)

2012年 7月 2日　初　版　第1刷発行
2019年 4月10日　普及版　第1刷発行

監　修　松尾　豊　　Printed in Japan
発行者　辻　賢司
発行所　株式会社シーエムシー出版
東京都千代田区神田錦町 1-17-1
電話 03(3293)7066
大阪市中央区内平野町 1-3-12
電話 06(4794)8234
http://www.cmcbooks.co.jp/

〔印刷　あさひ高速印刷株式会社〕
ⓒ Y. Matsuo, 2019

落丁・乱丁本はお取替えいたします。

本書の内容の一部あるいは全部を無断で複写(コピー)することは，法律で認められた場合を除き，著作者および出版社の権利の侵害になります。

ISBN978-4-7813-1363-4 C3054 ¥6200E